Рь
124

Рь.
124

SCÈNES DE LA NATURE

DANS

LES ÉTATS-UNIS

ET

LE NORD DE L'AMÉRIQUE

—

TOME SECOND

Au dépôt des publications de la librairie P. BERTRAND,
chez MM. TRÉUTTEL *et* WÜRTZ, *à Strasbourg.*

Paris. — Imprimerie de L. MARTINET, rue Mignon, 2.

SCÈNES DE LA NATURE

DANS

LES ÉTATS-UNIS

ET

LE NORD DE L'AMÉRIQUE

OUVRAGE TRADUIT D'AUDUBON

PAR

EUGÈNE BAZIN

AVEC PRÉFACE ET NOTES DU TRADUCTEUR

« Genuine poetry, like gold, loses little when properly transfused. »

(MACPHERSON)

TOME SECOND

PARIS

P. BERTRAND, LIBRAIRE-ÉDITEUR

RUE DE L'ARBRE-SEC, 22.

1857

SCÈNES DE LA NATURE

DANS LES ÉTATS-UNIS.

L'OIE DU CANADA.

On considère l'Oie du Canada comme appartenant presque exclusivement au nord ; cependant, sous des latitudes moins froides, et en diverses parties des États-Unis, il en reste, toute l'année, un assez grand nombre, pour qu'on ait plein droit de dire que cette espèce habite aussi, d'une manière permanente, les régions plus tempérées. On la trouve, mais aujourd'hui en petite quantité, nichant au bord des lacs, des marais et des grands cours d'eau de nos districts de l'ouest, sur le Missouri, le Mississipi, les parties basses de l'Ohio, le lac Érié, les lacs plus reculés au nord, et sur chaque grand étang de l'intérieur, vers l'est des États de Massachusets et du Maine ; mais leurs nids de-

viennent plus abondants à mesure qu'on avance à l'est
et au nord. Lors de mon excursion au Labrador, j'en
trouvai qui couvaient, au mois de juin, sur les îles de
la Madeleine. Dans l'île d'Anticosti, coule une grande
rivière sur les rives de laquelle on dit qu'il s'en élève,
chaque saison, d'innombrables couvées; et au Labrador,
il n'y a pas de plaine marécageuse tant soit peu à la
convenance de ces oiseaux, qui ne contienne quelques-
uns de leurs nids. Celles de ces oies qui viennent nous
visiter des latitudes les plus septentrionales, retournent,
comme tant d'autres espèces, avec le printemps, dans
ces tristes régions où elles ont reçu l'existence.

En hiver, il n'en reste que très peu, ou même pas
du tout, dans la Nouvelle-Écosse. Ainsi mon ami
Thomas M'Culloch m'a dit n'en avoir jamais vu une
seule, dans cette saison, aux environs de Pictou (1).
Au printemps, quand elles remontent vers le nord,
elles passent, en immenses bataillons, bien haut dans
les airs ; tandis qu'à l'automne les bandes sont beaucoup
moins fortes et volent plus bas. Pendant leurs migrations du printemps, les principales stations où elles
s'arrêtent, en attendant des jours plus doux, sont la
baie des Chaleurs (2), les îles de la Madeleine, Terre-
Neuve, Labrador, à chacune desquelles il en reste toujours quelques-unes qui se décident à y nicher et à y
séjourner tout l'été.

(1) Petite île, rivière et baie, à l'extrémité méridionale du golfe
Saint-Laurent.

(2) Formée par le golfe Saint-Laurent, entre le Nouveau-Brunswick
et le Nouveau-Canada, à l'embouchure de la Ristigonche.

Leurs grandes migrations du printemps commencent, dans nos districts du centre et de l'ouest, à la première fonte des neiges, ou du 20 mars à la fin d'avril; mais le moment précis du départ dépend toujours de l'état plus ou moins avancé de la saison. Les troupes immenses qu'on voit hiverner dans ces grandes savanes ou prairies marécageuses du sud-ouest du Mississipi, comme il en existe dans l'Opelousas, sur les bords de la rivière Arkansas, ou dans les clairières éternellement désolées des Florides, reprennent souvent leur vol en se dirigeant vers le nord dès le mois de février; en effet, les individus appartenant à des espèces plus éloignées des lieux où presque toutes elles finiront par se rassembler, doivent naturellement songer au retour avant celles qui ont passé l'hiver dans des stations plus rapprochées.

J'ai lieu de croire que tous les oiseaux de cette espèce qui, chaque printemps, quittent nos États pour les pays lointains du nord, se sont accouplés préalablement à leur départ. Cela tient nécessairement à la nature du climat où ils font leur résidence d'été; la belle saison y est si courte, qu'ils ont à peine le temps suffisant pour élever leurs petits et renouveler leur plumage. Je fonde mon opinion sur les faits suivants. Très souvent j'ai observé de grandes troupes d'Oies qui prenaient leurs ébats sur des étangs, des marécages, ou même à sec sur des bancs de sable; et je voyais çà et là les oiseaux précédemment appariés se faisant, dès le mois de janvier, de mutuelles caresses; tandis que les autres ne s'occupaient qu'à se quereller ou à coqueter presque tout le jour, jusqu'à ce qu'enfin chacun parût satisfait de l'objet de son choix. Après cela, en effet, s'ils continuaient encore à vivre ensemble, on pouvait du moins parfaitement reconnaître qu'ils avaient bien soin de se tenir par couples. J'ai pu noter aussi que, plus les oiseaux sont vieux, plus ils abrégent les préliminaires de leurs amours; et que les sujets stériles restent complétement indifférents aux démonstrations de tendresse et d'attachement réciproques que leurs camarades se prodiguent autour d'eux. Les célibataires et les vieilles femelles, par dépit peut-être ou parce que tout ce tumulte les ennuie, se retirent tranquillement à l'écart pour se reposer sur l'herbe ou sur le sable, à quelque distance des autres; et soit que la troupe prenne son vol, soit qu'elle se précipite à l'eau, ils restent, comme des délaissés, toujours en arrière. Cette manière de se préparer à la saison des œufs m'a paru d'autant plus remarquable, qu'à peine arrivés au lieu qu'ils ont choisi pour l'été, les oiseaux d'une même compagnie se séparent par couples, qui font leurs nids et élèvent leur famille à de grandes distances les uns des autres.

C'est un spectacle extrêmement curieux de les voir, à chacune de leurs stations, se faire la cour. Je vous assure, lecteur, que si le mâle ne se pavane pas devant sa femelle, avec toute la pompe que déploie le coq d'Inde, et ne se pique pas de cette délicatesse et de cette grâce qui distinguent les amours de la tourterelle, ses démonstrations, pour cela, n'en plaisent pas moins à sa bien-aimée. Je m'en représente un maintenant qui vient, après un combat d'une demi-heure ou plus, d'infliger à quelque rival une défaite complète : il s'avance avec orgueil vers le doux objet, prix de sa victoire ; la tête à peine élevée d'un pouce au-dessus de la terre, le bec ouvert de toute sa grandeur, sa langue charnue redressée, ses yeux lançant des regards de défi, il siffle avec force à chaque pas, tandis que l'émotion qui le domine encore fait hérisser ses plumes dont les tuyaux, en s'entre-choquant, frémissent et rendent un bruit sourd. Mais le voilà près de celle qui, à ses yeux, est la beauté même ; son cou s'incline et se redresse ; il tourne galamment autour d'elle, il aime à la toucher en passant ; elle, de son côté, le félicite de sa victoire, lui rend ses tendres caresses, et leurs cous amoureux se confondent et s'enlacent de mille manières. A ce moment, le feu de la jalousie dévore le vaincu ; il va recommencer la bataille, car lui aussi il veut être heureux ! Les yeux enflammés de rage, il se précipite, secoue ses larges ailes, et s'élance sur son ennemi en poussant un sifflement redoutable. A ce signal, toute la troupe s'arrête ; étonnée, elle fait place et se range en cercle pour regarder le combat. Le champion déjà favorisé ne se détourne même pas de sa femelle, et sans faire attention à de pareilles menaces, se contente de jeter un regard de mépris à son ennemi ; mais lui, le dédaigné, se redresse, entr'ouvre ses robustes ailes, et, en détachant à celui-ci un coup violent à son tour, il le défie. Comment, en si nombreuse société, supporter un pareil affront ? D'ailleurs il n'était déjà pas de soi-même trop endurant, et le coup est rendu avec usure. L'agresseur, un moment étourdi, chancelle; mais bientôt il se remet, et le combat se rengage avec fureur. Si les armes étaient plus meurtrières, que de faits héroïques j'aurais à célébrer! Telles qu'elles sont cependant, une botte succède à l'autre, aussi dru que les coups des noirs forgerons sur l'enclume. Mais, hélas! l'heureux mâle a saisi dans son bec la tête de l'autre et la serre avec la ténacité d'un bouledogue; il secoue sans pitié sa victime, la bat et la rebat de ses ailes puissantes, et quand sa rage est assouvie, la rejette enfin loin de lui. Puis il gonfle son plumage, revient glorieux vers sa femelle, et remplit l'air de ses cris de triomphe.

Et voyez! ce n'est plus seulement deux mâles, mais une demi-douzaine que l'humeur batailleuse a gagnés. Quelque mauvais sujet, je m'imagine, vient de tomber traîtreusement sur un mâle accouplé; et sans doute d'honnêtes spectateurs, indignés d'une telle conduite, ont accouru au secours de l'opprimé. On se mêle, on se prend corps à corps; coups d'ailes et coups de bec pleuvent à l'envi, et les plumes volent de toutes parts. Battu, confus, mortifié, le malencontreux agresseur opère honteusement sa retraite, et là-bas, sur le sable, il reste étendu à moitié mort.

Ces mâles sont si ardents, remplis de tant de courage et d'affection pour leur femelle, que l'approche seule d'un autre mâle les met hors d'eux-mêmes, et à l'instant ils sont prêts à se jeter dessus. Dès que la femelle a pondu son premier œuf, le mâle dévoué

se tient à ses côtés, attentif même au murmure de la
brise ; le moindre bruit lui arrache un sifflement de
colère. Qu'il aperçoive un raton courant à travers
les herbes, il s'élance sans hésiter, l'étourdit d'un coup
vigoureux, et le force bientôt à prendre la fuite. Je
doute même qu'un homme qui n'aurait aucune arme
dans les mains pût se tirer à son honneur d'une telle
rencontre. Il fait plus, l'intrépide qu'il est : qu'un
danger pressant vienne à menacer sa femelle, il l'oblige
à fuir ; et lui, sans crainte, il reste auprès du nid jusqu'à ce qu'il la sache bien en sûreté. Alors, enfin,
il se retire, mais semble encore insulter par ses clameurs au désappointement de son ennemi.

Supposons que tout soit paix et sécurité autour de
l'heureux couple, et que la femelle repose tranquillement sur ses œufs. Le nid est placé sur le bord de
quelque majestueuse rivière ou près d'un lac aux eaux
dormantes. Au-dessus de la scène enchantée se déroule
le clair azur des cieux ; la lumière, en traînées
brillantes, scintille à la surface des ondes, et des milliers
de fleurs odorantes font, du marais naguère si triste,
un séjour charmant. Le mâle passe et repasse, effleurant l'élément liquide dont il semble être le roi. Tantôt
il incline sa tête en décrivant une courbe gracieuse ;
tantôt il boit à petits coups pour étancher sa soif à loisir.
Cependant le soleil a marqué midi ; il rame alors vers
le rivage pour prendre un moment la place de sa patiente et fidèle compagne. Déjà, au travers de la coquille,
s'entendent les bégaiements de la tendre couvée ; de
leur bec frêle, les petits ont fait brèche aux murs de

leur prison, et pleins de vie, alertes et mignons, ils hasardent au dehors leurs pas chancelants et leur duvet si délicat. Bientôt ils se dirigent vers l'eau, à la suite de leurs parents inquiets; ils atteignent le bord du courant au milieu duquel se joue déjà la mère; l'un après l'autre ils se risquent à tenter l'aventure, et maintenant les voilà tous qui glissent lentement sur les ondes. Quel délicieux spectacle ! rasant la rive verdoyante, la mère guide doucement son innocente progéniture : à l'un, elle montre la graine des herbes flottantes; à l'autre, elle présente une rampante limace; ses yeux vigilants surveillent la cruelle tortue, l'orphie (1) et le brochet vorace qui guettent la proie. La tête inclinée, elle regarde en haut, s'il n'y a pas de mouette ou d'aigle qui vole au-dessus d'eux, cherchant à faire capture. Qu'un oiseau rapace vienne pour les saisir à l'improviste, à l'instant elle plonge et sa couvée après elle; puis ils vont reparaître parmi les joncs épais, en ne présentant d'abord que le bec hors de l'eau. Enfin la mère a gagné la terre, et rassemble sa famille par un appel si bas et si doux, qu'il n'y a que les petits et le père pour en comprendre le sens. A présent ils sont sauvés, et leur ennemi, qui ne sait ce qu'ils sont devenus, n'a plus qu'à renoncer à sa poursuite.

(1) *Gar-fish* (*Esox Bellone*). On donne ce nom d'Orphie à un genre de poissons holobranches abdominaux de la famille des Siagonotes, séparé par Cuvier du grand genre des Ésoces.

Il paraît qu'on en trouve dans toutes les mers; et l'on a dit que quelques individus ont jusqu'à huit pieds de long et font des morsures venimeuses.

Plus de six semaines se sont écoulées; le duvet des oisons, qui d'abord était moelleux et touffu, se change en une sorte de poil dur et roide; les tuyaux commencent à leur pousser au bord des ailes, leur corps se hérisse de plumes, ils sont déjà grands et forts. Vivant au sein de l'abondance, ils deviennent si gras qu'ils marchent avec peine; et comme ils ne peuvent encore voler, il faut les soins les plus assidus pour les préserver des nombreux dangers qui les menacent. Heureusement qu'ils croissent rapidement. Bientôt les jours brûlants d'août sont finis; ils sont alors en état de voler d'un bord à l'autre de la rivière; d'ailleurs, chaque nuit, la gelée blanche couvre la terre; et quand la glace a joint les deux rives, la famille se réunit à la famille voisine, laquelle, à son tour, se voit augmentée de plusieurs autres. Enfin, l'hiver s'annonce; ils ont prévu quelque violent tourbillon de neige: c'est le moment où les mâles, conducteurs de la troupe, donnent tous à la fois le signal du départ.

Après avoir décrit de larges cercles, ils s'enlèvent au sein de l'air raréfié; et une heure ou plus est employée à instruire les jeunes de l'ordre dans lequel ils doivent s'avancer. Maintenant le bataillon a ses chefs, il s'élance, se déployant tantôt sur un front étendu, tantôt sur une seule ligne, quelquefois en forme de triangle. Les vieux mâles volent en tête, ensuite viennent les femelles, puis les jeunes successivement, selon leurs forces, les plus faibles composant toujours l'arrière-garde. Quand l'un se sent fatigué, il change de position dans les rangs, et se voit relevé de son poste par un autre qui vient, à son tour, fendre l'air devant lui; peut-être aussi que son père ou sa mère se tient un instant à ses côtés et l'encourage. Deux ou trois jours s'écoulent avant qu'ils atteignent un lieu où ils puissent se reposer sans rien craindre. La graisse dont ils étaient chargés au départ s'est épuisée rapidement; ils sont fatigués et sentent le dur aiguillon de la faim. Cependant ils viennent d'apercevoir un vaste golfe et prennent leur vol dans cette direction. A peine descendus sur l'eau, ils nagent vers la côte, s'y arrêtent et regardent autour d'eux: les jeunes sont pleins de joie; les vieux, remplis d'inquiétude, car ils savent trop, par expérience, combien d'ennemis guettent depuis longtemps leur arrivée. Toute la nuit se passe en silence, mais non dans l'inaction. Tremblants, ils se hasardent parmi les herbes du rivage, pour apaiser les premiers besoins de la faim, et refaire un peu leurs forces; et dès que l'aurore commence à briller sur l'abîme, ils repartent, leurs lignes étendues, et voyagent ainsi jusqu'à ce qu'ils trouvent une station où ils espèrent vivre convenablement tout l'hiver. Enfin, après mille tourments et des pertes cruelles, ils ont joyeusement salué le retour du printemps, et se préparent à quitter des bords inhospitaliers et à se renvoler loin des embûches de l'homme, leur plus redoutable ennemi.

L'Oie du Canada paraît dans nos États du centre et de l'ouest, souvent dès le commencement de septembre, et ne se confine nullement au bord de la mer. Je dirais plutôt, au contraire, que pour chaque centaine qu'on voit, l'hiver, le long de nos golfes et de nos larges baies, il doit y en avoir des milliers de répandues dans l'intérieur du pays, où elles fréquentent les grands étangs, les rivières et les savanes humides. Durant mon séjour dans l'État de Kentucky, je ne me rappelle pas avoir passé d'hiver sans en apercevoir d'immenses troupes, spécialement au voisinage d'Henderson, où j'en ai tué par centaines, aussi bien qu'aux chutes de l'Ohio et dans les marais environnants, qui sont remplis d'herbes et de diverses espèces de nénuphars dont elles recherchent avidement les graines. Tous les lacs situés à quelques milles du Missouri, du Mississipi et de leurs tributaires, en sont toujours abondamment fournis, depuis le milieu de l'automne jusqu'aux premiers jours du printemps; et là aussi j'en ai constamment vu, mais se tenant par couples isolés, et occupées à élever leurs petits. Il est plus que probable, selon moi, que ces oiseaux nichaient en foule dans les parties tempérées de l'Amérique du Nord, avant que la population blanche les eût envahies : c'est du moins ce qu'indiquent les rapports d'anciens et nombreux habitants de ces contrées, et ce que dit positivement le vieux général Clarck, l'un des premiers colons des bords de l'Ohio. Il me racontait qu'une cinquantaine d'années auparavant (et aujourd'hui il y en a de cela près de soixante-quinze), les Oies sauvages étaient si communes durant toute l'année, qu'il avait l'habitude d'en nourrir ses soldats, alors en garnison près de Vincennes, sur le territoire qui dépend actuellement de l'État d'Indiana. Mon père, ayant descendu l'Ohio

peu de temps après la défaite de Bradock (1), me répé-
tait la même chose. Moi-même je me rappelle fort
bien, et beaucoup de personnes habitant Louisville à
l'heure qu'il est, peuvent également se souvenir qu'il
n'y a pas plus de vingt-cinq ou trente ans, rien n'était
plus facile que de se procurer de ces jeunes Oies dans
les marais des environs. En 1819, j'ai encore trouvé
des nids, des œufs et des petits de cette espèce, non
loin d'Henderson. Cependant, comme je l'ai remarqué,
le plus grand nombre se retire pour nicher, bien haut
dans le nord; et jamais, que je sache, aucune n'a fait
son nid dans les régions du sud. De fait, l'extrême
chaleur de ces latitudes convient si peu à leur tempérament, que les essais qu'on a pu faire pour en avoir
en domesticité y ont presque toujours mal réussi.

Lorsqu'elle reste chez nous dans l'intention d'y
nicher, l'Oie du Canada commence à bâtir au mois de
mars. Elle fait choix de quelque lieu retiré, pas trop
éloigné de l'eau, généralement parmi de grands
roseaux, ou même assez souvent sous des broussailles.
Le nid, soigneusement composé d'herbes sèches, est spacieux, plat et presque à ras de terre. Je n'en ai vu qu'un
seul élevé au-dessus du sol; il était placé sur le tronc d'un
gros arbre, au milieu d'un petit étang, environ à vingt
pieds de haut, et contenait cinq œufs. Comme l'endroit était tout à fait désert, je me gardai bien de
troubler les parents, curieux de savoir comment ils s'y

(1) Général anglais qui figura au siége de Québec, où il fut défait
par les Français et une poignée d'Indiens.

prendraient pour conduire leurs petits à l'eau. Mais en cela, je fus désappointé; car un jour que j'allais au nid, vers le temps où je croyais que l'incubation était près de se terminer, j'eus la mortification de voir qu'un raton ou quelque autre animal avait mangé tous les œufs, et que les oiseaux avaient abandonné la place. Dans ces nids d'Oies sauvages, je n'ai jamais trouvé plus de neuf œufs, et je pense que le nombre le plus ordinaire est de six. Quant aux nids de celles que j'ai tenues en domesticité, j'y en ai souvent compté jusqu'à onze dont plusieurs, à la vérité, ne produisaient rien. Ces œufs mesurent 3 pouces et demi de long sur 2 et demi de large; la coquille est épaisse, assez lisse et d'un vert jaunâtre très sombre. Jamais le même couple n'élève plus d'une couvée par saison, à moins que les œufs n'aient été ravis ou brisés dès le commencement.

Un jour ou deux après leur éclosion, les petits suivent leurs parents à l'eau; mais, en général, ils reviennent à terre pour se reposer le soir au soleil couchant, et passer la nuit sous les ailes de leur mère, si tendre, si attentive à leur procurer bien-être et sécurité. Du reste, elle ne fait en cela qu'imiter l'exemple de son mâle; car, tant que dure l'incubation, il ne la quitte jamais elle-même, sauf le temps strictement nécessaire pour chercher sa nourriture, et se hâte de revenir pour prendre sa place et couver à son tour. Ils restent l'un et l'autre en famille jusqu'au printemps.

C'est pendant cette saison des œufs que le mâle fait éclater sa force et son courage. J'en ai vu un qui semblait, à ce moment, plus grand et plus gros que de

coutume, et dont tout le plumage en dessous paraissait
d'un blanc magnifique. Trois années de suite, il revint
au même marais, à quelques milles de l'embouchure
de la rivière Verte, dans le Kentucky ; et chaque fois
que je rendais visite à son nid, il se contentait de jeter
sur moi un regard du plus profond dédain. Il se tenait
droit et menaçant, et quand je me hasardais à quelques
pas de son nid, baissant soudain la tête et la secouant
comme s'il eût eu le cou disloqué, il ouvrait ses ailes
et s'élançait en l'air directement pour m'attaquer.
Telles étaient l'audace et la vigueur de ce fier champion, que deux fois il me frappa de son aile au bras
droit, et pour un instant je crus qu'il me l'avait cassé.
Après chaque effort de ce genre pour défendre sa compagne et son cher trésor, il retournait immédiatement
vers eux, passait et repassait sa tête et son cou sur le
plumage de la femelle, et reprenait bientôt son attitude
de défi.

L'esprit toujours en quête d'expériences, j'entrepris
d'adoucir le naturel de ce farouche habitant des eaux,
et dès lors ne manquai jamais d'avoir dans les mains
plusieurs épis de blé que j'égrenais et jetais devant
lui. Les premiers jours, il se montra inflexible ; mais
je réussis enfin, et une semaine ne s'était pas écoulée,
que le mâle et la femelle venaient manger le blé jusque
sous mes yeux. Cela me fit beaucoup de plaisir ; et en
répétant journellement ma visite, je parvins à les apprivoiser, si bien qu'avant la fin de l'incubation, ils
me laissaient approcher à quelques pas, sans permettre
néanmoins que je les touchasse. Je voulus essayer ;

mais chaque fois, le mâle m'appliqua sur les doigts de si furieux coups de bec, qu'il me fallut y renoncer. La beauté rare et l'ardeur de ce mâle me donnaient grande envie de m'en emparer. J'avais noté l'époque probable où les petits devaient éclore ; la veille, j'amorçai avec du blé un large espace que j'entourai d'un filet, et me tins en embuscade. Quand je le vis entré dedans, je tirai la corde et le fis ainsi prisonnier. Le lendemain matin, comme la femelle allait pour conduire ses petits à la rivière distante d'un demi-mille, je les pris tous, ainsi que la mère, qui était venue jusque sous ma main, cherchant à en sauver un du moins de sa pauvre famille. Je les emportai chez moi et dus recourir à un expédient assez cruel pour les empêcher de s'échapper: avec des ciseaux, je leur rognai à chacun le bout de l'aile, puis les lâchai dans le jardin, où j'avais fait creuser une petite pièce d'eau. Pendant plus de quinze jours, les deux vieux restèrent tout effarouchés, et je craignis même qu'ils n'abandonnassent le soin des jeunes ; cependant, à force d'attention, j'eus la joie de pouvoir les élever, en leur fournissant en abondance des larves de locustes dont ils sont très friands, ainsi que de la farine de blé trempée dans l'eau ; et toute la famille, se composant de onze individus, finit par prospérer. En décembre, le froid étant devenu très vif, je remarquai que le mâle battait fréquemment des ailes et poussait un cri aigu, auquel la femelle d'abord et ensuite chacun des jeunes répondaient l'un après l'autre ; et que tous ensemble, se mettant à courir vers le sud, aussi loin que s'étendait leur prison, ils faisaient effort pour s'envoler. Je n'en perdis aucun de trois années ; le vieux couple ne nicha plus tant qu'il demeura en captivité, les deux couples de jeunes pondirent et parvinrent à mener à bien, l'un trois petits, l'autre sept. Tous, ils montraient une aversion particulière pour les chiens et haïssaient presque aussi cordialement les chats ; mais les objets spéciaux de leur animosité étaient un vieux cygne et un coq d'Inde sauvage que je nourrissais à la maison. D'habitude, ils s'occupaient à débarrasser le jardin de chenilles et de limaçons. Ils m'endommageaient parfois quelque arbuste et quelque fleur ; en somme, pourtant, je puis dire que j'aimais leur compagnie. Quand je quittai Henderson, je leur rendis à tous la liberté, et je ne sais ce que depuis lors ils sont devenus.

Dans l'une de mes chasses, vers les mêmes parages, il m'arriva de tuer une Oie sauvage, qu'à mon retour j'envoyai à la cuisine. En l'accommodant, on trouva dans son corps un œuf près d'être pondu, et qu'on m'apporta. Je le mis sous une poule, et il vint à bon terme. Deux ans après, la femelle qui était éclose de cet œuf s'accoupla avec un mâle de son espèce et eut des petits. Cette Oie était si privée, qu'elle se laissait caresser par tout le monde, et venait volontiers manger dans la main. Elle était plus petite que ne le sont habituellement ces oiseaux, mais parfaitement conformée sous tout autre rapport. Quand arriva l'époque des migrations, elle se tint assez tranquille, tandis que son mâle, qui autrefois avait été libre, ne montrait pas, tant s'en faut, la même indifférence.

Je n'ai jamais pu savoir pourquoi plusieurs de ces oiseaux, pris, pour ainsi dire, à la sortie de l'œuf, ou trouvés tout jeunes encore, et qu'on avait élevés en captivité, manifestaient tant de répugnance à se reproduire, si ce n'est que peut-être ils étaient stériles de leur nature. J'en ai vu qu'on gardait ainsi depuis plus de huit ans, sans qu'ils se fussent jamais accouplés, alors que d'autres avaient des petits dès leur second printemps. J'ai remarqué aussi que quelquefois un mâle volage abandonnait les femelles de son espèce pour courtiser une Oie domestique, d'où provenait, en temps voulu, une jeune famille qui réussissait à merveille. Cette disposition tardive est loin d'être le cas ordinaire dans l'état sauvage, car j'ai vu des petits à nombre d'individus que, d'après leur taille, l'apparence négligée de leur plumage, et d'autres indices bien connus des vrais ornithologistes, je jugeais n'avoir pas plus de quinze ou seize mois. Aussi pensé-je que, dans cette espèce comme dans beaucoup d'autres, il faut une longue série d'années pour dompter la nature et lui faire oublier ses besoins natifs et ses instincts d'indépendance. Combien d'essais, en ce sens, dont le résultat devait être avantageux à l'homme, ont été abandonnés en désespoir de cause, alors que quelques années de plus de soins persévérants eussent produit l'effet désiré.

Immédiatement après le complet développement de sa famille, l'Oie du Canada se rassemble par troupes ; mais elle ne recherche pas la compagnie des autres espèces. Partout où l'Oie à front blanc, l'Oie de neige, la Bernache ou d'autres veulent partager avec elle le même étang, elle les force à se tenir à distance, et, pendant les migrations, ne souffre aucune de ces étrangères dans ses rangs.

Son vol est ferme, assez rapide et très prolongé. Une fois qu'elle a gagné les hautes régions de l'air, elle s'avance d'un mouvement constant et régulier. En s'élevant de terre ou de la surface de l'eau, elle a coutume de faire quelques pas en courant, les ailes toutes grandes ouvertes ; mais quand elle est surprise et que ses plumes sont bien développées, un simple élan de son large pied palmé suffit pour lui faire prendre l'essor. Quand elles partent en troupe pour quelque long voyage, elles s'enlèvent à environ un mille dans l'air, et passent en se dirigeant tout droit vers le lieu de leur destination. Leurs clameurs, alors, s'entendent au loin, et l'on distingue très bien les divers changements qui s'opèrent dans l'ordre et la disposition de leurs rangs. En de telles circonstances, je le répète, elles s'avancent avec la plus grande régularité ; néanmoins, lorsqu'aux premiers beaux jours on les voit s'en retourner du sud vers le nord, elles volent beaucoup plus bas, se posent plus souvent, et se laissent assez facilement mettre en désarroi, soit par la rencontre subite d'un épais brouillard, soit en passant au-dessus des villes et des bras de mer où elles peuvent apercevoir de nombreux vaisseaux. Alors la consternation s'empare de toute la bande ; les rangs se rompent, elles se mêlent, ne font que tournoyer, et l'on entend une sorte de *can can* perpétuel qui ressemble au bruit confus d'une multitude en déroute. Quelquefois la troupe se sépare, et plusieurs individus, se détachant soudain des autres, prennent une direction opposée à celle qu'ils suivaient ; puis, au bout d'un instant, comme ne sachant plus où aller, ils descendent, et une fois posés par terre, restent là étourdis et stupéfaits, de façon qu'on peut les tuer à coups de fusil et même à coups de bâton. C'est ce qui arrive assez souvent, m'a-t-on dit ; et moi-même, j'ai plusieurs fois été témoin de pareilles scènes. De violents tourbillons de neige les troublent aussi considérablement ; et quand elles s'en trouvent enveloppées, il y en a qui, en plein jour, vont donner de la tête contre les murs des signaux et des phares. Dans la nuit, la lumière de ces bâtiments les attire, et parfois toute une troupe se laisse ainsi prendre. Un simple changement de temps suffit également pour les arrêter ; et elles semblent en deviner l'approche, car, sans retard, elles font volte-face et reprennent, pendant plusieurs milles, le chemin du midi. Souvent des troupes entières reviennent de cette façon aux lieux qu'elles avaient quittés depuis une quinzaine. Même en hiver, elles savent prévoir avec une grande sagacité les variations de température, et se dirigent tantôt plus au nord, tantôt plus au sud, selon qu'il y doit faire meilleur pour vivre. Cette connaissance de l'état futur du temps est si certaine, que lorsqu'au soir on les voit gagner le sud, on peut prédire qu'il fera froid le lendemain matin, et *vice versâ*.

Ces oiseaux sont moins farouches quand on les rencontre enfoncés dans l'intérieur des terres que lorsqu'ils se tiennent sur les bords de la mer, et moins ont d'étendue les lacs et les étangs qu'ils fréquentent, plus il est facile de les surprendre. Ils cherchent ordinairement leur nourriture à la manière du cygne et du canard, c'est-à-dire en enfonçant la tête sous l'eau, dans les étangs peu profonds, au bord des lacs et des rivières, tandis que tout le devant du corps est submergé, et qu'ils ont les pattes et le derrière en l'air ; mais dans ce cas, jamais ils ne plongent. Lorsqu'ils paissent sur les champs ou les prairies, ils tranchent l'herbe de côté, ainsi que fait l'Oie domestique ; et après qu'il a plu, on les voit fouler rapidement la terre des deux pieds, comme pour en faire sortir les vers. Parfois ils barbotent dans l'eau fangeuse, mais bien moins fréquemment que les canards, et surtout que le Canard sauvage. Ils recherchent avidement les champs de blé, quand la feuille est encore tendre, y passent souvent la nuit, et y commettent de grands dégâts. En quelque lieu qu'on les rencontre, et si loin que ce puisse être des demeures de l'homme, on les trouve toujours soupçonneux et sur le qui-vive. Pour la puissance de la vue et la subtilité de l'ouïe, il n'est peut-être pas d'oiseau au monde qui les surpasse. Ils se gardent les uns les autres ; et pendant que la troupe repose, un ou deux mâles font sentinelle. La présence du bétail, d'un cheval ou d'un daim ne les étonnera pas ; mais qu'il s'agisse d'un couguar ou d'un ours, sa venue est aussitôt annoncée ; et si la troupe est par terre, dans le voisinage de quelque étang, tous ils se retirent à l'eau dans le plus profond silence, gagnent le large et restent là, attendant que le danger soit passé. Si l'ennemi s'acharne à les y poursuivre, les mâles commencent à pousser de grands cris, la troupe se forme en rangs serrés, et ils s'envolent tous à la fois, mais ordinairement sans présenter ni ligne ni angle, disposition qu'ils ne prennent que lorsqu'ils ont à parcourir une distance considérable. Leur ouïe est d'une finesse si extraordinaire, qu'au seul bruit des pas, ils reconnaissent, sans s'y tromper, à quelle sorte d'ennemi ils ont affaire. Rien qu'en entendant casser une branche sèche, ils distinguent avec un tact exquis si c'est homme ou daim qui s'approche. Une douzaine de grosses tortues se jettent en tumulte à l'eau, un alligator se laisse pesamment choir dans le marais, ne craignez pas que l'Oie sauvage bouge ni s'en préoccupe; mais voilà que de là-bas, bien loin, arrive, faible et presque imperceptible, le bruit de la pagaie d'un Indien qui, par mégarde, a heurté contre les flancs de son canot: soudain l'alarme est donnée, les têtes se dressent, et toutes, le regard tourné vers le lieu d'où vient le danger, elles surveillent, silencieuses, les mouvements de leur ennemi.

Elles sont aussi extrêmement rusées. Quand elles croient n'avoir pas été aperçues, elles se glissent doucement parmi les hautes herbes, en baissant la tête, et restent parfaitement immobiles jusqu'à ce que le bateau soit passé. Je les ai vues, pour échapper aux regards du chasseur, quitter furtivement la surface gelée d'un grand étang et se réfugier dans les bois, puis revenir quand le chasseur s'était éloigné. Mais s'il y a de la neige sur la glace ou dans les bois, elles sont constamment en alerte, et s'envolent longtemps avant qu'on arrive à portée de les tirer, comme si elles savaient combien leur trace est plus aisée à suivre sur la blanche et perfide surface.

Elles aiment à retourner aux lieux de repos qu'elles ont une fois choisis, et y reviennent sans cesse, tant qu'on ne les y tourmente pas trop. Chez nous, là où on ne les trouble pas, elles vont rarement plus loin que les bancs de sable voisins des côtes et les rivages secs des lieux où elles trouvent leur nourriture. Dans d'autres pays, elles cherchent, à plusieurs milles, des retraites mieux appropriées, et dont l'étendue leur permette de découvrir le danger longtemps avant qu'il puisse les atteindre. Lorsqu'il s'en rencontre une de ce genre et qu'elles l'ont reconnue bien sûre, de nombreuses troupes s'y rassemblent, mais toujours par groupes séparés. C'est ainsi que, sur quelques-uns des immenses bancs de sable de l'Ohio, du Mississipi et autres grands fleuves, on voit parfois, vers le soir, ces oiseaux réunis par milliers pour passer la nuit, et reposant en petites bandes qui se tiennent à quelques pieds l'une de l'autre, chacune avec ses sentinelles particulières. Dès l'aube, toutes sont sur pied; elles arrangent leur plumage, font leur toilette, vont boire à l'eau voisine, et repartent alors pour les lieux où elles ont coutume de pâturer.

Lors de ma première visite aux chutes de l'Ohio, sur les pentes rocailleuses et dénudées de ses rivages, j'en trouvai des multitudes qui s'y réfugiaient ordinairement pour la nuit. Les nombreux et larges canaux formant les îles abruptes de l'un et l'autre bord, comme aussi la rapidité des courants qui règnent entre elles, font de cet asile l'un des plus convenables qu'elles puissent désirer. Elles se retirent également sur les îles pendant l'hiver; mais alors leur nombre est bien diminué; et maintenant, aux environs de Louisville, ces Oies sont devenues si farouches que, sur les étangs où elles viennent chaque matin pour manger, la moindre alerte, la simple détonation d'une arme à feu, les fait se renvoler immédiatement vers leurs rochers : et cependant, même ici, le danger les menace encore; car, assez souvent il arrive qu'une troupe entière s'abatte à demi-portée de fusil d'un chasseur à l'affût dans une pile de bois flotté, dont il sait se faire un abri, qui généralement leur devient funeste. J'ai connu un gentleman, propriétaire d'un moulin situé en face Rock-Island, et qui s'amusait à bombarder ces pauvres Oies, à la distance d'un quart de mille, au moyen d'un petit canon chargé à balles; et si je ne me trompe, M. Tarascon en jetait ainsi bas plus d'une douzaine à chaque coup. Cela se pratiquait à la pointe du jour, alors que les malheureuses n'étaient occupées qu'à se remettre les plumes en ordre, un instant avant de prendre l'essor. Mais cette guerre d'extermination ne pouvait durer: les Oies désertèrent le roc fatal, et le redoutable canon du puissant meunier ne dut pas lui servir plus d'une semaine.

Sur l'eau, l'Oie du Canada se meut avec une grâce remarquable, et sa manière d'être, en général, ressemble beaucoup à celle du Cygne sauvage, auquel je la crois alliée de très près. Quand c'est à l'aile qu'on l'a blessée, elle plonge parfois à une petite profondeur, et s'échappe avec une prestesse étonnante, toujours dans la direction du rivage. Dès qu'elle l'a touché, vous la voyez se traîner parmi les herbes ou les broussailles, le cou tendu un ou deux pouces au-dessus de terre, et marchant si doucement, qu'à moins d'avoir l'œil constamment dessus, on est presque certain de la perdre. Si on la tire sur la glace et qu'elle se sente frappée, elle se met aussitôt à fuir, mais fièrement et d'un pas assuré, de manière à vous faire croire qu'elle n'a aucun mal; et elle ne cesse de crier bruyamment, comme à l'ordinaire; mais, du moment qu'elle a gagné le bord, elle devient silencieuse, et disparaît, ainsi que nous venons de l'indiquer.

Un jour, sur la côte du Labrador, je fus vraiment surpris de l'habileté avec laquelle l'un de ces palmipèdes, alors dans sa mue, et par conséquent tout à fait incapable de s'envoler, sut manœuvrer, tout le temps, pour se dérober à notre poursuite. On l'aperçut d'abord à quelque distance de la rive: à l'instant, le bateau fut lancé après elle; mais s'étant mise à nager de toutes ses forces, elle faisait mine de vouloir gagner directement la terre, et quand nous n'en fûmes plus qu'à quelques pas, elle plongea. Nous ne savions ce qu'elle était devenue; chacun se tenait sur la pointe des pieds pour voir à quel endroit elle allait reparaître, lorsque, par hasard, l'homme qui était au gouvernail venant à baisser les yeux vers la poupe, l'aperçut presque sous le bout de notre barque, son corps toujours enfoncé

dans l'eau, d'où sortait seulement la pointe du bec, et
ramant vigoureusement des deux pieds, pour marcher de conserve avec nous. Le marin essaya de la
prendre; mais, avec la rapidité de la pensée, elle passait d'un côté à l'autre, à l'avant, à l'arrière, et jamais
il ne put mettre la main dessus. Enfin, charmé de
trouver tant d'esprit dans *une Oie*, je demandai la grâce
de la pauvre bête, et nous la laissâmes s'en aller en
paix.

Le croisement de l'Oie du Canada avec l'Oie domestique réussit aussi bien que celui du dindon sauvage
avec le dindon privé. La race métisse qui en provient
est plus grosse, plus facile à élever, et il faut moins de
temps pour l'engraisser. C'est maintenant un procédé
en grande faveur dans nos États de l'est et de l'ouest ;
et communément, hiver comme automne, on offre de
ces hybrides sur le marché, où ils se vendent plus cher
qu'aucun individu de la race primitive.

C'est du milieu de septembre à celui d'octobre que
les Oies du Canada font leur première apparition dans
l'ouest et le long des côtes de l'Atlantique, où elles arrivent par troupes composées de quelques familles seulement. Un chasseur habile, et qui d'abord a eu soin
de tuer les vieux, est presque sûr d'avoir ensuite les
jeunes, moins rusés, et dont l'habitude est de revenir
manger aux lieux que les parents leur avaient d'abord
indiqués. On n'a qu'à les attendre aux étangs connus,
et généralement on fait bonne chasse. Pour moi, cette
sorte d'affût n'a jamais été bien de mon goût : dès que
paraissait un autre oiseau dont j'avais envie, je me

mettais à courir après, et les Oies en profitaient pour
s'envoler; mais si je n'en ai guère tué moi-même, en
revanche j'en ai vu tuer beaucoup et de la plus belle
espèce. Je vous demanderai la permission de vous raconter une ou deux anecdotes qui ont trait à ce genre
d'exercice.

Je connais intimement l'un des meilleurs chasseurs
qui soient, de nos jours, dans tout les pays de l'ouest.
Force, adresse, patience et courage, il possède toutes
ces qualités de premier ordre pour un pareil métier.
Souvent, à minuit, je l'ai vu monter un cheval vigoureux et rapide, alors que le thermomètre marquait
zéro, que la terre était couverte de neige et de glace,
et que le verglas enveloppait si complétement les arbres, que vous les eussiez crus de verre. Mais que lui
importe? Il part au petit galop, son cheval est ferré à
neuf, et personne ne sait où il va, personne, excepté
moi, qui suis toujours à ses côtés. Sa valise contient
notre déjeuner, force munitions et autres provisions
nécessaires. La nuit est noire comme la cheminée et
passablement rude; mais il connaît les bois comme pas
un chasseur du Kentucky, et moi, sous ce rapport, je ne
lui en céderais guère. Nous marchons depuis longtemps,
et les premiers rayons du jour commencent à poindre
vers l'orient; nous savons parfaitement où nous sommes:
nous avons fait juste vingt milles. Les cris de la chouette
nébuleuse (1) interrompent seuls le silence mélanco-
lique de l'heure matinale. Nous attachons nos chevaux

____

(1) *The barred Owl.*

à un arbre, et maintenant, à pied, sans faire de bruit, nous nous dirigeons vers un *long étang*, où des troupes d'Oies ont coutume de venir chercher leur nourriture. Aucune n'est encore arrivée ; mais déjà toute la surface de l'eau, libre de glace, est couverte de canards, de macreuses, de pilets et de sarcelles aux ailes bleues et vertes. Le fusil de mon ami, comme le mien, porte loin, et l'occasion est bien tentante ! A plat ventre, nous rampons jusqu'au bord de l'étang ; puis, un genou en terre, nous mettons en joue et le coup part ! La détonation résonne, répétée par mille échos dans les profondeurs de la forêt, et l'air est rempli de canards de toute espèce. Nos chiens se sont jetés à la nage au milieu des glaçons, et en quelques minutes nous avons devant nous un petit tas de gibier. Cela fait, nous rentrons sous bois, et nous nous séparons pour gagner chacun un côté de l'étang. A juger par moi de l'état des doigts de mon camarade, nous ne serions certes pas capables de mettre un seul bouton ; nous grelottons, nos pieds se crispent, nos dents claquent..... mais voici venir les Oies ! On entend retentir, au haut des airs, leur cri bien connu : *hauk, hauk, awhauk, awhauk;* elles tournoient, tournoient, puis, par un mouvement gracieux, descendent sur l'eau, où elles s'amusent d'abord à se baigner et à prendre leurs ébats ; bientôt elles regardent autour d'elles, car la faim les presse. A ce moment, il peut y en avoir vingt ; mais il en arrive vingt autres, et en moins d'une demi-heure, nous en avons devant nous une centaine. Mon ami, qui connaît son affaire, a passé par-dessus ses habits une sorte de che

mise d'un blanc de neige, et quelque attentif que je sois
à observer ses mouvements, je reste convaincu qu'il
est impossible de les suivre, même pour l'œil perçant
de l'Oie qui se tient en sentinelle. Pan! pan! fait son
grand fusil, et la troupe, en désarroi, s'enlève, gagnant
de mon côté. Dès que je les vois à portée, je me mets
debout : les Oies éperdues piquent droit en l'air; je
presse l'une après l'autre mes détentes, et l'aile brisée,
déjà morts, deux de ces oiseaux viennent lourdement
tomber à mes pieds. Ah! que n'avons-nous d'autres fusils! Cependant, pour cet étang-ci, il n'y faut plus songer. Nous ramassons notre butin, retournons à nos chevaux, attachons ensemble par le cou oies et canards,
et les jetant de travers sur nos selles, repartons pour
une nouvelle expédition : de cette manière se continue
la chasse, jusqu'à ce qu'enfin nous ayons assez tué
d'Oies pour ne plus les compter.

Une autre fois, mon ami, seul pour le moment, se
dirige vers les chutes de l'Ohio, et comme de coutume
atteint le bord du fleuve, longtemps avant le jour. Son
cheval, bien dressé, plonge au milieu des tourbillons
du rapide courant, et parvient, non sans peine, à déposer son intrépide cavalier sur une île où il prend
terre, tout mouillé et transi. Le cheval sait ce qu'il a
à faire aussi bien que son maître; et pendant que l'un
broute aux environs et tâche d'attraper quelque gueulée
d'herbe que la gelée a durcie, celui-ci s'approche tout
doucement d'une pile de bois flotté qu'il savait être là,
et se cache dedans. Son fameux chien Neptune est à
ses talons. Enfin, à la lueur incertaine et grisâtre de

l'aube, il commence à entrevoir les Oies ; il tire, plusieurs restent sur place ; mais une, qu'il a bien blessée, s'envole et va s'abattre dans la *chute indienne*. Neptune saute après : déjà le terrible courant l'entraîne lui-même ; alors le chasseur siffle son cheval, qui, les oreilles dressées, accourt au galop. Il l'enfourche, s'élance avec lui au milieu des flots perfides, d'une main saisit le gibier, de l'autre soutient son chien ; et après de longs efforts, le cavalier et le cheval parviennent à mettre le pied sur la rive indienne. Tout autre que cet homme, dont je ne fais que vous rapporter fidèlement les moindres exploits, y eût depuis longtemps péri ; mais s'il affronte ainsi la fatigue et le danger, c'est bien moins pour le profit en lui-même, que pour le plaisir que trouve son excellent cœur à distribuer son gibier entre les nombreux amis qu'il s'est faits à Louisville.

Dans l'est, c'est autre chose, les chasseurs tuent les Oies pour le gain, et s'y prennent d'une façon différente. Quelques-uns les attirent au moyen d'oies artificielles ; d'autres, avec des oies véritables. Ils restent en embuscade souvent des heures de suite, et en détruisent un nombre immense à l'aide de leurs fusils, d'une longueur démesurée ; mais comme cette chasse n'offre guère d'agrément, je n'en parlerai pas davantage.

Dans ces contrées, l'Oie du Canada se nourrit principalement d'une herbe longue, à feuilles linéaires, l'*algue marine*, et en même temps d'insectes aquatiques et de petits crustacés, genre d'aliment qui lui fait perdre en partie l'agréable saveur qu'a sa chair, lorsqu'elle ne vit que de plantes d'eau douce, de blé et d'herbe. Elle se tient, la plupart du temps, à une detite distance des rivages, devient plus farouche, diminue de volume et est bien inférieure, comme mets, à celles qui visitent l'intérieur du pays.

Un autre artifice assez curieux qu'on emploie, pour tuer ces oiseaux, et que j'ai pratiqué moi-même avec beaucoup de succès, consiste en ceci. Dans le sable des bancs que les Oies ont coutume de fréquenter pendant la nuit j'enfonçais un tonneau jusqu'à quelques pouces du haut, et m'installais dedans à l'approche du soir, ayant eu soin de tirer par-dessus quantité de broussailles, et de placer sur le sable mon fusil, également recouvert de broussailles et de feuilles. Parfois des Oies venaient s'abattre tout près de moi, et de cette manière j'en ai tué souvent plusieurs d'un seul coup ; mais ce stratagème s'use bientôt, et n'est bon au plus que pour quelques mois. Même au plus rude de l'hiver, ces oiseaux, par leurs mouvements continuels dans l'eau, peuvent la maintenir libre, sur une certaine étendue, et empêcher la glace de prendre aux endroits les plus profonds d'un étang. Lorsque le hasard, ou autre cause, leur réserve ainsi de ces espaces ouverts à la surface des marais, des étangs ou des lacs, elles ne manquent pas d'en profiter, et le chasseur peut les y fusiller tout à son aise.

On prétend que, dans l'État du Maine, il existe une espèce distincte d'Oie du Canada, beaucoup plus petite que la nôtre, à laquelle d'ailleurs elle ressemble sous tous les autres rapports. Comme la première, elle fait un large nid, qu'elle double de son propre duvet. Elle l'établit tantôt au bord de la mer, tantôt près d'un lac ou d'un étang d'eau douce. On la connaît, dans ce pays, sous le nom d'*Oie voyageuse*, car on la dit entièrement émigrante, tandis qu'au contraire l'Oie du Canada réside. Mais dans toutes mes excursions, et malgré tous mes efforts, je n'ai pu parvenir à me procurer seulement une plume de cette prétendue espèce.

Pendant notre expédition à Terre-Neuve, et comme nous revenions du Labrador, le 15 août 1833, nous remarquâmes de petites troupes d'Oies du Canada qui se dirigeaient déjà vers le sud. Dans ces contrées, leur apparition est saluée avec transport, et l'on en tue un grand nombre. C'est surtout au bord des lacs, dans l'intérieur de ce pays si curieux à observer, qu'elles se reproduisent abondamment. Dans le port de *Great-Macatina*, au Labrador, je vis un gros tas de ces oiseaux qu'on avait rassemblés là depuis quelques jours, et qui étaient déjà salés pour l'hiver. Il pouvait y en avoir plusieurs centaines, et toutes avaient été tuées lorsqu'elles n'étaient point encore en état de voler. On me dit que cette espèce se nourrissait principalement de feuilles de sapin nain; et à l'inspection du gésier, je reconnus que c'était vrai.

Les petits, dès qu'ils vont à l'eau, savent déjà plonger très adroitement à la moindre apparence de danger. Dans l'ouest et le sud, ces oiseaux ont pour ennemis, sur l'eau, l'alligator, l'orphie et la tortue; sur terre, le couguar, le lynx et le raton; dans les airs, ils se voient souvent attaqués par l'aigle à tête blanche. Ils sont très robustes, et des individus peuvent vivre en

captivité ou à l'état domestique, même plus de quarante ans. Tout, en eux, est utile à l'homme; car, outre
la chair comme article comestible, on recherche les
tuyaux de leurs plumes et leur graisse; enfin, chacun
sait que leurs œufs sont un très bon manger.

LE POISSON-SOLEIL D'AMÉRIQUE (1).

Parmi nos petits poissons d'eau douce, j'en connais
peu qui surpassent en beauté, en délicatesse et en saveur, celui que j'ai choisi pour sujet de cet article, et il
n'en est guère aussi qui procurent plus d'agrément aux
jeunes pêcheurs. Ce n'est pourtant pas qu'il soit rare :
on le rencontre dans toutes nos rivières, au cours rapide ou lent, petites ou grandes; dans les écluses ombragées par les vieux arbres de la forêt, comme dans
les lacs découverts et bordés de roseaux. Mais où l'on
est sûr de ne jamais en trouver, c'est dans les eaux
impures. Que la place soit profonde ou non, large ou
étroite, peu lui importe, pourvu que l'onde soit assez

(1) *The sun Perchu.* Petit poisson du genre Labre, qui renferme
de si nombreuses espèces, toutes remarquables par leurs proportions
élégantes, leur agilité, et auxquelles la nature a prodigué les couleurs
les plus brillantes et les plus variées.

limpide pour que, sans se ternir, les rayons du soleil puissent tomber sur la riche cotte de mailles qui le revêt. Regardez-le : comme il se balance mollement à l'abri du vent, sous le couvert de ce roc, à vos pieds! voyez comme il se tient ferme en équilibre! et comptez, s'il se peut, les incessantes vibrations de ses nageoires. Mais un autre vient de surgir à ses côtés, resplendissant du même éclat, et se balançant, comme lui, d'un mouvement gracieux et léger. Le soleil brille, et derrière chaque pierre ou chaque grosse souche tombée dans le courant, se montre quelqu'une de ces charmantes petites créatures, qui s'élève à la surface de l'eau pour se jouer à la lumière et apparaître dans toute sa beauté. Sur son corps éblouissant, les reflets de l'or qui se mêlent au vert de l'émeraude, non moins que les teintes de corail qui le nuancent en dessous, et le rouge étincelant de ses yeux, en font, pour le regard enchanté, une véritable perle des eaux.

La rivière, précipitant son cours, bondit et bouillonne par-dessus les obstacles qui encombrent son lit ; et de ces obstacles, il n'en est pas un, roches aiguës, grosse pierre, tronc vermoulu, qui ne devienne un lieu de repos, de sûreté, d'observation pour notre gentil poisson, à l'œil duquel rien n'échappe. Emporté par le courant, voici venir un malheureux papillon, qui se débat en vain pour s'arracher au perfide élément. De temps en temps son corps parvient à se soulever un peu ; mais ses larges ailes, mouillées et appesanties, l'entraînent de nouveau, et il retombe. Le poisson l'a vu, et quand il passe devant sa retraite, il s'élance, suivi d'une vingtaine d'autres, tous avides de la riche proie. Le plus agile l'a bientôt engloutie ; et les camarades, sans plus de contestation, retournent à leur poste, où ils se croient eux-mêmes bien en sûreté ; mais, hélas ! le poisson-soleil n'est pas plus sans ennemis, dans ce bas monde, que le papillon ou qu'aucune autre créature. Ainsi l'a voulu la sage Nature, évidemment pour recommander à tous les êtres l'industrie et la prudence, sans lesquelles on ne peut recueillir, dans leur plénitude, les avantages de la vie.

Là-bas, sur l'écluse du moulin, se tient fièrement l'intrépide pêcheur. Le pantalon retroussé jusqu'aux genoux, et sans penser au danger de sa position, il prépare ses engins destructeurs. Son hameçon bien affilé, et préalablement assujetti à sa ligne, disparaît dans le corps d'un ver ou d'une sauterelle ; son œil expérimenté remarque, dans le fil du courant, chaque léger bouillonnement des eaux ; et ayant observé la pointe d'un roc qu'elles recouvrent à peine, c'est là que, d'un mouvement mesuré et sûr, il lance son appât qui flotte un moment, puis s'enfonce. Lentement il lâche de sa ligne, lorsqu'une secousse soudaine l'avertit qu'un poisson vient de mordre. Alors il tire à lui la corde qu'il enroule sur un moulinet. Par trois fois, le pauvre poisson fait un effort désespéré ; enfin, épuisé et pantelant, il se laisse amener à fleur d'eau ; le pêcheur n'a plus qu'à mettre la main dessus, ce qui est aussitôt exécuté ; et le traître appât, sur-le-champ renouvelé, ramène bientôt une autre victime. La pêche peut durer une heure ou plus, et presque à chaque minute, un poisson est pris. A la branche de saule qui pend de sa ceinture, notre amateur en a déjà accroché une centaine, lorsque, tout à coup, le ciel s'assombrit, et l'orage menace. Il sait très bien qu'en changeant seulement d'amorce et d'hameçon, il pourrait avoir sous peu une ou deux belles anguilles; mais, en homme prudent, il aime mieux regagner le bord et emporter tranquillement son butin à la maison.

Voilà comment s'y prend le pêcheur à la ligne qui veut procéder méthodiquement et dans les règles; et certes, il y a du plaisir à le voir, lorsqu'avec aisance et grâce il tend l'appât à l'objet de ses désirs, soit au milieu même des flots turbulents, soit à l'abri sous les basses branches du rivage, partout enfin où s'ébat une multitude de ces petits êtres jouissant en paix de leur trompeuse sécurité. Rarement, entre ses mains, son instrument s'embrouille et se mêle, tandis qu'avec une incomparable dextérité il les tire de l'eau l'un après l'autre.

Cependant il y a bon nombre de pêcheurs qui, par un procédé beaucoup plus simple, savent prendre tout autant de poissons, sans leur laisser même un instant pour se reconnaître. Voyez-moi ces joyeux petits garnements, dont l'un est planté debout sur la rive, pendant que les autres ont bravement enfourché les arbres qui sont tombés en travers de la rivière. Leurs gaules sont tout bonnement des baguettes de noisetier ou de noyer; une corde leur sert de ligne, et leurs hameçons ne paraissent pas des plus fins. Le premier est porteur d'une calebasse remplie de vers qu'il garde en vie dans de la terre humide; le second a renfermé dans une bouteille une cinquantaine de sauterelles, également en vie; le troisième n'a rien du tout pour amorcer, mais il empruntera à son voisin. Et les voilà, mes trois gaillards, qui font tournoyer leurs baguettes en l'air, afin de dérouler les lignes, à l'une desquelles est attachée une plaque de liége, tandis que l'autre n'a qu'un petit morceau de bois léger, et la dernière deux ou trois gros grains de plomb pour la faire couler. Maintenant, les hameçons ont reçu l'appât, et tout est prêt. Chacun jette sa ligne là où il croit qu'il fait le meilleur, ayant eu soin, avant tout, de sonder avec sa baguette la profondeur de l'eau pour s'assurer que la petite bouée pourra se maintenir en place. *Toc, toc...* le liége file et s'enfonce, le morceau de bois disparaît, le plomb donne des secousses, et au même instant volent en l'air trois de ces pauvres poissons, qui, chemin faisant, se décrochent et vont tomber bien loin parmi les herbes, où ils sautillent et se débattent jusqu'à ce que mort s'ensuive. Mais déjà les hameçons, amorcés de nouveau, sont retournés en chercher d'autres. Le fretin abonde, le temps est propice, la saison délicieuse (on est au mois d'octobre), et les poissons sont devenus si gourmands de vers et de sauterelles, qu'une douzaine à la fois sautent après le même appât. Nos jeunes novices, je vous l'assure, s'amusent joliment: en une heure, ils ont presque vidé le trou, et peuvent emporter une fameuse friture à leurs parents et à leurs petites sœurs. Dites-moi, est-ce que ce plaisir-là ne vaut pas celui du premier pêcheur, avec toute son expérience et sa méthode?

Parfois, après qu'on avait lâché l'écluse d'un moulin, pour des raisons mieux connues du meunier que de moi, je voyais tous ces petits poissons se retirer ensemble dans un ou deux bas-fonds, comme s'ils n'eussent voulu, à aucun prix, abandonner leur retraite favorite. Il y en avait alors tant et tant, qu'on pouvait en prendre à volonté avec la première ligne venue, pourvu qu'il y eût au bout une épingle amorcée de quelque sorte de ver ou d'insecte que ce fût, et même d'un morceau de poisson frais. Puis tout à coup, je ne sais pourquoi, sans aucune cause apparente, ils cessaient de mordre, et il n'y avait ni précaution, ni appât qui pût les engager, non plus qu'aucun autre du même trou, à reprendre à l'hameçon.

Pendant les grandes inondations, ce poisson ne veut d'aucune espèce d'amorce ; mais alors on peut le prendre à l'épervier ou à la seine, à condition que le pêcheur ait une parfaite connaissance des lieux. Au contraire, quand l'eau se trouve basse, il n'est pas de trou écarté, pas de remous à l'abri de quelque pierre, pas de place recouverte de bois flotté, où l'on ne puisse se promettre ample capture. Les nègres de quelques contrées du Sud en font d'abondantes pêches à la fin de l'automne. Pour cela, ils choisissent les parties peu profondes des étangs, entrent doucement dans l'eau et placent, de distance en distance, un engin d'osier assez semblable à un petit baril et ouvert aux deux bouts. Du moment que les poissons se sentent retenus dans la partie inférieure qui pose au fond, leur frétillement avertit le pêcheur qui n'a pas alors grand mal à s'en emparer.

Ces poissons, qui excèdent rarement cinq ou six pouces en longueur, n'en ont d'ordinaire que de quatre à cinq, sur un ou deux de large. Leur chair, qui renferme peu d'arêtes, fournit en toute saison un manger excellent. Ayant remarqué que leur couleur changeait suivant les différentes contrées et les rivières, lacs ou étangs qu'ils fréquentent, j'ai été conduit à penser que ce curieux résultat pourrait bien provenir de la différence de coloration des eaux. Ainsi, ceux que j'ai pris dans les eaux profondes de la rivière Verte, au Kentucky, présentaient une teinte olive brun foncé toute autre que la couleur générale de ceux qu'on pêche dans les ondes si claires de l'Ohio ou du Schuylkill ; ceux des eaux rougeâtres des marais, dans la Louisiane, sont d'un cuivre terne, et ceux enfin qui vivent dans les courants qu'ombragent des cèdres ou des pins, se distinguent par une nuance pâle, jaunâtre et blême.

En quelque lieu qu'on la rencontre, cette petite Perche témoigne une préférence décidée pour les lits rocailleux, les bancs de sable et de gravier, et toujours elle évite les fonds bourbeux. Quand vient le moment du frai, cette préférence est encore plus marquée : on la voit alors passer et repasser sur les endroits où l'eau est basse, cherchant le gravier le plus fin ; un instant elle se balance, puis se laisse aller lentement jusqu'au fond, où, à l'aide de ses nageoires, elle creuse dans le sable une sorte de nid de forme circulaire, et qui peut avoir une étendue de huit à dix pouces. En quelques jours, un petit rebord s'élève à l'entour, et la place ainsi préparée et rendue bien propre, elle y dépose ses œufs. Si vous regardez attentivement, vous compterez cinquante, soixante ou plus de ces nids, les uns séparés par un intervalle de quelques pieds seulement, d'autres à l'écart, à plusieurs pas. Au lieu d'abandonner son produit, comme ceux de sa famille ont coutume de le faire, ce charmant petit poisson veille dessus avec toute la sollicitude d'un oiseau qui couve ; il se tient immobile au-dessus du nid, observant ce qui se passe aux environs. Qu'une feuille tombée de l'arbre, un morceau de bois ou quelque autre corps étranger vienne à rouler dedans, il le prend avec sa gueule et le rejette très soigneusement de l'autre côté de sa fragile muraille. C'est un fait dont j'ai été plusieurs fois témoin ; et, frappé de la prudence et de la propreté de cet être si mignon, ayant remarqué d'ailleurs qu'à cette même époque il ne voulait mordre à aucune espèce d'appât, je me mis en tête, un beau matin, de tenter plusieurs expériences, afin de voir ce que l'instinct ou la raison le rendraient capable de faire, si on le poussait à bout de patience.

M'étant muni d'une belle ligne et des insectes que je savais le plus de son goût, je gagnai un banc de sable recouvert par un pied d'eau environ, et où j'avais préalablement reconnu plusieurs de ces dépôts d'œufs. Je m'approchai tout près de la rive sans faire de bruit, mis à mon hameçon un ver de terre dont la plus grande partie était laissée libre pour qu'il pût se tortiller tout à son aise, et jetai ma ligne dans l'eau, de façon qu'en passant par-dessus le bord, l'appât vînt se placer au fond. Le poisson m'avait aperçu, et quand le ver eut envahi son enceinte, il nagea jusqu'au bord opposé, où il resta quelque temps à se balancer; enfin, se hasardant, il se rapprocha du ver, le prit dans sa gueule et le repoussa de mon côté si gentiment et avec tant de précaution, qu'en vérité c'était à en demeurer confondu. Je répétai l'expérience six ou sept fois, et toujours avec le même résultat. Je changeai d'amorce et mis une jeune sauterelle que je fis flotter dans l'intérieur du nid : l'insecte fut rejeté comme le ver; et vainement, à deux ou trois reprises, j'essayai de piquer le poisson. Alors, je lui présentai l'hameçon nu, en employant la même manœuvre. Il parut d'abord grandement alarmé : il nageait d'un côté, puis de l'autre, sans s'arrêter, et semblait comprendre tout le danger de s'attaquer, cette fois, à un objet aussi suspect. Pourtant il finit encore par s'en approcher, mais petit, à petit le prit délicatement, l'enleva, et l'hameçon, à son tour, fut rejeté hors du nid !

Lecteur, si, comme moi, vous étudiez la nature pour vous élever l'esprit par la contemplation des phénomènes étonnants qu'elle offre à chaque pas dans son immense domaine, ne resterez-vous pas frappé d'une admiration profonde en voyant ce petit poisson, objet si chétif et si humble, auquel le Créateur a donné des instincts si merveilleux? Pour moi, je ne cessais de le regarder avec ravissement, et je me demandais comment la Nature avait pu le douer d'un sens aussi réfléchi et d'une telle puissance. Un désir irrésistible d'en apprendre davantage me poussa à continuer mon expérience. Certes, je savais alors manœuvrer un hameçon tout comme un autre ; mais quelque effort que je fisse, je ne pus jamais parvenir à prendre ce petit poisson, et ce fut de même inutilement que je dressai mes batteries contre plusieurs de ses camarades.

Ainsi, j'avais trouvé mon maître ! Je repliai ma ligne, et donnai un grand coup de baguette dans l'eau, de manière à atteindre presque le poisson. D'un élan, il le lança comme un trait à la distance de plusieurs mètres, resta quelque temps à se balancer d'un air tranquille ; puis, dès que ma baguette eut quitté l'eau, revint prendre son poste. Alors, je pus connaître tout le dommage que je lui avais causé, car je l'aperçus qui s'employait de son mieux à nettoyer et lisser son nid ; mais, pour le moment, je ne jugeai pas à propos de pousser plus loin mes expériences.

LE BEAU CANARD HUPPÉ.

Quel bonheur pour moi quand je pouvais, au sein des retraites où il se plaît, étudier les mœurs de ce magnifique oiseau ! Là, je ne manquais jamais de compagnons, et, bien que pour la plupart ils ne parussent même pas s'apercevoir de ma présence, je n'en passais pas moins, en les voyant vivre et se jouer à mes côtés, des heures dont le charme me semblait toujours nouveau. Je me figure encore être assis près du tronc blanchissant de quelque gigantesque sycomore dont les branches s'étendent et montent vers le ciel, comme impatientes de dominer l'épaisse forêt ; un *bayou* sombre et tortueux se déroule lentement, sous les érables qui bordent ses rives marécageuses, au milieu des hautes herbes et des roseaux. Tout autour de moi règne un mystérieux silence que trouble à peine le bourdonnement de mille insectes. Le moustique avide de sang essaye de se poser sur ma main, et je le laisse faire tout à son aise pour mieux l'observer, tandis que si dextrement sa trompe délicate me perce la peau. Il pompe à satiété le rouge liquide ; en quelques instants son corps en est gonflé, et, déployant avec peine ses petites ailes, il s'envole pour ne plus jamais revenir. Par-dessus les feuilles flétries, je vois grimper, en se hâtant, plus d'un joli scarabée qui se fait petit pour échapper à l'œil vigilant de ce gros lézard ; là-haut, le corps collé contre un arbre, se tient un écureuil, la tête tournée par en bas ; il vient de m'apercevoir et surveille mes mouvements ; les oiseaux chanteurs avancent aussi la tête pour regarder à travers les broussailles ; sur l'eau, les grenouilles mugissantes (1) cherchent un rayon de soleil ; une loutre se montre à la surface, tenant un poisson dans sa gueule, et mon chien aussi vite plonge après, mais revient bientôt à mon appel..... C'est à ce moment, quand mon cœur déborde d'émotions déli-

---

(1) Voyez, au premier volume, *Mort d'un Pirate.*

cieuses, qu'un sifflement d'ailes se fait entendre à travers les bois, et soudain, comme un trait, passe sur ma tête une bande de Canards sauvages. Une fois, deux fois, trois fois, ils passent et repassent en explorant la rivière; enfin, n'ayant rien découvert qui puisse les alarmer, ils descendent, en envoyant un cri d'avertissement aux autres qui sont plus loin.

Mille et mille fois, j'ai pu voir de pareilles scènes; et je regrette de ne point en avoir joui plus souvent, en songeant aux occasions si nombreuses qui ont sollicité mon intérêt. Du moins que j'essaye, ici encore, de vous faire connaître le résultat de mes observations.

Cette belle espèce de Canards parcourt la vaste étendue des États-Unis, et je l'ai rencontrée partout, de la Louisiane aux confins du Maine, et du voisinage de nos côtes de l'Atlantique jusque dans l'intérieur des terres, aussi loin que mes courses ont pu s'étendre. Durant la saison des œufs, on la voit aussi, quoique en petit nombre, à la Nouvelle-Écosse; mais davantage au nord, je ne l'ai plus trouvée. Presque en tous lieux, sur cette immense surface de pays, elle reste à demeure; quelquefois même elle hiverne dans le Massachusetts et par delà les sources chaudes des ruisseaux sur le Missouri; néanmoins, elle ne fréquente pas les eaux fraîches, préférant en toute saison les endroits les plus retirés des étangs, des rivières ou des criques, comme il s'en rencontre si souvent dans nos bois. L'homme ne lui est que trop connu, et elle l'évite autant qu'elle peut, si ce n'est au printemps; car, lorsqu'elle cherche un lieu convenable pour déposer ses œufs et élever ses petits, elle vient quelquefois s'établir au voisinage d'une écluse de moulin.

Son vol, des plus rapides, est d'une élégance et d'une grâce vraiment rares. C'est ainsi que ce Canard peut passer au travers des bois et même parmi les branches, sans plus de gêne que le pigeon voyageur ; et lorsqu'abandonnant ses retraites solitaires, on le voit, à l'entrée de la nuit, gagner les lieux où la faim l'appelle, il effleure comme un météore la cime des forêts, et l'on entend à peine le bruit de ses ailes. Dans les basses parties de la Louisiane et du Kentucky, c'est par bandes de trente à quarante qu'ils arrivent de cette manière, et très régulièrement, chaque soir. Je m'accuse d'avoir plus d'une fois pris avantage de cette circonstance, pour les guetter au passage et les frapper à l'aile. Une seule heure d'affût, au crépuscule, m'en procurait un assez bon nombre ; et j'ai connu d'habiles chasseurs qui n'en tuaient pas moins de trente ou quarante en une seule soirée. Mais l'époque où ces parties deviennent surtout amusantes, c'est à la fin de l'automne, quand les vieux mâles ont rejoint les troupes des jeunes, conduites par les femelles. Que plusieurs chasseurs se placent à égales distances sur la ligne que doivent suivre ces pauvres oiseaux qui semblent courir la bague dans leur vol, et souvent ils abattront à la file plus de la moitié de la bande. Pendant qu'à cette heure ils fendent ainsi l'air, on ne les entend jamais pousser un seul cri.

Dans les États du centre, ils font leur nid au commencement d'avril, un mois plus tard au Massachusetts, et dans la Nouvelle-Écosse ou sur nos lacs du nord, rarement avant les premiers jours de juin. A la Louisiane et au Kentucky, où, sous ce rapport, j'ai eu le plus d'occasions pour les bien étudier, ils s'apparient dès le premier mars, et quelquefois une quinzaine plus tôt. Je n'ai jamais trouvé aucun de leurs nids par terre ou sur la cime d'un arbre. Ils semblent préférer la cavité de quelque grosse branche brisée, le creux de notre grand pic ou la retraite abandonnée de l'écureuil; et souvent je les ai vus, non sans étonnement, y entrer ou en ressortir avec une égale facilité, bien qu'en les regardant en l'air, leur corps me parût plus de moitié plus large que le trou même où ils avaient déposé leurs œufs. Une fois seulement, je trouvai un nid contenant dix œufs, et qui était dans la crevasse d'un rocher, sur les bords de la rivière Kentucky, quelques milles au-dessus de Francfort. En général, ils aiment à s'établir dans les creux qui sont au-dessus des marais profonds, parmi les champs de cannes, ou sur les branches rompues des grands sycomores, et d'habitude à quarante ou cinquante pieds de l'eau. Ils conservent un vif attachement pour les lieux dont ils ont fait choix : trois années de suite, près de Henderson, je vis le même couple revenir habiter et pondre dans un ancien nid de Pic à bec d'ivoire. Les œufs, au nombre de six à quinze, suivant l'âge de l'oiseau, reposent sur de l'herbe sèche, des plumes, et une mince couche de duvet que la femelle s'arrache presqu'en entier de la gorge. Ils sont parfaitement lisses, d'une forme approchant beaucoup de l'ellipse, et d'un vert pâle ; ils ont deux pouces de long sur un et demi de large. L'écaille, presque aussi solide que dans ceux du canard sauvage ordinaire, est, je le répète, tout à fait lisse et douce au toucher.

La femelle n'a pas plutôt terminé sa ponte, que le mâle l'abandonne pour aller se joindre à d'autres, et former ensemble des troupes considérables. Ils restent ainsi séparés jusqu'à ce que les jeunes soient capables de voler. Alors ils se réunissent et vont de compagnie, vieux et jeunes de l'un et de l'autre sexe, jusqu'à la nouvelle saison des œufs. Dans tous les nids que j'ai examinés, j'ai trouvé, avec quelque surprise, quantité de plumes appartenant à d'autres oiseaux, même à des oiseaux de basse-cour, tels surtout que l'oie et le dindon. Chaque fois que, profitant de l'absence de la femelle qui était à chercher sa nourriture, je me suis approché d'un de ces nids, j'ai toujours observé que les œufs étaient recouverts de plumes et de duvet, bien que le nid fût tout à fait hors de vue, dans la profondeur d'un trou de Pic ou d'écureuil. Au contraire, quand il est établi sur une branche, les plumes, les bûchettes et les herbes sèches qui pendent autour, le font facilement apercevoir d'en bas. Lorsqu'il est immédiatement au-dessus de l'eau, les jeunes, à peine éclos, se hissent jusqu'à l'ouverture du trou, se lancent dans l'air avec leurs petites ailes ouvertes, et, les jambes traînantes, font le plongeon dans leur élément favori; mais si le nid se trouve à quelque distance de l'eau, la mère les charrie l'un après l'autre dans son bec, les tenant de façon à ne pas blesser leur corps si délicat. Quand la distance était de trente à quarante pas ou plus, j'ai quelquefois vu la mère les pousser elle-même hors du trou pour les faire tomber, de cette hauteur, sur l'herbe et les feuilles mortes au pied de l'arbre, puis les conduire directement au marais ou à la crique la plus voisine. A cet âge si tendre, les petits répondent à l'appel de leurs parents par un doux *pee, pee, pee* souvent et rapidement répété; à ce moment aussi, l'appel de la mère est bas, tendre, prolongé, et ressemble aux syllabes *pee-ee, pee-ee*. Le cri d'alarme du mâle, sorte de *hoe-eck, hoe-eck*, n'est jamais poussé par la femelle, et le mâle lui-même ne le fait entendre que lorsqu'il est surpris par un bruit extraordinaire, à la vue de quelque ennemi, ou bien, lorsqu'étant posé, il veut attirer l'attention d'autres canards qui passent au-dessus de lui.

Maintenant, quels soins, quelle touchante sollicitude pour conduire les jeunes le long des rives herbeuses et peu profondes! Avec quelle patience on leur apprend à trouver les insectes aquatiques, les mouches et les graines qui composent leurs premiers aliments! A mesure que la petite famille grandit, vous la voyez, de temps à autre, glisser sur la surface unie du lac, à la poursuite d'une libellule, ou cherchant à attraper quelque imprudente sauterelle qui vient de s'y laisser choir. Ce sont d'excellents plongeurs : en un clin d'œil ils disparaissent, se dispersent sous l'eau, gagnent le rivage voisin, et de là s'échappent à travers les bois, où ils se tiennent cachés en toute sécurité. En pareil cas, j'employais ordinairement deux moyens pour les avoir vivants : l'un consistait à faire usage d'un filet comme celui dont on se sert pour les petites perdrix ; je l'en-

fonçais à moitié sous l'eau, poussais doucement les oiseaux, premièrement dans les bords, et enfin jusque
dans la poche. De cette manière, j'en ai pris un nombre considérable de jeunes et de vieux. L'autre méthode me fut enseignée, comme par hasard, dans une
chasse au fusil, avec un excellent chien d'arrêt. Je remarquai qu'à la vue seule de ce fidèle animal, les jeunes
canards fuyaient précipitamment vers la rive, les
grands, de leur côté, prenant l'essor dès qu'ils croyaient
leur couvée en sûreté; mais aussitôt Junon s'élançait à
l'eau, traversait l'étang ou le marais, et ayant atteint le
bord opposé, partait au galop sur leur trace. Quelques instants après, je la voyais revenir m'apportant doucement un caneton que je lui prenais dans la gueule,
sans qu'elle lui eût fait le moindre mal.

Lorsque je demeurais à Henderson, j'eus l'idée d'apprivoiser plusieurs de ces oiseaux; et, en quelques
jours, Junon m'en eut procuré autant que j'en pouvais
désirer. J'en mis une douzaine ou plus dans un filet,
les emportai chez moi et les enfermai dans des barils
à farine que je tins recouverts pendant les premières
heures pour les accoutumer plus vite. Quelques-uns de
ces barils étaient placés dans la cour, et chaque fois
que je venais en lever le couvercle, j'apercevais tous
mes petits canards grimpés, à l'aide de leurs griffes aiguës, jusqu'au haut de leur prison. Dès qu'ils trouvaient
place où se faufiler, ils faisaient la culbute par-dessus le
bord et décampaient dans toutes les directions. C'est
une manœuvre que je leur vis exécuter bien souvent :
ils montaient petit à petit du fond de la barrique, ga-

gnant un pouce ou deux à chaque pas, levant un pied, puis l'autre, et s'accrochant sur les côtés avec la pointe recourbée de leurs griffes qui, lorsque je passai ma main dessus, me parurent aussi fines que des aiguilles. On les nourrit facilement avec de la farine de maïs trempée dans de l'eau; et quand ils prennent des forces, ils savent eux-mêmes très adroitement attraper des mouches. A moitié venus, je les fournis abondamment de locustes encore sans ailes, que de jeunes garçons me ramassaient sur des troncs d'arbres et des tiges de vernonia (1), sorte de chanvre sauvage très commun dans ces contrées. Je les leur jetais sur un petit étang artificiel que j'avais dans mon jardin, et bien souvent je me suis amusé à les voir courir et se battre ensemble à qui les aurait. Ils croissaient rapidement; mais je leur coupai le bout des ailes, et tous, l'un après l'autre, ils furent pondre dans des boîtes que j'avais placées convenablement sur l'eau, et entourées d'un rang de piquets auprès desquels on avait eu soin de mettre les matériaux nécessaires à la construction de leur nid.

Mais rien n'est intéressant, dans l'histoire de ces oiseaux, comme l'époque de leurs amours. L'élégance de leur parure, la propreté de leur plumage, la grâce de leurs mouvements, tout, en eux, est pour l'observateur l'objet d'un plaisir qui ne s'épuise jamais. J'ai eu cent

____

(1) *Iron-weed* (*Vernonia novæboracensis*, Linn.), genre de plantes dicotylédones, à fleurs complètes, de la famille des Composées, et consacré à la mémoire de Guillaume Vernon, botaniste américain.

et cent fois occasion de les étudier à ce moment ; ce que j'en vais dire est donc puisé à bonne source.

Mars est de retour ; le cornouiller épanouit au soleil ses blancs corymbes ; les grues s'en vont déployant leurs larges ailes, et disent adieu pour une saison à notre pays ; des multitudes d'oiseaux d'eau poursuivent en l'air leurs migrations du printemps ; les grenouilles mettent la tête hors de leurs retraites fangeuses et hasardent quelques coassements, premiers signes d'une joie encore languissante ; enfin, d'hier sont arrivées les hirondelles, et l'oiseau bleu vient de rentrer à sa boîte. Presque seule, sur le marais, reste la brillante troupe des Canards, et là, vous pouvez la contempler à loisir. Voyez le mâle jaloux donnant la chasse à ses rivaux, et la femelle rusée qui coquette avec celui qu'elles a choisi. Comme ce dernier relève gracieusement la tête et fait onduler son cou ! Comme il s'incline devant l'objet de son amour et redresse son aigrette soyeuse ! Sa gorge se gonfle, et il en sort un son guttural qui semble des plus doux à celle qui va devenir sa compagne. Incapable elle-même de dissimuler le désir de plaire qui la transporte, elle nage à côté de son mâle, lui caresse les plumes avec son bec, et manifeste vivement son déplaisir à toute autre de son sexe qui ose approcher. Bientôt l'heureux couple se retire à l'écart ; leurs caresses redoublent, et le pacte conjugal étant enfin scellé, ils s'envolent dans les bois pour chercher quelque spacieux trou de pic et s'y établir. Parfois les mâles se battent entre eux ; mais leurs combats ne sont pas de longue durée, et le champ de bataille est rarement ensanglanté. La perte de quelques plumes, un bon coup de bec sur la tête, suffisent presque toujours pour décider la victoire. Bien que le nid ne soit jamais construit que dans le creux d'un arbre, leur union se consomme uniquement sur l'eau, quand même ils se seraient préalablement donné des preuves de leur amour sur quelque haute branche de sycomore. Pendant que la femelle dépose ses œufs, on voit le mâle voler rapidement autour de la cavité qui la dérobe aux regards ; sa crête est relevée, et il fait entendre un cri d'appel auquel elle ne cesse de répondre.

Sur le sol, le Canard huppé court légèrement et avec plus d'aisance qu'aucun autre de sa tribu. Quand il a touché terre près d'un étang ou d'une rivière, il commence par secouer la queue, regarde autour de lui, et part en quête de nourriture. Il se meut avec une égale facilité sur les larges branches des arbres. Parfois, au bord d'un marais solitaire, j'en ai vu trente à quarante perchés sur un seul sycomore, et je l'avoue, c'était pour moi le plus curieux et le plus charmant spectacle. Ils m'ont toujours rappelé le Canard de Moscovie, dont ils sont comme la fine et délicieuse miniature. Lorsqu'ils veulent marcher, c'est de préférence sur quelque souche inclinée, ou sur le tronc d'un arbre renversé et dont une extrémité plonge dans l'eau, tandis que l'autre porte sur la rive escarpée, et ils se tiennent prêts à s'envoler à la première alerte. C'est ainsi que, dans les grands remous de l'Ohio ou du Mississipi, j'en ai vu des bandes entières s'enlever de l'eau et gagner les bois, quand l'approche d'un steamer leur était signalée. S'ils

se sentent blessés et suivis de près, ils nagent vite et
plongent bien ; quelquefois, se maintenant presque à
fleur d'eau, ils ne laissent paraître que leur bec ; mais,
en d'autres temps, ils s'échappent au fond des bois ou
se tapissent au milieu d'un champ de cannes, derrière
quelque grosse souche. C'est là souvent que je les ai
trouvés, conduit par mon chien, qui les avait suivis à
la piste. Quand l'alarme est donnée, ils s'envolent de
dessus l'eau d'un seul coup d'ailes, soit pour fuir dans
les bois, soit pour descendre ou remonter au long de la
rivière ; mais qu'un ennemi se montre, tandis qu'ils sont
à couvert sous les broussailles ou les roseaux d'un étang,
alors, au lieu de partir, ils nagent en silence au plus épais
du fourré, et finissent par tromper toute recherche en
abordant sur la rive et en courant à quelque petite place
bien cachée au milieu d'un autre étang. En automne,
on voit souvent toute une famille debout ou bien se reposant sur une souche flottante, où elle demeure ainsi
des heures entières, occupée à s'éplumer et à faire sa
toilette. Dans ces moments-là, un chasseur expérimenté peut en tuer une demi-douzaine et plus d'un seul
coup.

Le Canard huppé, ou, comme on l'appelle dans les
États de l'ouest et du sud, le Canard d'été, se nourrit
de glands, de faînes, de raisins et de baies de différentes sortes, après lesquelles il plonge à moitié, comme
le Canard sauvage commun, ou qu'il cherche en retournant très adroitement les feuilles, sous les arbres du rivage et dans les bois. Dans la Caroline, ils se retirent,
durant la nuit, sur les champs de riz aussitôt que le

grain devient laiteux. Ils mangent aussi des insectes, des limaces, des grenouillettes, de petits lézards d'eau, et avalent en même temps quantité de sable et de gravier pour aider à la trituration des aliments.

Le sens de l'ouïe est, chez ces oiseaux, excessivement délicat; et par ce moyen, ils déjouent souvent les ruses de leurs ennemis le vison (1), le raton et le putois. L'animal qu'ils ont le plus à craindre sur terre, c'est le vil serpent qui rampe jusque dans leurs nids et détruit leurs œufs; sur l'eau, les jeunes doivent surtout redouter la tortue serpentine (2), l'orphie, l'anguille, et, dans les districts du sud, les coups de queue et les formidables mâchoires de l'alligator.

Ceux qui nichent dans le Maine, le New-Brunswick ou la Nouvelle-Écosse, partent pour le sud dès les premières gelées; et il n'en est aucun qui passe l'hiver au nord, dans ces régions si reculées. J'ai été très surpris de lire dans Wilson que les canards de cette espèce ne s'attroupent presque jamais au nombre de plus de cinq ou six individus. Un de nos prétendus naturalistes, qui cependant a été plus à même d'étudier leurs mœurs que l'auteur si justement admiré de l'*Ornithologie d'Amérique*, répète la même erreur et s'imagine, à ce que je me suis laissé dire, que toutes ses assertions sont prises pour la vérité. Quant à moi, ce que je puis affirmer, c'est que j'en ai vu des centaines dans une

(1) *Mynx* ou *mynk* (*Mustella vison*), Putois des rivières de l'Amérique septentrionale.

(2) *Snapping turtle* (*Testudo serpentina*, Lin.).

même troupe; et j'ai su positivement qu'on en avait tué quelquefois quinze d'un seul coup; mais il est exact de dire qu'ils n'élèvent qu'une couvée par saison, à moins que leurs œufs ou leurs petits n'aient été détruits; et, dans ce cas, la femelle sait bien rappeler à elle son mâle du milieu de la troupe à laquelle il s'était joint.

Dans un journal de notes que j'écrivais à Henderson il y aura bientôt vingt ans, je trouve constaté ce qui suit : L'attachement du mâle pour sa femelle ne dure qu'une saison, et chaque année ils savent se pourvoir d'une nouvelle compagne, les plus forts choisissant les premiers, et les plus faibles devant se contenter de ce qui reste. Les jeunes que j'élevai chez moi, quel que fût le lieu d'où ils parvinssent à s'échapper, ne manquaient jamais de se diriger tous en droite ligne vers l'Ohio, bien qu'auparavant aucun d'eux n'eût assurément ni fréquenté, ni même vu ce fleuve. Une dernière circonstance que j'ai à mentionner ici, c'est que, lorsqu'il entre dans la cavité où est son nid, ce Canard s'y plonge tout entier du premier coup, sans s'être préalablement posé sur l'arbre; jamais non plus je n'en ai vu prendre, par force, possession du trou d'un pic; enfin, pendant l'hiver, il souffre volontiers que des Canards d'espèces différentes fassent société avec lui.

LES CHERCHEURS D'OEUFS DU LABRADOR.

On donne ce nom à certains individus, dont l'occu
pation principale, sinon exclusive, est de se procurer
des œufs d'oiseaux, pour aller ensuite les vendre à
quelque port éloigné. Leur grand objet est de piller
tout nid qu'ils trouvent, n'importe en quel lieu et à
quels risques. C'est le fléau des malheureux oiseaux;
et leur brutal penchant à détruire ces innocentes créatures, après les avoir volées, se satisfait sans miséricorde, chaque fois qu'une occasion s'en présente.

On m'en avait dit beaucoup sur le compte de ces affreux pirates, avant que j'eusse visité les côtes du
Labrador; mais, en vérité, je n'aurais pu croire à tant
de cruauté, si je n'en avais été témoin moi-même; c'est
à faire horreur! Jugez plutôt:

Voyez-vous se traîner, là-bas, cette honteuse chaloupe? Elle rampe comme un voleur; on dirait qu'elle
redoute la clarté des cieux. A l'ombre, derrière chaque
île rocailleuse, un individu qui tient le gouvernail lui
fait faire halte. Si son métier était honnête, elle ne
chercherait pas à se cacher ainsi; elle ne se déroberait
pas au milieu de ces épouvantables rochers, sombre retraite des myriades d'oiseaux qui, tous les ans, dans
cette région désolée de la terre, viennent pour élever
leur jeune famille loin des embûches qui les menacent

ailleurs. Bien différente est la marche du franc, du hardi, du brave marin, qui n'a pas besoin de masque, dédaigne la ruse, et dans toute occasion, se montre la face à découvert. Leur vaisseau même est ignoble comme eux : ses voiles ne sont qu'un rapetassage de lambeaux d'étoffes volées, dont les propriétaires, après avoir probablement échoué sur quelque côte inhospitalière, ont été pillés et peut-être massacrés par les misérables qui sont devant nous ; ses flancs ne sont ni peints, ni même goudronnés, mais tout bonnement barbouillés ; on les a plâtrés et raccommodés avec quelques peaux de veau marin grossièrement cousues ensemble ; son pont n'a jamais été lavé ni sablé ; sa cale, car il n'a pas de cabine, bien qu'à vide pour le moment, exhale une odeur de charnier. Les huit gredins dont se compose l'équipage dorment étendus au pied de leur mât qui chancelle, sans souci des réparations dont chacun de leurs agrès a tant de besoin. Mais voyez : le voilà qui se hâte ; tout en lui nous annonce un mauvais dessein ; suivons-le.

Il glisse, il glisse sur les flots, l'impur maraudeur ! Il commence à se faire tard ; la bande a mis la barque en mer ; ils sautent dedans, s'y assoient et sont armés chacun d'un fusil tout rouillé. L'un d'eux dirige l'esquif vers une île où depuis des siècles nichent des milliers de guillemots, objet de leur convoitise et but de leur rapine. A l'approche des lâches voleurs, des nuées d'oiseaux s'envolent du roc, remplissent les airs, et tournoient en criant sur la tête de leurs ennemis. Des milliers d'autres encore sont demeurés dans leur attitude droite, continuant à couvrir chacun son œuf unique, espoir de l'un et de l'autre parents. Cependant, on entend les sourdes détonations de plusieurs mousquets; les morts, les blessés, roulent pesamment sur le roc ou jusque dans l'eau ; et ceux qui survivent s'envolent épouvantés vers leurs compagnons et planent en désordre au-dessus de leurs assassins, qui, vociférant et jurant, s'élancent pour achever leur glorieuse victoire. Voyez-les broyer le poussin avec la coquille, écraser en riant les œufs sous leurs bottes puantes et grossières. Et quand la besogne est finie, quand ils quittent cette île, pas un œuf qui n'ait été détruit à plaisir. Les oiseaux morts sont mis en tas, ils les emportent et rentrent enfin dans leur hideuse chaloupe. Les guillemots, plumés en un tour de main et encore chauds, sont jetés sur des charbons, où ils grillent en quelques minutes. Quand on les juge suffisamment cuits, on apporte le rhum; et après s'être bourrés de cette chair huileuse, à demi empoisonnés, et savourant les jouissances de cette digestion de brute, nos pirates tombent pêle-mêle sur le pont de leur bâtiment en ruine, pour y passer deux ou trois heures d'un lourd sommeil, ou plutôt d'un véritable cauchemar.

Déjà, vers l'est, le soleil brille sur le sommet neigeux de la montagne; doux est le souffle du matin, même dans ces régions désolées; le passereau redresse sa blanche crête et témoigne bruyamment sa joie en voltigeant autour de sa femelle qui couve; du haut du rocher, la perdrix des saules fait retentir au loin son appel ; toute fleurette rouvre sa pure corolle qu'avait fermée l'air de la nuit; et les feuilles des herbes, agitées par une molle brise, laissent tomber les gouttes pesantes de la rosée. Cependant, les guillemots se sont rétablis sur l'île et renouvellent leurs caresses et leurs amours. Surpris par l'éclat du jour, l'un des pirates se réveille en sursaut et secoue ses camarades qui regardent autour d'eux, étonnés et comme ne sachant plus où ils sont. Voyez-les, ces dégoûtants coquins, s'essuyer les yeux de leurs sales doigts ; lentement ils se mettent sur leurs jambes, se détirent, et leurs mâchoires, en bâillant, semblent se disloquer..... Vous reculez! c'est qu'en vérité cette bouche et ce gosier feraient peur à un requin !

Mais le chef, se rappelant que tant d'œufs valent au moins un dollar ou une couronne, jette un coup d'œil du côté du roc, marque le jour dans sa mémoire, et donne les ordres pour le départ. La brise légère les pousse vers un autre port, à quelques milles plus loin, et qui, comme le premier, est également caché et défendu contre l'Océan par une île et des rochers. Là recommence dans tous ses détails la scène de la veille; et, pendant une semaine entière, chaque nuit se passe ainsi, pour eux, dans la crapule et l'ivrognerie. Enfin, ayant atteint la dernière station où ils espèrent trouver des oiseaux, ils reviennent par la même route, touchent successivement à chaque île, massacrent autant de ces pauvres êtres qu'il leur convient, et font provision d'œufs frais jusqu'à en avoir une cargaison complète. A chaque pas, ces misérables ramassent un œuf si beau que c'est pitié, surtout quand on sait pour quel motif ils le ravissent. Mais eux, ils sont bien sensibles à ces choses-là! Que leur importe! pourvu qu'ils ramassent, ramassent toujours, et qu'après eux il n'en reste pas un seul sur le roc nu! Des dollars! des dollars! Tel est le seul cri de leur cœur sordide; et ils continuent bravement ce métier si répugnant pour tout homme honnête et qui se connaît quelque autre moyen de gagner sa vie.

Leur barque à moitié pleine, ils reviennent vers le rocher principal, celui où ils ont abordé en premier lieu; mais quelle est leur surprise! d'autres vauriens de même espèce les y ont devancés et s'emploient de leur mieux à faire la récolte. Transportés de rage, ils apprêtent leurs fusils et jouent des avirons. Ils débarquent et leur courent sus en vrais furieux; mais les camarades ne sont pas non plus très endurants : la première question est une décharge de mousqueterie, à laquelle une autre répond; et maintenant, à l'abordage, homme contre homme, comme des tigres! Celui-ci, le crâne fracassé, est déposé dans son bateau; celui-là reçoit un coup de feu à la jambe et se retire, en boîtant, du champ de bataille; un troisième a les joues percées de part en part et se sent privé de la moitié des dents; mais enfin la querelle s'apaise; le butin sera partagé par portions égales; on fait la paix le verre à la main, et vous n'entendez plus que blasphèmes et grossières plaisanteries. Regardez : une fois encore ils sont repus. Presque étouffés, ivres-morts, ils trébuchent l'un sur l'autre, et bientôt à leurs sourds ronflements se mêlent les gémissements et les imprécations des blessés. Les voilà tous ensemble gisant sur la pierre; qu'ils y restent, les brutes!

Cependant de nouveau brille l'aurore; aucun ne bouge ; le soleil est déjà haut; alors, l'un après l'autre, ils ouvrent des yeux hébétés, étendent les jambes, bâillent et finissent par se mettre sur leur séant. — Mais quels sont ces nouveaux arrivants? Ah! cette fois, c'est une troupe d'honnêtes pêcheurs qui, depuis plusieurs mois, n'ayant vécu que de salaisons, sentent le besoin de se régaler de quelques œufs. Fiers et légers voguent leurs bateaux sous l'impulsion des vigoureux rameurs; sur chaque embarcation flotte joyeusement le pavillon du pays; ils n'ont point d'armes et ne pourraient se battre qu'avec leurs longues rames ou à coups de poing. Tous, ils ont mis leurs beaux habits du dimanche, et sans soupçon ils abordent et se préparent à escalader le roc. Les autres, qui sont bien encore une douzaine armés de fusils et de gourdins, leur barrent le passage et les défient. Après quelques mots de mutuelle provocation, je ne sais lequel des bandits, encore ivre, lâche la détente, et les marins voient tomber un des leurs. Alors ils poussent par trois fois un cri formidable, et tous ensemble se précipitent sur les brigands. La mêlée est horrible; mais enfin le bon droit l'emporte, et tous les chercheurs d'œufs restent sur le carreau, foulés aux pieds et meurtris. Trop souvent aussi, les pêcheurs prennent leurs bateaux, vont à la chaloupe et brisent tous les œufs qu'elle contient.

Car ce ne sont pas seulement les chercheurs d'œufs de profession, mais les pêcheurs eux-mêmes qui font cette cruelle guerre aux nids des oiseaux; et de là de fréquentes et terribles querelles. Pendant que nous

étions à terre, aucun de nous n'osait s'aventurer sur
les îles que ces vagabonds regardent comme leur propriété, sans être pourvu de bons moyens de défense.
Une fois, nous trouvâmes deux de ces misérables à la
besogne; je m'en approchai, leur dis ce que je cherchais, promettant de bien les récompenser s'ils voulaient me procurer des oiseaux rares et quelques-uns de
leurs œufs; ils me donnèrent de belles paroles, mais ne
se hasardèrent jamais du côté de notre vaisseau.

Ces gens-là ne négligent pas de ramasser, chemin
faisant, le duvet qu'ils peuvent trouver; toutefois leur
imprévoyance est telle qu'ils n'épargnent aucun oiseau;
ils tuent tout : mouettes, guillemots, canards et puffins sont massacrés en masse, les uns pour leurs œufs,
les autres seulement pour leurs plumes. Ils sont si
acharnés à la destruction, que ces mêmes espèces qui,
au dire des rares colons que je vis dans ces contrées, y
étaient extrêmement abondantes vingt années auparavant, ont déserté maintenant leurs antiques retraites,
pour aller, bien plus haut, se réfugier dans des lieux
où elles puissent vivre et élever en paix leurs petits. Au
fait, c'est à peine si je parvenais à me procurer un
jeune guillemot, là où ces maraudeurs avaient passé; je
n'en trouvai qu'à la fin de juillet, c'est-à-dire après que
les malheureux oiseaux s'étaient forcés pour pondre
trois ou quatre œufs au lieu d'un, et lorsque la nature
étant épuisée et la saison près de finir, des milliers
quittaient le pays, sans même avoir rempli le but pour
lequel ils y étaient venus. Au reste, cette guerre d'extermination ne peut durer longtemps. Les chercheurs

d'œufs seront les premiers à se repentir, lorsque auront totalement disparu ces innombrables troupes d'émigrantsqui choisissaient les côtes du Labrador pour leur résidence d'été ; car, à moins de poursuivre leurs tribus persécutées jusqu'aux dernières glaces du Nord, il faudra bien qu'ils renoncent eux-mêmes à leur métier.

LE GRAND HÉRON BLEU.

De toutes les parties de l'Union, il n'en est aucune que je préfère à la Louisiane ; sans vouloir dire pourtant que le Kentucky et quelques autres États n'aient pas leur bonne part dans mes affections. Mais pour l'instant nous sommes sur les bords de l'Ohio, le beau fleuve, et nous devons nous y arrêter, cher lecteur, car il s'agit d'étudier le Héron ! Parmi nos oiseaux dits échassiers, j'en connais peu qui soient plus dignes de notre intérêt. Ses mouvements sont aisés, ses formes sveltes, sinon élégantes ; regardez celui-ci qui se tient sur la rive : son image réfléchie plonge dans le pur courant des eaux qu'aucun souffle n'agite ; elle irait se reproduire jusqu'au fond, si le lit n'était encombré par les innombrables rameaux qui tombent de ces arbres

magnifiques. Comme tout est calme et silencieux!
quelle scène grandiose! il marche si doucement l'oiseau
aux longues jambes, qu'on ne l'entend même pas, tandis
qu'il foule la vase avec précaution, restant un moment
suspendu sur un pied à chaque pas qu'il fait. Maintenant, de ses yeux d'or, il passe en revue les objets
aux environs; et facilement il peut les inspecter, quand
il allonge ainsi son cou souple etgracieux. N'ayant rien
aperçu qui lui porte ombrage, il se rassure; lentement
sa tête redescend entre ses deux épaules, les plumes de
sa gorge retombent et flottent, et plein de résignation
et de patience, il attend le poisson dont il veut faire sa
proie. A le voir, à présent, si complétement immobile,
ne diriez-vous pas qu'il est pétrifié? Mais il a fait un
mouvement; il lève une jambe et s'avance en redou-
blant de précaution; peu à peu sa tête se redresse; il
s'apprête..... Ah! quel coup! dardant son bec formidable, il vient de transpercer une perche qu'il achève
en la battant contre le sol; mais le difficile est de l'avaler.
Voyez quels efforts, et comme il distend son large gosier!
A la fin pourtant, il déploie ses vastes ailes, et s'envole
tranquillement pour chercher un autre poste, ou peut-
être pour se dérober à son importun observateur.

La Grue bleue (c'est le nom par lequel cet oiseau est
généralement désigné en Amérique) se rencontre dans
toutes les parties de l'Union. Quoique plus abondante
sur les basses terres de nos côtes de l'Atlantique, elle
n'est cependant pas rare à l'ouest des monts Alléghanys.
Bien connue, de la Louisiane au Maine, on ne la trouve
pas souvent, à l'est, plus loin que l'île du Prince-

Édouard, dans le golfe de Saint-Laurent; et pendant mes longs voyages, je n'ai eu connaissance par moi-même, ni entendu parler d'aucune espèce de Héron, soit à Terre-Neuve, soit au Labrador. Vers l'ouest, je crois qu'elle atteint jusqu'au pied des montagnes Rocheuses. C'est un oiseau robuste, capable de résister à des températures extrêmes, et qui semble être, dans sa tribu, ce qu'est le pigeon voyageur dans la famille des colombes. Au moment le plus rigoureux de l'hiver, on trouve le Héron bleu dans le Massachusets et le Maine, où il travaille à se procurer de la nourriture près de quelque source chaude, ou sur les bords des étangs. Au sud et à l'ouest de la Pensylvanie, il en vient beaucoup plus que dans les États du centre, parce qu'ici probablement, à ces oiseaux, on fait trop la guerre.

Excessivement farouches et défiants, ils sont sans cesse sur le qui-vive. Aucun faucon n'a l'œil aussi perçant, et ils entendent à des distances considérables; de sorte qu'ils peuvent distinguer clairement ce qu'ils voient, et juger avec précision des différents bruits qui leur arrivent. A moins de circonstances très favorables, c'est en vain qu'on cherche à les approcher. Par hasard, vous pourrez en surprendre un pendant qu'il ne songe qu'à chercher sa proie au long de quelque crique profonde, ou bien lui envoyer un coup de fusil lorsqu'il vous passe à l'improviste sur la tête; mais n'essayez pas de marcher vers lui. J'en ai vu qui s'envolaient dès qu'un homme paraissait à moins d'un demi-mille; et la simple détonation d'une arme à feu les fait fuir d'une distance telle, qu'on croirait qu'à peine ils ont pu l'entendre.

Néanmoins, au milieu des bois et lorsqu'ils sont perchés sur un arbre, on peut les approcher avec quelque chance de succès.

Ils mangent à toute heure du jour, aussi bien au crépuscule qu'à l'aurore, et même pendant la nuit, quand elle est claire. Pour cela, ils n'ont d'autre règle que leur appétit. Cependant je me suis assuré que lorsqu'on les trouble dans les nuits sombres, ils sont tout déconcertés et ne cherchent qu'à se reposer au plus vite possible. Mais le cas est différent lorsqu'ils passent d'une contrée à l'autre, accomplissant quelque lointain voyage : alors ils volent de nuit, à une grande hauteur au-dessus des arbres, et continuent à s'avancer d'un mouvement régulier.

Le besoin de nicher commence à se faire sentir chez eux plus ou moins tôt, suivant les latitudes, c'est-à-dire des premiers jours de mars au milieu de juin. C'est seulement vers cette époque qu'ils songent à s'associer par couples. Le reste du temps, ils demeurent tout à fait solitaires, et même, excepté dans la saison des œufs, chaque individu semble vouloir se réserver, pour vivre, un canton particulier, d'où il chasse sans rémission tout intrus de sa propre espèce. Ordinairement aussi, ils reposent seul à seul, perchant sur les arbres, quelquefois s'établissant sur le sol, au milieu d'un vaste marais, où ils sont à l'abri des atteintes de l'homme. Cette disposition insociable provient sans doute du besoin de s'assurer une certaine abondance d'aliments, dont, en effet, chaque individu consomme une assez grande quantité.

Rien n'est amusant comme de les observer au moment des amours, lorsque les mâles commencent à chercher des compagnes : au lever du soleil, vous les voyez arriver et descendre sur les bords de quelque large banc de sable ou sur une savane. Ils viennent de différents quartiers, l'un après l'autre et pendant plusieurs heures. Vous en avez quelquefois devant vous quarante ou cinquante, et même, aux Florides, j'en ai vu des centaines s'assembler ainsi dans le courant d'une matinée. Ils sont alors dans toute leur beauté, et l'on ne remarque point de jeunes parmi eux. Ces mâles se pavanent d'un air important et jettent le défi à leurs rivaux ; tandis que les femelles font les belles de leur côté et poussent toutes à la fois leur cri d'appel, pour les enflammer et solliciter leurs caresses. Il n'est aucun de ces fiers champions que ne transporte un égal désir de plaire, et qui par suite, dans chaque prétendant, ne rencontre un ennemi toujours prêt à commencer l'attaque. Brutalement, avec fureur, sans la moindre courtoisie, ils s'élancent l'un sur l'autre, ouvrant leur bec redoutable et se battant les flancs de leurs ailes. Il semblerait qu'un seul coup bien appliqué dût suffire pour terminer la querelle ; mais ils sont sur leurs gardes : plusieurs passes sont échangées, les coups succèdent aux coups ; le plus habile maître d'escrime ne parerait pas mieux. J'ai vu de ces combats durer plus d'une demi-heure, sans que mort s'ensuivît ; mais souvent aussi, l'un des deux reste sur le carreau, brisé et tout meurtri, ce qui arrive quelquefois même après que l'incubation a commencé. Quand la paix est faite, mâles et femelles s'envolent par couples, et je pense qu'ils sont appariés pour toute la saison ; du moins, je ne les voyais plus s'attrouper, comme précédemment, dans un même lieu, et leur humeur, dès lors, paraissait beaucoup plus pacifique.

Ils ne sont pas, tant s'en faut, dans l'habitude constante d'élever leur famille en communauté plus ou moins nombreuse. Sans doute, j'ai vu plusieurs associations de ce genre ; mais souvent aussi j'ai trouvé des couples qui nichaient à part. Ils ne font pas non plus invariablement choix d'arbres s'élevant de l'intérieur d'un marais, puisqu'aux Florides j'ai remarqué des héronières au milieu de landes couvertes de pins, à plus de dix milles de tout marais, étang ou rivière. Les nids sont établis tantôt sur la cime des plus grands arbres, d'autres fois à quelques pieds seulement de terre ; il y en a qui reposent sur le sol même, et on en trouve jusque sur des cactus. Aux Carolines, les hérons de toute espèce sont extrêmement abondants, non moins peut-être que dans les parties basses de la Louisiane et des Florides, là où des réservoirs et des fossés, sillonnant de toutes parts les plantations et les champs de riz, sont remplis de poissons de diverses sortes, qui leur assurent une proie riche et facile. Aussi viennent-ils y nicher en grand nombre ; et quand ils ont eu soin de s'établir au-dessus d'un marais, ils peuvent y vivre aussi sûrement qu'en aucun lieu du monde. Qui donc oserait les poursuivre au fond de ces affreuses retraites, dans une saison où il s'en exhale des miasmes mortels, et au risque d'être cent fois englouti avant d'arriver jusqu'à eux ?

Imaginez-vous une surface de quelques cents acres,

couverte d'énormes cyprès dont les troncs, montant sans branches jusqu'à une cinquantaine de pieds, s'élancent du milieu des eaux noires et bourbeuses. Plus haut, leurs larges cimes s'étendent, s'entrelacent et semblent vouloir séparer les cieux de la terre ; à travers leur sombre voûte pénètre à peine un rayon de soleil. Cet espace fangeux est encombré de vieilles souches qui disparaissent sous les herbes et les lichens ; tandis que dans les endroits plus profonds s'épanouissent les nymphéas, auxquels se mêle une foule d'autres plantes aquatiques. Le serpent congo (1), le moccasin des eaux (2) glissent devant vous et se dérobent à votre vue ; vous entendez le bruit que font les tortues effrayées qui se laissent tomber de dessus les troncs flottants, d'où plonge aussi le perfide alligator en enfonçant sa tête monstrueuse sous l'infect marais. L'air est imprégné de vapeurs empestées, au milieu desquelles s'agitent et bourdonnent des milliers de moustiques et toutes sortes d'insectes ; le coassement des grenouilles, les rauques clameurs des anhingas et les cris des hérons, font une musique digne de la scène. Embourbé jusqu'au genou dans la vase, vous déchargez votre fusil sur l'un des nombreux oiseaux qui couvent au-dessus de votre tête ; mais alors s'élève un tel vacarme, que c'est à ne plus rien entendre. Les oiseaux épouvantés se croisent confusément dans leur fuite ; les petits cherchent à se sau-

(1) *Congo-snake* (*Amphiuma means.* Harlan),
(2) *Water-moccasin* (*Crotalus piscivorus*, Latreille).

ver, et, trop faibles encore pour se soutenir, dégrin-
golent et font rejaillir l'eau fétide qui vous éclabousse ;
une pluie de feuilles piquantes comme des aiguilles descend en tourbillons du haut des arbres, et vous ne de-
mandez plus qu'à fuir….. Courage ! au contraire ; res-
tez ferme au poste pour tirer des hérons, et tirez,
tirez ! le gibier ne vous manquera pas ; vous en aurez
de plus d'une espèce : grand héron bleu, héron blanc,
et quelquefois des hérons de nuit et des anhingas. Si
on ne leur fait pas une guerre trop cruelle, tous ils re-
viendront nicher d'année en année dans ces tristes
lieux, où ils se plaisent.

Le nid est toujours large et plat, extérieurement
formé de bûchettes, avec lesquelles sont entrelacées,
sur une épaisseur considérable, des herbes et de la
mousse. Quelquefois on en trouve plusieurs ensemble
sur le même arbre, quand il est touffu et à la convenance de ces oiseaux. Il contient trois œufs au plus ; je
n'ai pas souvenir d'y en avoir jamais vu davantage, et
il en est constamment de même pour toutes les grosses
espèces que je connais, depuis le héron bleu jusqu'au
héron occidental (1) ; mais les espèces inférieures en
pondent d'autant plus qu'elles sont plus petites. Le
héron de la Louisiane en pond fréquemment quatre, le
héron vert cinq et parfois six. Ceux du grand Héron
bleu sont très petits comparés à la taille de l'oiseau ; ils
n'ont que deux pouces et demi de long sur un pouce et

____

(1) Héron blanc, ou grande aigrette.

sept douzièmes de large ; la couleur est d'un blanc bleuâtre terne, sans taches ; la coquille rude au toucher et d'une forme ovale régulière.

Le mâle et la femelle couvent alternativement et se donnent à manger l'un à l'autre. Leur mutuelle affection est aussi forte que celle qu'ils portent à leurs petits ; et ils ont soin d'entretenir ces derniers dans une telle abondance, qu'il n'est pas rare de trouver le nid approvisionné de poisson et d'autre nourriture, soit fraîche, soit à différents degrés de putréfaction. A mesure que les jeunes grandissent, ils sont moins fréquemment visités par leurs parents, qui cependant ne manquent pas de leur faire partager toutes leurs bonnes aubaines ; mais dans des nids placés bas, j'en ai vu parfois qui, s'appuyant sur leur derrière et les jambes étendues toutes droites devant eux, avaient l'air de souffrir de la faim et demandaient à grands cris à manger. Il leur faut une telle quantité d'aliments, que c'est à peine si le père et la mère, malgré tout l'exercice qu'il se donnent, suffisent à satisfaire la voracité de leur appétit. Ce n'est que lorsqu'ils savent bien voler, qu'ils sont capables de se subvenir à eux-mêmes. Alors les parents les chassent et les laissent s'en tirer comme ils pourront. Quand ils quittent le nid, ils sont généralement en bon état ; mais étant encore inexpérimentés, il leur faut d'abord considérablement rabattre de leur ordinaire, et bientôt ils deviennent maigres et chétifs. Auparavant, leur chair était passable ; quant à celle des vieux, elle n'est nullement de mon goût, et j'en cède volontiers le régal aux amateurs. Pour moi, je le répête, il n'est ni corneille, ni jeune aigle que je ne leur préfère en toute saison.

Le grand Héron bleu se nourrit principalement de poisson ; mais il mange aussi des grenouilles, des lézards, des serpents et des oiseaux, ainsi que de petits quadrupèdes, tels que musaraignes, mulots et jeunes rats. Il ne dédaigne pas non plus les insectes aquatiques et sait très adroitement attraper, soit au vol, soit par terre, mouches, scarabées, papillons et libellules. Il détruit une grande quantité de poules d'eau, râles et autres oiseaux ; mais je n'en ai jamais vu prendre de crabes ; et les seules graines que j'aie trouvées dans son estomac étaient celles du grand lis d'eau de nos États du sud. Il frappe toujours sa proie d'un coup de bec, de manière à lui transpercer le corps le plus près possible de la tête. Quand l'animal est fort et vivace, il achève de le tuer en le battant par terre ou contre le roc ; après quoi, il l'avale tout d'une pièce. Un jour, sur la rivière Saint-Jean, dans la Floride, j'en tuai un que j'ouvris et dans l'estomac duquel je trouvai une jolie perche encore toute fraîche, mais dont la tête avait été coupée. On la fit cuire, et elle me parut excellente, ainsi qu'au lieutenant Piercy et à mon aide, M. Ward ; mais M. Leehman ne voulut pas même en goûter. Un de mes amis, John Bulow, avait, à diverses reprises, apporté de New-York des dorades pour les mettre dans un étang bien enclos d'un mur et que traversait un petit ruisseau ; mais, quelques jours après les y avoir lâchées, il les voyait toutes disparaître. Instruit de cette circonstance et soupçonnant quelque héron d'être l'auteur du méfait, je lui conseillai de se mettre en embuscade avec un fusil : c'est ce qu'il fit ; et cette mesure eut pour résultat la mort d'un superbe héron, de ceux de notre espèce, dans lequel il retrouva sa dernière dorade.

A l'état sauvage, jamais ce Héron ne mange de poisson mort, ni d'aucun autre animal qu'il n'ait tué lui-même. Il lui arrive parfois de s'attaquer à un poisson si gros et si fort, qu'il court risque de sa propre vie. C'est ainsi que, sur la côte de la Floride, j'en vis un qui ne craignit pas de s'adresser à un adversaire de cette taille. Bien qu'il se tînt ferme et raide sur ses hautes jambes, il fut entraîné assez loin, tantôt à la surface, tantôt sous l'eau ; enfin, par une brusque secousse, il parvint à dégager son bec ; mais il paraissait à bout, et resta près du rivage, tournant la tête à la mer, et probablement sans envie de recommencer. On ne s'imagine pas combien de poissons de cinq à six pouces un de ces oiseaux peut manger par jour. J'en avais quelques-uns à bord de *la Marion* qui, dans une demi-heure, consommaient plein un seau de jeunes mulets ; et quand je leur donnais de la chair de tortue, il leur en fallait plusieurs livres à chaque repas. Je ne fais pas de doute qu'un seul individu, bien disposé, ne pût dévorer quotidiennement plusieurs centaines de petits poissons. Sur l'une des *clefs* de la Floride, nous en prîmes un qui était en vie, mais si maigre et si pauvre, que je me décidai à le tuer pour connaître la cause de cet état misérable. C'était une femelle adulte et qui avait eu des petits au printemps. Son ventre était gangrené, et, en l'ouvrant, nous vîmes une tête de poisson de plusieurs pouces qui, tout entière encore, s'était logée dans ses entrailles. Le malheureux oiseau, combien il avait dû souffrir !

Une autre fois, vers Charleston, je trouvai deux de ces jeunes Hérons, déjà en état de voler, et qui se tenaient droits à quelques pas du nid, dans lequel un troisième était resté, à moitié pourri, et que les autres semblaient avoir mis à mort à force de le battre et de le piétiner. Il m'opposèrent peu de résistance, se contentant de gémir et de faire entendre un sorte de grognement sauvage. Je les mis dans une grande mue où étaient enfermés quatre Hérons blancs qui tout à coup se ruèrent avec tant de fureur sur les nouveaux venus, que je fus obligé de les lâcher sur le pont. J'avais souvent remarqué l'extrême antipathie que la majestueuse aigrette témoigne contre le héron bleu à l'état sauvage; mais je fus étonné de la retrouver aussi forte dans de jeunes sujets qui n'en avaient jamais vu, et qui, à cette époque, étaient de moindre taille que les autres. En vain j'essayai de les réconcilier en les mettant ensemble dans une grande cour; sur-le-champ les blancs attaquaient les bleus qui avaient toujours le dessous. Ces derniers montrèrent une humeur plus sociable et plus d'attachement l'un pour l'autre. Quand je leur jetais en l'air un morceau de tortue, ils le recevaient avec beaucoup d'adresse et l'engloutissaient au même instant. A mesure qu'ils devinrent plus familiers, je leur donnai du biscuit, du fromage et même de la couenne de lard.

Dès qu'il se sent blessé, le grand Héron bleu se prépare à la défense ; et malheur au chasseur ou au chien qui, sans précaution, approche de son redoutable bec ! il est certain de recevoir une cruelle blessure, et d'autant plus dangereuse, que l'oiseau vise ordinairement aux yeux. Si on le frappe avec une gaule ou un long bâton, il se renverse sur le dos et donne de grands coups de bec et de griffes. J'en ai tué plusieurs qui, longtemps après la mort, restaient pendus à l'arbre par les pieds. J'ai vu aussi ce héron donner la chasse à l'aigle pêcheur, alors que ce dernier s'en allait sans défiance au travers des airs, cherchant une place où il pût manger en paix le poisson qu'il tenait dans ses serres. Bientôt le héron l'avait rejoint, et à peine faisait-il mine d'attaquer, que l'aigle lâchait sa proie, et l'autre, se laissant glisser en bas, allait tranquillement la ramasser par terre. Dans une de ces rencontres, le poisson retomba dans l'eau, et le héron, vexé de ne pouvoir en profiter, s'acharna contre le pauvre aigle, et le poursuivit jusqu'au milieu des bois.

Le vol du grand Héron bleu est égal, puissant, et peut se soutenir longtemps sans faiblir. En s'enlevant de terre ou en quittant la branche, il reste silencieux, et part, le cou tendu et les jambes pendantes; puis son cou se retire en arrière, les jambes s'allongent en droite ligne à la suite du corps, et il continue sa route par des battements d'ailes faciles et mesurés ; tantôt rasant la surface des marais, tantôt, comme s'il y eût apparence de danger, passant à une grande hauteur audessus des champs et des forêts. Il va directement d'un étang et même d'un marais à l'autre, et ne dévie à droite ou à gauche, que lorsqu'il appréhende quelque piége. Quand il est pour se poser, il plane un moment en décrivant des cercles, et descend peu à peu vers la place qu'il a choisie. A mesure qu'il en approche, il étend de nouveau ses jambes et tient ses ailes toutes grandes ouvertes, jusqu'à ce qu'enfin il ait pris pied. Cette même manœuvre est répétée lorsqu'il veut s'abattre sur les arbres, où cependant il ne paraît pas si bien à l'aise que sur le sol. S'il est tout à coup surpris par quelque ennemi, il pousse plusieurs cris forts et discordants, qui cessent au moment où il s'envole.

Ces oiseaux mettent trois ans et plus à acquérir leur entier développement. A la sortie de l'œuf, ils semblent tout gauches et mal faits, et ne sont, en quelque sorte, que bec et jambes. Au bout d'une semaine, la tête et le cou se garnissent d'un duvet soyeux d'une couleur gris-sombre, et le corps commence à montrer de jeunes plumes, avec de larges tuyaux entourés d'une membrane mince et bleuâtre. A ce moment, les jointures tibio-tarsiennes paraissent d'une grosseur monstrueuse, et les os des jambes sont si mous, qu'on peut les courber et les ployer sans qu'ils se brisent. A quatre semaines, le corps et les ailes se couvrent de plumes d'une nuance ardoise foncée, avec une large bordure rouille de fer qui domine principalement sur les cuisses et l'articulation de l'aile. Le bec aussi s'est prodigieusement allongé, les jambes sont devenues plus solides, et l'oiseau peut se tenir droit sur son nid ou aux environs. Alors, ils ne reçoivent plus guère la nourriture qu'une fois par jour, comme si les parents voulaient leur apprendre de bonne heure que l'abstinence leur sera souvent une nécessité dans le cours de leur vie. Enfin, à l'âge de six ou sept semaines, ils quittent le nid, et chacun s'en va de son côté chercher sa subsistance.

Au printemps suivant, ils sont mieux proportionnés et plus robustes. On distingue déjà les plumes effilées de la poitrine et des épaules. La touffe qui pend sous la gorge du mâle commence à paraître, et l'aigrette est devenue blanche; mais, autant que j'ai pu m'en assurer, aucun n'est encore capable de se reproduire. C'est au deuxième printemps qu'ils prennent véritablement tournure; en dessus, leur plumage s'éclaircit, les taches sont d'un noir et d'un blanc plus purs, et quelques-uns ont l'aigrette longue de trois ou quatre pouces. Il y en a même qui s'accouplent à cet âge.

LA PÊCHE DANS L'OHIO.

Avec quel plaisir, mais aussi quels regrets, je me rappelle les jours heureux que j'ai passés sur les rives de l'Ohio. Images des premières années, vous revenez en foule charmer mes yeux! Je me représente le sol fertile, l'atmosphère tiède et embaumée de notre grand jardin de l'Ouest, du Kentucky, et je revois les eaux limpides de cette belle rivière qui, dans son cours, le borne à l'occident. Je me figure encore être sur ses bords : retournant de vingt ans en arrière, mes muscles ont recouvré leur souplesse, mon esprit sa promptitude et sa vigueur ; les rêves légers de l'avenir flottent devant moi, tandis que je me repose sur l'herbe du rivage, suivant du regard les ondes étincelantes. Sur ma tête, la forêt fait ondoyer ses majestueuses cimes, le taillis entrelace ses épais berceaux, sous lesquels retentit le chœur des chantres de la solitude, et qui, de leurs voûtes, laissent pendre des grappes de fruits vermeils et des guirlandes de magnifiques fleurs. Cher lecteur, je suis bien heureux..... Mais hélas ! déjà le songe s'est évanoui, et je me retrouve maintenant dans l'Athènes britannique, écrivant un épisode pour varier mes biographies d'oiseaux ; autour de moi s'entassent de jaunes et poudreux in-folios, d'où je cherche à extraire quelque particularité intéressante relativement à la pêche du *Chat marin* (1).

Cependant avant d'entrer en matière, je veux, dans une rapide description, vous donner au moins une idée de la demeure que j'occupais sur les bords du fleuve. Quand je débarquai pour la première fois à Henderson, dans le Kentucky, ma famille, de même que ce village, était très peu considérable : l'un se composait de six ou huit maisons, l'autre de ma femme, d'un enfant et de moi. Si peu nombreuses que fussent les maisons, nous eûmes cependant la chance d'en trouver une de

----

(1) Voyez la note de la page 55 au premier volume.

disponible. Je me trompe quand je dis maison; c'était une hutte faite de souches et de troncs d'arbres. Comme il n'y en avait pas de meilleure, nous dûmes nous en contenter, et nous nous y installâmes de notre mieux. Le pays, aux environs, se trouvait presque sans habitants; les provisions étaient rares, mais nos voisins étaient de braves gens, et nous avions apporté avec nous de la farine et des jambons. Nos plaisirs étaient ceux de deux nouveaux mariés, pleins de vie et le cœur joyeux; un sourire de notre enfant nous valait tous les trésors du monde. Les bois étaient peuplés de gibier, la rivière abondait en poisson; et, de temps à autre, un doux rayon de miel sauvage, que je dérobais à quelque arbre creux, venait enrichir notre petite table. Le berceau de notre enfant formait la plus riche pièce de notre mobilier; nos fusils et des lignes à pêcher étaient les instruments qui nous rendaient le plus de services. Nous avions bien commencé à cultiver un coin de jardin; mais la terre était si forte, que la première année, nos semis se trouvèrent de bonne heure étouffés sous de grandes herbes. J'avais avec moi un associé, ou *homme d'affaires*, et de plus un jeune Kentuckien, à qui les amusements de la forêt et de la rivière allaient bien mieux que le livre journal ou le grand livre. C'était, je puis le dire, un garçon né pour la vie des bois; il était chasseur, pêcheur, et comme moi comptait avant tout, pour fournir le ménage, sur le poisson et le gibier. Ce fut donc de ce côté que, d'un commun accord, se dirigea toute notre industrie.

Quantité aussi bien que qualité étaient des objets

importants pour nous; nous savions parfaitement que l'Ohio nourrissait trois espèces de chats marins, toutes assez bonnes; mais nous n'étions pas encore fixés sur la meilleure méthode pour les prendre. Néanmoins, nous résolûmes de travailler en grand, et sur-le-champ nous nous mîmes à fabriquer une *ligne dormante*. Ici sans doute, un mot d'explication devient nécessaire.

La ligne dormante n'est autre chose qu'une corde longue et grosse, en proportion toutefois de l'étendue du cours d'eau et de la taille du poisson auquel vous la destinez. Comme l'Ohio, à Henderson, est large d'au moins un demi-mille, et que les Chats marins pèsent depuis une jusqu'à cent livres, nous confectionnâmes une ligne qui pouvait avoir deux cents mètres de long, grosse comme le petit doigt d'une belle jeune fille de quinze ans, et aussi blanche que puisse l'être la main mignonne de la charmante enfant. Nous l'avions faite tout entière de coton du Kentucky, parce qu'il résiste mieux à l'eau que le chanvre ou le lin. La principale ligne achevée, nous en préparâmes une centaine de beaucoup plus petites, à chacune desquelles nous attachâmes un excellent hameçon de Kirby et Cie. Passons maintenant à l'appât.

Nous étions au mois de mai; la nature avait fait renaître une multitude de petits animaux qui couvraient la terre, fendaient les ondes et bourdonnaient au milieu des airs. Le Chat marin, par tempérament, est très glouton, et nullement difficile sur le choix de ses morceaux. Comme le vautour, il se contente de charogne, quand il n'a rien de mieux. Après quelques essais, nous reconnûmes que, de toutes les friandises avec lesquelles nous cherchions à l'allécher, ce qu'il préférait décidément en cette saison, c'était des crapauds vivants. Nous en avions grande abondance aux environs de notre village. Soit instinct, soit raison, on les voit rôder ou chercher leur vie, ordinairement à la fin ou au commencement de la nuit, pendant le clair de lune, et surtout après une ondée ; mais ils sont incapables de supporter la chaleur du soleil, quelques instants avant ou après midi. En Amérique, il y a bon nombre de ces immondes animaux, spécialement dans les régions de l'ouest et du sud ; et nous n'y manquons pas non plus de grenouilles, serpents, lézards, ni même de cette espèce de crocodiles que nous nommons alligators : c'est qu'aussi tous, tant qu'ils sont, ils trouvent là facilement à vivre, et que nous les laissons ramper, sauter et frétiller à leur aise, suivant les goûts divers qu'ils ont reçus de celui qui a créé et qui dirige chaque chose.

Donc, pendant tout le mois de mai, et même jusqu'à l'automne, nous eûmes des crapauds à discrétion. J'imagine que plus d'une délicate lady se serait trouvée mal, ou du moins n'aurait pas manqué de jeter les hauts cris et d'avoir *ses nerfs* rien qu'à regarder dans nos paniers où grouillaient ces animaux, tous bien portants et dodus. Heureusement nous n'avions ni princesse de tragédie, ni vieille fille sentimentale à Henderson ; nos dames du Kentucky ont assez de leurs propres affaires, et si par hasard elles se mêlent de celles d'autrui, ce n'est que pour rendre service le plus qu'elles peuvent. Les crapauds, ramassés un à un, étaient emportés dans nos paniers à la maison, et renfermés dans un baril, pour être employés à mesure.

Supposons maintenant que la nuit est passée, et allons essayer notre ligne. Du haut de ce tertre, au bord de l'eau, vous pouvez suivre nos mouvements. Asseyez-vous à l'abri de ce large cotonnier, et n'ayez pas peur, en cette saison, d'y prendre froid.

Mon aide me suit avec un harpon; moi, je porte la pagaie de notre canot; un garçon a sur son dos une centaine de crapauds des plus appétissants. Notre ligne..... Ah! j'avais oublié de vous dire que nous l'avions posée la veille au soir, mais sans les petites, que vous voyez maintenant sur mon bras. Un bout avait été attaché là-bas, à ce sycomore; et nous avions fait filer notre canot, portant le reste proprement enroulé à la poupe; puis, arrivé à l'autre bout, je l'avais jeté par-dessus le bord, avec une grosse pierre, pour l'emmener à fond : toutes précautions qui n'avaient eu pour objet que de la faire bien tremper, afin qu'au matin elle fût ferme et serrée. A présent, vous voyez : nous détachons de la rive notre léger bateau; les crapauds, toujours dans le panier, sont placés sous ma main, à l'avant; j'ai sur mes genoux les petites lignes, chacune toute prête avec son nœud coulant. Nathan manœuvre la pagaie, et profitant du courant, maintient notre barque, la poupe juste au fil de l'eau. David fixe l'appât vivant à chaque hameçon; et moi, qui n'ai pas quitté la principale ligne, j'y attache une des petites, que je laisse tomber dans la rivière. Voyez comme le pauvre crapaud saute et se débat dans l'eau. Cependant toutes les autres petites lignes sont ainsi successivement attachées, amorcées et jetées dans le courant, et nous regagnons paisiblement les bords.

Quelle délicieuse chose que la pêche! ai-je souvent entendu s'écrier à un honnête pêcheur qui, patient comme Job, immobile où marchant à pas comptés le long d'un ruisseau large de vingt pieds et profond de trois, promène bravement sa mouche artificielle devant une truite, laquelle se prend enfin, et se trouve au bout du compte peser une demi-livre. Quant à moi, je n'ai jamais eu cette vertueuse résignation; pourtant j'ai attendu dix longues années: et maintenant les trois quarts seulement de mes oiseaux sont gravés, bien que j'aie fait la plupart des dessins depuis 1805, et qu'il me faille encore attendre deux ans, avant d'en voir la fin ! Mais, je le répète, en fait de pêche, jamais je n'ai pu tenir une ligne plus de deux minutes, à moins que ça ne mordît rondement, et que sans cesse un poisson ne suivît l'autre par-dessus ma tête. Si je pêche la truite, je veux, ou m'en retourner sur-le-champ, ou bien en prendre comme j'ai fait en Pensylvanie et dans le Maine cinquante et plus dans une couple d'heures. — Pour notre ligne, elle *dort* dans la rivière, et elle du moins attendra très bien que je vienne y regarder ce soir. Maintenant, rien ne m'empêche de prendre mon fusil, mon album, et, suivi de mon chien, de faire ma tournée dans les bois jusqu'au déjeuner. Peut-être rencontrerai-je un dindon sauvage ou quelque daim. Il n'est que quatre heures, et la matinée est si belle !

Mais déjà voici le soir ; les étoiles commencent à scintiller au firmament, et cependant l'astre du jour vient à peine de disparaître. Quel calme dans l'air ! les insectes et les quadrupèdes nocturnes sont sortis de leurs retraites ; l'ours songe à se mettre en mouvement au travers de l'obscure cannaie, la corneille regagne son perchoir, l'écureuil fait entendre son petit sifflement d'adieu, et le hibou, glissant silencieux et léger, tombe à l'improviste sur l'innocent animal, dont il interrompt les joyeux ébats. — Vite à notre bateau ! nous poussons au large ; bientôt la grosse ligne est dans ma main ; je sens des secousses : il faut qu'il y ait quelque chose de pris ! J'amène le premier hameçon, rien ! les secousses redoublent, les hameçons se succèdent... rien encore ! Ah ! quel magnifique Chat marin est entortillé autour de cette petite ligne ! Nathan, un bon coup de gaffe ! et harponne-le-moi près de la queue ; ne lâche pas, mon garçon ; enlève-le ! Bien ! maintenant nous le tenons. On continue de tirer la ligne ; et quand nous sommes au bout, plus d'un beau poisson a fait le saut dans notre bateau. Alors on met de nouvelles amorces et l'on s'en revient, en se félicitant de cette heureuse pêche, car il y en a pour nous régaler nous et nos voisins.

Dans ce temps-là, à Henderson, j'aurais pu laisser ma ligne à l'eau toute une semaine, sans que rien la dérangeât. La navigation s'effectuait presque toute par le moyen de bateaux plats qui, durant les nuits sereines, s'en allaient flottant au milieu de la rivière, de façon que les gens du bord ne pouvaient voir le poisson qui s'était laissé prendre. Alors aucun steamer n'avait encore descendu l'Ohio. De temps à autre, à la vérité, passait une barque ou un *keelboat* qu'on poussait à force de perches et de rames ; mais la nature de la rivière en cet endroit est telle, que ces bateaux, en remontant, étaient obligés de longer la rive indienne, et ne pouvaient regagner le courant qu'au-dessus du petit quai du village, tandis que nos lignes étaient toujours placées au-dessous.

Il y a plusieurs espèces ou variétés de Chats marins dans l'Ohio : entre autres la bleue, la blanche et celle dite couleur de vase, qui diffèrent autant par la forme et les habitudes que par la coloration. La dernière est la meilleure, mais elle atteint rarement la taille des autres. La bleue est la plus grosse, et quand elle ne dépasse pas quatre à six livres, elle fournit un assez bon manger. La blanche est préférable et moins commune. Toutefois, je le répète, la meilleure, comme aussi la plus rare, c'est la variété jaune. On en a pris de bleues qui pesaient jusqu'à cent livres ; mais c'est presque un phénomène.

Chez toutes, la forme tourne au cône. La tête est démesurément large, tandis que le corps va se terminant en pointe à la racine de la queue. Les yeux, petits, très écartés, sont situés sur le devant de la tête, mais latéralement ; la gueule, large et armée de nombreuses dents fines et extrêmement aiguës, est en outre défendue par des épines qui, lorsque le poisson se débat dans l'agonie, se dressent à angle droit et tiennent si solidement, qu'on les casse quelquefois avant de parve-

nir à les détacher. Le Chat marin porte aussi des bar-
billons d'une longueur proportionnée, et qui lui sont
utiles apparemment pour le guider au fond de l'eau,
pendant que ses yeux s'occupent à surveiller les objets
qui passent au-dessus.

Veut-on se servir avec succès de la ligne dormante,
il faut que les eaux soient d'une hauteur moyenne :
trop basses, elles sont trop claires, et le poisson, quoique extrêmement vorace, y regarde à deux fois avant
de risquer sa vie pour un crapaud. De même, pendant
les crues subites, c'est hasard si votre ligne n'est entraînée par l'un des nombreux arbres que la rivière
charrie ; un *juste milieu*, c'est donc ici ce qu'il y a de
mieux.

Quand les eaux montent et deviennent troubles, on
n'emploie qu'une seule ligne pour cette pêche ; on l'attache à la branche souple de quelque saule qui s'incline
sur le courant. Elle doit avoir de vingt à trente pieds
de long. Dans ce cas, mettez pour amorce les entrailles
d'un dindon sauvage ou bien un morceau de venaison
fraîche ; et quand vous y reviendrez voir au matin,
pourvu que l'eau n'ait pas trop haussé, les mouvements
de la branche vous indiqueront qu'un poisson tient à
l'autre bout, et vous n'aurez plus qu'à l'amener sur le
rivage.

Un soir que je voyais la rivière croître rapidement,
bien qu'elle ne fût pas encore débordée, je m'aperçus
que la perche blanche *mouvait*, c'est-à-dire montait de
la mer. J'avais grande envie de goûter de ce poisson
délicat, et, sans perdre de temps, j'amorçai ma ligne

avec une écrevisse, et l'attachai, comme je l'ai dit, aux branches d'un arbre. Le lendemain matin, quand j'allai pour la tirer, il me sembla qu'elle tenait à fond : cependant, en m'y prenant en douceur, je la sentis venir; mais une forte secousse me fit glisser la corde entre les doigts, et au même instant un gros Chat marin bondit hors de l'eau. Je le laissai se débattre un moment, et lorsqu'il se fut épuisé, je le pris. Il avait avalé l'hameçon tout entier, et je fus obligé de couper la ligne à ras de sa gueule. Alors, lui passant un bâton dans l'une des ouïes, nous l'emportâmes, mon domestique et moi, à la maison. En l'ouvrant, jugez de notre surprise ! Il avait dans l'estomac une belle perche blanche qui était morte, mais nullement détériorée. Cette pauvre perche s'était légèrement prise à l'hameçon, et le Chat marin l'ayant engloutie se l'était lui-même enfoncé dans l'estomac. Bien que l'instrument fût petit, je ne doute pas que la douleur qu'il lui causait ne l'eût, à la longue, fait périr. Nous mangeâmes la perche, et le chat fut partagé en quatre portions, que nous distribuâmes parmi nos voisins. Nicolas Berthoud, un de mes bons amis et le meilleur pêcheur que j'aie jamais connu, tendit un jour une ligne dormante dans le bassin qui est au-dessous des moulins de Tarascon, au lieu où tombent les rapides de l'Ohio. Je ne me rappelle pas bien quel était le genre d'appât; mais toujours est-il qu'en levant notre ligne nous trouvâmes un très beau Chat marin, dans le corps duquel était au moins la moitié d'un cochon de lait.

———

L'IBIS DES BOIS.

Cet oiseau si remarquable, et tous les autres du même genre qu'on rencontre aux États-Unis, résident constamment dans certaines parties de nos districts du sud, bien qu'ils accomplissent cependant de courtes migrations. Il en est même, mais en petit nombre, qui remontent jusque dans les États du centre. Je ne sache pas qu'à l'est on en ait vu plus loin que le Maryland, sauf peut-être quelques individus des espèces blanche et verte (1) qui ont été pris en Pensylvanie et dans les États de New-York et de New-Jersey. Les Carolines, la Géorgie, les Florides, l'Alabama, la basse Louisiane, y compris l'Opelousas et le Mississipi, sont les lieux qu'ils recherchent de préférence et où ils restent toute l'année. A l'exception de l'Ibis vert, qu'on peut regarder comme appartenant au Mexique, et qui, dans l'Union, se montre ordinairement solitaire ou par couples, tous les autres vivent en société et par troupes immenses, surtout dans la saison des œufs. Le pays qu'ils habitent est sans doute celui qui convient le mieux à leurs mœurs : je parle des vastes et nombreux marais, des lagunes, des eaux stagnantes et des savanes noyées de

____

(1) *Glossy Ibis* (*Tantalus viridis*, Gmel. — *Ibis falcinellus*, Vieill.).

nos États méridionaux. Là, en effet, ils trouvent des reptiles et des poissons en abondance, et la température est parfaitement appropriée à leur organisation.

En traitant de ce même Ibis, M. Will. Barthram dit : Cet oiseau ne s'associe pas en troupes, mais demeure généralement solitaire ; assertion que Wilson a répétée, et après lui tous ceux qui ont écrit sur ce sujet, sans autre raison, probablement, que la croyance où ils étaient que les premiers avaient eux-mêmes constaté le fait. Or, dans cette espèce, c'est précisément tout le contraire. Je suis fâché d'avoir à relever cette erreur ; et M. Barthram ne l'aurait peut-être pas commise, s'il eût eu plus d'occasions d'observer l'oiseau dont il s'agit sur les lieux mêmes.

L'Ibis des bois ne se rencontre presque jamais isolé, même après la saison des œufs ; et il est bien moins rare, à toute époque, d'en voir une centaine ensemble que d'en trouver un qui soit seul. Pour moi, j'en ai vu des troupes composées de plusieurs milliers ; et c'est la nature même qui leur fait une nécessité de se réunir ainsi. Ils ne se nourrissent que de poisson et de reptiles aquatiques, dont ils détruisent une énorme quantité, et bien plus qu'ils n'en peuvent manger. Après en avoir tué pendant une demi-heure et s'être bien gorgés, ils laissent ce qui reste sur l'eau, sans y toucher, riche pâture abandonnée aux crocodiles, aux corbeaux et aux vautours. Pour pêcher, ils se mettent en nombre et parcourent les endroits peu profonds des lacs et des marais bourbeux. Dès qu'ils ont découvert une place où le poisson abonde, ils commencent tous à danser dans l'eau, jusqu'à ce qu'elle soit devenue noire et épaisse en se chargeant de la vase que leurs pieds font monter d'en bas. Alors, à mesure que paraît un poisson, ils le frappent à coups de bec et, quand il est mort, le retournent et le laissent là. En moins de dix ou quinze minutes, des centaines de poissons, de grenouilles, de jeunes alligators et de serpents d'eau en couvrent la surface; de sorte que les oiseaux n'ont plus qu'à manger, jusqu'à ce qu'ils soient complétement repus. Après quoi, ils se dirigent vers la rive la plus rapprochée, s'y établissent en longues files, tous la poitrine tournée du côté du soleil, à la manière des pélicans et des vautours, et restent dans cette posture une heure ou plus. Quand la digestion est suffisamment avancée, ils s'envolent, montent en tournoyant à une immense hauteur, où ils planent pendant une heure ou deux, en faisant les plus belles évolutions qu'il soit possible d'imaginer. Leur cou et leurs jambes sont tendus à toute longueur, et le blanc pur de leur plumage fait mieux ressortir encore le noir de jais du bout de leurs ailes. Tantôt en larges cercles, ils semblent vouloir gagner les régions les plus élevées de l'atmosphère; tantôt ils plongent vers la terre, puis doucement se relèvent, pour recommencer leurs gracieux mouvements au haut des airs. Bientôt cependant la faim les rappelle; et développant ses lignes, la troupe vogue rapidement vers un autre lac ou un autre marais.

Remarquez où ils vont, et tâchez de les suivre à travers les grands roseaux, les cyprès submergés et les taillis impénétrables. — Il est rare qu'ils reviennent, le même jour, manger à la même place. — Enfin, vous y voilà. C'est au bord de cette eau sombre et croupissante, dont les sinuosités égarent vos yeux qui vont se perdre au fond d'un labyrinthe où règne une complète obscurité. Les roseaux se penchent comme pour se toucher d'une rive à l'autre; les arbres séculaires qui les dominent, revêtus de lichens funèbres, s'agitent à peine au souffle d'un air suffocant; la grenouille alarmée rentre sous l'eau, le crocodile montre sa tête à la surface, sans doute pour reconnaître si les oiseaux sont arrivés, et le rusé couguar s'avance sournoisement vers l'un des Ibis qu'il croit déjà tenir dans son repaire. Regardez bien : sous le demi-jour, ne voyez-vous pas briller quelque chose? C'est le blanc plumage des oiseaux qui s'en vont se promenant de droite et de gauche, comme autant de spectres. Le terrible claquement de leurs mandibules vous apprend quel affreux ravage ils commettent parmi le peuple épouvanté des eaux, tandis que le son de leurs pieds, semblable à un glas, apporte à l'âme un sentiment de terreur. Remuez, doucement ou non, faites un seul mouvement, et, pour cette fois, vos observations sont finies; car depuis longtemps vous êtes découvert : un vieux mâle vous a remarqué. Est-ce à l'aide de son oreille ou de ses yeux? Je ne sais; mais, au moindre bruit sous vos pas, sa voix rauque donne l'alarme, et tous ils partent, abattant les roseaux et les petites branches au travers desquels leurs ailes puissantes se frayent un passage.

Parlez-moi de la stupide indifférence de l'Ibis des

bois; dites qu'il ne connaît pas le danger, qu'on l'approche aisément et qu'on le tue de même... je vous écoute, mais c'est par pure complaisance. Moi, qui ai pu l'étudier si souvent et dans tant de circonstances, j'affirme que nous n'avons pas, dans les États-Unis, d'oiseau plus prudent, plus avisé et d'une vigilance plus remarquable. Pendant deux années entières passées, je puis dire, au milieu d'eux, puisqu'à cette époque j'en voyais, en quelque sorte, autant que je voulais, je ne suis jamais parvenu à en surprendre un seul, non pas même la nuit, quand ils étaient perchés sur leurs arbres, à près de cent pieds de haut, et parfois au milieu d'un vaste marais.

Un automne, lorsque je demeurais sur les bords du bayou Sara, désirant me procurer huit ou dix de ces Ibis pour en donner les peaux à mon savant et bon ami le prince Charles-Lucien Bonaparte, je pris avec moi deux domestiques, l'un et l'autre de vrais hommes des bois et de première force à la carabine ; et bien que nous eussions rencontré des centaines de ces oiseaux, il nous fallut trois jours pour en avoir une quinzaine ; encore furent-ils tués, pour la plupart, au vol, avec des balles et à plus de cent pas. Nous avions remarqué qu'une troupe venait se percher régulièrement au-dessus d'un vaste champ de blé couvert d'arbres énormes, dont les cimes chenues annonçaient l'entière décadence. Nous nous postâmes dans un coin de ce champ, cachés parmi les grandes tiges du blé mûr, et nous attendîmes en silence. Le soleil venait de se coucher, lorsque, sur un front étendu, parut la troupe des Ibis se dirigeant vers nous. Ils se posèrent en foule sur les grosses branches des arbres morts; et chaque fois qu'une de ces branches venait à casser sous le poids, ils se renvolaient tous ensemble, passaient et repassaient en l'air à diverses reprises, puis se posaient de nouveau. Un de mes compagnons, profitant d'une occasion, fit feu et en abattit deux avec la même balle; mais le jeu finit là, car cinq minutes après pas un seul ibis n'était resté à un mille à la ronde, et la place fut désertée pour plus d'un mois. Lorsqu'ils se trouvent au bord d'un lac ou même au milieu (tous les lacs où ils se retirent étant extrêmement peu profonds), ils se mettent immédiatement sur leurs gardes, dès qu'un homme s'offre à leur vue; et pour peu qu'il avance d'un pas, ils partent tous.

Le nom d'Ibis des bois, qu'on donne à cet oiseau, ne lui convient pas mieux qu'à toute autre espèce, car je n'en connais pas qui, pour le moins autant que celle-ci, ne fréquente les bois à certaines époques de l'année. Toutes, on les rencontre sur les savanes humides, sur les îles, même entourées par les eaux de la mer, par exemple les clefs de la Floride, ou les parties les plus reculées et les plus sombres des bois, pourvu qu'elles soient marécageuses ou qu'il y ait des étangs. J'ai trouvé l'Ibis des bois, le rouge, le blanc, le brun et le vert, autour de ces étangs, au milieu d'immenses forêts, et même sur des landes couvertes de pins, aux Florides; parfois à plusieurs centaines de milles des côtes de la mer, sur la rivière Rouge, dans la Louisiane et au-dessus de Natchez, dans le Mississipi, aussi bien

qu'à quelques milles de l'Océan. Cependant, au delà
de certaines limites, on n'en voit plus.

Voici maintenant l'une des particularités les plus curieuses de l'histoire de ces oiseaux : Pendant qu'ils
prennent leur nourriture, ils sont presque constamment
à la merci de gros alligators, dont ils mangent les petits, et pourtant ces reptiles ne les attaquent jamais;
tandis que, si un canard ou un héron approche à portée
de leur queue, il est infailliblement tué et avalé. Il y a
plus : les Ibis passent jusque sous le ventre du crocodile
et s'avancent au bord de son trou, sans être le moins du
monde inquiétés; mais si l'un d'eux vient à être tué, le
crocodile le saisit immédiatement et l'entraîne sous
l'eau. L'orphie n'est pas aussi courtoise : elle donne la
chasse aux Ibis, chaque fois que l'occasion s'en présente; la tortue aussi fait une rude guerre aux jeunes
oiseaux de cette espèce.

Le vol de l'Ibis des bois est pesant, lorsqu'il s'enlève
de terre. A ce moment, son cou se recourbe profondément en bas; ses ailes battent lourdement, mais avec
une grande force, et ce n'est qu'après avoir ainsi fait
péniblement quelques mètres qu'il étend ses longues
jambes en arrière. Cependant à peine est-il à huit ou
dix pieds du sol, qu'on le voit monter avec une rapidité
extrême, le plus souvent en spirale, et silencieusement
si rien ne l'effraye. Dans le cas contraire, il fait entendre une sorte de *coua coua* dur et guttural. Enfin,
quand il est en plein vol, il s'en va sans dévier, planant
tour à tour et battant des ailes par intervalles de trente
ou quarante verges. Il descend sur les arbres avec plus

d'aisance que le héron, et s'y tient droit ou s'accroupit sur la branche, à la manière du dindon sauvage et quelquefois des hérons. Quand il est au repos, son bec se couche sur la poitrine et le cou s'enfonce entre les épaules. Vous pouvez en voir cinquante dans cette attitude, sur le même arbre ou par terre, tous restant des heures entières dans une immobilité parfaite, bien que quelque individu de la bande ait toujours l'œil aux aguets et soit prêt à donner l'alarme.

Au printemps, lorsque ces oiseaux se rassemblent par grandes troupes, avant de retourner aux lieux où ils ont coutume de nicher, j'en ai vu des milliers passer ensemble au-dessus des bois, formant une ligne de plus d'un mille d'étendue, et rasant la cime des arbres avec une légèreté surprenante. Lorsqu'ils ont fait choix de quelque lieu favorable pour élever leur famille, ils y reviennent d'année en année; et quand ils ont des œufs, il n'est pas facile de le leur faire abandonner. Néanmoins, si on les a trop tourmentés, une fois la saison passée, vous ne les reverrez jamais plus.

Outre la grande quantité de poisson que les Ibis détruisent, ils dévorent aussi des grenouilles, de jeunes alligators, de jeunes râles, des mulots, des crabes et autres crustacés, de même que des serpents et de petites tortues; cependant jamais ils ne mangent, ainsi qu'on l'a prétendu, les œufs du crocodile, dont, je suppose, ils ne se priveraient pas s'ils pouvaient démolir son nid, trop solidement construit pour eux; mais c'est là une tâche qui dépasserait les forces de tout oiseau que je connaisse. Jamais non plus je n'ai vu aucun ibis manger d'un animal qui n'eût été tué, soit par lui-même, soit par un autre de ses camarades ; et même, lorsqu'ils l'ont tué, ils n'y touchent pas s'il y a déjà quelque temps qu'il est mort. Pendant qu'ils mangent, le claquement de leurs mandibules se fait entendre à plusieurs cen- taines de pas.

Quand ils se sentent blessés, il est dangereux de les approcher, car ils mordent cruellement. On peut dire qu'ils ont la vie très dure. Ils sont gras d'ordinaire, bien qu'ils aient la chair coriace et huileuse, et par cela même d'un assez mauvais goût. Cependant les nègres s'en régalent, en ayant soin de les faire cuire dépouillés de leur peau. Moi aussi j'en ai essayé, mais, je l'avoue, sans succès. Les nègres de la Louisiane détruisent sou- vent les petits pour en avoir l'huile, qu'ils emploient à graisser les machines.

Les créoles français de cet État les appellent *grands flamants*, tandis que les Espagnols de la Floride orien- tale les connaissent sous le nom de *fous* ou *boubies*. Étant à Saint-Augustin, je voulus faire une excursion vers un grand lac où l'on m'avait dit qu'il y avait abon- dance de boubies, en m'assurant qu'avec de suffisantes précautions je pourrais en tuer sur les arbres. Je de- mandai quelle apparence avaient ces boubies ; on me répondit que c'étaient de gros oiseaux blancs, avec du noir au bout de l'aile, un long cou et un grand bec pointu. Cette description convenant en effet très bien aux boubies, je ne fis pas de questions relativement aux jambes ni à la queue, et je me mis en route. Cher lecteur, figurez-vous trente-trois longs milles au travers

des bois, avant d'atteindre le bienheureux lac! Enfin
j'arrive : quelle déception! les rivages et les arbres aux
environs étaient couverts d'Ibis des bois! Et pourtant,
si je m'en étais rapporté aux braves gens qui m'avaient
renseigné à leur manière, et que je n'eusse pas vérifié
la chose par moi-même, j'aurais pu écrire, comme
tant d'autres, qu'on trouve des boubies dans l'intérieur
des Florides, qu'elles se perchent sur les arbres... assertion qui, une fois imprimée, eût probablement passé
aux âges futurs, grâce à messieurs les compilateurs,
tous aussi ignorants que moi.

L'Ibis met quatre ans à acquérir son entier développement, bien que, dès le second printemps, on en voie
quelques-uns s'accoupler; mais c'est rare, car généralement les jeunes vivent en troupes distinctes jusqu'à
ce qu'ils aient atteint leur troisième année. Ils sont d'a-
bord d'un brun sombre, avec une bordure plus claire
à chaque plume; la tête est couverte, jusqu'aux mandibules, de plumes courtes et duveteuses qui tombent
à mesure que l'oiseau avance en âge. A la troisième
année, la tête est toute nue, ainsi qu'une portion de la
partie supérieure du cou. Le mâle est beaucoup plus
gros et plus pesant que la femelle; mais il n'y a pas de
différence de couleur entre les sexes.

LES NAUFRAGEURS (1) DE LA FLORIDE.

Longtemps avant de songer à visiter moi-même les îles délicieuses des rivages sud-est de nos Florides, ce que j'avais entendu raconter des naufrageurs m'avait inspiré contre eux de terribles préventions. Souvent on m'avait parlé des moyens lâches et barbares que, disait-on, ils employaient pour attirer les vaisseaux de toutes nations sur les récifs où ils pillaient la cargaison et dépouillaient matelots et passagers ; de sorte que je ne me sentais qu'un médiocre désir de rencontrer de pareils hommes, et moins encore de me voir forcé de recourir à leur assistance. Le nom de *naufrageur* s'était associé, dans mon esprit, aux idées de piraterie, de cruauté, et même d'assassinat.

Je me trouvais, par une belle journée, sur le pont luisant de la *Marion*, coutre de la douane des États-Unis, lorsqu'une voile monta à l'horizon, se portant dans une direction opposée et serrant de près le vent. Les

_____

(1) Nous nous permettons ce néologisme qui, répond exactement au mot *Wreckers* du texte. Autrement il nous faudrait dire, par une longue périphrase, « des individus dont le métier est d'épier, sinon d'occasionner eux-mêmes les naufrages, et de vivre de leurs débris. »

mâts qui s'inclinaient sveltes et polis, en se balançant sous la brise, me rappelaient les forêts de roseaux ondoyants aux bords du Mississipi. Cependant le vaisseau avait changé de route et s'était rapproché de nous. La *Marion*, semblable à un oiseau de mer, les ailes étendues, effleurait les ondes, bercée par un doux roulis, tandis que le navire inconnu bondissait de vague en vague, comme le dauphin rapide à la poursuite de sa proie. Bientôt nous glissions bord à bord, et le commandant de l'étrange schooner saluait notre capitàine, qui lui rendait promptement sa politesse. Quel beau vaisseau, pensions-nous, quelles justes proportions, quel fin gréement, et comme il est bien manœuvré ! Il nage mieux qu'une mouette, il s'élance; et en quelques embardées, le voilà là-bas, vers les récifs, à deux ou trois milles sous notre vent. Maintenant, dans cet étroit passage, bien connu sans doute de son commandant, il roule, il pirouette, il danse, ballotté comme une plume légère; le cuivre de sa carène tantôt étincelle sur le dos des vagues, et tantôt s'enfonce profondément dans l'abîme. Mais le dangereux passage est traversé; il se remet au vent, reprend sa direction première et disparaît par degrés à notre vue..... Lecteur, c'était un *naufrageur* de la Caroline.

Aux îles Tortugas, je voulus visiter quelques-uns de ces vaisseaux, en compagnie d'un ami. Nous avions déjà remarqué la parfaite discipline et la vivacité des hommes employés à cette tàche ardue; en approchant d'un de leurs plus grands schooners, j'admirai sa forme si bien adaptée à sa destination, la largeur de

son bau (1), son léger tirage, l'exactitude de sa ligne
de flottaison, la propreté de ses flancs peints, le poli
de ses mâts toujours soigneusement graissés, enfin la
beauté de tous ses agrès. Nous fûmes accueillis à bord
avec cette cordialité naturelle à nos loups de mer. Sur
le pont régnaient l'ordre et le silence. Le commandant
et le second nous conduisirent dans une cabine spacieuse, bien éclairée et fournie de tout ce qui pouvait
être nécessaire à une quinzaine de passagers ou plus.
Le premier me montra sa collection de coquilles marines; et toutes celles que je n'avais pas encore vues et
que je lui signalais, il me les offrait avec une amabilité
telle, que je dus devenir plus circonspect dans mes
démonstrations admiratives. Il possédait aussi plusieurs
œufs d'oiseaux rares, qu'il me mit dans la main, en
m'assurant qu'avant un mois il s'en serait aisément
procuré de nouveaux, car, dit-il, «c'est maintenant pour
nous la *morte-saison* sur les récifs.» On servit le dîner
consistant en poisson, volailles et autres mets dont
nous prîmes notre part. Ces deux officiers, l'un et
l'autre des basses contrées de l'Est, étaient des hommes
vigoureux, actifs, propres et même coquets dans leur
tenue. En peu de temps nous fûmes tous ensemble
comme de joyeux compagnons. Ils traitaient mon excursion aux Tortugas, rien que pour chercher des
oiseaux, de caprice et de simple affaire de curiosité; ce

(1) *Beam*, bau. Se dit des poutres qui sont posées dans le sens
de la largeur du bâtiment, pour affermir les bordages et soutenir les
ponts.

qui ne les empêcha pas d'exprimer le plaisir qu'ils éprouvaient en voyant quelques-uns de mes dessins, et de m'offrir leurs services pour me procurer de nouveaux échantillons. On proposa des expéditions au loin et au près, on en arrêta même une pour le lendemain matin, et nous nous quittâmes amis.

Le lendemain donc, de bonne heure, nous partîmes, avec plusieurs de ces braves gens, pour la clef dite l'île des Boubies, et éloignée d'environ dix milles. Leurs bateaux, bien manœuvrés, volaient sous l'impulsion prolongée de vigoureux coups de rames, tels que savent en donner les équipages des baleiniers et des vaisseaux de guerre. Le capitaine chantait, et parfois en se jouant, courait des bordées avec notre belle chaloupe. Bientôt nous atteignîmes l'île des Boubies, et là ce fut une vraie partie de plaisir. Ils étaient de parfaits tireurs, avaient d'excellents fusils, et en savaient plus long, sur les Fous et les Boubies, que les quatre-vingt-dix-neuf centièmes des meilleurs naturalistes du monde. Ajoutez qu'ils n'étaient pas de moindre force à la chasse au daim; et qu'à certains moments, quand *l'ouvrage manque*, ils n'ont qu'à descendre sur quelque île un peu étendue, pour se procurer, en deux heures, une provision complète de venaison délicieuse.

Quelques jours plus tard, ils vinrent me prendre pour une autre expédition : on devait, cette fois, chercher des coquilles marines. Il fallait les voir, tous dans l'eau jusqu'à la ceinture et même jusqu'au cou, plongeant comme des canards, et rapportant, à chaque fois, un beau coquillage. Ce dernier exercice semblait particulièrement de leur goût.

La mission du coutre se trouvant terminée, nous donnâmes aux naufrageurs avis de notre prochain départ. Ils m'adressèrent une invitation pour retourner à bord de leurs vaisseaux, et j'acceptai. Ils voulaient me montrer et m'offrir de superbes coraux, des coquilles, des tortues vivantes de l'espèce dite *à bec de faucon*, et une grande quantité d'œufs. Je ne pus leur faire absolument rien accepter en retour ; seulement ils me remirent quelques lettres, me priant d'être assez bon pour les jeter à la poste à Charlestow. C'était, me dirent-ils, pour leurs femmes, là-bas, dans l'Est. Ils étaient si empressés de faire tout pour m'être agréables, qu'ils proposèrent d'aller eux-mêmes devant la *Marion*, pour venir la retrouver à l'ancre et m'apporter des oiseaux rares de la côte, dont la retraite leur était connue. Des circonstances tenant au service m'empêchèrent de profiter de leur obligeance ; et ce fut avec un sincère regret, et non sans quelque sentiment d'amitié, que je dis adieu à ces joyeux camarades. Qu'il est différent, me pensais-je, de connaître les choses par soi-même, ou par oui-dire !

Jamais, avant cela, je n'avais vu de naufrageurs de la Floride, et depuis lors je n'ai plus eu la chance d'en rencontrer ; mais mon ami, le docteur Benjamin Strobel, ayant passé quelques jours au milieu d'eux, a bien voulu me communiquer à ce sujet les pages suivantes, que je vous soumets telles que lui-même les a écrites :

« Le 12 de septembre, étant au port à la clef

Indienne, nous fûmes rejoints par cinq vaisseaux naufrageurs dont les licences étaient 'expirées, et qui allaient les renouveler à la clef de l'Ouest. Nous résolûmes de les accompagner le lendemain matin ; et ici, je ne puis m'empêcher de dire quelques mots de ces fameux *naufrageurs*, tant capitaines qu'équipages. D'après tout ce que j'avais entendu dire, je m'attendais à trouver des vaisseaux malpropres, sentant la piraterie, commandés et manœuvrés par une bande de noirs et barbus coquins dont les regards même dénotaient les instincts sanguinaires. Je fus agréablement surpris de voir de beaux sloops, de spacieux schooners, des clippers parfaitement construits, les uns et les autres dans le meilleur ordre. Les capitaines étaient, pour la plupart, pleins de jovialité, comme de gais fils de Neptune ; chez eux, la bonne humeur s'alliait à une disposition hospitalière et polie, et au désir d'être de toute façon serviables aux navires qui montaient ou descendaient en vue des récifs. Quant aux matelots, très proprement mis, ils portaient sur leur figure un air de franchise, et, pour tout dire, d'honnêtes gens.

» Le 13, à l'heure indiquée, nous mîmes tous ensemble à la voile, c'est-à-dire les cinq naufrageurs et le schooner *Jane ;* mais comme notre vaisseau n'était pas très bon marcheur, nous acceptâmes l'invitation d'aller à bord d'un des autres. La flotte leva l'ancre à huit heures du matin ; le vent était léger, mais bon, la mer unie et la journée superbe. Je manque véritablement de termes pour exprimer le plaisir et la satisfaction que j'éprouvai. La surface des eaux calme et paisible, d'un vert magnifique et transparente comme une glace, n'était agitée que par notre sillage et les évolutions du pélican qui plongeait soudain du haut des airs et fondait, les mandibules ouvertes, sur sa proie. Les navires de notre flottille, la voile tendue au souffle de la brise, et faisant jaillir la blanche écume de chaque côté de la proue, glissaient silencieux, semblables à des îles d'ombres vaporeuses, sur une mer immobile de lumière. A quelques verges seulement, et jusque sous nous, des troupes de poissons plongeaient et se jouaient au sein des ondes, parmi les varechs, les éponges, les pennatules (1) et les coraux, dont le fond était émaillé. A droite commençaient à se montrer les clefs de la Floride, paraissant, de cette distance, comme autant de points perdus à l'immense horizon, mais qui, à mesure que nous approchions, grandissaient, grandissaient, revêtues de la plus riche livrée du printemps, et offrant à nos regards une variété de couleurs et de nuances qu'adoucissaient encore et rendaient plus délicates la pureté des cieux et l'éclat du soleil au-dessus de nos têtes. C'était un spectacle féerique ; mon cœur battait, et ravi d'admiration, je m'écriai dans la langue de Scott :

« Vois ces mers enlaçant, de leurs vagues profondes,
» Trois cents îles, là-bas, éparses sur les ondes. »

Les vents alizés nous caressaient de leur haleine fraîche

(1) Genre de zoophytes marins dont la forme rappelle assez bien celle d'une plume.

et embaumée; et pour achever de donner la vie à cette scène, c'était entre nous à qui monterait le plus rapide vaisseau. Pendant cette lutte animée, de profondes émotions accompagnaient tour à tour chacun des jouteurs, selon que celui-ci s'élançait en avant, ou que cet autre restait pesamment en arrière.

» Environ vers trois heures de l'après-midi, nous arrivâmes à la baie de Honda.. Nous n'avions qu'un vent faible, et nul espoir d'atteindre, ce soir même, la clef de l'Ouest. Il fut donc résolu qu'on ferait port où nous étions, et nous entrâmes dans un beau bassin où nous jetâmes l'ancre à quatre heures. Immédiatement les barques furent mises à flot, et des parties de chasse organisées. Nous prîmes terre et fûmes bientôt en quête, les uns de coquillages, les autres d'oiseaux. Un Indien qu'un des naufrageurs avait recruté le long de la côte, et qui était employé comme chasseur, fut expédié pour nous procurer de la venaison. On lui avait remis une carabine chargée seulement d'une balle; et au bout de quelques heures, il revenait avec deux daims tués du même coup. Il avait attendu pour tirer qu'ils fussent tous deux côte à côte, dans la direction de son point de mire, et les avait abattus l'un et l'autre.

» Quand nous fûmes tous de retour et qu'on eut réuni notre butin, il s'en trouva, et de reste, pour faire un repas copieux. Nous fîmes porter presque tout le gibier à bord du plus grand vaisseau, où l'on se proposait de souper. Nos bâtiments se tenaient à portée de voix l'un de l'autre; et quand la lune fut levée, on put voir les bateaux allant et venant entre chaque navire, et tout occupés d'échanger des compliments et des politesses. On n'eût jamais supposé que ces hommes fussent, par métier, des rivaux, tant ils se manifestaient mutuellement de bon vouloir. Sur les neuf heures nous nous rendîmes au souper. Déjà un certain nombre de convives nous attendaient. Dès que nous parûmes à bord, un matelot allemand qui jouait très bien du violon fut appelé sur le tillac ; bientôt toutes les mains s'unirent, et au son d'une musique joyeuse on dansa jusqu'au souper. La table, dressée dans la cabine, gémissait sous le poids des mets, tels que venaison, canards sauvages, courlis, poissons..... On porta des toasts, on chanta ; et, entre autres pièces curieuses, notre Allemand, qui s'accompagnait de son instrument, nous régala de la chanson suivante, dont il passait pour être l'auteur. Je ne dis rien de la poésie, et vous la donne simplement comme je l'ai entendue ; mais telle qu'elle est, elle ne manque pas de caractère :

LA CHANSON DES NAUFRAGEURS.

Vous tous, écoutez en silence
Un betit air de ma façon ;
Et, sans plus tarder, ché commence :
Chai fait et musique et chanson
En l'honneur de notre vaisseau ;
Qu'il est donc fier et qu'il est beau,
Lorsqu'il porte, affrontant l'orage,
Les joyeux amis du naufrage !

Ce roc, au milieu de l'abîme,
Est notre sompre rentez-vous :

Là, sans soubçon, paufre fictime,
Passe un nafire, près de nous.
Dansons et chantons ; dans la nuit,
Le courant l'entraîne sans bruit.
Sur l'écueil où gronte l'orage,
A nous les tébris du naufrage !

Au secours ! spectacle funeste !
Il est pertu...... Saufons les biens,
Les agrès aussi...... Pour le reste,
Au bon Tieu de sauver les siens.
Et nous allons, le lentemain,
En or chancher notre butin.
Sur l'écueil où gronte l'orage,
A nous les tébris du naufrage !

Alors, sans souci, poche pleine,
A terre, en praves matelots,
Nous puvons, toute une semaine,
A ceux qui voguent sur les flots.
Puisse, vous poussant par ici,
Un bon fent nous jeter aussi,
Sur l'écueil où gronte l'orage,
Les tébris de votre naufrage !

» Le chanteur, avec un fort accent germanique,
appuyait emphatiquement sur certains mots, et entre
chaque couplet jouait une ritournelle, en ayant toujours bien soin de nous répéter : Messieurs, c'est de
ma composition ! Vingt ou trente voix reprenaient en
chœur ; et je vous assure que, dans le calme de la nuit,
cela ne produisait pas un trop mauvais effet. »

LE CANARD SAUVAGE.

On croit généralement que ce Canard est très commun dans toutes les parties des États-Unis; mais moi, j'ai des preuves positives du contraire. Si les auteurs avaient entendu ne parler ainsi que d'après le rapport des autres, ou qu'ils eussent simplement voulu dire qu'à l'état domestique cet oiseau véritablement abonde, rien de mieux, et je n'aurais pas un mot à répondre. Voici ce que je sais d'après mes propres observations, et j'ai pu les répéter en maintes circonstances des plus favorables : c'est qu'à l'état sauvage, cette précieuse espèce est extrêmement rare au voisinage de Boston, dans le Massachusetts. Pour appuyer cette assertion, j'ai le témoignage de mon savant ami M. Nuttall, lequel y a résidé pendant plusieurs années. Plus loin, vers l'est, c'est à peine si ces oiseaux sont connus; et ni moi, ni ceux qui m'accompagnaient, nous n'en avons jamais vu un seul au delà de Portland, dans le Maine. Sur la côte ouest du Labrador, aucun des habitants que nous interrogeâmes ne connaissait le Canard sauvage; de même à Terre-Neuve, où l'espèce est remplacée par la macreuse. A partir de New-York, vers le sud, ils commencent à se montrer plus en nombre, et l'on en voit souvent sur les marchés de Philadelphie, Baltimore, Richmond en Virginie, et dans d'autres villes. Ils sont déjà très abondants aux Carolines, aux Florides et dans la Basse-Louisiane, mais le deviennent encore beaucoup plus dans l'Ouest. La raison de cela, c'est simplement que cette espèce, à l'inverse de celles de mer, ne fréquente que par exception les eaux salées, et que sa route, pour venir des contrées où elle niche, est par l'intérieur du continent. De nos grands lacs elle se répand au long des rivières, se retire sur les étangs, les plaines humides, les savanes submergées et les marais au milieu des terres. On la trouve aussi dans les épaisses futaies, au commencement de l'automne, et avant même qu'on puisse distinguer le vert foncé qui pare la tête des mâles. Nombre d'individus sortent des limites des États-Unis.

Il serait curieux de savoir à quelle époque cette espèce fut pour la première fois domestiquée ; mais la solution de ce problème est une entreprise dans laquelle je n'ose m'aventurer, et je me borne à dire qu'en le prenant à cet état de domestication, le Canard est connu de tout le monde. Jeune, c'est un excellent manger, et plus tard il donne des œufs qu'on prise également. Un lit fait de son duvet ne laisse pas que d'être préférable à la dure, dans le camp d'un de nos Américains des bois, ou à la planche sur laquelle le milicien étend, pour la nuit, ses membres fatigués. Si vous voulez en savoir davantage à ce sujet, vous n'avez qu'à consulter par ordre chronologique tous les compilateurs, depuis Aldrovande jusqu'à nos jours.

Ne vous étonnez pas, cher lecteur, si je vous dis qu'il en est, et beaucoup, de ces Canards qui ont été élevés sur les lacs, près du Mississipi, ou même sur quelque petit étang, dans les basses terres du Kentucky, de l'Indiana et de l'Illinois; car maintes fois il m'est arrivé de surprendre, dans ces mêmes contrées, des femelles sur leurs œufs, et de m'emparer des jeunes que la mère, inquiète et précautionneuse, conduisait, pour plus de sûreté, à quelque ruisseau; et souvent j'en ai tué, de ces pauvres petits, encore incapables de voler, mais si dodus, si tendres et si pleins de jus, que je doute si, comme moi, vous ne leur eussiez pas donné de bien loin la préférence même sur le fameux Canard de la Valisnérie.

Regardez-le, ce beau mâle flottant sur le lac : il redresse sa tête, qui brille d'un vert d'émeraude ; son œil couleur d'ambre étincelle à la lumière ; même de cette distance il vous aperçoit, et il soupçonne que vous n'avez pas de bonnes intentions à son égard, car il voit un fusil dans vos mains, et trop souvent il en a entendu l'effrayante détonation. Aussitôt il ramène ses pieds sous son corps, en détache sur l'eau deux coups vigoureux, ouvre les ailes, pousse quelques bruyants *quack*, *quack*, et vous dit adieu.

En voici un autre devant vous, sur le bord de ce ruisseau murmurant. Que ses mouvements sont vifs et légers, comparés à ceux de ses frères qui se traînent si gauchement dans votre basse-cour! combien ses formes sont plus gracieuses, quel autre lustre sur tout son plumage! C'est que l'oiseau que vous avez chez vous descend d'une race d'esclaves, et ses facultés natives sont abâtardies; ses ailes s'exercent si rarement, qu'elles peuvent à peine le soulever de terre; mais celui qui naît et reste libre, sur qui la main de l'homme n'a pas pesé, le Canard des marais enfin, voyez comme son vol est puissant et avec quelle rapidité il disparaît au-dessus des bois.

En général, les Canards arrivent dans le Kentucky et les divers États de l'Ouest, depuis le milieu de septembre jusqu'au premier d'octobre, ou dès que le gland et la faîne sont mûrs. Bientôt ils se répandent sur tous les étangs couverts d'herbes ayant des graines. Quelques troupes qui paraissent conduites par un guide expérimenté s'abattent directement sur l'eau, avec un sifflement d'ailes qu'on ne peut comparer qu'au bruit que fait l'aigle en fondant sur sa proie; tandis que d'autres, comme si elles suspectaient la sûreté de la place, passent et repassent plusieurs fois, avant de se décider à descendre. Dans l'un et l'autre cas, ils commencent par se baigner, se battent les flancs de leurs ailes, et font de courts plongeons entremêlés de telles cabrioles, qu'on les croirait entièrement fous. En réalité, cependant, toutes ces démonstrations, toute cette gaieté, semblent n'avoir pour but que de se débarrasser le corps d'insectes nuisibles; ensuite, ils veulent exprimer le plaisir qu'ils éprouvent en se trouvant dans un climat plus doux après une journée et une nuit de fatigue; ils se nettoient et rajustent leur plumage, avant de se mettre à manger. A leur place, tout voyageur n'en ferait-il pas autant?

Maintenant, vers les rives ombragées, ils nagent par petits pelotons. Voyez-les sauter hors de l'eau pour courber les têtes pesantes des hautes herbes. Malheur au limaçon qui se rencontre sur leur passage ! D'autres barbotent dans la vase et font la guerre aux sangsues, grenouilles et lézards qu'ils ont à portée de leur bec. Les plus vieux courent dans les bois et se remplissent le jabot de faînes et de glands, sans dédaigner de se le garnir, chemin faisant, de quelques souris qui, effrayées de l'approche de ces maraudeurs, se hâtaient de regagner leur trou. Et pendant tout ce temps, leur caquetage vous assourdirait, si vous étiez plus près d'eux..... Mais soudain il a cessé ; quelque chose d'extraordinaire les menace, et tous à la fois ils sont devenus silencieux. Les cous s'allongent, les têtes se dressent, et d'un regard inquiet ils explorent les environs. Heureusement ce n'est rien : ce n'est qu'un ours qui, non moins qu'eux, friand de glandée, laboure avec son museau les feuilles tombées nouvellement, ou qui retourne une vieille souche pourrie pour y chercher des vers ; et les Canards, de plus belle, se remettent à la besogne..... Mais un autre bruit s'est fait entendre, et cette fois bien plus alarmant. L'ours lui-même se dresse sur ses pattes de derrière, renifle l'air et, avec un sourd grognement, rentre au galop dans les profondeurs de sa cannaie. Les canards battent en retraite vers l'eau, se réfugient au centre du marais et, ne hasardant plus que quelques cris à demi étouffés, ils attendent que se montre au loin l'objet de leur terreur. Cependant l'ennemi s'avance ; plein de ruse et à petits pas, il marche à couvert, d'un arbre à l'autre. Il sait qu'il a manqué la meilleure occasion : l'ours lui échappe ; mais il a faim, et un Canard, après tout, vaut bien un coup de sa carabine rouillée. C'est un Indien; vous le reconnaissez à sa peau rouge, à ses cheveux noirs et retombants qu'il a coupés ras de chaque côté de la tête. Au milieu d'une sorte de mauvaise couverture dont l'acquisition lui a coûté bien cher, il a fait un trou par où passe sa tête nue; et cette guenille lui sert, comme le caparaçon d'un cheval, pour chasser les derniers moustiques qui, dans cette saison, s'acharnent encore sur ses jambes et lui sucent le sang. Garde à vous, Canards! ne perdez plus une minute, car je le vois qui met en joue; partez, partez vite! Non?... eh bien! un de vous certainement lui servira pour son dîner. Parmi la cime des arbres la fumée monte en tournoyant; une détonation retentit, et tous les Canards s'envolent, moins deux, qui, traînant le derrière et battant en vain l'air de leurs pieds, ont été frappés par la même balle. Alors lentement il s'approche, le fils de la forêt; d'un regard il estime la profondeur du marécage, entre résolûment dans l'eau, puis à l'aide d'un long roseau attire à lui son butin. Pour le moment, c'est assez : il regagne le bois, allume un petit feu, et bientôt les plumes volent autour de lui. De chaque aile il a soin d'arracher un tuyau pour déboucher la lumière de son fusil, dans les temps de pluie, et de mettre de côté les entrailles, qu'il destine à servir d'appât pour quelque piége. Mais déjà les Canards sont cuits, et le chasseur se livre à la joie d'un bon repas, bien qu'il ne perde guère de temps à savourer ses morceaux. C'est qu'il faut que la lune le retrouve sur pied, courant les bois à la faveur de sa pâle lumière, pour tâcher de surprendre d'autre gibier.

Les canards qui restent avec nous durant toute l'année, et qui nichent sur les rives du Mississipi, du lac Michigan, ou dans les plaines bordant çà et là le Schuylkil, en Pensylvanie, commencent à s'accoupler au cœur même de l'hiver; et bien qu'on ne puisse dire, en aucune façon, que ces oiseaux soient doués de la faculté du chant, cependant ils ne laissent pas que de se montrer galants à leur manière. Les mâles, en brillants séducteurs, font tout d'abord la cour à la première *belle* qu'ils jugent digne de leur attention; ils lui promettent une fidélité inviolable, une affection à toute épreuve; ce qui ne les empêche pas de renouveler ailleurs leurs protestations, dès qu'il s'en rencontre une autre à leur goût. Regardez celui-ci : comme il étale avec complaisance, et dans toute sa beauté, le plumage soyeux qui lui orne la tête! comme il fait jouer la lumière sur les miroirs de ses ailes, tandis que son babil doucereux exprime l'extrême ardeur de sa tendresse! Tantôt à l'une, tantôt à l'autre il adresse son admiration et ses flatteries, jusqu'à ce que s'enflamment de jalousie entre les rivales; et de là, des querelles, des raccommodements, que suivent bientôt de nouveaux dédains. Enfin, pour mettre un terme à ces manœuvres amoureuses, les femelles s'éloignent et cherchent une place sûre où déposer leurs œufs et élever leur couvée. Elles amassent autour d'elles une grande quantité d'herbe sèche assez négligemment arrangée en forme de nid, dans lequel sont déposés de sept à dix œufs; puis elles s'arrachent elles-mêmes leur duvet le plus moelleux, l'étendent sous les œufs, et commencent la longue tâche de l'incubation, pour ne l'interrompre qu'à de courts intervalles, lorsque le besoin de nourriture se fait trop impérieusement sentir.

Enfin, au bout de trois semaines, la vie s'annonce par de faibles cris sous la coquille, et la nouvelle famille, faisant un violent effort, paraît au jour. Qu'ils sont gentils, pendant que de leur bec si tendre encore ils démêlent et assèchent leur léger duvet! Mais déjà, s'alignant l'un après l'autre, voyez-les suivre leur heureuse mère, qui les conduit à l'eau où ils se baignent et plongent aussitôt, comme pour exprimer toute leur joie d'avoir reçu le jour. Bien loin de là, sur un autre marais, se tient à l'écart le mâle fatigué et amaigri; père dénaturé, jamais il n'eut souci de sa progéniture; sans regrets, il a pu délaisser sa femelle, qu'autrefois il semblait tant aimer! Que lui importent ses cruelles inquiétudes et la peine qu'elle a dû ressentir en se voyant si complétement abandonnée? A elle-seule, d'abord la lourde charge des œufs, et maintenant les soins et les anxiétés pour cette nombreuse et innocente couvée, qu'elle voudrait défendre et faire prospérer aux dépens de sa propre vie ! Elle les guide, ces chers petits, le long des rives couvertes d'herbe, dans les endroits peu profonds, et leur apprend à saisir les insectes qui voltigent en abondance, les mouches, les moustiques et les scarabées étourdis, qui tournoient ou serpentent à la surface. A la moindre apparence de danger, ils prennent leur élan, se dirigent vers le bord, ou plongent et disparaissent. Au bout de six semaines, ceux qui ont échappé à la·gueule vorace des poissons et des tortues, commencent à être passablement gros ; les tuyaux leur poussent aux ailes, le corps se revêt de plumes ; mais aucun n'est encore en état de voler. Ils savent déjà se procurer la nourriture, en enfonçant la tête et le cou dans l'eau, ainsi qu'ils continueront de le faire par la suite ; à ce moment aussi, ils sont devenus bons pour la table, et leur chair est non moins délicate que savoureuse. Enfin, quand les feuilles commencent à changer de couleur, les jeunes Canards prennent librement l'essor, et c'est alors que les vieux mâles rejoignent le reste de la troupe.

Les pionniers du Mississipi en élèvent un grand nombre qu'ils prennent très jeunes, et qu'une année suffit pour apprivoiser entièrement. Les couvées qu'on en obtient sont supérieures même à celles des Canards sauvages, mais seulement pour la première ou la seconde année ; après quoi, elles dégénèrent et ne donnent plus que des Canards ordinaires. Les hybrides provenant de l'espèce sauvage et du Canard de Moscovie sont de grande taille et fournissent un manger excellent. Quelques-uns de ces métis restent plus ou moins vagabonds, ou même redeviennent tout à fait sauvages. Certaines personnes les regardent comme formant une espèce distincte. A l'état domestique, ils produisent aussi avec la macreuse et le chipeau (1) ; et ce dernier accouplement donne naissance à un très beau métis, qui retient les pieds jaunes ainsi que le

(1) *Anas strepera.*

plumage bigarré de l'un des parents, et le vert de la tête de l'autre.

J'ai vu des nids de Canards sur de grosses souches brisées, à trois pieds de terre et dans le milieu d'une cannaie, à plus d'un mille de l'eau. Une fois je trouvai, dans les bois, une femelle à la tête de sa jeune couvée, que sans doute elle acheminait vers l'Ohio; Mais elle m'avait aperçu la première, et s'était cachée parmi les herbes, ayant autour d'elle toute sa famille. Quand je voulus approcher, ses plumes se hérissèrent, et elle se mit à siffler en me menaçant, comme aurait pu faire une oie; pendant ce temps, les petits décampaient dans toutes les directions. J'avais un chien de première qualité, et parfaitement dressé à prendre les jeunes oiseaux sans leur faire aucun mal. Je le lançai sur leurs traces; aussitôt la mère s'envola, mais en affectant de se soutenir à peine, et semblant prête à tomber à chaque instant. Elle passait et repassait devant le chien, comme pour le troubler dans ses recherches et en épier le résultat; et quand les canetons, l'un après l'autre, m'eurent été rapportés et que je les eus mis dans ma gibecière, où ils criaient et se débattaient, elle vint d'un air si malheureux se poser tout près de moi, par terre, roulant et culbutant presque sous mes pieds, que je ne pus résister à son désespoir: Je fis coucher mon chien, et avec une satisfaction que comprendront ceux-là seulement qui sont pères, je lui rendis son innocente famille, et m'éloignai. En me retournant pour l'observer, je crus réellement aper-cevoir dans ses yeux une expression de gratitude; et cet instant me procura l'une des plus vives jouissances que j'aie de ma vie éprouvées, en cherchant à surprendre les secrets de la nature au milieu des bois.

Dans les lieux peu fréquentés, les Canards volent, pour chercher leur nourriture, le jour comme la nuit; mais quand ils sont troublés par des coups de fusil, ils ne sortent guère que la nuit ou vers le soir et au lever du soleil. Dans les temps très froids, ils remontent les cours d'eau, et se retirent même aux petites sources où on les rencontre en compagnie de la bécasse. Souvent, après de fortes pluies, on les voit chercher des vers sur les champs de blé; et quand arrive la fin de l'automne, ils aiment à pâturer sur les rizières de la Géorgie et des Carolines. J'ai lieu de croire que ces oiseaux accomplissent alors une seconde migration, car c'est par milliers qu'ils viennent, de l'intérieur, fondre sur les plantations de riz. Dans les Florides, il y en a parfois de telles multitudes, que l'air en est obscurci; et le bruit qu'ils font en s'enlevant des vastes savanes ressemble au roulement du tonnerre. Lors de mon séjour chez le général Hernandez, dans la Floride orientale, ces Canards étaient si nombreux, qu'un nègre que ce gentleman avait pris à son service comme chasseur en tuait à lui seul de cinquante à cent vingt par jour, et en entretenait ainsi toute la plantation.

Le vol du Canard sauvage est rapide, fort et bien soutenu. D'un seul coup d'aile il s'enlève de terre, aussi bien que de l'eau, et monte perpendiculairement pendant dix ou quinze mètres, ou même, quand il part du milieu d'un bois, jusqu'à ce qu'il soit au-dessus de la

cime des plus grands arbres ; après quoi, il prend son
essor et se dirige horizontalement. En cas d'alarme, il
ne manque jamais de pousser plusieurs *quack, quack;*
mais, si rien ne l'épouvante, il reste silencieux en
s'envolant. Quand il passe en l'air, pour quelque
destination lointaine, le sifflement de ses ailes s'entend d'une distance considérable, particulièrement
pendant le calme des nuits. son vol peut, je pense,
être estimé à raison d'un mille et demi par minute ; et
s'il veut en déployer toute la puissance , et qu'il
s'agisse d'un long voyage, je crois fermement qu'il
peut faire cent vingt milles à l'heure.

Ce Canard est omnivore dans la véritable acception
du mot. Tout lui est bon pour satisfaire son excessive
voracité ; propre ou non, il engloutit ce qui se rencontre :
vieux rebuts, tripailles, poisson pourri, aussi bien que
reptiles et petits quadrupèdes. Les noix et les fruits de
toute espèce lui sont un régal, et on l'engraisse promptement avec du riz, du blé ou d'autre grain. Il est en général
si goulu, que souvent j'en ai vu deux tiraillant et se dispu-
tant pendant plus d'une heure la peau d'une anguille que
l'un avait déjà en partie avalée, tandis que le camarade
tenait ferme à l'autre bout. Ils gobent aussi très adroitement les mouches, et ont l'habitude de piétiner la
terre humide pour en faire sortir les vers.

Outre l'homme, le Canard a pour ennemis l'aigle à
tête blanche, le hibou de neige, le grand duc de Virginie, le raton, le lynx et la tortue. On le prend facilement au filet et au piége amorcé avec du blé ; mais,
comme aux États-Unis nous ne savons ce que c'est

que la chasse à l'appeau, je ne veux pas vous ennuyer en vous donnant une nouvelle édition de tout ce qui a été dit et redit, dans tous les traités d'ornithologie, relativement à ce procédé, qui n'est, hélas ! que trop destructif.

Les œufs, dans cette espèce, ont 2 pouces 1/4 de long sur un pouce 5/8 de large. Ils sont moins gros que dans l'espèce domestique, et rarement aussi nombreux. La coquille est lisse, d'un vert légèrement foncé. Aussitôt que l'incubation commence, les mâles se réunissent entre eux par troupes, jusqu'à ce que les jeunes soient capables de les suivre dans leurs migrations. Ils n'élèvent qu'une couvée par saison ; et jamais, en automne, je n'ai trouvé d'œufs dans leur nid. La femelle a soin de les couvrir avant de s'éloigner pour chercher de la nourriture ; et de cette manière, elle les maintient suffisamment chauds jusqu'à son retour.

———

L'HUITRIER A MANTEAU D'AMÉRIQUE.

Les domaines de cet oiseau comprennent une grande étendue de pays. L'hiver on le rencontre au long des côtes, depuis le Maryland jusqu'au golfe du Mexique ; et comme il abonde alors sur les rivages des Florides, on peut dire qu'à toute époque de l'année il habite l'un ou l'autre des États de l'Union. A l'approche du printemps, il regagne ceux du centre où il niche, aussi bien que dans la Caroline du Nord. Plus rare entre Long-Island et Portland dans le Maine, où cependant il reparaît, on le trouve jusqu'au Labrador; et dans cette dernière contrée, j'en vis plusieurs qui avaient des œufs au mois de juillet. Sauf l'hiver, qu'ils se rassemblent au nombre de vingt-cinq ou trente individus, ces oiseaux ne vont ordinairement que par petites sociétés d'un ou deux couples, avec leurs jeunes familles qui paraissent suivre les parents jusqu'au printemps. On n'en rencontre jamais dans l'intérieur des terres, ni même bien haut, sur nos plus grandes rivières; les lieux où ils se plaisent, en tout temps, c'est sur les grèves sablonneuses et les bords rocailleux des baies et des marais salés. Au Labrador, j'en trouvai plus loin de la mer, que je n'en eusse encore vu en aucun autre pays; mais toujours près de l'eau salée. C'est du reste la seule espèce dont j'aie eu connaissance sur les côtes de l'Amérique du Nord.

Craintif, vigilant et sans cesse sur ses gardes, l'Huîtrier prend, en marchant, un certain air de dignité que rehausse considérablement la beauté de son plumage et la forme si remarquable de son bec. Si vous vous arrêtez pour l'observer, à l'instant même vous entendez, en signe d'alarme, retentir son cri perçant. Cherchez à faire un pas vers lui, pourvu qu'il n'ait ni œufs ni petits, aussitôt il s'envole, et vous ne le voyez déjà plus. Peu d'oiseaux, en effet, sont aussi difficiles à approcher. Pour étudier ses mœurs, je fus obligé de recourir à un excellent télescope que je braquai sur lui d'un quart de mille, et qui me permit, à loisir et sans l'inquiéter, de le suivre dans chacun de ses mouvements. De cette manière, je pus le voir qui sondait le sable de toute la longueur de son bec, détachait des patelles des rochers au Labrador, et sur les bancs d'huîtres que, dans le Sud et les Florides, on appelle bancs d'huîtres du Raton, en se servant de son bec comme d'un ciseau, qu'il insinuait de côté entre le roc et l'écaille, pour saisir enfin le corps de ces pauvres mollusques, au moment où leurs deux valves s'entr'ouvraient. D'autres fois, il déterrait un *solen*, ou manche de couteau, qu'il battait contre les graviers, jusqu'à ce qu'il en eût brisé la coquille et avalé le contenu; ou bien, il semblait sucer les hérissons de mer, en introduisant son bec par l'orifice buccal, sans endommager la coquille. Ensuite, il s'en allait, passant à gué d'un banc à l'autre, tout en attrapant çà et là quelque crevette et d'autres crustacés; ou même il se mettait à la nage, si cela était nécessaire, plutôt que de prendre son vol, lorsqu'il n'y avait qu'une courte distance à traverser. Cet oiseau fait aussi sa proie de petits crabes de diverses espèces et de vers de mer, dont j'ai toujours trouvé, en plus ou moins grand nombre, les coquilles brisées dans son gésier. Quand il est sur des grèves humides, il aime à fouler le sable avec ses pieds, pour en faire sortir les insectes. Une fois j'en vis un s'élancer de l'eau sur le rivage, tenant dans son bec une petite sole qu'il mangea.

L'Huîtrier ne construit pas de nid, à proprement parler, mais se contente de gratter dans le sable sec, au-dessus de la ligne des plus hautes eaux ; et là, il fait une espèce de trou dans lequel il dépose ses œufs. Au Labrador, comme à la baie de Fundy, il pond à nu sur le roc. Lorsque les œufs sont sur le sable, rarement les couve-t-il, tant que le soleil est chaud ; mais au Labrador, je l'ai vu couver aussi assidûment qu'aucun autre oiseau ; nouvelle preuve de la différence extraordinaire de mœurs qui peut résulter, dans une même espèce, de la seule différence du climat. Celle-ci me frappa tellement, que j'en étais à me demander si les individus chez lesquels elle se rencontre pouvaient bien appartenir à la même espèce ; et mon doute ne cessa que lorsque m'étant procuré deux spécimens pris dans la saison des œufs, l'un au Labrador, l'autre dans nos États du centre, je me fus convaincu, par le plus minutieux examen, qu'ils étaient, en effet, tous deux parfaitement identiques. Mais, quelle que soit la latitude, j'ai toujours remarqué que l'Huîtrier choisit de préférence les endroits où le flot rejette des débris de coquillages ou des graines et des herbes marines, comme plus sûrs pour ses œufs qui, de fait, n'y sont pas très faciles à trouver. Il n'en pond que deux ou trois, ayant un peu plus de deux pouces de long sur un pouce et demi de large. Ils ressemblent, pour la forme, à ceux de la poule domestique, et sont d'une couleur de crème pâle, marqués presque également partout de points, les uns d'un noir brunâtre, les autres plus clairs. Lors même qu'il ne les couve pas, l'Huîtrier veille sur eux avec tant de sollicitude, qu'à la vue seule d'un ennemi, il pousse le cri d'alarme et s'envole en tournant autour de vous, mais toujours à une distance respectueuse. Si vous venez à trouver les petits, qui partent grand train dès qu'ils sont éclos, le père et la mère manifestent la plus vive anxiété; ils se mettent à courir devant vous, voltigent au-dessus de votre tête, en faisant entendre une note particulière, pour les avertir de se fouler sur le sable et parmi les débris de coquilles, au milieu desquels, en effet, à cause de leur couleur d'un sombre grisâtre, il est rare qu'on les aperçoive, à moins de passer tout à côté d'eux; mais si cela arrive, ils décampent avec un cri plaintif qui redouble le désespoir des parents. Leur corps est, à ce moment, presque tout rond; et les raies qu'ils ont au derrière et sur le croupion, comme aussi la pointe recourbée de leur bec, vous les feraient prendre pour tout autre chose que de jeunes Huîtriers. Je m'en suis procuré quelques-uns qui, bien qu'ayant toutes leurs plumes et paraissant âgés de plus d'un mois, étaient encore incapables de voler. Ils semblaient appesantis par la graisse, et on les attrapait assez vite en les poursuivant sur le sable. On ne voyait, aux environs, ni le père ni la mère; cependant je doute fort qu'ils pussent déjà par eux-mêmes subvenir à leurs besoins; et je crois plutôt qu'ainsi que beaucoup de jeunes oiseaux, dans d'autres espèces, ils étaient visités et approvisionnés par leurs parents, à certaines heures du jour et de la nuit, comme c'est le cas, par exemple, pour les hérons et les ibis; car l'Huîtrier lui-même n'est que très peu nocturne.

Au commencement d'octobre ils reviennent vers le

Sud. J'en ai vu, au Labrador, jusqu'au 11 d'août; mais je ne puis dire à quelle époque ils en repartent. Si on les blesse, pendant qu'ils explorent à gué les rochers, ou marchent à sec sur le rivage, ils s'élancent à l'eau sur laquelle ils flottent et semblent se mouvoir parfaitement à l'aise.

Le vol de l'Huîtrier d'Amérique est puissant, léger, parfois élégant, et peut se soutenir très longtemps. C'est en l'air qu'il déploie toutes les beautés de son plumage, aussi remarquable que celui du pic à bec d'ivoire dont il rappelle, jusqu'à un certain point, la couleur. La blancheur transparente du gros des ailes contraste avec le noir de jais qui les termine, et se trouve rehaussée par la nuance du bec qui est d'un rouge de corail, tandis que le blanc pur des parties inférieures du corps produit à l'œil un effet très agréable. De même, son cri de *wheep, wheep*, lorsqu'il éclate à votre oreille, paraît étrange et vous étonne. Enfin, pendant leurs évolutions si variées et si gracieuses, si vous ne connaissez pas ces oiseaux, vous ne pouvez vous empêcher de vous demander : Qu'est-ce cela? Tantôt, tournoyant avec une impétuosité extraordinaire, ils passent à cent mètres de vous, puis changent soudain de direction, et reviennent, non plus en rasant l'eau comme tout à l'heure, car ils sont déjà au plus haut des airs; tantôt ils forment leurs rangs sur un large front; d'autres fois, comme alarmés par la détonation lointaine d'une arme à feu, ils se serrent tous pêle-mêle et plongent vers les sables ou la surface de la mer. Tirez sur un en ce moment, et vous pouvez vous attendre à en tuer pour le moins deux. Mais pendant que vous vous apprêtez, les rusés, devinant sans doute vos intentions, s'éparpillent soudain; et, en moins d'une minute, loin de toute atteinte, là-bas, là-bas, leurs dernières files ont disparu.

Le gosier, chez cet oiseau, peut au besoin se dilater considérablement. Quand vous y introduisez le doigt, il passe sans gêne dans une sorte de jabot où probablement les aliments sont préparés avant de parvenir au gésier, qui se compose de muscles forts et nombreux. Maintenant, qu'y deviennent les parties dures des coquilles, les petits cailloux et autres matières semblables dont les aliments sont mélangés? C'est ce que je ne puis absolument comprendre; et je vous laisse volontiers le problème à résoudre. La chair est noirâtre, coriace, et ne peut se manger que dans un cas de nécessité extrême.

Les femelles et les jeunes sont, en dessus, d'un brun olive, comme les mâles; mais cependant avec une teinte plus foncée. Jamais, dans aucune partie des États-Unis, je n'ai rencontré l'Huîtrier d'Europe (*Hæmatopus ostralegus*), et sans pouvoir affirmer qu'il n'y existe pas, je serais porté à croire que Wilson et autres l'ont confondu avec notre espèce à manteau. Du moins la figure donnée par Wilson ressemble à celui d'Europe, quoique sa description de la femelle et des jeunes, ainsi que leurs dimensions, se rapportent plutôt à la présente espèce.

LA PERCHE BLANCHE ET LES ÉCREVISSES.

Les eaux débordées, par suite des premières pluies du printemps, ne sont pas plutôt rentrées dans leur lit, et la température s'est à peine radoucie, qu'on voit nos bois épanouir leurs boutons et leurs fleurs. C'est le moment où la Perche blanche qui, durant l'hiver, a vécu dans l'Océan, commence à remonter les rivières pour chercher les retraites bien connues auxquelles, la saison dernière, elle a confié son frai. Son impétueux élan triomphe de la violence du Mississipi, dont le courant troublé ne peut cependant lui convenir. Elle a hâte d'entrer dans l'un des innombrables affluents qui, pacifiques et limpides, portent au fleuve majestueux le tribut de leurs ondes. Parmi ces derniers, l'Ohio est un de ceux dont la pureté semble surtout lui plaire; et c'est par troupes et en se jouant, que nos légers poissons s'avancent, le long des rives, jusqu'à ses principales sources. Sur les bancs caillouteux ou couverts de gravier, ils poursuivent leur proie; tantôt saisissant la moule rampante, et tantôt, avec la rapidité de la flèche, tombant sur un vairon. D'autres fois, à la pointe d'un roc qui penche, ou simplement à côté d'une pierre, ils surprennent quelque écrevisse. Surtout pas d'aliments impurs! *la grondeuse* n'y touche jamais; c'est pourquoi, lecteur, gardez-vous d'en choisir de tels pour l'amorcer; autrement vous en seriez pour votre peine, et vous auriez le désagrément de ne pas goûter de ce poisson délicieux. Si donc vous n'avez pas l'habitude d'une pareille pêche, regardez ces gens qui sont là, devant vous sur le rivage, ils pourront vous donner une leçon.

Aucun souffle ne ride la surface des eaux, le ciel est clair, et le courant s'en va doucement, sans faire peut-être plus d'un mille à l'heure; le silence règne autour de vous. Voyez: chaque pêcheur porte un panier ou une calebasse contenant plusieurs écrevisses vivantes; et chaque ligne, grosse comme une plume de corneille, est à peine longue d'un stade. A l'un des bouts, deux hameçons à perche sont attachés, de manière à ne pouvoir se mêler ensemble; quelques pouces au-dessous du point où se trouve le dernier, un poids d'environ un quart de livre et percé d'un trou dans sa longueur, passe sur la corde et se fixe, par un nœud, à son extrémité. L'autre bout de la ligne tient sur le bord, où vous observez que le tout est soigneusement enroulé au pied du pêcheur. Maintenant, à chaque hameçon, on enfile une écrevisse qu'on perce, pour cela, en dessous de la queue, en enfonçant la pointe du fer jusque dans la tête du pauvre animal, dont les pattes peuvent ainsi s'agiter en toute liberté. Alors, le pêcheur saisit sa ligne environ un mètre au-dessus des hameçons, la fait tournoyer plusieurs fois en l'air, et la lance, à toute volée, en travers de la rivière. Aussitôt qu'elle a touché le fond, mollement entraînée par le courant, elle flotte d'abord de côté et d'autre, et finit par prendre le fil de l'eau..... Mais déjà je m'aperçois que le poisson a mordu ; le pêcheur, pour le mieux piquer, donne une brusque secousse, et lentement ramène la ligne à soi. Perche infortunée, que te sert de plonger et de te débattre si péniblement ? Ils n'auront aucune pitié de toi, et l'on va te jeter sur le sable pour t'y laisser longuement sentir le frisson de la mort. Ah ! j'en vois deux à cette ligne, là-bas, et des belles, s'il vous plaît ; Cependant, d'ordinaire, il ne s'en prend qu'une à la fois, et encore, nombre d'amorces sont enlevées par d'autres habitants des eaux plus rusés. Quels magnifiques poissons ! comme leurs écailles brillent en dessous d'un vif éclat d'argent, quelles riches couleurs en dessus, et quel œil superbe ! En deux ou trois heures, chaque pêcheur en a tout ce qu'il peut désirer ; il enroule sa ligne, accroche une demi-douzaine de ces perches de chaque côté de la selle, enfourche son cheval, et reprend joyeusement le chemin de la maison.

C'est de cette manière qu'on prend la Perche blanche, le long des rives sablonneuses de l'Ohio, depuis son embouchure jusqu'à sa source. Dans beaucoup de lieux, notamment au-dessus de Louisville, les pêcheurs préfèrent se servir de la ligne dormante. Dans ce cas, on amorce plus souvent avec des moules qu'avec des écrevisses, peut-être simplement parce que ces dernières sont plus rares que vers le bas de la rivière. On prend aussi un grand nombre de Perches à la seine, surtout quand les eaux viennent à croître pour quelques jours ; mais on ne pêche guère à la gaule, parce que ces poissons se tiennent généralement au long des bancs de sable, près des endroits profonds. Comme tous les autres individus de son genre, la Perche blanche recherche, pour déposer son frai, les lits de fin gravier que recouvrent cinq à six pieds d'eau. Ces lits sont ronds avec un rebord formé du sable qu'elle tire du milieu, en le creusant de deux ou trois pouces. D'habitude elle reste quelques jours à veiller sur son trésor, sans le garder toutefois avec cette tendre sollicitude que nous avons admirée chez le petit poisson soleil ; au contraire, elle s'en éloigne à la moindre apparence de danger. Souvent j'ai pris plaisir à laisser flotter mon canot au-dessus de ces espèces de couches, quand l'eau était assez claire pour me permettre de voir et le poisson et le nid où reposent les œufs ; mais dès que le soleil brillait, l'ombre même du bateau le faisait fuir. Je suis porté à croire, sans en être cependant certain, qu'il rentre, pour la plupart du temps, dans l'Océan, vers le commencement de novembre.

La longueur de ce poisson, qu'on appelle dans l'Ohio la Perche blanche, et dans l'État de New-York, *la grondeuse*, est communément de quinze à vingt pouces. J'en ai vu cependant de beaucoup plus fortes. Le poids varie depuis une jusqu'à quatre et même six livres. Six semaines après leur arrivée dans les eaux douces, elles sont dans leur vraie saison : la chair en est alors blanche, ferme et excellente ; mais durant les chaleurs de l'été, elles deviennent maigres et sont rarement bonnes à manger. Quelquefois, cependant, dans les derniers jours de septembre, j'en ai goûté dont la chair me paraissait de même qualité qu'au printemps. L'une des habitudes les plus remarquables de cette Perche est celle qui lui a valu son nom de *grondeuse*. Quand elle se balance dans l'eau, près du fond d'une barque, elle fait entendre une sorte de murmure sourd qui ressemble assez à un grognement. Dès qu'on fait le moindre bruit dans le bateau, en frappant au fond ou sur le bord, il cesse à l'instant même, pour recommencer quand tout est redevenu tranquille; mais on ne l'entend d'ordinaire que quand le temps est calme et beau.

La Perche blanche ne mord à l'appât qu'avec de grandes précautions; et très souvent elle l'enlève sans se prendre. Aussi faut-il beaucoup d'adresse pour la piquer; et si vous la manquez la première fois qu'elle touche à l'hameçon, il est probable qu'elle n'y reviendra plus. J'ai vu à l'œuvre des mains novices qui, dans tout le cours d'une matinée, ne réussissaient qu'à en attraper une ou deux, en perdant peut-être vingt écrevisses. — Maintenant que je vous ai mis au courant de quelques-unes des particularités qu'offre l'histoire de la Perche blanche, laissez-moi vous dire un mot de ses amorces favorites.

On ne peut certes pas prétendre que l'Écrevisse soit un poisson, bien que ce soit par ce nom que d'ordinaire on la désigne; et comme chacun connaît sa forme et sa nature, je vous tiens quitte, à cet égard, de plus amples explications; mais du moins on peut dire que c'est un beau crustacé qui, par son importance, doit, de même que tous ceux de sa famille, être considéré comme de premier ordre. Quant à moi, les Écrevisses d'eau douce ou d'eau salée, dépouillées de leur carapace, m'ont toujours paru figurer merveilleusement dans un potage. Bouillies ou rôties, je ne les estime pas moins; et vous-même, lecteur, qu'en pensez-vous? Celles dont je parle plus spécialement abondent dans toutes les parties de l'Union; on les trouve nageant, rampant au fond des eaux ou sur le rivage, et travaillant à creuser leur trou bourbeux. Si je ne me trompe nous en avons deux espèces, dont l'une se plaît bien plus que l'autre dans les ruisseaux caillouteux, et est de beaucoup la meilleure, quoique l'autre ne soit pas, tant s'en faut, à dédaigner. Toutes les deux nagent en donnant de forts coups de queue qui les poussent, à reculons, à une distance considérable. Je n'ai qu'un reproche à adresser à ces animaux, c'est d'être absolument de petits vautours aquatiques, ou, si vous l'aimez mieux, des crustacés à mœurs de vautour. Ils font ventre de tout, frais ou non, du moins lorsqu'ils n'ont pu se procurer autre chose; aussi peut-on en prendre autant qu'on veut, simplement en attachant à une corde un morceau de viande qu'on laisse un moment dans l'eau; ensuite on n'a qu'à le retirer avec une certaine précaution, et en le soulevant avec un filet, on est certain d'amener en même temps plusieurs Écrevisses sur le rivage; mais ce procédé, d'ailleurs excellent, n'est bon que pour celles qui vivent dans les eaux courantes. La forme de ces dernières est délicate, leur couleur olivâtre, et leurs mouvements sont très actifs. Les autres, plus lourdes, d'un brun grisâtre, paraissent moins alertes dans l'eau que sur terre, quoique étant bien de véritables amphibies. Les premières se cachent sous les rochers, les pierres ou les plantes aquatiques ; les autres se font un trou dans le sol humide, en ·rejetant à côté les matériaux, comme lorsqu'un homme creuse un puits.

Ces trous sont plus ou moins profonds, suivant la nature du terrain ; cela dépend également de la sécheresse croissante du sol, augmentée par la chaleur de l'été, et enfin de la composition des diverses couches. Par exemple, dans les endroits où l'Écrevisse peut atteindre l'eau au bout de quelques pouces, elle reste là, pendant le jour, sans pousser plus avant, et se met en route, quand vient la nuit, pour chercher sa nourriture. Toutefois, lorsqu'elle se trouve à sec, elle recommence à piocher ; et c'est ainsi que, tandis qu'un trou n'a quelquefois que cinq ou six pouces de profondeur, un autre peut avoir deux, trois pieds et même plus. Dans le premier cas, on la déloge facilement ; mais lorsque le trou est profond, il faut se servir d'une ficelle à laquelle on attache un morceau de viande ; l'Écrevisse mord avidement à l'appât, alors on la tire petit à petit, et on s'en empare sans plus de cérémonie. L'Ibis blanc s'y prend d'une autre façon : ayant remarqué ces petits tas de boue, qu'elle établit en forme de rempart autour de son trou, il s'en approche doucement, puis commence à démolir la construction par le haut, et en rejette les fragments dans la cavité où se tient l'animal. Cela fait, il se retire à l'écart, et attend patiemment le résultat. L'Écrevisse, incommodée par le poids de la terre, veut immédiatement réparer le dégât, et monte, aussi vite qu'elle peut, à l'entrée de sa retraite ; mais, à l'instant où elle paraît, l'Ibis est là qui l'arrête d'un coup de bec. Jugez maintenant quelle est la méthode la plus ingénieuse de celle de l'homme ou de celle de l'oiseau.

Cette espèce est abondante au bord des lacs stagnants et des étangs de nos districts méridionaux. J'en ai même vu prendre dans les rues des faubourgs, à la Nouvelle-Orléans, après de grandes pluies. Elles causent d'énormes dommages en perforant les chaussées et les écluses, et sont souvent maudites par les meuniers, les planteurs, et même par les inspecteurs des digues qu'on élève au long du Mississipi. Mais, après tout, ce sont de curieux petits animaux, créés, sans aucun doute, dans un but utile, et, tels qu'ils sont, très dignes assurément d'être connus.

LA GRUE AU CRI RETENTISSANT,

OU GRUE BLANCHE D'AMÉRIQUE.

Les teintes variées du feuillage annoncent que les derniers jours d'octobre sont arrivés ; le ciel se charge de sombres nuées, les vents du nord soufflent par rafales, et comme heureux d'échapper enfin aux régions glacées qui leur ont donné naissance, ils se jouent avec un redoutable mugissement parmi les arbres et dans les clairières de la forêt, et chassent devant eux des ondées de givre et de neige qui, par intervalles, couvrent la terre. Le laboureur soigneux rassemble ses troupeaux pour les mettre à l'abri ; le voyageur accepte de grand cœur l'hospitalité de l'habitant des bois ; il s'assied à son foyer qui petille, et prend plaisir à contempler les divers travaux de ses hôtes diligents. C'est le moment où le bûcheron se prépare à son long voyage, où le trappeur cherche les retraites de l'industrieux castor, et où l'Indien à peau rouge fait ses dispositions pour les chasses de l'hiver. Déjà, vers le sud, les oies et les canards sont arrivés sur les étangs ; de temps à autre, on aperçoit un ou deux cygnes poursuivant leur migration au sein des airs ; et tandis que l'observateur de la nature se tient l'esprit attentif aux apparences et aux changements de la saison, de là-haut parvient à son oreille le cri des Grues qui passent rapides, sans que son œil puisse encore les voir. Mais soudain l'atmosphère s'est éclaircie et la troupe errante apparaît. Graduellement elles descendent, mettent en ordre leurs longues lignes, et se disposent à toucher terre. Le cou tendu, leurs grandes jambes osseuses en arrière, elles s'avancent, portées par leurs ailes blanches comme la neige, et que termine une pointe d'un noir lustré. Les voilà qui planent au-dessus de l'immense savane ; elles tournoyent, s'approchent lentement du sol, puis, les ailes à moitié fermées et allongeant les pieds, elles s'abattent, ayant soin de faire quelques pas en courant, pour amortir la violence du choc.

Maintenant elles se secouent bruyamment et rajustent leur plumage. Fiers de la beauté de leurs formes, plus fiers encore de leur vol si puissant, voyez-les, ces majestueux oiseaux, fouler les herbes flétries et marcher à pas comptés, de l'air imposant d'un chef superbe. Ils portent haut la tête, leurs yeux brillent de plaisir; c'est que le grand voyage est fini; c'est qu'ils sont de retour au pays bien connu que si souvent ils ont visité, et où ils vont, sans perdre de temps, se préparer pour passer l'hiver.

Ces Grues arrivent dans les États de l'Ouest vers le milieu d'octobre ou le commencement de novembre, par troupes de vingt à trente individus, et quelquefois en nombre double ou triple, les jeunes se tenant à part, mais suivis de près par leurs parents. Elles se répandent depuis l'Illinois, en franchissant le Kentucky et tous les États intermédiaires, jusqu'aux Carolines, aux Florides, à la Louisiane et même aux frontières du Mexique. C'est dans ces diverses contrées qu'elles doivent séjourner pendant l'hiver, attendant, pour repartir, d'ordinaire le milieu d'avril, ou les premiers jours de mai. On les trouve au bord des vastes étangs où abondent de hautes herbes, sur les champs et les savanes, tantôt au milieu des bois ou dans les marécages d'une grande étendue. L'intérieur des terres et le voisinage des rives de la mer leur conviennent également bien, aussi longtemps, du moins, que la tem-

pérature s'y maintient assez élevée; mais dans les États
du centre, on en voit rarement; et à l'est, on ne les
connaît pas. En effet, toutes leurs migrations s'accomplissent par le milieu des terres, et c'est ainsi qu'elles
quittent et regagnent leurs retraites du nord où, dit-
on, elles nichent et passent l'été. Pendant qu'elles
émigrent, elles semblent voyager de nuit comme de
jour, car très souvent je les ai vues le jour et entendues
la nuit, tandis qu'elles se rendaient à leur destination.
Que le temps soit calme, ou la tempête déchaînée, peu
leur importe; la force de leurs ailes leur permet de se
jouer des caprices du vent. J'en ai vu qui précipitaient
leur vol au milieu de l'ouragan le plus furieux, et se
dirigeaient tantôt haut tantôt bas, avec une dextérité
surprenante. Parfois, les membres d'une même troupe
se forment en triangle aigu; ou bien ils volent en
longue file, puis se mêlent confusément ou s'alignent
sur un front étendu; mais quel que soit l'ordre qu'ils
gardent en avançant, chaque oiseau fait entendre tour
à tour sa note sonore, qu'il répète de la même manière
en cas d'alarme. Tant qu'ils restent avec nous, c'est
également toujours par troupes qu'on les rencontre.

Maintenant, lecteur, permettez-moi de me reporter
à mon journal, d'où j'extrairai, relativement à ce
remarquable oiseau, certains détails que, je l'espère,
vous ne jugerez pas sans intérêt.

Louisville, État de Kentucky, mars 1810. — J'ai eu
le plaisir de conduire Alex. Wilson à quelques étangs
éloignés de plusieurs milles de la ville, et là, je lui ai
montré nombre d'oiseaux de cette espèce dont jusqu'ici

il n'avait encore vu que des échantillons empaillés. Je lui ai dit que les sujets blancs étaient des adultes, et les gris des jeunes. Wilson, dans l'article qu'il consacre à cette Grue, ne manque pas de faire allusion à ce fait; seulement, ici, comme en d'autres circonstances, il oublie de dire au lecteur d'où lui est venue l'information.

Henderson, 11 novembre 1810. — La Grue est arrivée, vers le 28 du mois dernier, au *long étang*, où j'en ai vu deux troupes de jeunes; il y en a aussi une d'adultes sur le *petit étang*. Les unes et les autres se sont mises immédiatement à fouiller dans la boue, les eaux de pluie commmençant à peine à couvrir ces bas-fonds qui, dans l'été, sont tout à fait à sec. Elles travaillent résolûment de leur bec, et parviennent à déterrer les racines des grands lis d'eau, qui souvent s'enfoncent à une profondeur de deux ou trois pieds. Plusieurs Grues sont ensemble dans le même trou, bêchant après les racines et autres substances qu'elles finissent par découvrir, et qu'elles mangent avidement. Tandis qu'elles travaillent, on a chance de les approcher; en effet, comme elles baissent la tête, elles ne peuvent vous voir; et en attendant qu'elles la relèvent de temps en temps, pour examiner ce qui se passe aux environs, vous pouvez vous avancer à portée de fusil. Je remarquai que pendant qu'elles étaient à l'ouvrage, elles gardaient le plus parfait silence. Je me tenais caché derrière un gros cyprès, à une trentaine de pas d'une de ces troupes ainsi occupée; chaque oiseau était enfoncé, comme je l'ai dit, dans les grands trous qu'ils avaient creusés ; et, de cette distance, ils me faisaient l'effet d'une bande d'ours ou de cochons dans les lieux où ils aiment à se vautrer ; je pouvais même distinguer la couleur de leurs yeux, qui sont bruns chez les jeunes, et jaunes chez les adultes. Après les avoir observées à loisir, je sifflai ; et aussitôt toutes relevèrent la tête pour voir de quoi il s'agissait. L'occasion était trop belle, je ne pus résister à la tentation ; d'autant moins que plusieurs de ces oiseaux avaient leurs cous si rapprochés, que j'étais sûr d'en tuer plus d'un. En conséquence, au moment même où leurs derniers cris d'alarme retentissaient, et où je les voyais prêts à se remettre à l'ouvrage, je tirai. Deux seulement, à ma grande surprise, s'envolèrent en descendant l'étang, et se dirigèrent vers moi ; de mon second coup, je les abattis. En allant au trou, j'en trouvai sept. Celles qui étaient dans les autres trous, plus au loin, s'enlevèrent en criant, et ne reparurent pas de l'après-midi. Il ne leur avait fallu qu'une semaine pour retourner la terre et labourer profondément toutes les parties sèches des étangs. Dès que les creux sont remplis par les grandes pluies, les Grues les abandonnent et se retirent en d'autres lieux.

Natchez, *novembre* 1821. — Les Grues fréquentent maintenant les champs de blé, de pois et de pommes de terre, en même temps que les plantations de coton. Elles se nourrissent de la graine des pois et déracinent les pommes de terre, dont elles paraissent très friandes. Dans les endroits humides, elles attrappent des insectes aquatiques, des crapauds, des grenouilles ; mais je ne leur ai jamais vu prendre de poissons.

Bayou-Sara, 12 avril 1822. — Toutes les Grues ont quitté les champs, pour gagner les marais et les lacs de l'intérieur. J'en ai vu quelques-unes prendre de jeunes grenouilles mugissantes, des lézards et des serpents d'eau, et jusqu'à de jeunes alligators. L'une d'elles a même attaqué une tortue qui, cependant, est parvenue à s'échapper. L'Ibis des bois ne va pas avec ces oiseaux, qui le chassent et le poursuivent dans l'eau jusqu'au ventre.

16 avril. — J'ai vu neuf de ces Grues, adultes et dans toute la beauté de leur plumage ; elles étaient autour d'un tronc d'arbre couché par terre , à environ 20 mètres de l'eau, et fort occupées à détruire une bande de jeunes alligators qui, probablement, avaient cherché à se sauver en se cachant sous la souche. J'ai tiré dessus, mais sans beaucoup d'effet, car elles se sont toutes envolées ; cependant je crois en avoir blessé deux. Auprès de la souche, j'ai trouvé plusieurs jeunes alligators de 7 à 8 pouces de long, et dont le crâne était brisé d'un seul coup de bec ; ceci me donne à penser que ces oiseaux font un grand massacre d'animaux avant d'en manger aucun, comme nous avons vu que c'était la coutume de l'Ibis des bois. Cette après-midi, j'ai vu quatre jeunes Grues qui labouraient la terre, en cherchant des écrevisses. L'une a pris un papillon qui voltigeait près d'elle et l'a de suite avalé.

Du reste, ces oiseaux ne cherchent leur nourriture que pendant le jour, et de temps à autre, ils mangent aussi des taupes, des mulots, et parfois même à ce que je pense, des serpents d'assez grande taille. J'en ai ouvert un qui avait dans l'estomac un serpent jarretière de plus de quinze pouces de long.

Ils sont extrêmement farouches, et parfois, il ne faut rien moins que toute la ruse d'un chasseur indien pour mettre en défaut leur surveillance, surtout quand il s'agit de vieux oiseaux. Doués d'une vue très perçante, ils ont l'ouïe d'une merveilleuse finesse : cherchez à vous approcher d'eux, même à la distance d'un quart de mille ; qu'une petite branche craque sous vos pieds, ou simplement armez votre fusil ; aussitôt ils vous voient, ils vous entendent ; à l'instant toute la troupe lève la tête, et le signal du départ est donné. Fermez derrière vous la barrière d'un champ ; de ce moment, vous êtes découvert, et vous ne ferez plus un seul mouvement qui ne soit épié. Une fois qu'ils ont reçu l'éveil, vous aurez beau tenter de les joindre en rampant parmi les grandes herbes, c'est inutile ; à moins que vous ne vous couchiez à plat pour les attendre, sans bouger ni souffler mot, ou que vous ne vous teniez tapi sous quelque arbre touffu, un tas de broussailles ou derrière une grosse souche, vous ferez aussi bien de rester chez vous. En général, ils vous voient longtemps avant que vous les ayez aperçus vous-même, et tant qu'ils croient que vous ne les avez pas remarqués, ils demeurent silencieux ; mais, si par mégarde ou autrement, vous leur donnez à connaître que vous les savez là, sur le champ leur cri d'alarme vous avertit que vous ne devez plus compter sur rien ; pour moi, j'aimerais autant essayer de prendre un daim à la course, que de tuer une Grue qui est ainsi sur ses gardes. Quelquefois, aux approches du printemps, lorsqu'elles se disposent à retourner aux lieux où elles doivent nicher, le cri d'une seule suffit pour effaroucher et faire fuir toutes les autres à un mille à la ronde. Dans ce cas, elles se réunissent en une grande troupe, s'enlèvent graduellement en décrivant une spirale, montent à une hauteur immense et partent en droite ligne.

Lorsqu'on a blessé un de ces oiseaux, il ne faut s'en approcher qu'avec précaution, car leur bec peut faire de cruelles blessures. Je le sais par expérience, et donne avis à tout chasseur de ne pas oublier derrière soi son fusil, quand il veut poursuivre quelqu'une de ces Grues qu'il a frappée. Une après-midi, pendant l'hiver, descendant le Mississipi pour aller à Natchez, j'en aperçus plusieurs posées sur un large banc de sable. Aussitôt, prenant ma carabine et des munitions, je sautai, du bateau plat, dans un canot, en recommandant à mes hommes de ne pas me perdre de vue, à cause de la rapidité du courant que le banc de sable, en cet endroit, resserrait et rendait dangereux. Je saisis donc la pagaie, et tout en me dirigeant vers le rivage, je remarquai qu'en m'y prenant bien, je pourrais m'approcher des Grues, sous le couvert d'un gros arbre échoué près du bord. Bientôt je débarquai, amarrai mon canot, et me mis à ramper de mon mieux, en poussant mon arme devant moi. Arrivé au tronc d'arbre, je levai tout doucement la tête, et de derrière une branche qui me cachait, je vis les Grues qui n'étaient pas à plus de cent mètres. J'ajustai très bien, du moins je le crus, car l'extrême désir que j'avais de faire valoir, devant les bateliers, l'excellence de mon coup d'œil, le rendait peut-être moins sûr qu'à l'ordinaire, et je tirai. Les Grues épouvantées s'envolèrent toutes, moins une qui fit quelques sauts en l'air, mais retomba de suite, et se mit à courir çà et là, en traînant une aile. Quand je fus debout, elle m'aperçut, j'imagine, pour la première fois, car elle commença à pousser de grands cris et à se sauver avec la rapidité d'une autruche. Moi, laissant là ma carabine déchargée, je n'eus rien de plus pressé que de partir à ses trousses, et sans doute elle m'eût échappé, s'il ne se fût rencontré par hasard une pile de bois, près de laquelle elle se retrancha et m'attendit. Quand je voulus m'en approcher, haletante et épuisée comme elle était, elle se redressa de toute sa hauteur sur ses longues jambes, étendit le cou, hérissa ses plumes qui frémirent, et marcha sur moi le bec ouvert, les yeux étincelants de colère. Je ne puis vous dire si ce fut, chez moi, l'effet d'un abattement inusité, ou d'une extrême fatigue ; mais toujours est-il que je ne me sentis nullement d'humeur de me mesurer avec mon adversaire, et que je ne songeai qu'à battre en retraite, sans cependant le quitter des yeux. Plus je reculais, plus la Grue avançait ; tant et si bien, que je lui tournai enfin les talons, et commençai à jouer des jambes, en fuyant plus vite que je n'étais venu. La Grue me poursuivait toujours, et je fus bien heureux d'atteindre la rivière où je me jetai jusqu'au cou, en appelant les hommes du bateau qui vinrent, en toute hâte, à mon secours. Le maudit oiseau ne cessait cependant de me lancer des regards furieux ; entré lui-même dans l'eau jusqu'au ventre, et seulement à quelques pas de moi, il m'adressait de là de grands coups de bec, et ne quitta la place que quand il vit approcher les rameurs. Vous vous imaginez sans peine combien ma triste position dut leur donner à rire. Néanmoins la bataille fut bientôt terminée ; un ou deux coups d'aviron sur la tête me débarrassèrent de mon antagoniste à plumes, et sans autre encombre, nous pûmes l'emporter à bord.

Durant mon séjour aux Florides, je ne vis qu'un petit nombre de ces oiseaux vivants ; mais on m'en montra beaucoup que des Espagnols et des Indiens avaient tués pour leur chair et leurs belles plumes dont on fait des éventails et des chasse-mouches. L'hiver, il n'en reste aucun dans ces contrées ; et Will. Bartram, qui dit le contraire, doit avoir confondu cette espèce avec l'Ibis des bois.

Les jeunes sont beaucoup plus nombreux que les adultes, et c'est cette particularité qui probablement a fait croire à certains naturalistes que les premiers constituaient une espèce distincte à laquelle ils ont donné le nom de Grue du Canada.

Suivant les circonstances, ces oiseaux passent la nuit tout simplement par terre, ou se perchent sur de grands arbres. Dans ce dernier cas, ils quittent les lieux où ils cherchaient leur nourriture, environ une heure avant le coucher du soleil, et se retirent en silence dans l'intérieur des forêts où ils choisissent les arbres les plus élevés pour se poser, d'ordinaire à six ou sept, sur la même branche. D'abord, ils emploient une demi-heure à s'arranger les plumes, et pendant ce temps restent tout droits; ensuite, ils s'accroupissent sur la branche, à la manière du dindon sauvage, et quant ils sont dans cette posture, on en tue quelquefois au clair de lune. Ceux qui se retirent dans les plantations, au voisinage des grands marais couverts de hautes herbes, de queues de chat (1) et autres plantes, s'établissent pour la nuit, sur quelque monticule où ils se tiennent sur une seule jambe, ayant l'autre ramenée sous le corps, et la tête cachée par les plumes de l'épaule. Au matin, lors-qu'ils se renvolent, plus ou moins tôt, selon le temps, ils crient comme d'habitude, mais d'une voix sourde et beaucoup moins forte. S'il fait froid, et que le ciel soit clair, ils repartent de très bonne heure; mais quand il fait chaud et qu'il pleut, ils n'abandonnent leur re-traite que tard dans la matinée. Au soir, leurs mouve-ments sont déterminés par les mêmes circonstances. Pour s'enlever de terre, ils font quelques pas en cou-rant, volent bas, pendant trente ou quarante mètres; puis montent, en décrivant des cercles qu'ils mêlent et confondent de toutes les manières, comme c'est l'habi-tude pour les vautours, les ibis et d'autres oiseaux. Si on les surprend, et qu'on tire dessus, ils poussent alors des cris perçants que je ne puis comparer au son d'aucun instrument que je connaisse. Je les ai entendus d'une distance de trois milles, au commencement du prin-

---

(1) *Cat's-tail.* C'est le Typha ou Massette, qu'on appelle aussi *queue de renard.*

temps, lorsque les mâles font la cour aux femelles, ou qu'ils se battent entre eux. C'est une sorte de *kewrr, kewrr, kewrooh;* et, si étranges et si rauques qu'ils paraissent, mon oreille les a toujours écoutés avec plaisir.

En décembre 1833, j'envoyai mon fils à *Spring-Island*, sur la côte de Géorgie, où ces Grues ont l'habitude de séjourner chaque hiver. M. Hammond, le propriétaire de l'île, le reçut avec cette bienveillante cordialité qui distingue les planteurs du Sud. Les Grues abondaient; on en trouvait sur tous les champs de pommes de terre, qu'elles fouillaient avec non moins d'adresse que les nègres eux-mêmes; on les voyait explorer avec soin chaque sillon, le sonder de leurs pieds et de leur bec, à la manière des bécasses et bécassines, et quant elles avaient frappé sur quelque tubercule, en écarter la terre, l'arracher, et enfin le manger par petits morceaux. C'est ainsi qu'elles s'en allaient, sur la surface entière du champ, glanant toutes les pommes de terre qui avaient échappé aux cueilleurs. Cependant, elles étaient si farouches, que mon fils, malgré les plus grandes précautions, et bien qu'il eût la main prompte et le coup d'œil bon, ne put jamais en tuer qu'une jeune. Je la reconnus pour être de l'année, à sa couleur d'un brun rougeâtre, aux longues plumes qui commençaient à paraître sur le croupion, et enfin à ce que la tête était encore couverte d'une sorte de poils entre lesquels se voyait la peau ridée si remarquable chez les vieux oiseaux de cette espèce. Ce jeune sujet, du reste, fut soigneusement étudié et décrit, et la peau est maintenant au musée britannique à Londres. La chair en était tendre, juteuse et excellente. J'en dirai autant de toutes celles de cet âge dont j'ai goûté, et qui sont réellement un mets délicat, aussi longtemps, du moins, qu'elles portent leur livrée brune, et alors même que les taches blanches commencent à se montrer. Mais la chair des vieilles devient noire, coriace, et tout à fait impropre pour la table, n'en déplaise aux Indiens séminoles qui leur font la chasse.

En captivité, cette Grue s'apprivoise très bien, et se nourrit volontiers de grain et autres substances végétales. M. Magwood, de la Caroline du sud, en garda une quelque temps, à laquelle il ne donnait que du maïs. Par accident, elle se blessa au pied en marchant sur une écaille d'huître; et malgré tous les soins qu'on lui prodigua, elle périt, après avoir langui deux ou trois semaines. Moi-même, j'en ai eu chez moi une vivante, et voici ce que j'ai pu observer de ses mœurs :

Elle était presque entièrement venue, quand elle me fut donnée, et son plumage passait du brun grisâtre au blanc. C'était un présent du capitaine Clarck commandant du sloop de guerre l'*Érié*. Blessée à l'aile, sur la côte de la Floride, on lui avait amputé le membre fracturé, et bientôt elle guérit. Pendant un voyage de trois mois, elle s'apprivoisa parfaitement, et par sa gentillesse et sa familiarité, devint la favorite de l'équipage. —Je la plaçai dans ma cour, en compagnie d'une belle oie de neige (1); c'était à Boston. Elle se montrait si douce, que je pouvais la caresser avec la main. Son

(1) *Anser hyperboreus.*

grand plaisir était de chercher des vers et des chenilles dans une pile de bois qui se trouvait là, et dont elle sondait chaque trou avec autant de soin et de dextérité que le pic à bec d'ivoire. Parfois aussi, avec la patience d'un chat, elle guettait les mouvements de quelques souris qui avaient établi leur domicile aux environs. Du premier coup elle les tuait, les avalait d'un seul morceau ; et tant et si bien elle en prit, qu'elle les extermina toutes, l'une après l'autre. Je la nourrissais, en outre, de blé, des restes de la cuisine auxquels j'ajoutais du pain, du fromage et même des pommes. On lui avait donné de la paille, pour l'empêcher de se salir les pieds ; elle la prenait dans son bec et l'arrangeait autour d'elle en rond, comme pour faire un nid. Parfois, elle restait des heures entières sur une seule jambe, dans une posture très gracieuse ; mais ce qui me paraissait surtout curieux, c'est qu'il y avait une jambe dont elle se servait de préférence, ou plutôt exclusivement, car personne de la maison ne put jamais la voir se tenir ainsi sur l'autre. Cette habitude se rattachait probablement à la mutilation de son aile, la jambe dont elle faisait usage correspondant au côté blessé. Le moignon de l'aile semblait l'incommoder beaucoup, et particulièrement à l'approche de l'hiver. Elle hérissait et ramenait ses plumes tout autour et l'abritait avec tant de soin, que véritablement j'en souffrais pour la pauvre bête. Quand le froid devenait trop vif, elle se retirait régulièrement, au soir, sous un passage couvert où elle restait pendant les heures de la nuit ; mais elle n'y entrait jamais qu'avec une répugnance marquée, et seulement alors que tout était tranquille et qu'on n'y voyait presque plus. Qu'il y eût ou non de la neige sur la terre, elle ne manquait pas d'en ressortir à la première lueur de l'aube. Par moments, elle se mettait à courir, en étendant la seule aile qui lui restât, puis faisait plusieurs sauts en criant, comme inquiète et désireuse de s'en retourner au séjour de la liberté; ou bien, elle regardait vers le ciel, et semblait appeler à grands cris quelque connaissance passant là-haut dans les airs; mais elle reprenait son ton de voix ordinaire, chaque fois que sa camarade, l'oie, de neige, faisait entendre son propre signal. Rarement avalait-elle un morceau sans le porter auparavant à l'eau où elle le plongeait plusieurs fois, et même elle se serait dérangée d'assez loin tout exprès pour cela. L'hiver fut très rude, puisque le thermomètre, dans certaines matinées, descendit jusqu'à dix degrés; cependant elle n'en engraissait pas moins et semblait se porter parfaitement. Le naturel soupçonneux était si fort chez elle, que je la voyais s'approcher à pas lents de quelques feuilles de chou, les regarder de côté l'une après l'autre, avant d'y toucher; et quand après tout, il lui arrivait par mégarde d'en lancer quelqu'une en l'air, en voulant la déchirer, aussitôt elle se sauvait, comme si l'ennemi eût été à ses trousses.

Je n'ai point eu la satisfaction de voir, par moi-même, les lieux où nichent ces Grues; mais je sais qu'elles ont souvent des petits, longtemps avant l'entier développement de leur plumage. Celles dont mon excellent ami, le prince Charles Bonaparte, a cru devoir faire une espèce à part (*Ardea pealii*) s'accouplent, ainsi qu'il arrive souvent pour l'aigle à tête blanche, entre individus dont les uns, non encore complétement venus, portent une livrée blanc de neige, tandis que les adultes sont d'un pourpre bleu-grisâtre. Les jeunes de l'*Ardea cœrulea* ont été aussi considérés quelque temps comme une espèce distincte, parce qu'ils sont blancs d'abord, puis bleus et blancs, et finalement d'un bleu foncé. Mais c'est surtout l'Ibis écarlate qui nous offrirait un remarquable exemple des changements que l'âge fait subir au plumage des oiseaux. Dans mon humble opinion, j'estime, qu'à moins qu'ils ne soient primitivement que d'une seule couleur, laquelle, malgré ses variations, continue toujours de rester uniforme, on ne doit guère s'arrêter au x nuances successives que revêt leur plumage, pour établir un caractère spécifique.

Je remarque encore que la force extraordinaire des cuisses, des jambes et des pieds, dans notre Grue, tend à en faire un oiseau beaucoup plus terrestre que les hérons. La grandeur et l'élévation des narines, presque en tout semblables à celles des vautours, se trouvent très propres à garantir l'intérieur de l'organe de la terre et des autres matières avec lesquelles il serait en contact, lorsqu'elle cherche dans le sol ou la boue les racines et les substances végétales qui composent sa principale nourriture. Je suis convaincu également que cette espèce n'est complétement venue et dans toute sa beauté, qu'à la quatrième ou cinquième année. Durant la saison des amours, sa parure devient plus brillante; elle est rehaussée par le rouge des parties charnues de la tête, et par la couleur du bec qui, de même que celui du fou et de l'ibis blanc, prend alors un éclat inaccoutumé.

UNE CHASSE AU RATON DANS LE KENTUCKY.

Le Raton, animal fin et rusé, se rencontre dans chacun de nos bois. Il n'est pas un enfant, dans les États-Unis, à qui son nom ne soit familier. C'est un grand mangeur d'oiseaux de toute espèce; il n'en épargne aucun de ceux qu'il peut capturer durant ses courses nocturnes, et se repaît avidement de leur chair. Je ne crois donc pas sortir de mon sujet, en vous donnant quelque idée du plaisir que l'on trouve à le détruire, dans nos contrées de l'ouest; et si vous permettez, cher lecteur, nous allons partir pour ce que, dans le langage du pays, on appelle une chasse au *Ton*.

Depuis quelques heures à peine, le soleil a disparu dans l'occident lointain; les chantres de la forêt ont regagné leurs retraites; la matrone, ayant couché son bambin, vient de reprendre ses fuseaux; l'habitant des bois, ses garçons et l'*étranger* babillent devant un bon feu, en faisant toutes sortes de sages réflexions sur les événements passés, et anticipant sur ceux qui sont à venir. L'automne, sombre et triste, courbe déjà la tête sous les froides bouffées de l'hiver qui s'approche; le maïs, droit encore sur sa tige, a cependant perdu toutes ses feuilles; devant la cabane sont rangées d'énormes piles de bois; les nuits deviènnent piquantes; la rosée, qui chaque matin a changé graduellement de forme et de consistance, revêt les herbes flétries d'une couche étincelante de glace. Pas un nuage au ciel; des milliers d'étoiles scintillent, réfléchies sur la surface des eaux dormantes; tout est silencieux, tout repose dans la forêt, sauf les rôdeurs nocturnes qui maintenant en fouillent les profondeurs. Qu'on est heureux dans l'humble cabane! Excellentes gens! C'est à qui se disputera le plaisir d'être agréable à l'hôte que le hasard a conduit près d'eux. On a dit que les Ratons abondaient dans le voisinage, et de suite l'on propose une partie qui est acceptée de grand cœur. La mère, toujours attentive, quitte son rouet, car elle a entendu ce que disait son mari. Elle s'approche de la cheminée, prend la pelle, écarte les braises, apporte un panier de pommes de terre qu'elle range devant le feu, et recouvre de cendre chaude et de charbons; et tout cela, parce qu'elle devine qu'il y aura plus d'un estomac affamé au retour de la chasse. Douces et pures joies du modeste foyer, scènes délicieuses! Le riche peut faire mieux, sans doute, ses banquets sont plus somptueux; mais jamais il ne ressentira ce qu'éprouve, dans son cœur, le pauvre homme des bois. Pauvre! Et pourquoi? La nature et son industrie fournissent amplement à tous ses besoins; la rivière et la forêt lui réservent les mets les plus délicats, et pour lui, le travail est encore un plaisir.

Maintenant, regardez : l'infatigable Kentuckien est sur pied; ses garçons et l'étranger se disposent à le suivre. Tous les fusils sont mis en réquisition. Le brave homme ouvre sa porte que ferme un loquet de bois, et pousse dans sa corne un beuglement à épouvanter un loup. Les ratons détalent grand train, abandonnant les champs de blé; ils traversent en toute hâte les sentiers, et courent se cacher dans l'épaisseur de la forêt. Le chasseur prend une hache sur un tas de bois, et rentre en criant que la nuit est claire et que nous ferons une superbe partie. Il souffle dans sa carabine, pour s'assurer qu'il n'y a rien, examine sa pierre et passe une plume dans la lumière. Sa poire à poudre est attachée à un sac de cuir où tient aussi son couteau ; en dessous pend une étroite bande de toile filée à la maison. Il prend une balle dans le sac, arrache avec ses dents le bouchon de bois de la poire, met la balle dans le creux de sa main, et avec l'autre, verse de la poudre dessus, juste assez pour qu'elle en soit couverte ; puis, le bouchon replacé de la même manière, il introduit la poudre dans le tube, frappe la crosse contre terre, graisse la bourre avec du suif, et la met sur le bout du canon dont l'intérieur est cannelé; alors, il pose la balle à l'entrée, par-dessus la bourre, et la presse avec le manche de son couteau qui ramène en dedans les bords de la toile dont il l'a enveloppée; enfin, tenant à deux mains sa baguette de noyer, il pousse doucement le tout en place. Une fois, deux fois, trois fois la baguette élastique a rebondi ; le chasseur relève son arme, la plume est retirée de la lumière,

la poudre remplit le bassinet ; il le ferme et s'écrie :
Je suis prêt ! Ses compagnons le sont aussi. Je voudrais
que vous l'eussiez vu, pendant qu'il chargeait ; tout cela
n'a pas pris plus d'une minute. Mais écoutez : on entend
les aboiements des chiens.

Au dedans et au dehors, c'est un tapage à ne plus
s'y reconnaître ; un domestique allume une torche, et
nous partons pour la forêt. — Ne faites pas attention
aux enfants, mon cher monsieur, dit l'homme des
bois ; suivez-moi de près, car la terre est couverte de
souches et de troncs d'arbres, et, devant nous, de longues branches de vignes pendent de toutes parts, à la
traverse. — Toby, tiens la lumière plus haut, ou nous
ne verrons pas les fondrières et les fossés. — Traînez
votre fusil, comme disait le général Clarck ; — pas
ainsi, mais comme cela, — très bien ! — Maintenant il
n'y a pas de danger, voyez-vous ; surtout n'ayez pas
peur des serpents : les pauvres bêtes ! ils en ont assez
du froid qui les engourdit, et ne songent guère à mordre. — Les chiens ont éventé quelque chose ; — Toby,
vieux fou, tourne donc à droite ; pas tant, avance un
peu et donne-nous la torche. — Qu'est-ce que c'est ;
qu'y a-t-il ? Ah ! jeunes drôles, vous vouliez nous jouer
un tour ! Bien, bien, mais en arrière, où je vais..... et
en effet, les deux garçons, perçant de leurs yeux les
ténèbres au milieu desquelles ils voient presque aussi
bien que le hibou, s'étaient jetés parmi les chiens qui
venaient de surprendre un raton par terre et l'entouraient en aboyant. Quelques coups sur la tête l'ont
bientôt fait déguerpir. — Après, après, mes bellots !

et les chiens, le nez sur la piste, partent à toutes jambes. — Maître, crie le vieux Toby, ça va vers la crique. — A la crique donc, et en avant! quels bois, mon Dieu! pour sûr, ce n'est pas là le parc d'un milord anglais! Pour le moment, nous courons dans un bas-fond; un sol maigre recouvre à peine les couches d'argile durcie; rien que des hêtres autour de nous, et çà et là, quelques érables. — Maudites jambes, — maudites branches de vigne. — Je suis empêtré; j'en ai jusqu'au cou. — Coupez-les avec votre couteau! — Je viens de m'abîmer le genou contre une souche; ah bon! mon pied tient entre deux racines; je ne peux pas l'en arracher. — Toby, retourne en arrière; ne vois-tu pas que l'étranger n'est pas fait à nos bois? — Holà, Toby, Toby! — J'étais véritablement pris, sans pouvoir bouger; et le chasseur de rire, tandis que les garçons profitaient de l'occasion pour s'esquiver. Toby arrive, penche la torche vers le sol; le chasseur, avec sa hachette, coupe une des racines, et je suis enfin délivré. — Vous êtes-vous fait mal? — Non, du tout! et nous repartons. Les jeunes gens avaient pris les devants à la suite des chiens qui venaient d'acculer un raton dans un petit bourbier. Bientôt nous les eûmes rejoints avec la torche. Maintenant, monsieur, regardez bien : Le Raton ne nageait pas, mais se soutenait avec ses pieds qui touchaient le fond du marais. L'éclat de la torche semblait beaucoup le gêner; son poil était hérissé, et sa queue annelée paraissait trois fois plus grosse qu'à l'ordinaire. Ses yeux brillaient comme des émeraudes; la gueule écumante, il surveillait chaque mouvement des chiens, prêt à saisir par le museau le premier qui tenterait de s'approcher. Ceux-ci le tinrent en haleine pendant quelques minutes; l'eau commençait à se charger d'une vase épaisse; le poil tout trempé lui retombait à plat sur le corps, et sa queue, couverte de boue, flottait immobile à la surface. Son grognement guttural, au lieu d'intimider les assaillants, ne faisait que les exciter davantage; et tous, sans relâche ni miséricorde, ils le harcelaient de leurs aboiements furieux, comme une bande de chiens grossiers et mal appris qu'ils étaient. Enfin, l'un d'eux se hasarda à le happer au derrière, mais il dut promptement en démordre; à un second qui l'avait attaqué par le côté, le Raton rendit son coup de dent, et je vous assure qu'il était mieux appliqué que celui qu'un troisième venait de lui porter à la queue. C'était vraiment pitié d'entendre gueuler le pauvre *Tike* que le Raton ne lâchait pas. Cependant, les autres s'étaient rués tous ensemble sur lui, avec des cris de mort; mais, jusqu'au bout il tint bon, et resta suspendu au museau de son ennemi. A la fin, frappé à coups de hache sur la tête, il tomba, rendant le dernier soupir; et le pénible battement de ses flancs faisait douleur à voir. Debout autour du marais, les chasseurs contemplaient son agonie; l'éclat de la torche donnait aux objets environnants un aspect plus sombre et quelque chose de sinistre : c'était une de ces scènes que les peintres aiment à reproduire.

Nous avions déjà deux Ratons dont les fourrures valaient bien un demi-dollar, et dont la chair, qu'il ne faut pas oublier, devait, ainsi que le remarqua Toby, rapporter deux fois plus. — Et maintenant? demandai-je. — Maintenant! répondit le père, continuons! Ainsi fîmes-nous, les chiens en tête, et moi bien loin à l'arrière-garde. En moins de rien, nos intrépides en eurent dépisté un troisième; et en les rejoignant, nous les trouvâmes postés sur leur derrière, qui regardaient en haut et aboyaient. Alors on eut recours aux haches, et bientôt les copeaux volèrent d'une telle force, que l'un d'eux me frappa à la joue et me marqua si bien que mes amis me demandaient encore, une semaine après: Mais, au nom du ciel, où avez-vous donc attrapé ce coup à l'œil? Cependant l'arbre commençait à trembler, puis à pencher d'un côté; et refoulant l'air qui mugissait à travers les branches, la pesante masse finit par s'étendre sur la terre, avec un horrible craquement. Ce n'était pas un Raton, mais bien trois qui s'y étaient réfugiés. Seulement l'un d'eux, plus vieux et plus avisé, en sentant l'arbre frémir sous lui, avait lestement sauté de la cime en bas. Quant aux autres, ils s'étaient enfoncés dans le creux d'une branche, d'où ils furent promptement délogés par un des chiens. *Tike* et *Lion*, qui avaient flairé la piste du premier, détalèrent après, ne donnant sans doute pas de la voix aussi savamment que la meute bien dressée d'un de nos chasseurs de renards du Sud, mais en criant comme des enragés. Les fils du chasseur se chargèrent de ceux de l'arbre; lui et moi, précédés de Toby, nous suivîmes l'autre; et vous pouvez croire qu'il nous donna assez à faire à tous les trois. C'était un animal d'une taille extraordinaire. Après avoir longtemps couru, nous parvînmes à lui loger une balle dans la tête; il ne fit qu'un bond et retomba mort: on dépêcha les deux autres à coups de hache et de bâton; car, dans ce temps-là, on épargnait le plomb et la poudre, et l'on économisait ainsi de quoi tuer un daim, qui valait mieux que la peau d'un raton.

Maintenant, la lune brille au ciel, éclairant notre chasse qu'anime une nouvelle ardeur; c'est le moment propice: en avant, en avant! et nous allons, l'un suivant l'ombre de l'autre, qui s'allonge sur la terre. Qu'importent fossés et broussailles! Nous doublons le pas en regagnant les montagnes. Quels hurlements, quel vacarme! Ce sont encore les chiens. — Tous en cercle, les chasseurs lèvent la tête, cherchant à distinguer, à chaque bifurcation des branches, quelque chose de rond qui doit être un Raton. — En voici un, entre la lune et moi; je le vois qui s'est mis en boule et se tient coi. Je lève un peu mon canon, j'ajuste, presse la détente, et l'animal dégringole. — Un autre; encore un autre! tous sur le même arbre. Pan, pan!.. Nous n'avons qu'à ramasser. — A présent, monsieur, allons-nous-en, dit l'homme des bois; et contents de notre chasse, nous reprenons le chemin de la cabane. En arrivant, nous trouvons un bon feu; au dehors, Toby s'occupe à préparer le gibier; il étend les peaux sur une claie de roseaux et lave les corps. Cependant la ménagère dresse la table; elle y dispose en rang quatre bols de petit-lait; les gâteaux et les pommes de terre fument à faire envie, et les chasseurs commencent l'attaque.

Le Raton, ainsi que je l'ai dit, est un animal fin et

rusé; néanmoins, avec des soins on l'apprivoise, et il devient très familier. Comme le singe, il se sert fort adroitement de ses pattes de devant, apprend à trotter après son maître, à la manière d'un ours, et même le suit par les rues. Il est friand d'œufs, mais les préfère crus. Que ce soit le matin, le midi ou le soir, cela ne lui fait rien, quand il en trouve une douzaine, dans un nid de faisan, ou seulement lorsqu'il en flaire un que vous avez mis dans votre poche pour l'allécher. Il connaît les habitudes des moules, mieux que la plupart des conchyliologistes, grimpe on ne peut plus lestement, et monte au trou du pic, dont il dévore les petits. Très habile à découvrir la retraite des tortues, il l'est plus encore à dérober leurs œufs. Parfois, au bord d'un étang, il reste étendu comme un chat, faisant le mort, ou semblant dormir, jusqu'à ce qu'un canard imprudent passe à sa portée. Il n'est pas un nègre qui sache plus pertinemment que lui quand le grain est laiteux et agréable à manger. Les écureuils et les pics le savent également; mais, dans la saison, le Raton séjourne bien plus longtemps qu'eux sur les champs de blé, et y prélève une véritable dîme. En hiver, sa fourrure est assez recherchée; et on ne manque pas de gens qui disent que sa chair est bonne aussi. Pour moi, je préfère le Raton vivant au Raton mort, et j'ai plus de plaisir à le chasser qu'à le manger.

LE STERNE FULIGIŅEUX,

OU HIRONDELLE DE MER A GRANDE ENVERGURE.

Dans l'après-midi du 9 mai 1832, je me trouvais sur le pont de la *Marion*; le temps était beau, quoique chaud, et, poussé par une brise favorable, notre vaisseau fendait rapidement les ondes. Le capitaine Robert Day, qui se tenait auprès de moi, jeta un regard vers le sud-ouest, et commanda qu'on envoyât quelqu'un dans la hune, pour reconnaître si l'on n'avait pas la terre en vue. A peine l'ordre était donné, qu'un mousse grimpait le long des cordages, et bientôt après retentissait le cri : Terre, terre! C'était les basses *clefs* des tortugas vers lesquelles nous gouvernions. Rien ne fut changé dans la direction de la *Dame au vert manteau*, qui continua de voguer légère et confiante dans l'expérience éprouvée de son commandant. Déjà commençait à paraître la lanterne du phare étincelant de mille feux aux rayons du soleil; puis on aperçut les mâts et les banderoles de plusieurs naufrageurs à l'ancre dans le port qui est étroit, mais parfaitement sûr.

Nous avancions toujours; notre actif pilote, qui remplissait aussi les fonctions de premier lieutenant, me

montra du doigt une petite île sur laquelle il m'assura
que se retiraient, en cette saison, des milliers d'oiseaux
qu'il désignait sous le nom d'Hirondelles de mer blanches et noires; et là-bas, sur cet îlot, ajouta-t-il, abondent d'autres oiseaux qu'on appelle noddies ou fous,
à cause de l'habitude qu'ils ont de s'abattre, le soir,
sur les vergues des vaisseaux et de s'y endormir. Il
racontait que l'une et l'autre espèce se tenait par mil-
lions, chacune dans son domaine respectif; que les
œufs de la première reposaient sur le sable, à l'abri
des broussailles, et que leurs nids se touchaient presque,
tandis que les nids de la seconde, non moins près l'un
de l'autre, étaient établis sur les buissons mêmes de
l'île qu'ils s'étaient exclusivement assignée. Au reste,
dit-il, avant que nous ayons jeté l'ancre, vous en
verrez se lever des essaims semblables à ceux des abeilles
qu'on a troublées, et leurs cris vous assourdiront.

Vous comprenez combien ses paroles durent exciter ma curiosité. Impatient de contempler la scène
de mes propres yeux, je demandai qu'on me mît à terre
sur l'île. — Mon cher monsieur, me répondit le brave
officier, vous serez bientôt fatigué de leur nombre et
du bruit qu'ils font, et croyez-moi, vous aurez beaucoup plus de plaisir à prendre des boubies. Cependant,
après avoir couru plusieurs bordées, nous parvînmes à
nous diriger à travers ce labyrinthe de canaux si dangereux qui conduisent au petit port dont j'ai fait mention,
et dans lequel on se mit en devoir de laisser tomber
l'ancre. Au seul bruit de la chaîne grinçant sur le
cabestan, je vis une masse sombre, pareille à un gros

nuage, monter au-dessus de l'*île aux oiseaux* dont nous n'étions éloignés que de quelques cents mètres; et bientôt après, la chaloupe nous déposait, mon aide et moi, sur le rivage. En abordant, je crus un moment que les oiseaux allaient m'enlever de terre, tant ils étaient nombreux autour de moi, si vifs et si précipités étaient les battements de leurs ailes. Leurs cris, en effet, m'assourdissaient; cependant, la moitié au plus s'étaient envolés lors de notre arrivée, et c'était pour la plupart des mâles, ainsi que nous le reconnûmes dans la suite. Nous traversâmes la grève en courant, et lorsque nous fûmes entrés sous le fourré qui s'étendait devant nous, poussant chacun de notre côté, nous n'eûmes en quelque sorte qu'à allonger le bras pour prendre des oiseaux, les uns, restés sur leurs nids, d'autres cherchant à se sauver parmi les broussailles. Ceux de nos matelots qui avaient déjà visité ces lieux, s'étaient munis de bâtons dont ils se servaient pour les abattre, tandis qu'ils volaient par troupes serrées, tout autour et au-dessus d'eux. En moins d'une demi-heure, plus de cent gisaient en tas à nos pieds, et plusieurs paniers étaient remplis d'œufs jusqu'au bord; nous revînmes alors au vaisseau et ne voulûmes pas les troubler davantage pour ce soir-là. Mon aide en dépouilla une cinquantaine, assisté du domestique de notre commandant. Les matelots m'affirmèrent que la chair de ce Sterne était excellente; mais, sur ce point, je n'ai pas grand'chose à dire à l'appui de leur assertion. Pour les œufs, à la bonne heure! De quelque manière qu'on les fasse cuire, c'est vraiment un mets délicieux, et pendant notre séjour aux Tortugas, nous eûmes soin de ne nous en laisser jamais manquer.

Le lendemain matin, M. Ward m'avertit qu'un grand nombre de Sternes, après avoir quitté leur île à deux heures et s'être envolés vers la mer, étaient revenus un peu avant le jour, sur les quatre heures; moi-même, plus tard, je pus vérifier le fait et reconnaître, qu'à moins qu'il ne se fût élevé un vent frais, c'était là, chez eux, une habitude régulière. Ils ont donc la faculté de voir la nuit comme le jour, puisqu'ils sortent indifféremment à l'un ou l'autre moment, pour chercher sur mer leur nourriture et celle de leurs petits. Il en est tout autrement du Sterne stupide (*sterna stolida*) (1) qui, lorsqu'il se trouve surpris en mer par l'obscurité, ne fût-ce qu'à quelques milles de terre, se pose sur l'eau et même sur les vergues des navires où, si on le laisse tranquille, il dort jusqu'au jour. C'est précisément cette circonstance qui lui a valu le nom de fou ou stupide, auquel en réalité, il a beaucoup plus de droit que l'espèce dont je traite; car je dois dire que jamais je n'ai vu aucun individu lui appartenant venir ainsi se poser sur un vaisseau, bien que je sois resté à bord, dans le golfe du Mexique, cinquante jours entiers, et cela, à une époque où ces oiseaux abondaient, et où les matelots m'en prenaient autant que je pouvais en désirer.

Cette dernière espèce aussi s'abat rarement sur l'eau, et même elle n'y semble pas à l'aise, à cause de sa

____

(1) *Sterne noddi*, ou mouette folle.

longue queue ; tandis que l'autre, le Sterne fou qui, par la forme de sa queue et plusieurs de ses habitudes, montre une certaine affinité avec les pétrels, non-seulement se pose très souvent sur la mer, mais encore se laisse aller au gré des vagues, sur les tas flottants des grandes herbes, et saisit, en nageant, le fretin et les petits crabes qui se cachent parmi les tiges ou sous les feuilles.

L'étude que j'ai faite des mœurs de l'oiseau qui nous occupe m'a conduit à penser qu'il diffère matériellement de tout autre espèce du même genre, du moins, parmi celles qu'on rencontre sur nos côtes. Ainsi le Sterne fuligineux ne plonge jamais la tête en bas et perpendiculairement, comme font les petites espèces, telles que le *Sterna arctica*, le *Sterna minuta*, le *Sterna dougallii* ou le *Sterna nigra ;* mais il passe au-dessus de sa proie, en décrivant une courbe et l'enlève. Je ne puis mieux comparer ses mouvements qu'à ceux du faucon de nuit, lorsqu'il plonge au-dessus de sa femelle. J'ai souvent vu de ces Sternes planant dans le sillage d'un marsouin, tandis que ce dernier poursuit sa proie; et à l'instant où faisant jaillir les ondes, le cétacé amène à la surface le fretin épouvanté, l'oiseau s'élance dans l'eau bouillonnante et emporte, en passant, un ou deux petits poissons.

Le vol, dans cette espèce, n'est pas non plus flottant et indécis, comme celui des autres que je viens de citer; il est plutôt ferme et assuré, sauf toutefois lorsque l'oiseau s'occupe à chercher sa nourriture. De même que diverses petites mouettes, je le voyais effleurer les vagues pour y ramasser des morceaux de lard ou d'autres substances grasses que nous prenions plaisir à lui jeter par-dessus le bord.

Je dois noter ici une autre particularité de mœurs relative aux deux espèces dont je parle plus spécialement : c'est que le *St. stolida* ou *noddi*, *se construit toujours un nid sur des branches ou des buissons*, où il se pose avec autant de facilité que la grive ou la corneille; tandis qu'au contraire, le Sterne fuligineux ne fait jamais de nid d'aucune sorte, mais pond simplement dans un petit enfoncement qu'il a creusé dans le sable, sous un arbre. — Revenons maintenant à l'île aux oiseaux.

De bonne heure, le lendemain, j'étais à terre pour y compléter mes observations. Je ne faisais nulle attention aux cris lamentables des Sternes, moins perçants toutefois, à présent que je ne songeais plus à les tourmenter. Je m'assis sur le sable entièrement composé de débris de coquillages, et y restai sans faire un mouvement pendant plusieurs heures. Les oiseaux rassurés, venaient se poser à quelques mètres de moi, de sorte que je pouvais parfaitement voir combien il en coûtait de peines et d'efforts aux jeunes femelles pour parvenir à pondre. Leur bec ouvert, les palpitations de leurs flancs indiquaient l'excès de leurs souffrances ; mais aussitôt que l'œuf était expulsé, elles partaient en marchant lentement et d'une manière gauche, jusqu'à ce qu'elles eussent trouvé une place libre d'où il leur fût possible de s'envoler, sans se heurter aux broussailles qui les entouraient. A tous moments, des femelles ayant complété le nombre de leurs œufs, s'abattaient devant moi, et commençaient tranquillement la tâche laborieuse de l'incubation. De temps en temps aussi, un mâle venait se poser non loin de là, et dégorgeait un petit poisson à portée de la femelle ; ensuite, après qu'ils s'étaient fait réciproquement plusieurs inclinations de tête qui me paraissaient très singulières et par lesquelles ils désiraient, je n'en doute pas, se témoigner l'un à l'autre leur tendre affection, le mâle se renvolait. Je voyais d'autres individus qui n'avaient point encore commencé la ponte, gratter le sable avec leurs pieds, à la façon des volailles ordinaires lorsqu'elles cherchent la nourriture. Durant le cours de cette opération, ils se foulaient souvent dans l'étroite cavité, comme pour en essayer la forme à leur corps, et reconnaître ce qui pouvait y manquer pour qu'ils y fussent bien à l'aise. Je n'ai pas vu l'ombre d'une mésintelligence ou d'une querelle entre ces intéressantes créatures qui toutes paraissaient les heureux membres d'une seule famille ; et, comme pour mettre le comble à mes souhaits, certains d'entre eux arrivaient en se faisant la cour, jusque sous mes yeux. Fréquemment les mâles se tenaient la tête haute et la ramenaient en arrière, comme c'est l'habitude pour diverses espèces de mauves ; leur gorge se gonflait, ils tournaient autour des femelles, et finissaient par faire entendre un son doux, pour exprimer leur joie pendant qu'ils se livraient à de mutuelles caresses. Alors, pour quelques instants, le mâle recommençait ses évolutions auprès de sa femelle, tous les deux, tournaient l'un autour de l'autre ; puis, ils prenaient l'essor, et bientôt je les perdais de vue. C'est là, je puis le dire encore, une de ces nombreuses scènes qu'il m'a été donné de contempler et qui, toutes, ont imprimé dans mon âme le sentiment profond de la puissance divine, toujours agissante et partout la même!

Cette espèce n'a jamais que trois œufs au plus, et dans aucun des nids qui, par milliers, couvraient l'île aux oiseaux, il ne m'est arrivé d'en trouver davantage. J'avais envie de m'assurer si le mâle et la femelle couvent alternativement; mais je ne pus y parvenir, les oiseaux ne s'éloignant d'habitude de leur nid que pour une demi-heure ou trois quarts d'heure. La différence très légère de taille et de couleur qu'il y a entre les sexes fut une autre cause qui m'empêcha d'éclaircir mes doutes à cet égard.

C'était chose curieuse d'observer leurs mouvements et la manière dont ils se comportaient, chaque fois qu'une grosse troupe de leurs semblables abordait sur l'île. Tous ceux que ne retenaient pas les soins de l'incubation, s'enlevaient en poussant de grands cris; ceux qui étaient restés par terre les rejoignaient aussi vite que possible; et tous ensemble, formant une masse compacte et sur un front d'une immense étendue, ils semblaient vouloir fondre sur nous, passaient au-dessus de nos têtes, et bientôt tournaient brusquement pour renouveler leur simulacre d'attaque. Quand nos matelots se mettaient à crier de toutes leurs forces, la phalange entière faisait un moment silence, comme pour écouter; mais l'instant d'après, ainsi qu'une vague profonde se brisant contre un rocher, ils se précipitaient en avant, avec un bruit épouvantable.

Quand on a blessé un de ces oiseaux et qu'on veut le prendre, il mord assez brutalement et pousse un cri plaintif, différent de son cri ordinaire, et qui, retentissant et aigu, imite à peu près les syllabes *oa–ee*, *oo-ee*. Leurs nids, toujours creusés près des racines, ou sous les branches des buissons, ne sont dans beaucoup d'endroits qu'à quelques pouces les uns des autres. Sous le rapport de la grosseur et de la coloration, il y a entre leurs œufs moins de différence qu'on n'en remarque communément entre ceux des oiseaux d'eau. Ils mesurent en général 2 pouces 1/8, sur 1 pouce 1/2 ; leur coquille est lisse, avec un fond jaunâtre pâle, marqué çà et là de diverses teintes d'une légère couleur terre d'ombre, et de taches d'un pourpre clair qu'on croirait être en dedans de la coquille. Le lieutenant Lacoste m'apprit que, peu de temps après qu'ils sont éclos, les petits s'en vont pêle-mêle à travers l'île, pour chercher leurs parents et recevoir d'eux la nourriture ; que ces oiseaux ne viennent se rassembler ici que dans l'intention d'y nicher, qu'ils y arrivent d'habitude en mai, et y demeurent jusqu'au commencement d'août, époque à laquelle ils se retirent vers le sud, pour passer les mois d'hiver. Cependant, je ne suis pas parvenu à me procurer une description assez satisfaisante des divers états de leur plumage suivant l'âge, pour me permettre de l'indiquer ici. Tout ce que je sais, c'est qu'avant leur départ, les jeunes sont, en dessus, d'un brun grisâtre, d'un blanc sale, en dessous, et qu'ils ont la queue très courte.

Sur cette même île, nous trouvâmes une bande de

chercheurs d'œufs qui étaient espagnols et venaient de la Havane. Ils avaient déjà une cargaison d'environ huit tonnes remplies des œufs de ce Sterne et de ceux du noddi. Je leur demandai quel pouvait en être le nombre; mais ils me répondirent qu'ils ne les comptaient jamais, même en les vendant, et qu'ils les donnaient à raison de 75 *cents* par gallon. En un seul marché, ils se faisaient quelquefois deux cents dollars, et il ne leur fallait qu'une semaine pour aller, et revenir compléter un nouveau chargement. D'autres chercheurs, qui viennent de la Clef de l'ouest, vendent leurs œufs douze *cents* et demi la douzaine; mais, en quelque lieu qu'on les transporte, il ne faut pas tarder à s'en défaire et à les manger, car ils se gâtent en quelques semaines.

Je trouve consignée, dans mon journal, la note suivante: Il semble qu'à une certaine époque, qui ne doit pas être fort reculée, le noddi ait formé le dessein de s'approprier le domaine de ses voisins. Du moins, en explorant cette île, ai-je vu des milliers de nids que cet oiseau avait bâtis sur des buissons, bien qu'actuellement il ne s'y rencontre plus aucun individu de cette même espèce. Il est donc probable que si une entreprise de cette nature fût tentée par les noddis, ils se virent défaits et contraints de se confiner dans les autres îles environnantes, où effectivement ils nichent à part, bien qu'éloignés de leurs rivaux seulement de quelques milles. Au reste, de telles prétentions et de tels conflits ne sont pas rares entre diverses espèces d'oiseaux; d'autres personnes ont souvent remarqué le fait, et moi même, j'en ai été plusieurs fois témoin, notamment parmi les hérons. En pareil cas, à tort ou à raison, le parti le plus fort ne manque jamais d'expulser le plus faible et de prendre possession du terrain disputé.

———

UN CHEVAL SAUVAGE.

Pendant ma résidence à Henderson, je fis la connaissance d'un gentleman qui revenait de visiter les contrées voisines des sources de la rivière Arkansas. Là, il avait acheté un Cheval sauvage, tout récemment capturé, et qui descendait de ces chevaux primitivement amenés d'Espagne, qu'ensuite on avait mis en liberté dans les vastes prairies du Mexique. L'animal n'était pas beau, tant s'en fallait; il avait une grosse tête, avec une proéminence considérable au milieu du front; sa crinière, épaisse et en désordre, lui pendait du cou sur la poitrine, et sa queue, trop peu fournie pour qu'on pût la dire ondoyante, balayait presque la terre; mais, en revanche, il avait un large poitrail, des jambes fines et nerveuses, et ses yeux, aussi bien que ses naseaux, annonçaient du feu, de la vigueur et beaucoup de fond. Il n'avait jamais été ferré, et, bien que surmené dans un long voyage qu'il venait de faire, ses noirs sabots n'étaient nullement endommagés. Sa couleur tirait sur le bai; les jambes, d'une teinte plus foncée, se rembrunissaient peu à peu, jusqu'à devenir par en bas presque noires. Je m'informai du prix qu'il pouvait valoir chez les Indiens osages, et le propriétaire actuel me répondit qu'attendu que l'animal n'était âgé que de quatre ans, il lui avait fallu donner pour l'avoir, avec le bois de la selle et le harnais en peau de buffle, divers articles équivalant à environ trente-cinq dollars. Il ajouta qu'il n'en avait jamais monté de meilleur; et ne doutait pas que, bien nourri, il ne fît faire pendant un mois, à son homme, de 35 à 40 milles par jour; du moins, c'était de ce train que lui-même il avait voyagé, sans lui laisser prendre d'autre nourriture que l'herbe des prairies et les roseaux des basses terres. Seulement, après avoir traversé le Mississipi à Natchez, il lui avait donné du blé. Maintenant, dit-il, que j'ai fini mon voyage, je n'en ai plus besoin et je voudrais le vendre. Je pense qu'il vous conviendrait pour un bon cheval de chasse; il porte très doux, ne se fatigue pas et est ardent comme je n'en ai guère vu. Je cherchais précisément un cheval ayant les qualités qu'il me vantait dans le sien, et je lui demandai si je pourrais l'essayer. — L'essayer, monsieur, mais très bien! et si vous voulez le nourrir et le soigner, libre à vous de le garder un mois. En conséquence, je fis mettre le cheval à l'écurie et me chargeai de sa nourriture.

Deux heures après, je prenais mon fusil, enfourchais le coursier de la prairie et partais pour les bois. Je ne fus pas longtemps sans m'apercevoir qu'il était très sensible à l'éperon; j'observai de plus qu'en effet il marchait parfaitement sans se fatiguer et sans incommoder son cavalier. Je voulus de suite m'assurer de ce que je pourrais en attendre dans une chasse au daim ou à l'ours, en le faisant sauter par-dessus une souche de plusieurs pieds de diamètre. Je lui rendis les rênes, pressai ses flancs de mes jambes, sans employer l'éperon; et l'intelligent animal semblant comprendre qu'il s'agissait pour lui de faire ses preuves, bondit et franchit la souche aussi légèrement qu'un Élan. Je tournai bride, le fis sauter plusieurs fois de suite, et toujours j'obtins même résultat. Bien convaincu maintenant qu'avec lui je n'aurais à craindre aucun obstacle de ce genre à travers les bois, je résolus d'éprouver sa force, et pour cela me dirigeai vers un marais, que je savais bourbeux et très difficile. Il entra dedans en flairant l'eau, comme pour juger de sa profondeur, ce qui indiquait une prudence et une sagacité qui me plurent. Ensuite, je le conduisis en différents sens tout au travers, et le trouvai prompt, sûr et décidé. Sait-il nager? me demandai-je; car il y a d'excellents chevaux qui ne savent pas nager du tout, mais qui se couchent sur le côté, comme pour se laisser flotter au courant, de sorte qu'il faut que le cavalier lui-même se mette à la nage en les tirant vers la rive, si mieux il n'aime les abandonner. L'Ohio n'était pas loin; je le poussai au beau milieu de la rivière, et il commença à prendre obliquement le fil de l'eau, la tête bien élevée au-dessus de sa surface, les naseaux dilatés, et sans faire entendre rien qui rappelât ce bruit de reniflement habituel à beaucoup de chevaux, dans de semblables occasions. Je le menai et le ramenai, tantôt en aval du courant, tantôt directement à l'opposé; enfin, le trouvant tout à fait à mon gré, je regagnai le bord où il s'arrêta de lui-même, et se détira les membres en se secouant, de façon à me faire presque perdre la selle. Après quoi, je le mis au galop, et tout en courant pour revenir à la maison, je tuai un gros dindon sauvage dont il s'approcha, comme s'il eût été dressé pour cette chasse, et qu'il me permit de ramasser sans descendre.

A peine rentré chez le docteur Rankin, où je demeurais, j'envoyai un mot au propriétaire du cheval, pour lui dire que je serais bien aise de le voir. Quand il fut venu, je lui demandai son prix. — Cinquante dollars au plus bas. — Je comptai la somme, pris un reçu et devins ainsi maître de l'animal. Le docteur, juge des plus compétents en cette matière, me dit en souriant : Monsieur Audubon, quand vous en serez fatigué, je me charge de vous rembourser votre argent; car, comptez-y, c'est un cheval de première qualité. Lui-même il le fit ferrer; et pendant plusieurs semaines ma femme s'en servit, et s'en trouva parfaitement bien.

Des affaires m'appelant à Philadelphie, Barro (il avait été ainsi nommé, d'après son premier propriétaire), fut mis au repos et convenablement préparé dix jours à l'avance. Le moment de mon départ étant arrivé, je montai dessus, en lui faisant faire à peu près quatre milles à l'heure. Je veux vous tracer mon itinéraire, afin que, si cela vous convient, vous puissiez me suivre sur quelque carte du pays, comme celle de Tanner, par exemple : de Henderson, par Russellville, Nashville, Knoxville, Abington en Virginie, *The natural Bridge*, Harrisonburg, Winchester, Harper'sferry, Frederick et Lancaster, jusqu'à Philadelphie. Après être demeuré plusieurs jours dans cette dernière ville, je m'en revins par Pittsburg, Wheeling, Janesville, Chillicothe, Lexington, Louisville, et de là, à Henderson. Mais la nature de mes affaires m'obligea souvent à m'écarter de la grande route, et j'estime que je pus faire en tout comme deux mille milles (1). Je n'en avais jamais parcouru moins de quarante par jour; et le docteur avoua que mon cheval était en aussi bon état à l'arrivée qu'au départ. Un tel voyage, et sur le même cheval, peut sembler à un Européen quelque chose d'extraordinaire; mais, dans ce temps-là, chaque marchand avait, pour ainsi dire tous les jours, à en entreprendre de pareils; et quelques-uns partaient des lointaines contrées de l'ouest, même de Saint-Louis, sur le Missouri. A la vérité, il leur arrivait fréquemment de vendre leurs chevaux en s'en revenant, soit à Baltimore ou Philadelphie, soit à Pittsburg, où ils prenaient le bâteau. Ma femme aussi a fait sur un seul cheval et en marchant du même train, le voyage de Henderson à

____

(1) Huit cent deux lieues de France, ou 3,208,000 mètres.

Philadelphie. A cette époque, le pays était encore comparativement nouveau; il y avait peu de voitures; et, au fait, les chemins n'étaient guère praticables pour aller à cheval de Louisville à Philadelphie; tandis qu'aujourd'hui, on parcourt cette distance en six ou sept jours, et même moins; cela dépend de la hauteur des eaux dans l'Ohio.

Vous aimerez peut-être à savoir de quelle manière je traitais mon cheval pendant la route : chaque matin, debout avant le jour, je commençais par le nettoyer, lui pressais la croupe avec la main pour m'assurer qu'il ne s'écorchait point, et jetais par-dessus une couverture pliée en double. Le surfaix, au-dessous duquel étaient placées les poches, assujettissait la couverture sur le siége; et, en arrière, était attaché un grand manteau roulé et bien serré. Il y avait un mors à la bride; un poitrail bouclé de chaque côté, servait à maintenir la selle dans les montées; mais mon cheval n'avait pas besoin de croupière, ayant les épaules hautes et bien formées. En partant, il prenait le trot, à raison, comme je l'ai dit, de quatre milles à l'heure, et continuait ainsi. Je faisais d'ordinaire de quinze à vingt milles avant déjeuner; mais après la première heure, je le laissais boire à sa soif. La halte, pour déjeuner, était généralement de deux heures. Je l'arrangeais bien comme il faut, et lui donnais autant de feuilles de blé qu'il en pouvait manger. Cela fait, je me remettais en route jusqu'à une demi-heure après soleil couché. Alors, je le lavais, lui versais un seau d'eau froide sur la croupe, le bouchonnais partout, lui regardais les pieds et les nettoyais. Je remplissais son râtelier de feuilles de blé, son auge de grain; je mettais dedans, quand je pouvais m'en procurer, une citrouille d'une bonne grosseur, ou quelques œufs de poule; enfin, si l'occasion s'en présentait, je lui donnais un demi-boisseau d'avoine de préférence au blé, qui quelquefois échauffe les chevaux. Au matin, son auge et son râtelier, presque vides, m'indiquaient suffisamment l'état de sa santé.

Je le montais depuis quelques jours seulement, et déjà il m'était si attaché qu'en arrivant au bord d'un ruisseau limpide, où j'avais envie de me baigner, je pus le mettre en liberté pour paître, et qu'il ne but qu'à mon commandement. Il était extrêmement sûr du pied et toujours si bien en train que, de temps à autre, lorsqu'un dindon venait à se lever devant moi du lieu où il faisait la poudrette, je n'avais qu'à incliner le corps en avant, pour le faire partir au galop, qu'il continuait jusqu'à ce que l'oiseau, quittant la route, fût rentré dans les bois. Alors il reprenait son trot ordinaire.

En m'en revenant, je rencontrai, au passage de la rivière Juniata (1), un gentleman de la Nouvelle-Orléans, du nom de Vincent Nolte. Il se prélassait sur un superbe cheval qui lui avait coûté trois cents dollars; et un domestique, également à cheval, en menait en laisse un autre de rechange. Je ne le connaissais pas du tout alors; néanmoins je l'abordai, en lui vantant la

(1) État de Pensylvanie.

beauté de sa monture, politesse à laquelle il répondit assez malhonnêtement, en me disant qu'il m'en aurait souhaité une pareille. Il m'apprit qu'il se rendait à Bedford, dans l'intention d'y passer la nuit. Je lui demandai à quelle heure il comptait y être; assez tôt, dit-il, pour faire apprêter quelques truites pour le souper, à condition que vous viendrez en manger votre part, dès que vous serez arrivé. Je crois, en vérité, que Barro comprit notre conversation, car immédiatement il redressa les oreilles et allongea le pas; aussitôt, M. Nolte, faisant caracoler son cheval, le mit au grand trot; mais tout cela fut peine perdue, car j'arrivai à l'hôtel un bon quart d'heure avant lui, commandai les truites, fis mettre mon cheval à l'écurie, et eus encore du temps de reste pour attendre mon camarade sur la porte, où je me tins prêt à lui souhaiter la bienvenue. A dater de ce jour, M. Vincent Nolte est devenu mon ami; nous fîmes route ensemble jusqu'à Shippingport, où demeurait un autre de mes amis, Nicholas Berthoud; et en me quittant, il me répéta ce qu'il m'avait déjà dit plusieurs fois, que jamais il n'avait vu un animal d'aussi bon service que Barro.

Si je me rappelle bien, je crois avoir communiqué quelques-uns de ces détails à mon savant ami Skinner, de Baltimore, qui a dû les insérer dans son *Sporting magazine.* Lui et moi, nous étions d'avis que l'introduction dans notre pays de cette espèce de chevaux des prairies de l'Ouest, devrait servir généralement à améliorer nos races; et, si j'en juge d'après ceux que j'ai vus, je suis porté à croire que certains d'entre eux pourraient devenir propres à la course. Quelques jours après mon retour à Henderson, je me séparai de Barro, non sans regret, pour la somme de cent vingt dollars.

LE HÉRON DE NUIT,

OU BIHOREAU.

Le Héron de nuit ne quitte pas les États du midi; on l'y trouve en abondance dans les contrées marécageuses, aux environs des côtes, depuis l'embouchure de la rivière Sabine jusqu'aux frontières est de la Caroline du Sud. Sur toute cette vaste étendue de pays, on peut s'en procurer, quelle que soit la saison. Les adultes se tiennent moins au sud que les jeunes; et même des troupes de ces derniers demeurent tout l'hiver dans la Caroline méridionale, où ces Hérons sont plus communs à cette époque que la plupart des autres espèces de la même famille. Dans cet État, on les appelle *poulets indiens;* dans la Basse-Louisiane, les créoles leur donnent le nom de *gros-becs;* les habitants de la Floride orientale celui de *poules indiennes;* quant à la désignation plus singulière de *qua bird* par laquelle il semble qu'on ait voulu imiter le cri de cet oiseau, elle est généralement usitée dans les États de l'est.

Dans le cours de mes excursions à travers la Floride-Orientale, j'ai rencontré souvent de ces grands espaces où se réunissent les Hérons de nuit ; entre autres lieux de ce genre, j'en ai vu un particulièrement remarquable par le nombre immense de ces oiseaux qui s'y étaient rassemblés. C'est comme six milles au-dessous de la plantation de mon ami John Bullow, sur un bayou qui débouche dans la rivière Halifax. Là, j'en trouvai par centaines, et qui paraissaient déjà s'être accouplés, bien qu'on ne fût qu'au mois de janvier. Beaucoup de leurs nids des années précédentes étaient encore debout ; et tous, ils semblaient vivre en paix et parfaitement heureux. Mon ami John Bachman connaît, sur la rivière Ashley, à quatre milles de Charleston, un bouquet de chênes-saules parmi les branches desquels chaque hiver, et pendant les quinze dernières années, il a constamment vu se retirer une troupe de cinquante à soixante Bihoreaux. Ce sont tous des jeunes, et il n'en a observé aucun qui eût le plumage des adultes ; ce qui paraît d'autant plus remarquable, qu'en hiver, comme je l'ai dit, les jeunes s'avancent ordinairement plus au sud que les vieux. C'est alors que les chasseurs des environs de Charleston ont l'habitude de se poster au bord des étangs salés pour les attendre à la brune, et souvent ils en abattent plusieurs du même coup ; mais on n'a pas d'exemple qu'un seul vieux ait été ainsi tué, dans cette saison.

Le Héron de nuit pénètre rarement bien loin dans l'intérieur du pays ; il se confine plutôt le long de la côte, sur les terrains bas et marécageux. Au delà de l'embouchure de l'Arkansas, on en trouvera par hasard quelques-uns qui se sont laissé entraîner en côtoyant le grand fleuve; mais je n'en ai pas vu, ni n'ai entendu dire qu'il y en eût dans le Kentucky, doutant fort qu'il en paraisse jamais dans les parties supérieures du Tennessee. Leurs excursions dans les terres ne doivent pas s'étendre à plus de cent milles de la limite des marées; d'autre part, ils aiment à se retirer sur les îles qui bordent la côte, et même à y nicher.

A l'approche du printemps, la plupart de ceux qui ont hiverné dans le sud se disposent à retourner vers l'est, bien que probablement un certain nombre aussi séjourne, toute l'année, sur les basses terres de la Louisiane et dans les Florides. Là, du moins, j'en ai trouvé ayant des œufs en avril et mai, et comme j'en voyais également une foule de jeunes qui commençaient à peine à prendre des plumes, j'en conclus que ces œufs étaient d'une seconde couvée. Dès le milieu de mars, le nombre des Hérons de nuit augmente journellement aux Carolines, et un mois plus tard, quelques-uns font leur apparition dans les districts du centre, où beaucoup restent pour couver. Ils ne sont déjà plus aussi abondants dans l'État de New-York, et nichent rarement dans le Massachusetts; très peu s'avancent jusque dans le Maine, et plus loin à l'est, on les regarde comme une véritable curiosité. A la Nouvelle-Écosse, à Terre-Neuve et au Labrador, cette espèce est tout à fait inconnue.

Quelques auteurs Européens prétendent que ce Héron est rare aux États-Unis, et que c'est un hasard

d'en rencontrer, même dans les régions du sud ! Je
voudrais que ces personnages-là eussent été avec moi
et mon ami Bachman, ou simplement avec quelques-
uns des nombreux habitants des districts du sud, qui
font le voyage de la Louisiane à la Caroline du Nord : qu'il
eût dû leur paraître étrange, à ces savants qui n'affirment la plupart du temps que par ouï-dire, de voir
tout un bateau chargé de Hérons de nuit, tués sur les
lieux mêmes,. dans l'espace de quelques heures, et au
cœur de l'hiver !

Ces oiseaux, sauf pendant la saison des œufs, sont
défiants et très farouches, surtout les adultes : s'en
approcher après qu'ils vous ont aperçu, n'est pas chose
facile ; ils semblent connaître la distance à laquelle
votre fusil peut les atteindre, guettent tous vos mouvements, et, quand il en est temps, s'enlèvent de leur perchoir. Au moindre bruit, ils partent tous ensemble, en
battant vivement des ailes, comme fait le pigeon commun ; et l'on dirait que, dans leur fuite rapide, ils se
moquent de votre désappointement. Au contraire, on
peut les tuer sans peine, en les épiant aux lieux où ils
viennent se reposer pendant le jour. Ils y arrivent ordinairement seul à seul ou par petites troupes ; et, de
votre cachette sous les arbres, rien de plus aisé que de
les viser à bonne distance, au moment où ils se posent
au-dessus de votre tête. J'ai connu des chasseurs qui,
de cette manière en tuaient, à deux, de quarante à
cinquante, en une couple d'heures. On peut également
en tuer, à chaque instant du jour, en les surprenant à
l'écart, pendant qu'ils sont occupés à manger, et c'est

une chasse qui m'a fréquemment réussi dans diverses parties des États-Unis, même dans les États du centre. Cependant, ils se laissent rarement joindre quand ils sont à terre, car ils ont l'ouïe plus fine encore que le Butor américain : celui-ci, lorsqu'il entend du bruit, se tapit parmi les herbes; tandis que le Héron de nuit s'envole immédiatement.

Ce dernier niche en communauté, autour des étangs dont l'eau est stagnante, près des plantations de riz, dans l'intérieur des marais reculés, ou dans la mer, sur quelques îles couvertes d'arbres verts. Les Héronnières sont établies, tantôt parmi les basses branches des buissons, tantôt sur des arbres d'une hauteur moyenne, ou, au contraire, très élevés, selon que les uns ou les autres leur paraissent plus convenables et plus sûrs. Dans les Florides, ils recherchent les mangliers qui penchent au-dessus des eaux salées; dans la Louisiane, ils préfèrent les cyprès, et dans les districts du milieu, les cèdres leur semblent mieux appropriés à leurs besoins. Dans quelques-unes de leurs colonies, non loin de Charleston, que je visitai en compagnie de Bachman, nous trouvâmes les nids placés bas sur des buissons, serrés les uns contre les autres, ceux-ci, à un mètre seulement de terre, plusieurs à sept ou huit pieds, un grand nombre à plat sur les branches, d'autres enfin dans les bifurcations. On en apercevait plus de cent à la fois, tous bâtis sur la lisière des buissons et faisant face à la mer. Ceux que je vis dans les Florides étaient invariablement placés sur le côté sud-ouest des îles de Mangliers, mais plus écartés l'un de l'autre, quelques-uns n'étant qu'à un pied au-dessus de la marque des hautes eaux, tandis qu'il y en avait jusqu'au sommet des arbres, lesquels toutefois ne dépassaient guère vingt pieds. Dans la Louisiane, j'en remarquai tout au haut d'immenses cyprès qui n'avaient pas moins de cent pieds ; et à côté étaient des nids de l'*Ardea herodias*, de l'*Ardea alba*, et de quelques *Anhingas*. Mon ami Thomas Nuttall m'a dit que sur une île très retirée et marécageuse, dans l'étang qu'on appelle *Freshpond*, près de Boston, il existe une de ces anciennes héronnières ; de méchants garnements ont beau dérober à plaisir les œufs des pauvres oiseaux, ceux-ci ne se rebutent point, mais se remettent de suite à pondre et réussissent ordinairement à élever une seconde couvée.

Le nid du Bihoreau est large, aplati, composé de petits bâtons croisés en divers sens et sur une épaisseur de trois à quatre pouces. Parfois, il est arrangé avec si peu de soin, que les petits font la culbute en bas, avant de pouvoir voler. Souvent, les oiseaux se bornent à réparer ces nids, chaque année ; et quand ils ont une fois trouvé quelque position qui leur plaît, ils y reviennent périodiquement, jusqu'à ce qu'une catastrophe les contraigne à l'abandonner. Ils ont, au plus, quatre œufs dont le grand diamètre est de 2 pouces 1/6, sur 1 pouce 1/2 de large. La coquille est mince et d'un beau vert de mer. Trois semaines environ après être éclos, la plupart des jeunes quittent le nid, grimpent le long des branches auxquelles ils s'accrochent, et parviennent à se hisser jusqu'au sommet des arbres et des buissons où ils attendent que les parents leur apportent la nourriture. Si vous vous en approchez dans ces moments-là, votre présence jette le trouble parmi les petits et les grands : le croassement que les uns et les autres ont jusqu'ici continuellement fait entendre, cesse tout à coup ; les vieux s'envolent et viennent planer autour de vous, ou se posent sur les arbres voisins, pendant que les petits s'échappent en rampant dans toutes les directions et tâchent de se sauver. Leur terreur est telle, qu'on en voit qui se précipitent à l'eau où ils nagent très vite ; bientôt ils ont atteint la rive et courent se cacher partout où ils peuvent. Retirez-vous à l'écart, pour une demi-heure, et vous serez sûr de les entendre s'entre-appeler de nouveau. Leurs cris alors s'élevant graduellement redeviennent bientôt aussi bruyants que jamais. La puanteur des excréments qui recouvrent les nids abandonnés, les branches et les feuilles des arbres et des broussailles aussi bien que le sol ; l'odeur fétide qu'exhalent les œufs cassés et les cadavres des jeunes qui ont péri, jointes à celle du poisson et autres matières, font, d'une visite à ces héronnières, une véritable corvée. Corbeaux, vautours et faucons tourmentent ces oiseaux pendant le jour, tandis que les ratons et autres animaux de ce genre les détruisent à la faveur de la nuit. La chair des jeunes, tendre, grasse et succulente, est aussi bonne à manger que celle du pigeon, et n'a qu'à un très faible degré ce goût désagréable qu'on reproche aux autres oiseaux qui, comme eux, se nourrissent de poissons et de reptiles. A cette époque de l'année, on trouve rarement les vieux parés de ces plumes effilées qui leur pendent derrière la tête en

forme de léger panache, et ce n'est qu'à la fin de l'hiver suivant qu'elles repoussent; mais alors elles atteignent toute leur longueur en quelques semaines.

Leur vol est ferme, plutôt lent que vif et souvent très
prolongé. Ils se dirigent en avant par des battements
d'ailes réguliers, et, de même que les vrais Hérons,
retirent leur tête entre les épaules, tandis que leurs
jambes s'étendent derrière eux, et que leur queue forme
une sorte de gouvernail. Quand ils sont alarmés, ils
montent droit dans les airs, où ils planent quelque
temps à une grande hauteur. C'est aussi ce qu'ils font
avant de descendre pour chercher leur nourriture; mais
ils ont soin, pour plus de sûreté, de s'abattre préalablement sur le sommet des arbres voisins, et de promener de là un regard attentif aux alentours. Leurs
migrations s'accomplissent de nuit, et leur passage est
annoncé par des cris rauques et retentissants, assez
semblables à la syllabe *qua*, et qu'ils émettent par
intervalles réguliers. Ils semblent alors voler plus rapidement que de coutume.

Par terre, la démarche de cet oiseau ne rappelle en
rien la grâce qui distingue celle des vrais Hérons : il
s'en va, baissant le dos, le cou rentré, guettant sa proie;
mais du moment qu'il l'aperçoit, par un mouvement
subit, il darde son bec avec force et s'en empare. On
ne le voit jamais, comme les premiers, attendre, immobile, quelque bonne aubaine; mais il est constamment
en quête pour se procurer de quoi vivre. Il explore
habituellement le bord des fossés, les prairies, les rives
ombragées des criques, des étangs et des rivières; il

fréquente aussi les grands marais salés, et les bancs de vase que les eaux laissent à découvert en se retirant. J'en ai même remarqué qui, vers le soir, venaient se poser sur les étangs, jusque dans les faubourgs de Charleston, où ils cherchaient tranquillement leur nourriture. Dans ces différents cas, sauf pourtant le dernier, on peut voir ces oiseaux, quelquefois le jour, mais surtout le soir et le matin, s'avancer à gué dans l'eau, jusqu'à mi-jambe. Leur nourriture se compose de poissons, crevettes, grenouilles, lézards aquatiques, sangsues, petits crustacés de toute sorte, d'insectes d'eau, et même de souris dont ils semblent s'accommoder aussi bien que de tout le reste. Une fois rassasiés, ils se retirent sur de grands arbres, soit au bord d'un ruisseau, soit dans l'intérieur de quelques marais, et là ils se tiennent des heures entières, ordinairement sur une seule jambe, digérant et sommeillant, mais sans être tout à fait endormis.

Quand l'un d'eux se sent blessé, il cherche d'abord à se dérober parmi les herbes et les broussailles, où il se foule dès qu'il a trouvé une bonne cachette. Au contraire, lorsqu'il croit n'avoir aucun moyen de fuir, il s'arrête, redresse son aigrette, hérisse ses plumes et se prépare à la défense, en ouvrant son long bec dont parfois il administre de rudes coups ; mais il fait encore bien plus de mal avec ses griffes. Si vous mettez la main dessus, il pousse un cri fort, rauque et continu, et cherche, à tous moments, à s'échapper.

Le Bihoreau change de plumage trois années de suite, avant d'atteindre son état parfait. Cependant, beaucoup d'individus s'accouplent au printemps de la troisième année. Après la première mue d'automne, le jeune est tel que je l'ai représenté dans la planche. Au second automne, les taches longitudinales disparaissent presque entièrement du cou et du reste du corps; les parties supérieures de la tête deviennent d'un vert triste, se mêlant, près de la mandibule supérieure avec le brun foncé de la première saison, tandis que le surplus du plumage présente une teinte uniforme d'ocre sombre et de brun grisâtre. Dans le cours de l'année suivante, commence à se montrer le vert de la tête et des épaules; celle-ci se pare de riches couleurs, et la bande frontale qui se voit entre la mandibule supérieure et l'œil, est d'un blanc pur. A cet âge, les plumes grêles du derrière de la tête ont rarement plus d'un pouce ou deux; les côtés du cou et toutes les parties inférieures sont devenus d'un gris blanc plus clair; les ailes ne laissent plus voir aucune tache et sont partout d'un gris légèrement brun, de même que la queue. Enfin, au quatrième printemps, le plumage est dans son état complet. A partir de ce moment, le Héron de nuit ne change plus de livrée, si ce n'est qu'il perd sa longue crête après que ses petits sont éclos. Il n'y a pas de différence de coloration entre les sexes; mais le mâle est un peu plus gros que la femelle.

En toute saison, on remarque une grande différence de taille et de grosseur entre les divers individus de cette espèce : les uns, qui ont toutes leurs plumes, et sont par conséquent dans leur troisième année, pour ne pas dire plus, mesurent quatre pouces de moins que d'autres du même sexe et du même âge, et pèsent à proportion. Ces considérations suffiraient sans doute pour faire naître à certains naturalistes l'envie d'établir ici deux espèces, au lieu d'une ; mais j'ose affirmer que la tentative ne serait pas heureuse.

Au voisinage de la Nouvelle-Orléans et le long du Mississipi, en remontant jusqu'à Natchez, la chasse du Héron de nuit forme l'une des occupations favorites de nos planteurs, qui le regardent comme égalant, en fait d'oiseaux, tout autre gibier, pour la délicatesse de sa chair.

SOUVENIRS DE THOMAS BEWICK.

Par l'intermédiaire obligeant de M. Selby de Twizel-house, dans le Northumberland, j'eus le plaisir d'être mis en rapport avec le célèbre Bewick, aussi recommandable par son caractère que par son talent, et dont les travaux font époque dans l'histoire de la gravure sur bois. C'était en 1827, lors de mon voyage vers le sud. Après avoir quitté Édimbourg, j'arrivai à Newcastle, sur la Tyne, au milieu d'avril, c'est-à-dire à cette époque de l'année où la nature commence à revêtir d'une parure nouvelle les riches campagnes des environs. L'alouette, de retour, chantait à pleine gorge; le merle exhalait, en sifflements joyeux, l'exubérance de ses transports; le laboureur s'était remis, le cœur content, à ses paisibles travaux, et moi-même, étranger sur une terre lointaine, je pouvais jouir de tout ce qui m'entourait, car je m'étais fait des amis affables et bons, et je comptais sur la durée de leur affection. Mes espérances n'ont point été déçues.

Bewick avait été instruit de mon arrivée à New-castle, et avant même que j'eusse pu profiter d'une occasion pour aller le voir, il m'envoya son fils avec le billet suivant : « Thomas Bewick présente ses compliments à M. Audubon; il sera flatté d'avoir aujourd'hui l'honneur de sa compagnie, et l'attend à six heures, pour prendre le thé. » Ces quelques mots peignaient l'homme : simple et franc ; et comme mes travaux se trouvaient terminés pour la journée, je suivis son fils.

Je n'avais encore qu'à peine aperçu la ville, n'étant pas passé de l'autre côté de la rivière. Le premier monument remarquable qui attira mes regards, fut une belle église que mon compagnon me dit être Saint-Nicolas. En traversant la Tyne sur un pont de pierre de plusieurs arches, j'aperçus, le long des quais, un nombre considérable de navires, parmi lesquels j'en distinguai quelques-uns de construction américaine. La vue, sur l'un et l'autre bord, me parut très agréable; le terrain, onduleux, offrait une variété de maisons, de moulins à vent et de verreries qui plaisait à l'œil; et sur l'eau, glissaient ou s'avançaient, poussés par de longues rames, plusieurs bateaux d'une forme singulière, pesamment chargés des produits souterrains des montagnes voisines.

Enfin nous atteignîmes l'habitation du graveur, et je fus immédiatement conduit à son atelier où je trouvai le vieil artiste qui venait au-devant de moi, et m'accueillit par une cordiale poignée de main, en mettant de côté, pour un moment, son bonnet de coton un peu noirci par la fumée du lieu. C'était un homme grand, nerveux, à forte charpente, avec une grosse tête et des yeux si écartés, que je n'avais encore rien vu de pareil. — Véritable Anglais de la vieille roche, plein de vie, malgré ses soixante-quatorze ans, toujours actif et prompt au travail. — D'abord, il me proposa de me montrer l'ouvrage qu'il était en train d'exécuter, ce qu'il fit, sans quitter ses outils. C'était une petite vignette, taillée sur une plaque de buis, de trois pouces de surface sur deux, et qui représentait un chien ayant peur, la nuit, devant des objets qu'il croyait vivants, tandis qu'en réalité ce n'étaient que des racines, des branches d'arbre et des rochers auxquels on avait donné la forme d'êtres humains. Cette œuvre, comme toutes celles qui sortaient de ses mains, était exquise ; et plus d'une fois je me sentis tenté de lui demander quelque pièce de rebut ; mais je craignais de paraître indiscret, et d'ailleurs j'en fus empêché par l'invitation qu'il m'adressa de monter dans son appartement, où, me dit-il, j'allais bientôt voir se rassembler l'élite des artistes de Newcastle.

En entrant au salon, je fus présenté aux demoiselles Bewick, jeunes personnes aimables et gracieuses, qui n'avaient d'autre désir que de me rendre la soirée agréable. Parmi les visiteurs, je distinguai M. Goud, et pus admirer l'une des productions de son pinceau, je veux dire la miniature en pied et à l'huile de Bewick, bien dessinée et d'un fini remarquable.

Le vieux gentleman et moi, nous ne nous quittâmes pas ; lui, parlant de mes planches, et moi, de ses gravures. De temps à autre, il ôtait son bonnet et remontait ses bas de laine grise jusqu'à ses culottes ; mais bientôt, dans le feu de la conversation, le bonnet, un instant remis en place, se trouvait, comme par enchantement, tout à fait ramené en arrière, et les bas, abandonnés à leur tendance naturelle, retombaient sur les talons. Les yeux du bonhomme pétillaient d'esprit, et il me donnait son avis avec une vivacité et une franchise qui me charmaient. On lui avait dit que mes dessins avaient été exposés à Liverpool, et il me proposa de venir le lendemain matin, de bonne heure, les voir chez moi, avec ses filles et quelques amis. Me rappelant, de mon côté, combien mes fils, alors dans le Kentucky, désiraient avoir une copie de ses travaux sur les quadrupèdes, je lui demandai où je pourrais me les procurer. — Ici même, me répondit-il ; et sur-le-champ il m'en offrit une magnifique collection.

Cependant, on finissait de prendre le thé ; le jeune Bewick, pour me distraire, prit une cornemuse d'un nouveau modèle, appelée la musette de Durham, et nous joua quelques airs écossais, anglais et irlandais, tous d'un rhythme simple et doux. J'avais peine à comprendre comment il s'y prenait, avec ses larges doigts, pour couvrir chaque trou séparément. L'instrument avait le son d'un hautbois, sans fatiguer l'oreille de ces notes criardes et belliqueuses de la cornemuse, dont les montagnards écossais ont coutume de s'accompagner à la guerre. La société se retira d'assez bonne heure, et moi, en me séparant, ce soir-là, de Bewick, je pus dire que je me séparais d'un ami.

Quelques jours après, je reçus un second billet de lui, mais que je lus à la hâte, étant retenu en ce moment par diverses personnes qui venaient examiner mes dessins. Dans ce billet, du moins comme je le compris, il m'exprimait le désir de m'avoir, ce même jour, à dîner. En conséquence, je m'y rendis. Mais jugez de mon désappointement : en arrivant chez lui, à cinq heures, avec un appétit tel que l'occasion le réclamait, je trouvai qu'on ne m'avait invité qu'au thé, et non pas à dîner. La méprise fut bientôt expliquée, à la satisfaction de tout le monde, et l'on plaça sur la table, à mon intention, quelque chose d'un peu plus substantiel. Le révérend William Turner s'était joint à nous ; la soirée me parut délicieuse. D'abord, la conversation fut enjouée : on passait légèrement d'un sujet à l'autre ; mais quand la table fut desservie, M. Bewick rapprocha sa chaise du feu, et l'on parla de, ce qui nous intéressait plus particulièrement. Lorsqu'enfin l'heure de se retirer fut venue, nous nous en retournâmes chacun chez nous, mutuellement satisfaits d'avoir fait connaissance, et enchantés de notre hôte.

J'avais été invité, la veille, à déjeûner avec Bewick pour le lendemain à huit heures. C'était le 16 avril, et je trouvai toute la famille si bonne et si attentionnée, que je pouvais me croire chez moi. Aussitôt après déjeuner, l'excellent homme se mit à l'ouvrage, voulant, disait-il en riant, me montrer combien c'était chose facile que de *couper* du bois ; mais je ne tardai pas à reconnaître que le *couper* comme lui, ce n'était pas tout à fait un jeu, bien qu'effectivement il parût se jouer de toutes les difficultés. Ses outils, si délicats et d'un travail achevé, étaient tous de sa façon, et je puis le dire en vérité : son atelier est le seul atelier d'artiste que j'aie jamais vu si parfaitement propre et bien tenu. Dans le courant de la journée, Bewick me fit appeler de nouveau, et s'inscrivit sur ma liste de souscripteurs, au nom de la Société littéraire et philosophique de Newcastle. En cela, cependant, son enthousiasme le trompa, car le corps savant pour lequel il s'était si spontanément avancé ne jugea pas à propos de ratifier l'engagement.

Une autre invitation m'étant venue de *Gate-Head*, je trouvai mon bon ami assis à sa place d'habitude. Sa figure semblait rayonner de joie quand il me prit la main. Je ne pouvais, dit-il, supporter l'idée de vous laisser partir, sans vous faire connaître, par écrit, ce que je pense de vos Oiseaux d'Amérique. Prenez cette lettre ; c'est tout simplement exprimé avec le papier et l'encre ; faites-en l'usage qu'il vous plaira, si tant est que cela puisse être bon à quelque chose. Je mis la lettre non cachetée dans ma poche, et nous babillâmes sur divers sujets, mais toujours en rapport avec l'histoire naturelle. De temps à autre, il bondissait sur son siége et s'écriait : Ah ! que ne suis-je jeune, j'irais aussi en Amérique ! — Quel beau pays ce sera, monsieur Audubon! Dites plutôt : Quel beau pays c'est déjà! M. Bewick. — Au milieu de notre conversation sur les oiseaux et les animaux en général, il but un coup à ma santé et à la paix du monde. Moi, je lui répondis, d'accord sans doute avec ses propres sentiments, en portant un toast à la prospérité de tous nos ennemis. Ses filles étaient présentes, jouissant de cette petite scène de famille, et elles remarquèrent que depuis nombre d'années leur père n'avait paru si bien en train.

Je regrette de n'avoir pas en ce moment sur moi la lettre de ce digne et généreux ami; autrement je la transcrirais ici, pour l'amour de lui; mais je la garde en lieu sûr, comme souvenir d'un homme dont la mémoire me sera toujours chère. Et croyez-le bien : je ne l'ai pas lue avec moins de plaisir et ne la conserve pas moins précieusement que cet autre manuscrit, « *Synopsis des Oiseaux d'Amérique, par Alex. Wilson,* » que ce célèbre naturaliste m'a donné à Louisville, il y a déjà plus de vingt ans. Quoi qu'il en soit, la lettre de Bewick vous sera présentée en temps et lieu. ainsi que nombre d'autres, collectivement avec certains faits intéressants qui, j'espère, ne seront pas sans utilité pour le monde. Notre causerie se prolongea au delà de l'heure où nous avions coutume de nous souhaiter le bonsoir pour aller dormir; et sur ses vives instances comme aussi à ma grande satisfaction, je promis de lui consacrer toute la matinée du lendemain, la dernière que, pour cette fois du moins, je dusse passer à Newcastle.

Le 19 du même mois, je lui rendis donc ma dernière visite. Quand nous nous séparâmes, il me répéta, par trois fois : Dieu vous garde ! Dieu vous bénisse ! et il dut s'apercevoir de l'émotion que j'éprouvais, et qui se lisait dans mes yeux, bien que je fisse effort pour m'abstenir de parler.

Quelques semaines avant de mourir, cet admirateur enthousiaste de la nature vint, avec ses filles, me rendre visite à Londres. Il paraissait en aussi bonne santé que quand je l'avais vu à Newcastle. Notre entretien fut court, mais agréable ; et quand nous nous dîmes adieu, j'étais certes loin de penser que ce fût pour la dernière fois. Il en devait pourtant être ainsi, car très peu de temps après j'appris sa mort par les journaux.

Mon opinion sur cet homme remarquable, c'est qu'il était un vrai fils de la nature, et qu'à la nature seule il avait dû presque tout ce qui le caractérisait comme homme et comme artiste. Chaud dans ses affections, d'une sensibilité profonde, doué d'une imagination puissante et d'un esprit droit, pénétrant et observateur, il n'avait eu besoin que de peu de secours étrangers, pour devenir ce qu'il fut réellement : le premier graveur sur bois qu'ait produit l'Angleterre. Regardez ses vignettes, et dites-moi si vous avez jamais rien vu de si bien exprimé, de si vivant, depuis son glouton qui précède le grand goëland à manteau noir, jusqu'à ces enfants qui s'amusent à jouer au cerf-volant ? et que penser de son chasseur désappointé qui, pour tuer une pie, laisse échapper un coq de bruyère ; de son cheval cherchant à gagner l'eau, de son taureau beuglant contre une barrière, de son mendiant attaqué par le dogue du riche.....? Chaque feuille que vous tournez, du commencement à la fin de cet incomparable recueil, fait passer sous vos yeux une succession de scènes qui toutes se disputent votre admiration ; et sans aucun doute vous concluez, comme moi, que, dans cette voie qui est proprement la sienne, personne jusqu'ici ne l'a égalé. Cependant je ne prétends pas qu'il n'y ait, de nos jours, ou que dans la suite il ne doive y avoir des hommes dont les travaux, sous certains rapports, ne soient appelés à balancer, sinon même à surpasser ceux-ci ; mais toujours est-il qu'on peut dire de Thomas Bewick, en ce qui concerne la gravure sur bois, ce que l'on dira éternellement de Linné, pour l'histoire naturelle : que, s'il ne l'a pas créée, il a du moins jeté sur cet art une vive lumière, qu'il l'a renouvelé et en a été l'illustre promoteur.

LE GRAND GOELAND A MANTEAU NOIR.

Dans les hautes régions de l'air piquant et raréfié, bien loin au-dessus des redoutables écueils qui bordent les côtes désolées du Labrador, plane fièrement sur ses ailes qu'on dirait immobiles le Goëland tyran, semblable à l'aigle, tant son vol est calme et majestueux.

Déployant son immense envergure, il se meut en larges cercles, sans perdre de vue les objets au-dessous de lui ; rauques et puissants, ses cris retentissent et portent l'épouvante en bas, parmi les multitudes emplumées. Maintenant il prend son essor, effleure les rochers de chaque baie, visite les petites îles et s'élance vers la terre couverte de bruyères et de mousses, du milieu desquelles peut-être le cri du tétrao ou de quelques autres oiseaux est parvenu jusqu'à lui. Tandis qu'il passe ainsi au-dessus des flots bouillonnants, des lacs, des marais, les parents, qui l'ont aperçu, se préparent à défendre leur couvée encore sans plumes, ou à la dérober, par la fuite, au bec cruel du ravisseur. Même le peuple des eaux, effrayé, rentre à son approche plus profondément sous les ondes; les jeunes oiseaux deviennent silencieux dans leurs nids, ou cherchent à se cacher dans les crevasses des rochers. Les guillemots, les boubies n'osent regarder en haut, et les autres Goëlands, incapables de se mesurer avec un adversaire si redoutable, lui font place lorsqu'il s'avance.—Là-bas, là-bas, parmi les vagues écumantes, il a vu flotter le cadavre de quelque monstre de l'abîme, et c'est vers cette riche proie qu'il se précipite. Il s'abat sur l'énorme baleine, redresse vivement la tête, ouvre le bec, et plus perçants, plus triomphants que jamais il envoie ses cris au travers des airs. Alors il se promène à son aise sur la masse en putréfaction, et quand il s'est assuré que tout va bien, commence à tirailler, à déchirer, engloutissant morceaux après morceaux; enfin, rempli jusqu'à la gorge et n'en pouvant plus. il se couche, pour se reposer un moment aux faibles rayons d'un soleil du Nord. Grandes cependant sont les facultés de son estomac, et bientôt il a digéré les aliments à demi corrompus dont, ainsi que le vautour, il fait ses délices. Mais, comme tous les gloutons, il aime la variété, et le voilà qui se dirige vers quelque île bien connue, où il doit trouver des milliers d'œufs et de jeunes oiseaux. Là, sans miséricorde, il brise les coquilles, en avale le contenu, et dévore à loisir les pauvres petits sans défense. Ni les cris des parents, ni leurs efforts pour repousser le destructeur, ne le peuvent émouvoir, et il ne s'arrête qu'après avoir satisfait de nouveau la voracité de son appétit. Toutefois ce despote impitoyable est un vrai lâche : il ne songe plus qu'à se cacher, lorsqu'il voit venir à lui le *skna* (1) qui, comparativement petit comme il l'est, fait preuve d'un courage et d'une audace devant lesquels l'ignoble maraudeur se sent trembler.

En confrontant cette espèce avec quelques autres de la même tribu, en remarquant sa grande taille, la puissance de son vol et sa constitution robuste, on s'étonne que ses excursions soient si limitées pendant la saison des œufs. On n'en trouve que quelques individus au nord de l'entrée de la baie de Baffin, et rarement plus haut, puisque le docteur Richardson ne les mentionne pas dans sa faune de l'Amérique boréale. Le long de nos côtes, aucun ne vient nicher plus bas que l'extré-

---

(1) *The skna*, aux îles Feroé ; on appelle ainsi le Goëland varié ou grisard.

mité est du Maine. Les rivages ouest du Labrador, sur une étendue d'environ trois cents milles, leur offrent des retraites où ils passent le printemps et l'été ; aussi abondent-ils dans ces parages, et c'est là que je les ai bien étudiés.

Les jeunes, lors de leurs migrations d'hiver, ne dépassent pas, autant que j'ai pu l'observer, le milieu de la côte orientale des Florides. Dans l'hiver de 1831, à Saint-Augustin, j'en vis plusieurs couples en société avec les jeunes du pélican brun ; mais plutôt par intérêt que par amitié, car ils leur donnaient fréquemment la chasse, comme pour les forcer, ainsi que fait le stercoraire envers les petites espèces de mouettes, à dégorger une partie du produit de leur pêche ; toutefois je dois le dire, cette tentative de piraterie n'était suivie d'aucun succès. Ils étaient excessivement farouches, ne se posaient jamais qu'à l'extrémité des bancs de sable les plus reculés, et ne se laissaient pas approcher. Dès qu'ils voyaient l'un de nous se diriger vers eux, ils ne manquaient jamais de gagner, en marchant, la dernière pointe hors de l'eau, puis s'envolaient, et ne songeaient à se reposer que lorsqu'on ne les voyait plus. Je ne puis dire à quelle époque ils quittèrent cette côte. On en trouve quelques-uns de répandus au long de la mer, depuis les Florides jusqu'aux États du centre, et dans ce nombre très peu de vieux oiseaux. L'espèce ne devient commune qu'au delà des limites du Connecticut et de Long-Island, mais plus loin le nombre en augmente rapidement à mesure qu'on avance. Sauvages et défiants, sur toute cette immense surface de mers et de terres, ce n'est que par une sorte de hasard qu'on peut s'en procurer. Rarement s'avancent-ils haut dans les baies, à moins d'y être forcés par la rigueur de la saison ou la violence du vent. Je les ai trouvés sur nos grands lacs; mais je ne me rappelle pas en avoir jamais vu sur nos rivières de l'est, à une certaine distance de la mer, là où, au contraire, le Goëland à manteau bleu se rencontre fréquemment.

Vers le commencement de l'été, ces oiseaux vagabonds abandonnent l'Océan et vont prendre, pour un temps, leurs ébats sur les rives sauvages du Labrador, rives sauvages et désolées aux yeux de l'homme, mais charmantes pour eux, et qui leur offrent tout ce qu'ils désirent. L'un après l'autre ils arrivent, les plus vieux les premiers; apercevant de loin la terre où ils sont nés, ils la saluent de leurs notes bruyantes, joyeux comme le voyageur quand il sent qu'il approche de sa demeure chérie. Plus ou moins tôt chaque mâle s'apparie avec une femelle de son choix, et ils se retirent ensemble sur quelque banc de sable à l'écart, d'où ils remplissent l'air de leurs éclats de rire furieux que répète l'écho des rochers. Pour quiconque aime à surprendre les secrets de la nature, le spectacle, même lointain, de ces tendres rencontres ne manque ni d'intérêt ni d'attrait. Le mâle tourne en s'inclinant autour de sa compagne, et sans doute s'évertue à lui déclarer ainsi son amour; mais bientôt tout s'arrange à la satisfaction des deux parties, et les jours suivants, on les voit se réunir d'un mutuel accord, sur la grève d'où les eaux se retirent. Tantôt ils mettent leur plumage en ordre ; tantôt, les ailes à moitié déployées, ils se réchauffent au soleil ; quelques-uns se reposent, couchés doucement sur le sable, tandis que d'autres, portés sur un pied, se tiennent côte à côte. — Les eaux commencent-elles à revenir, tous ils s'envolent pour chercher la proie. Enfin le grand moment est arrivé ; quelques couples, formant de petites sociétés, se dirigent vers les îles désertes ; ceux-ci s'arrêtent aux stations les plus voisines pour préparer leurs nids ; les autres continuent jusqu'à ce qu'ils aient trouvé la retraite qui leur convient, et avant une quinzaine l'incubation commence.

Le nid est habituellement placé sur le roc nu, dans quelque île basse, parfois à l'abri sous un écueil qui se projette au-dessus des eaux, ou dans une profonde crevasse. Au Labrador, il est composé de mousses et d'herbes marines arrangées avec soin. Mesurant environ deux pieds en diamètre et relevé de cinq à six pouces sur les bords, il n'a guère plus de deux pouces d'épaisseur au centre, où sont ajoutés des plumes, de l'herbe sèche et d'autres matériaux. Il contient trois œufs ; je n'y en ai jamais trouvé davantage. Longs de 2 pouces 7/8, ils ont 2 pouces 1/8 de large ; la coquille forme un ovale très évasé, est rude au toucher, sans être granuleuse, et offre une couleur d'un pâle terreux mêlé d'un gris verdâtre irrégulièrement taché et pointillé de noir brun et de pourpre terne. Comme ceux de la plupart des autres Goëlands, ils sont très bons à manger. La ponte a lieu du milieu de mai à celui de juin, et cette espèce n'élève qu'une couvée chaque saison. Tant que dure l'incubation, les oiseaux ne s'éloignent jamais pour longtemps de leurs œufs; le mâle couve aussi bien que la femelle, et tandis que l'un d'eux est sur le nid, l'autre a soin de ne le laisser manquer de rien. La première semaine, les parents dégorgent la nourriture dans le bec des jeunes; mais quand ceux-ci sont devenus un peu grands, ils se contentent de la déposer devant eux. A l'approche de l'homme, on les voit fuir en toute hâte et tâcher de gagner quelque cachette, ou le rocher voisin sous le rebord duquel ils se tapissent. Au bout de cinq ou six semaines, ils peuvent s'échapper à l'eau, où ils nagent légèrement et avec beaucoup d'aisance. Si on met la main dessus, ils crient de la même manière que leurs parents. Le 18 juin, nous en prîmes plusieurs que nous lâchâmes sur le pont du *Ripley*, où ils marchaient sans aucune gêne et ramassaient les aliments qu'on leur jetait. Aussitôt que l'un d'eux allait pour engloutir sa portion, un autre courait dessus, saisissait le morceau, tiraillait de son côté, et s'il était le plus fort, l'emportait dans un coin et l'avalait. Le 23 du même mois, deux autres individus, âgés de quelques semaines, et ayant déjà une partie de leurs plumes, furent aussi apportés à bord. Leurs cris, quoique faibles encore, ressemblaient exactement à ceux de leurs parents. Ils mangeaient goulûment tout ce qu'on leur présentait. Quand ils étaient fatigués, ils se reposaient sur leurs tarses, qu'ils allongeaient en avant par terre, comme font tous les hérons, et restaient plus ou moins de temps dans cette singulière posture. Un mois ne s'était pas écoulé qu'ils se montraient on ne peut plus familiers avec le cuisinier; ils étaient, en outre, devenus très gras. En maintes circonstances ils manifestaient les mêmes inclinations que les vautours, car lorsqu'on leur jetait un canard mort ou même un Goéland de leur propre espèce, ils le mettaient en pièces, buvaient son sang, déchiraient sa chair, qu'ils avalaient par gros morceaux, chacun s'efforçant de dérober celui de son voisin. Jamais ils ne buvaient d'eau, mais assez souvent y plongeaient le bec, qu'ils secouaient violemment pour en ôter le sang et les autres saletés. On les nourrit ainsi, jusqu'à ce qu'ils fussent à peu près en état de voler. Pendant que nous étions dans le port, les marins s'amusaient de temps en temps à les jeter à la mer, et cela semblait les amuser eux-mêmes, car ils se mettaient gaiement à nager, se baignaient, faisaient leur toilette, puis revenaient près des flancs du navire, pour qu'on les remontât à bord. Une nuit qu'il faisait grand vent et que, ballottés par un fort roulis, nous nous tenions à l'ancre dans le havre de Bras-d'Or (1), un de ces oiseaux fut lancé à l'eau et nagea vers le rivage, où le lendemain matin, après de longues recherches, nous le retrouvâmes tout transi et grelottant derrière un rocher. Nous le rendîmes à son frère, et c'était plaisir de voir la vivacité de leurs mutuelles félicitations. Parfois ils s'envolaient d'eux-mêmes pour se baigner; mais quelque effort qu'ils fissent, ils ne pouvaient regagner le pont sans notre aide. Je m'étais attaché à ces pauvres

(1) A l'île de Cap-Breton, au sud du golfe Saint-Laurent.

bêtes, et ce n'était pas sans un vrai sentiment de compassion et d'intérêt que je les voyais étendus sur le côté, soufflant et pantelants, bien que le thermomètre ne montât qu'à 55 degrés. Ils avaient, pour le chien de mon fils, une antipathie prononcée. C'était pourtant un animal d'un naturel doux et aimant; ils ne cessaient de le harceler, de le mordre, et le pourchassaient impitoyablement du pont dans la cabine. Quelques jours après notre départ de la baie de Saint-Georges, nous fûmes assaillis par un ouragan et obligés de mettre en panne. Le lendemain un des Goëlands fut balayé par-dessus le bord ; il essaya de regagner le vaisseau, mais en vain, car l'ouragan continuait. Les matelots me dirent qu'ils l'avaient vu nager vers le rivage, qui n'était que trop rapproché pour nous, et où je souhaite qu'il ait pu arriver sain et sauf. Je donnai l'autre à mon ami Green, lieutenant dans l'armée des États-Unis ; et dans une des lettres qu'il m'écrivait l'hiver suivant, il m'annonçait que la garnison s'était prise d'engouement pour le jeune *Larus marinus*, et qu'il venait à merveille, quoique aucun changement sensible ne se fût manifesté dans son plumage.

Je lis dans mon journal qu'à la baie de Saint-Georges, nos marins prirent beaucoup de jeunes morues, et que tous les jours, on en donnait à nos Goëlands, chacun d'eux ayant de huit à dix pouces de long. Ils étaient curieux à voir lorsqu'ils faisaient effort pour les avaler. La forme du poisson se trouvait marquée tout le long du cou, qu'ils étaient obligés de tenir tendu en avant ; et c'est ainsi qu'ils restaient, le bec ouvert, ayant l'air de beaucoup souffrir, mais sans chercher pour cela à rendre gorge. Vers l'époque où les jeunes se disposent à s'envoler, on en tue, aux environs du nid, des quantités considérables que l'on dépouille et que l'on sale pour les colons et les pêcheurs résidents de Labrador et de Terre-Neuve. Quand ils sont capables de se subvenir à eux-mêmes, les parents les abandonnent tout à fait, et dès lors vieux et jeunes cherchent séparément leur nourriture.

Le vol du grand Goëland à manteau noir est ferme, assuré, parfois élégant, assez rapide et prolongé. Quand il accomplit ses lointains voyages, il se tient ordinairement à une hauteur de cinquante ou soixante mètres, et se dirige en droite ligne par des battements d'aile aisés et réguliers. Si le temps tourne à la tempête, ce Goëland, de même que la plupart de ceux de sa tribu, effleure la surface des eaux ou de la terre, et prenant contre le vent, sans jamais lui céder, se fraye un passage au milieu des tourbillons les plus violents. Au contraire, par temps calme et quand le soleil brille, on le voit qui se balance à une immense hauteur, et pendant une demi-heure ou plus, semble se jouer au sein des airs, comme font les aigles, les vautours et les corbeaux. De temps à autre, lorsqu'il poursuit un oiseau de sa propre espèce, ou fuit devant son ennemi, il se précipite par bonds rapides qui toutefois ne se prolongent pas, et bientôt après se renlève et recommence à planer, en décrivant des cercles. Si l'homme tente d'empiéter sur ses domaines, il se tient au-dessus de lui, à une distance respectueuse, non plus en planant, mais comme inquiet, et donnant de côté et d'autre de vifs coups d'aile. Pour s'emparer des poissons dont il fait habituellement sa proie, il se laisse glisser légèrement en bas et, en passant au-dessus de sa victime, l'enlève dans son bec. Si le poisson est petit, le Goëland l'avale en volant ; mais lorsqu'il est gros, il se pose sur l'eau, ou gagne le plus prochain rivage, pour faire son repas à son aise.

Quoique silencieux, on peut dire les trois quarts de l'année, ce Goëland se montre très bruyant lorsque arrive la saison des amours, et même tant que les jeunes n'ont pas toutes leurs plumes ; mais ensuite il retombe dans son silence. Ses notes les plus ordinaires, quand on l'interrompt ou qu'on le surprend, sont une sorte de *cack, cack, cack ;* lorsqu'il fait la cour à sa femelle, elles s'adoucissent, deviennent moins saccadées et ressemblent aux syllabes *cawah, cawah,* qu'il répète fréquemment, tandis qu'il décrit ses cercles en l'air, au-dessus de sa retraite, ou bien en vue de sa compagne.

Il marche bien, d'un pas ferme et avec un air d'importance, nage légèrement, quoique avec lenteur et sans pouvoir échapper à la poursuite d'un bateau. Il ne sait pas plonger ; mais parfois, en cherchant sa nourriture au long des rivages, il entre dans l'eau pour courir après un crabe ou une écrevisse de mer, et réussit à s'en emparer. Au Labrador, j'en vis un plonger dans deux pieds d'eau environ, après un gros crabe qu'il parvint à tirer sur le rivage, où il le mangea. J'observais tous ses mouvements à l'aide d'une lunette, et pus parfaitement remarquer comment il s'y prenait pour le mettre en pièces et en avaler les parties charnues, laissant de côté les pattes et la carapace. Quand il eut fini, il s'envola vers ses petits et dégorgea devant eux.

Extrêmement vorace, il fait ventre de tout, sauf de végétaux ; même les plus puantes charognes ne lui répugnent pas, cependant il préfère du poisson frais, de jeunes oiseaux ou de petits quadrupèdes. Il suce tous les œufs qu'il peut trouver et en détruit ainsi un grand nombre, n'épargnant pas davantage les parents, s'ils sont faibles et sans défense. J'ai souvent vu de ces Goëlands attaquer une troupe de canards nageant aux côtés de leur mère. Celle-ci, quand ils étaient trop jeunes, prenait seule son vol, et les pauvres petits plongeaient; mais souvent ils étaient capturés en reparaissant à la surface, à moins qu'ils ne se trouvassent parmi des joncs. La femelle de l'Eider est la seule de sa tribu qui, en pareille occasion, risque sa vie pour sauver sa famille : elle s'enlève de dessus l'eau, tandis que sa couvée disparaît au-dessous, et tient le Goëland en respect, jusqu'à ce que ses petits soient à l'abri sous quelque rocher ; ce n'est qu'alors qu'elle part dans une autre direction, laissant l'ennemi tout penaud digérer sa mortification à loisir. Mais lorsque la tendre mère est sur ses œufs et à découvert, le maraudeur l'assaille, la contraint de s'envoler, et pille son trésor, hélas ! sous ses yeux. Les jeunes tétraos deviennent aussi la proie de ce Goëland, qui leur donne la chasse sur les rocs couverts de mousse, et les dévore devant leurs parents; enfin, il s'attache aux bancs de poissons pendant des

heures de suite, et d'habitude fait très bonne pêche.
Sur la côte du Labrador, je voyais ces oiseaux longer
les bas-fonds de la mer et prendre des plies. Parfois
ils essayaient de les avaler tout entières; mais ne pouvant en venir à bout, ils gagnaient quelque rocher, les
battaient contre la pierre, puis les déchiraient par morceaux. Ils paraissent digérer sans peine les plumes,
les os et autres parties dures, et ne dégorgent que pour
nourrir leurs petits, ou celui d'entre eux qui est occupé
à couver ; à moins encore qu'ils ne se sentent blessés
et sur le point d'être pris par l'homme, ou qu'ils ne
soient poursuivis par quelque oiseau plus fort qu'eux.
Un jour, à Boston, je vis un de ces Goëlands prendre,
sur un banc de vase, une anguille qui n'avait pas moins
de quinze à dix-huit pouces de long. Il s'enleva péniblement, parvint après de grands efforts à en avaler la
tête, et se dirigeait vers le rivage en emportant sa proie,
lorsque survint un aigle à tête blanche qui, traitant en
maître l'infortuné Goëland, l'eut bientôt forcé à s'en
dessaisir. Alors l'aigle, se laissant glisser après l'anguille, la rattrapa avant qu'elle eût touché l'eau, et
fuit tranquillement en la tenant dans ses serres.

Cet oiseau est excessivement farouche et vigilant;
même au Labrador, nous ne pûmes nous en procurer
qu'une douzaine de vieux, encore après beaucoup
de difficultés, et en recourant à toutes sortes de stra-
tagèmes. Ils épiaient nos mouvements avec tant de soin,
qu'ils ne se hasardaient en aucun cas à dépasser certain rocher derrière lequel ils pouvaient craindre que
quelqu'un de nous ne se tînt en embuscade. Pendant

qu'ils couvaient, nous ne parvînmes jamais à en tuer près du nid. Une seule femelle essaya de porter secours à ses petits, et fut tuée en volant, par extraordinaire, non loin de nous. On n'a chance de les surprendre que lorsqu'il fait grand vent, car alors ils rasent les sommets des plus hauts rochers, où nous avions la précaution de nous cacher pour les attendre. Dès que nous approchions des îles où ils nichent au milieu des écueils, semblant deviner nos intentions, ils abandonnaient la place, et quand nous nous en revenions, nous suivaient à plus d'un mille, en jappant et poussant de grands cris.

La mue commence pour eux dès les premiers jours de juillet; de bonne heure, en août, on voit les jeunes chercher la nourriture pour leur propre compte, et même très loin des parents. Le 12 du même mois, ils avaient tous quitté le Labrador. Nous les retrouvâmes plus tard, le long des côtes de Terre-Neuve, dans le golfe Saint-Laurent et sur les baies de la Nouvelle-Écosse. — La chair des vieux est coriace et très mauvaise ; leurs plumes sont élastiques et bonnes pour faire des coussins, des oreillers et autres choses semblables; mais rarement peut-on en récolter une quantité suffisante.

Cet oiseau doit jouir d'une longévité extraordinaire, puisque j'en ai vu qu'on gardait en captivité depuis plus de cinquante ans. Je dois à mon savant ami le docteur Neil, d'Édimbourg, le rapport intéressant que voici, sur les habitudes d'un individu de cette espèce qu'il avait apprivoisé :

» Dans le courant de l'été de l'année 1818, un jeune Goéland me fut apporté par un petit pêcheur de Newhaven, qui me dit qu'on l'avait pris sur mer, vers l'embouchure du Forth. Il n'était encore revêtu que d'une partie de ses plumes et n'avait aucun mal. Il apprit promptement à se nourrir de pommes de terre et de rebuts divers, en compagnie de plusieurs canards, et devint bientôt plus familier qu'aucun d'eux; à ce point qu'il venait regarder par la fenêtre de la cuisine, attendant qu'on lui jetât quelque morceau de graisse qu'il aimait par-dessus tout. Il avait l'habitude de suivre ma servante Peggy Oliver aux alentours de la maison, battant des ailes et criant bien fort, pour qu'on lui donnât à manger. Après deux mues, je fus agréablement surpris de voir paraître le manteau noir, ainsi que la forme et la couleur du bec auxquels on reconnaît le *larus marinus*, ou grand Goéland à manteau noir; car je l'avais jusqu'alors simplement regardé comme un bel exemplaire d'une espèce plus petite, le *larus fuscus*, dont je possédais deux individus qui n'avaient jamais voulu permettre au nouveau venu de faire société avec eux. Mon Goéland s'était parfaitement apprivoisé, et je ne crus pas devoir prendre la précaution de lui rogner les ailes pour l'empêcher de s'envoler. Beaucoup de personnes qui venaient chez moi me le vantaient comme l'une des plus superbes mouettes de mer qu'elles eussent vues, et je ne voulais pas le mutiler. Dans l'hiver 1821-1822, je lui donnai pour compagnon un héron mâle qui, blessé sur le marais de Coldingham et apporté vivant à Édimbourg, où on le garda quelques semaines dans une cellule du vieux collége, me fut présenté par le portier, M. John Wilson, homme véritablement distingué par l'intérêt qu'il prenait à tout ce qui pouvait servir aux progrès de l'histoire naturelle. Nous réussîmes aussi à apprivoiser complétement ce héron ; et jusqu'en la présente année 1835, il est demeuré chez moi, ayant tout le jardin pour se promener, les arbres pour se percher, et jouissant d'un libre accès dans le Loch (1) qui forme la limite de mon jardin. Un jour, c'était au printemps de 1822, le gros Goéland se trouva manquer à l'appel, et nous nous assurâmes, je ne me souviens plus comment, qu'il n'avait été ni volé, ni tué, ainsi que nous le supposions d'abord, mais qu'on l'avait vu passer pardessus le village, allant au nord, probablement pour gagner la mer. J'avais perdu tout espoir de le revoir jamais, lorsqu'en rentrant chez moi, vers la fin d'octobre, même année, je fus tout étonné d'entendre la servante me crier, d'un air de triomphe : Monsieur, monsieur, le gros Goéland est revenu ! Effectivement, je l'aperçus qui se promenait, comme d'habitude, à travers le jardin, en compagnie de son vieil ami le héron, que, j'en suis convaincu, il reconnaissait parfaitement. Il disparut de nouveau le soir, et revint au matin, pendant plusieurs jours de suite. Alors Peggy jugea prudent de l'enfermer ; mais évidemment la prison n'était pas de son goût, et on se décida à lui rendre la liberté, bien qu'il courût grand risque d'être tué sur l'étang du moulin par quelque jeune chasseur d'Édim-

(1) Marais.

bourg. Sa captivité temporaire l'avait rendu un peu plus méfiant et plus farouche; cependant il n'en continua pas moins ses visites quotidiennes au jardin, où il ramassait les harengs et autres morceaux qu'on y jetait à son intention. Au commencement de mars 1823, ses visites cessèrent, et nous ne le revîmes plus qu'à la fin de l'automne. Ces échappées pendant l'hiver, à Canonmills, et ces excursions d'été, dans quelque endroit inconnu où sans doute il se retirait pour nicher, se prolongèrent pendant plusieurs années, avec une grande régularité. Seulement, je remarquai qu'après la mort de sa protectrice, en 1826, il se montra plus rarement. — Mon journal porte cette note, à la date du 26 octobre 1829 : Le grand Goéland de la vieille Peggy est arrivé ce matin sur l'étang. C'est le septième ou huitième hiver qu'il revient régulièrement. — Il amenait un jeune avec lui, mais qui ne tarda pas à être tué sur le Loch par quelque étourdi de chasseur. C'était sans doute un de ses petits; il avait l'aile cassée, et demeura deux ou trois jours au milieu du marais, en poussant des cris lamentables, jusqu'à ce que la mort fût venue le délivrer. — Immédiatement, et pour tout l'hiver, le vieux Goéland quitta la place, comme pour nous reprocher notre cruauté. L'automne suivant toutefois, il paraît qu'il avait oublié son injure, car je vois dans mon journal que, le 30 octobre 1830, il revint au jardin de Canonmills. Les périodes de l'arrivée et du départ furent presque les mêmes l'année d'après; mais en 1832, octobre, novembre et décembre se passèrent sans qu'il reparût, et cette fois je désespérais de le revoir. A la fin pourtant, il revint. — Autre note de mon journal: Dimanche, 6 janvier 1833, le grand Goéland s'est montré de nouveau sur l'étang du moulin pour la onzième année, si je ne me trompe. Dans les premiers temps, il arrivait en octobre, et je l'ai cru mort ou tué. Il a reconnu ma voix, et s'est mis, comme toujours, à planer au-dessus de ma tête. — La dernière mention est celle-ci : 11 mars 1835, le grand Goéland était ici hier, on ne l'a pas revu aujourd'hui, et je ne l'attends plus qu'en novembre.

Ce Goéland a souvent attiré l'attention des personnes qui passaient par le village de Canonmills, et qui s'étonnaient de le voir voler presque à ras de terre, bien que porté sur d'aussi grandes ailes. Les enfants du village ne le connaissaient que sous le nom de Goéland de Neil; et plus d'une fois, m'a-t-on dit, ils lui ont sauvé la vie, en racontant aux chasseurs étrangers les détails de son histoire. Tout d'abord, quand il arrive en automne, il commence par tourner plusieurs fois autour de l'étang et du jardin ; puis il descend peu à peu et se pose doucement vers le milieu de l'étang. Le jardinier n'a qu'à monter sur le mur du jardin, avec un poisson dans la main, l'oiseau tout de suite gagne les branches avancées de quelque gros saule, d'où il reçoit ce qu'on lui jette, plutôt que de le laisser tomber à l'eau. Il ne peut y avoir aucune espèce de doute relativement à son identité ; il reconnaît trop bien ma voix, quand je crie tout haut « *gull, gull* (1); » et, qu'il soit en l'air ou sur l'eau, il s'approche immédiatement.

(1) Goéland, Goéland.

Quelques couples de ce grand Goéland nichaient, chaque année, au *bas rocher;* il est très probable que le mien venait de là ; et, s'il m'est permis de hasarder une conjecture, je suppose qu'après avoir atteint lui-même l'âge adulte, il s'y retirait chaque année pour nicher à son tour ; mais que, dans ces derniers temps, ayant perdu sa femelle ou essuyé quelque autre désastre, il est allé, pour le même objet, s'établir plus au loin, ce qui retarde ainsi, de six semaines, son retour périodique aux quartiers d'hiver. »

LA FOSSE AUX LOUPS.

Il existe parmi les hommes un sentiment universel d'hostilité contre le Loup. Sa force, son agilité, sa ruse presque comparable à celle de son parent, maître renard, le rendent un objet de haine, spécialement pour le laboureur dont les troupeaux sont toujours exposés à ses ravages. En Amérique, où ces animaux abondaient jadis, et où, dans certaines contrées, on les rencontre encore en nombre considérable, on ne les traite pas avec plus de miséricorde que dans les autres parties du monde. Trappes et piéges de toutes sortes sont employés pour les détruire, de même qu'on dresse chiens et chevaux pour la chasse du renard. Quant au Loup, à moins qu'il ne soit blessé, ou ne puisse, par quelque autre cause, user de tous ses moyens, comme il est plus puissant et qu'il a peut-être plus d'haleine que le renard, on le poursuit rarement, à chasse ouverte, avec une meute ou d'autres chiens. Cependant, à raison des grands dégâts qu'il commet, et parce qu'il est très nuisible au fermier, tous les moyens ont été mis en œuvre pour exterminer sa race. On a peu d'exemples, dans notre pays, de cas où il se soit attaqué à l'homme; pour ma part, je ne connais qu'un seul fait de ce genre et le voici :

Deux nègres, d'environ vingt-trois ans, demeurant sur les bords de l'Ohio, dans les parties basses du Kentucky, avaient leurs belles sur une plantation, à dix milles de là. Souvent, après que le travail du jour était terminé, ils allaient leur rendre visite, et le chemin le plus court pour les conduire auprès d'elles passait directement au travers d'un grand champ de cannes. Aux yeux d'un amant, chaque minute est précieuse, et c'était cette route que d'habitude ils prenaient pour perdre moins de temps. L'hiver avait commencé froid, sombre, menaçant; et après le coucher du soleil, à peine dans tout l'affreux marais restait-il un rayon de lumière ou un souffle de chaleur, si ce n'est dans les yeux et le cœur des ardents jeunes gens, ou des loups voraces qui rôdaient aux environs. La neige couvrait la terre et rendait leurs traces plus aisées à suivre de loin pour les bêtes affamées. Prudents jusqu'à un certain point, nos amoureux avaient la hache sur l'épaule et marchaient aussi vite que le permettait l'étroit sentier. Il leur semblait bien, de temps en temps, voir briller quelque chose devant eux, mais ils étaient assez simples pour croire que c'était l'effet des petites branches couvertes de neige qui venaient leur fouetter le visage. Tout à coup, un long et redoutable hurlement éclate presque sur eux, et ils reconnaissent de suite qu'ils ont affaire à une bande de loups que la faim rend furieux et peut-être désespérés. Ils s'arrêtent et se mettent en défense, attendant le résultat. Tout était sombre autour d'eux, sauf la neige épaisse de plusieurs pieds; et le silence de la nuit remplissait leur âme d'effroi. Que faire? quel parti prendre? Après être restés quelque temps immobiles et prêts à repousser l'attaque, ils se décident à continuer leur route; mais à peine ont-ils remis leur hache à l'épaule et fait un pas, que le premier se voit assailli par plusieurs ennemis. Ses jambes se trouvent prises comme dans un étau, et il sent de tous côtés des coups de griffe et de dent qui le torturent. En même temps, d'autres loups sautent à la gorge de son compagnon et le jettent à bas. Tous les deux ils combattirent bravement; mais bientôt l'un ne donna plus signe de vie, et l'autre, à bout de forces, désespérant de se maintenir seul, et plus encore de porter secours à son camarade, s'accrocha à une branche et grimpa, comme il put, sur la cime d'un arbre où il se trouva enfin en sûreté. Au matin, il vit les restes de son malheureux ami rongés et dispersés sur la neige qui était toute tachée de sang; autour gisaient les cadavres de trois loups; les autres avaient disparu. Scipion alors se laissant glisser par terre, ramassa les haches et regagna, de son mieux, la maison du maître, pour raconter sa triste aventure.

Il pouvait y avoir deux ans que ce malheur était arrivé, lorsqu'un soir, voyageant entre Henderson et Vincennes, je m'arrêtai pour passer la nuit, dans une ferme située au bord de la route. Après avoir mis mon cheval à l'écurie et m'être rafraîchi moi-même, j'entrai, comme c'est mon habitude, en conversation avec le fermier, qui me demanda si je voulais aller avec lui rendre visite à quelques fosses à loups qu'il avait établies à environ un demi-mille de chez lui. J'accédai bien volontiers à sa proposition, et le suivis, à travers champs, jusque sur la lisière d'un bois épais où j'aperçus bientôt les engins de destruction. Les fosses, au nombre de trois, à quelques centaines de mètres l'une de l'autre, et pouvant avoir huit pieds de profondeur, étaient plus larges d'en bas, de manière qu'une fois tombé dedans, aucun animal ne pût s'en échapper. L'ouverture était couverte d'une plate-forme à bascule construite de branchages et fixée à un axe central qui formait pivot. Dessus, on avait attaché un gros morceau de venaison corrompue, dont les exhalaisons, peu flatteuses pour mon odorat, étaient cependant propres à attirer les loups. Mon hôte était venu les visiter ce soir-là, simplement parce qu'il avait l'habitude de le faire chaque jour, pour s'assurer que rien n'était dérangé. Il me dit que les loups abondaient, cet automne, et lui avaient mangé presque tous ses moutons et l'un de ses poulains, mais qu'il s'apprêtait à le leur faire payer cher ; il ajouta que si je voulais tarder de quelques heures, le lendemain matin, il promettait de me procurer une partie de plaisir telle qu'on en voit rarement dans le pays. Sur ce, nous rentrâmes à la ferme, et après une nuit employée à bien dormir, nous étions, le lendemain, debout avec l'aurore.

Je crois que tout va à souhait, dit mon hôte, car les chiens me paraissent impatients de partir. Ce ne sont pourtant que de pauvres chiens de berger ; mais leur nez n'en est pas pour cela plus mauvais. Effectivement, en le voyant prendre son fusil, sa hache et un grand couteau, ils se mirent à hurler de joie et à gambader autour de nous. — A la première fosse, nous trouvâmes l'appât enlevé et toute la plate-forme bouleversée : l'animal s'était pris, mais à force de gratter, il était parvenu à se creuser un passage souterrain· par où il avait pu s'échapper. Le fermier alla regarder dans l'autre... Ah, ah ! s'écria-t-il, il paraît que nous avons là—dedans trois camarades et de la belle espèce, je vous en réponds. J'avançai la tête et je vis les loups, deux noirs, le troisième roussâtre, et tous, pour sûr, d'une taille respectable. Ils étaient étendus à plat par terre, les oreilles couchées, et leurs yeux manifestant plus de frayeur que de colère. — Maintenant, dis-je, comment faire pour mettre la main dessus ? — Comment, monsieur ? mais probablement en descendant dans la fosse où nous leur couperons le nerf du jarret. Un peu novice en ces matières, je demandai au fermier la permission de rester simple spectateur. — A votre aise, me répondit-il, demeurez ici et regardez-moi faire à travers les broussailles. Ce disant, il se laissa glisser en bas, après s'être armé de sa hache et de son couteau, tandis que je gardais la carabine. C'était pitié de voir la couardise des loups. Il leur tira, l'une après l'autre, les jambes de derrière, et d'un coup de son couteau, leur trancha le principal tendon au-dessus du joint. Il y allait d'un air aussi tranquille que s'il se fût agi de marquer des agneaux.

Ah! s'écria-t-il, quand il fut remonté, nous avons oublié la corde; je cours la chercher! Et il partit vif et léger, comme un jeune homme. Bientôt il était de retour, essoufflé, tout en nage, et s'essuyant le front du revers de sa main. A présent, en besogne. — Moi, je dus relever et maintenir la plate-forme, pendant que lui, avec la dextérité d'un Indien, jetait la corde et passait un nœud coulant au cou de l'un des loups. Nous le hissâmes en haut, complétement immobile, comme mort de peur, ses jambes, désormais sans mouvement et sans vie, ballottant çà et là contre les parois du trou, sa gueule toute grande ouverte, et indiquant, par le seul râle de sa gorge, qu'il respirait encore. Une fois qu'il fut étendu sur le sol, le fermier défit la corde au moyen d'un bâton, et l'abandonna aux chiens, qui tous se ruèrent dessus et l'étranglèrent. Le second fut traité sans plus de cérémonie; mais le troisième, le plus noir et qui sans doute était le plus vieux, montra moins de stupidité, du moment qu'on l'eut détaché et qu'il se vit à la merci des chiens. C'était une femelle, comme nous le reconnûmes après, et quoique n'ayant l'usage que de ses jambes de devant, elle s'en servit pour fuir et batailler avec un courage que nous ne pouvions nous empê-

cher de juger digne d'un meilleur sort. Elle se défendit
en effet vaillamment, donnant de droite et de gauche
un coup de dent au premier chien assez hardi pour l'approcher, et qui s'en retournait avec cela, braillant et
piteux, en lui laissant toute une gueulée de sa peau.
Enfin, elle fit tant et si bien, que le fermier, de peur
qu'elle ne s'échappât, lui envoya une balle au travers
du cœur. Alors les chiens se jetèrent dessus, et assou-
virent leur vengeance dans le sang de la maudite bête
qui avait ravagé le troupeau de leur maître.

LE CANARD EIDER.

L'histoire de ce Canard doit être un objet de grand
intérêt pour quiconque s'occupe de l'étude de la nature :
la forme déprimée de son corps, la singulière configu-
ration de son bec, la belle couleur de son plumage, le
prix de son duvet comme article de commerce, tout,
jusqu'aux lieux où on le trouve, mérite de fixer
notre attention; aussi tâcherai-je de ne vous laisser
rien ignorer de ce qui le concerne, en tant du moins
que j'ai pu moi-même m'en instruire par mes propres
observations.

D'abord, ce fait que l'Eider niche sur nos côtes est

intéressant pour les ornithologistes de l'Amérique, dont la faune possède peu d'oiseaux de la famille des Canards qui soient dans ce cas. Celui-ci, et en général les *fuligules*, se distinguent de toutes les autres espèces de cette même famille vivant sur les eaux douces ou salées, par leur cou comparativement court, par la plus grande étendue de leurs pieds, la forme aplatie du corps, et la faculté de plonger, à une profondeur considérable, jusqu'aux lits de coquillages dont ils font leur principale nourriture. Leur vol aussi diffère de celui des vrais canards, en ce sens qu'il se maintient plus près de la surface de l'eau. Rarement, en effet, les fuligules s'enlèvent-elles à une grande hauteur au-dessus de cet élément, et sauf trois espèces, on ne les rencontre presque jamais dans l'intérieur des terres, à moins qu'elles n'y aient été poussées par l'ouragan ; elles ont encore pour habitude, à elles particulière, de nicher en communauté et souvent à une très petite distance l'une de l'autre. Enfin, les mâles sont communément plus enclins à abandonner leurs femelles, du moment que l'incubation commence ; de sorte que ces dernières restent chargées d'une double responsabilité, que cependant elles portent avec courage ; et elles savent dignement s'acquitter de leur tâche, quoique seules et sans protecteur.

Aujourd'hui, le long de nos côtes orientales, ce Canard ne descend guère au sud plus loin que le voisinage de New-York. Wilson prétend qu'on en voit quelquefois jusqu'au cap de Delaware ; mais cette rencontre doit être maintenant tout à fait exceptionnelle, car des pêcheurs de Jersey m'ont dit n'avoir jamais entendu parler de cette espèce. Au temps de Wilson cependant, ils nichaient en nombre considérable, depuis Boston jusqu'à la baie de Fundy ; et on en trouve encore sur les rochers et les îles entre ces deux stations. En avançant vers l'est, ils deviennent de plus en plus abondants ; et au Labrador, ils se montrent annuellement par milliers qui viennent y nicher et passer l'été si court sous ces latitudes. Beaucoup même remontent plus haut dans le nord ; mais ici, comme toujours, je veux m'en tenir à mes seules observations.

Dans la dernière moitié d'octobre 1832, les Eiders parurent par troupes sur la baie de Boston. J'en reçus plein un grand panier qui me venait d'un individu chasseur et pêcheur à mon compte. C'était un homme avancé en âge, ce qu'on appelle un ancien loup de mer, et je mets quelque orgueil à vous dire que je l'avais aidé jadis à obtenir une petite pension du gouvernement, grâce à l'appui que je trouvai dans deux de mes amis de Boston, l'un, le généreux George Parkman, l'autre, le célèbre homme d'État John Quincy Adams. Le vieux brave avait autrefois servi sous mon père, et son panier d'Eiders me fit un plaisir que vous imaginerez plutôt que je ne puis l'exprimer. On vida le tout sur le plancher. C'étaient de jeunes mâles ressemblant encore à leur mère ; d'autres plus âgés, et quelques mâles et femelles auxquels ils ne manquait rien, sauf que les becs des premiers avaient perdu cette teinte orange qu'on y remarque pendant les deux ou trois semaines que dure la saison des amours. Il y en avait en tout, vingt et un qui avaient été tués dans un seul jour par le vétéran et son fils. Ces maîtres tireurs me disaient que, pour réussir à cette chasse, il leur fallait se tenir à l'ancre, sur leur petit bateau, à cinquante milles environ des îles escarpées autour desquelles les canards viennent se reposer dans cette saison et chercher leur nourriture. Pendant qu'ils passaient en l'air, sur de longues files, ils étaient assez heureux pour en abattre, de temps à autre, deux du même coup ; et parfois il leur arrivait de tuer de cette manière un Eider royal, les deux espèces ayant coutume d'aller ensemble pendant l'hiver. A Boston, les Eiders, à ce moment, se vendaient de 50 à 75 *cents* la paire, bien qu'étant très recherchés par les gourmets.

Le 31 mai 1833, mon fils et sa société tuèrent six Eiders, sur l'île de Grand-Manan, dans la baie de Fundy, où ces oiseaux étaient arrivés en nombre considérable et commençaient précisément à nicher. A plus de cinquante mètres de l'eau, ils trouvèrent un nid où il y avait deux œufs, mais sans la moindre trace d'édredon.

En prenant terre au Labrador, le 18 juin même année, nous aperçûmes une grande quantité de *Canards de mer*, nom que les pêcheurs et chasseurs de cette côte, comme aussi ceux de notre pays, donnent à l'Eider et à quelques autres espèces. Sur une île de la baie *aux perdrix*, nous tuâmes plusieurs femelles. Ces oiseaux, alors trop occupés, faisaient peu d'attention à nous, et parfois nous laissaient approcher à quelques pieds, avant de quitter leurs nids ; et ces derniers étaient si nombreux, que nous eussions pu en ramasser la charge de notre bateau, si nous en avions eu envie. Ils se trouvaient tous parmi les herbes qui poussent dans les fissures des rochers, et par conséquent étaient disposés en rang. Ils contenaient généralement cinq ou six œufs; j'en vis huit dans quelques-uns, et dans un autre jusqu'à dix. Au premier coup de fusil, toutes les couveuses s'envolaient et allaient se poser sur la mer, à environ cent mètres, pour faire ensemble leurs évolutions et se baigner en attendant le départ de notre bateau. Beaucoup de nids étaient garnis de duvet, les uns plus, les autres moins; et certains dont la femelle était absente quand nous débarquâmes, en avaient été si complétement recouverts, que les œufs se conservaient chauds au toucher. Les mouches et les moustiques n'étaient là ni moins abondants ni moins insupportables que dans les marais de la Floride.

Le 24 du même mois, nous tuâmes deux femelles très avancées dans leur mue et qui faisaient partie d'une troupe entièrement composée d'individus du même sexe. Le 7 juillet, dans une excursion autour d'un petit étang aux bords couverts de mousse, nous vîmes sur l'eau deux femelles avec leurs jeunes. Dès qu'elles nous aperçurent, elles baissèrent la tête, et la maintenant presque à ras de la surface, s'enfuirent en nageant, suivies de leurs petits qui se serraient autour d'elles presque jusqu'à les toucher. Nous tirâmes sur eux sans les frapper; et au coup ils plongèrent tous à la fois, pour reparaître un instant après, les mères faisant entendre leur *quack, quack,* mêlé d'un doux murmure. Les jeunes plongèrent de nouveau, et nous ne les revîmes plus; tandis que, de leur côté, les mères rassurées prirent l'essor, et passant par-dessus les montagnes, se dirigèrent vers la mer d'où nous étions éloignés au moins d'un mille. Maintenant, comment les deux couvées s'y prendraient-elles pour les rejoindre? C'est là ce que je ne pouvais nullement comprendre alors, mais ce qui me fut expliqué dans la suite, comme vous le verrez plus bas. — Le 9 juillet, pendant une promenade du soir, je vis des troupes de femelles qui n'avaient point de petits. Elles étaient en pleine mue, tout près de la rive, dans une baie. Je m'imaginai que c'était des oiseaux stériles. En revenant au vaisseau, le capitaine et moi, nous fîmes partir une femelle à plus de cent mètres de l'eau, de dessus un gros rocher plat où nous trouvâmes son nid reposant à nu sur la pierre, sans qu'il y eût une seule feuille d'herbe à cinq mètres aux environs. Il était, comme d'ordinaire, d'une forme grossière et massive, et contenait cinq œufs profondément enfoncés dans le duvet. Elle voltigea sans s'éloigner, autour de nous; et en nous retirant, nous eûmes le plaisir de la voir se poser, marcher vers son nid, et se remettre dessus.

Les mâles, pendant ce temps, se tenaient à part, en bandes nombreuses, et se retiraient en mer sur des îles éloignées. C'est à peine s'ils pouvaient voler; mais ils allaient facilement d'une île à l'autre en nageant. Au contraire, un mois avant la mue, nous les voyions soir et matin voler de place en place, autour des îles les plus reculées où ils étaient à l'abri des poursuites de leurs ennemis ; et pour passer la nuit, si peu longue en cette saison, ils se perchaient, serrés l'un contre l'autre, sur quelque roc solitaire, dont les bateaux ne pouvaient que difficilement approcher. Au 1er août, il restait à peine un Eider sur la côte du Labrador ; les jeunes alors étaient en état de faire usage de leurs ailes, les vieux avaient presque entièrement terminé leur mue ; et tous, ils se dirigeaient vers le sud.

A présent que je vous ai donné quelque idée des migrations et des mœurs propres à ces oiseaux, depuis le commencement du printemps jusqu'à la fin de l'été, je continue, ayant mon journal sous les yeux, et la mémoire rafraîchie par mes notes. Puissent les détails qui vont suivre vous inspirer le désir d'aller vous-même en recueillir de nouveaux dans d'autres parties du monde !

D'ordinaire, l'Eider arrive sur les côtes de Terre-Neuve et du Labrador vers le 1er mai, une quinzaine avant que les eaux du golfe de Saint-Laurent soient libres de glaces. On n'y en voit aucun durant l'hiver ; et les rares habitants de ces contrées saluent avec joie leur apparition, parce qu'elle leur annonce le retour de la saison nouvelle. A ce moment, ils passent en longues files, quelques pieds seulement au-dessus de la glace ou de la surface des eaux, longeant les rives élevées, et le bord des baies intérieures et des îles, comme s'ils cherchaient à retrouver les lieux où ils ont niché, ou peut-être ceux dans lesquels l'année précédente ils sont eux-mêmes éclos. Ils se tiennent alors par couples,

et semblent être dans leur plumage complet. Au bout
de quelques jours, qu'ils emploient à se reposer sur les
rivages faisant face au sud, la plupart gagnent les îles
qui bordent la côte; les autres cherchent où établir
leurs nids, soit dans les crevasses des rochers, soit sur
la lisière des bois de pins rabougris, sans qu'aucun
s'avance à plus d'un mille dans l'intérieur. Comme je
l'ai dit, ils ne vont alors que par couples, et commencent bientôt à bâtir. Quant aux préliminaires de leurs
amours, je n'ai pu, ni par moi-même, ni par autrui, en
savoir rien de bien particulier.

Au Labrador, c'est vers la dernière semaine de mai
qu'ils commencent à travailler à leurs nids. Quelques-
uns sont construits sur des îles, à côté de maigres
touffes d'herbe; d'autres, sous les basses branches des
pins, et là on en trouve cinq, six, et quelquefois huit
ensemble, sous le même buisson. Beaucoup sont placés
sur la pente des rochers qui se projettent à quelques
pieds au-dessus de la marque des hautes eaux; mais
jamais personne de ma société, y compris les matelots,
n'en a vu à une grande élévation. Enfoncés en terre
autant que possible, ils se composent d'herbes marines,
de mousses et de brindilles sèches croisées et entrelacées avec assez de soin, pour donner un air de propreté
à la cavité centrale, qui n'excède guère cinq pouces en
diamètre. La ponte commence aux premiers jours de
juin, et tant qu'elle dure, le mâle ne quitte pas sa
femelle. Les œufs, déposés sur la mousse et les herbes,
sans aucun duvet, sont généralement au nombre de cinq
à sept, et beaucoup plus gros que ceux du canard do-

mestique, puisque le grand diamètre est de 3 pouces, et le petit de 2 pouces 1/8. La coquille, lisse et d'une forme ovale régulière, présente une couleur uniforme d'un vert olive pâle. — Mentionnons, en passant, qu'ils fournissent un mets très délicat. —La durée de l'incubation ne m'est pas exactement connue. Lorsqu'on laisse la femelle tranquille et que ses œufs ne sont ni ravis ni détruits, elle ne niche qu'une fois par saison ; et du moment qu'elle se met à couver, le mâle l'abandonne. A peine a-t-elle fini de pondre, qu'elle commence à s'arracher un peu de duvet de dessous le ventre, et répète, chaque jour, la même opération, jusqu'à ce que les racines des plumes, aussi loin que son bec peut atteindre, soient mises à nu et rendues aussi propres qu'un bois de la surface duquel on a enlevé l'herbe et les broussailles. Elle étend ce duvet autour et au-dessous des œufs, et quand elle quitte le nid pour aller manger, elle les en recouvre, précaution suffisante, sans doute, pour les maintenir chauds, mais qui ne les garantit pas de tout danger : le grand goéland à manteau noir, écartant le léger édredon, sait bien les trouver et les sucer.

Dès que les petits sont éclos, la mère les mène à l'eau, n'y en eût-il qu'à un mille de là, et dût la traversée être pleine de difficultés pour elle-même comme pour sa jeune famille. Quand il arrive que le nid se trouve sur des rochers dominant l'eau, l'Eider, ainsi que le canard huppé, prend ses petits l'un après l'autre dans son bec, et les dépose doucement sur leur élément favori. Je désirais beaucoup trouver un nid placé au-dessus d'un lit de mousse ou d'autres plantes, pour voir si la mère les laisserait tomber d'eux-mêmes de cette hauteur, ce que le canard huppé ne craint pas de faire en pareil cas; mais malheureusement je manquai d'occasion pour m'en instruire. On ne peut se figurer tous les soins qui, pendant quelques semaines, sont prodigués à ces tendres petits. La femelle Eider les range autour d'elle avec sollicitude, et les conduit aux eaux peu profondes où ils apprennent à se procurer la nourriture en plongeant; parfois, quand ils sont fatigués et trop loin du rivage, elle s'enfonce sous l'eau et les reçoit sur son dos où ils se reposent quelques minutes. A l'approche de leur cruel ennemi, le grand goéland, elle bat l'eau de ses ailes et la fait rejaillir de tous côtés, comme pour l'étourdir ou l'aveugler, et se dérober plus facilement à sa vue; alors, à un cri particulier qu'elle pousse, les petits plongent dans toutes les directions, tandis qu'elle tache d'attirer le danger sur elle seule, en feignant d'être blessée. D'autres fois, elle s'élance hors de l'eau sur l'agresseur, et souvent avec tant de force et de courage, que lui-même, honteux et battu, se trouve heureux de pouvoir en être quitte en s'échappant. Alors, elle revient se poser près des rochers parmi lesquels elle espère rejoindre sa famille que son doux appel a bientôt réunie à ses côtés. Plusieurs fois, j'ai vu deux femelles s'attacher l'une à l'autre, sans doute pour assurer une protection plus efficace à leur chère couvée; et il est rare, en effet, qu'en face de cette alliance défensive, le goéland se hasarde à assaillir ces mères prudentes.

Quand ils ont une semaine, les petits sont d'un gris de souris foncé, et chaudement recouverts d'un duvet doux et épais. Leurs pieds à cet âge paraissaient proportionnellement très grands et forts. Vers le 20 juillet ils étaient tous éclos et croissaient rapidement. Ils n'avaient encore qu'une quinzaine de jours, que déjà on ne pouvait les prendre qu'avec peine, si ce n'est lorsqu'il faisait grand vent, et qu'ils abandonnaient la mer, pour se réfugier à l'abri des rochers, dans les eaux basses de quelques baies. On peut aisément les élever, pourvu cependant qu'on en ait le soin convenable. Ils s'apprivoisent très bien et s'attachent au lieu spécial qu'on a réservé pour eux. Un pêcheur d'East-Port, qui en avait apporté huit ou dix du Labrador, les garda plusieurs années dans une cour, tout près de la baie sur laquelle, quand ils furent devenus grands, ils se rendaient chaque jour, en compagnie de canards ordinaires, ne manquaient jamais de revenir à terre, tous les soirs. Différentes personnes qui les avaient vus, m'ont assuré qu'ils étaient aussi familiers que les canards eux-mêmes ; que moins agiles sur terre, en revanche ils nageaient beaucoup mieux, et que sur l'eau leurs mouvements avaient plus de grâce. Ils restèrent ainsi en demi-captivité, jusqu'à ce que les mâles eussent revêtu toutes leurs plumes et se fussent accouplés ; mais un jour ils furent tués presque tous par des chasseurs qui les avaient pris pour des oiseaux sauvages, bien qu'on leur eût coupé le bout de l'aile, et qu'aucun ne pût s'envoler. Je ne fais pas de doute que cette espèce, si on parvenait à la domestiquer, ne fût une excellente acquisi-

tion, tant sous le rapport de ses plumes et de son duvet,
que pour sa chair comme article de table; et je suis
persuadé qu'on obtiendrait, sans trop de difficulté, ce
résultat si désirable. En captivité, l'Eider se nourrit de
diverses espèces de grains, ainsi que de farine trempée,
et sa chair alors devient délicieuse. Les femelles stériles
que nous prîmes en grand nombre au Labrador, me
parurent tout aussi délicates que le canard sauvage.
Les mâles étaient coriaces et avaient un goût de poisson;
aussi en mangions-nous rarement, quoique les habitants
ne fissent, à cet égard, aucune différence entre les
sexes.

Lorsque la femelle est surprise sur son nid, elle
s'enlève d'un seul coup d'aile; mais lorsqu'elle voit
l'ennemi à une certaine distance, elle commence par
faire quelques pas, puis s'envole. Qu'on passe auprès
d'elle sans l'apercevoir, ce qui peut très bien arriver,
quand le nid est placé sous les branches rampantes
d'un arbre nain, elle ne bouge pas, lors même qu'elle
vous entendrait causer. Souvent des personnes de ma
société ont ainsi trouvé des nids, en levant les branches
des pins; et elles n'étaient pas moins surprises que le
canard qui partait tout à coup, et passait devant elles
en poussant un grand cri. Dans ce cas, on le voyait parfois se reposer à quinze ou vingt mètres, puis marcher
en boitant et traînant les ailes, comme pour attirer
l'ennemi à sa suite. Plus souvent cependant, ils volaient
à la mer où, réunis en troupes nombreuses, ils attendaient que leurs importuns visiteurs fussent éloignés.
Quand nous en poursuivions sur notre bateau, et qu'ils

avaient leur famille autour d'eux, ils nous laissaient venir à portée de tirer ; et alors, feignant d'être fatigués ou malades, ils semblaient faire effort pour s'envoler, battant l'eau de leurs ailes à demi-ouvertes, tandis que les petits plongeaient ou couraient à la surface avec une agilité merveilleuse, puis, au bout de cinquante ou soixante mètres, s'enfonçaient tout à coup sous l'eau, pour ne reparaître qu'une minute et par intervalles. Dès l'instant que la couvée était dispersée, la mère prenait son essor ; et là se terminait notre chasse. Le cri de la femelle est un *croak, croak* dur et prolongé. Je n'ai jamais entendu celui du mâle.

Quand on lui a dérobé ses œufs, la femelle cherche immédiatement un mâle, lequel tant que je puis croire, est moins souvent un nouveau que l'ancien ; cependant je n'ai pu vérifier le fait. Quoi qu'il en soit, elle ne tarde pas à en trouver un ; et on les voit, le même jour, revenir ensemble au nid. Ils nagent, volent et se promènent côte à côte ; et dix ou douze jours ne se sont pas écoulés, que le mâle prend son congé et se renvole à la mer, vers ses compagnons, tandis que la femelle reste à couver sur sa nouvelle ponte qui se compose rarement de plus de quatre œufs, encore faut-il que la saison soit peu avancée ; car j'ai remarqué qu'aussitôt que les mâles étaient entrés dans leur mue, les femelles dont le nid avait été pillé, abandonnaient la place. Une des particularités les plus remarquables de l'histoire de ces oiseaux, c'est que les femelles ayant des petits ne commencent à muer que trois grandes semaines après les mâles, au lieu que celles qui n'ont pas de nid, subissent ce changement de plumage en même temps qu'eux. Cela peut sembler étrange, mais c'est un fait dont, au Labrador, j'ai pu parfaitement m'assurer.

Quelques auteurs ont avancé que les mâles veillent auprès des femelles. Cela peut être, dans des pays comme le Groënland et l'Islande où les Eiders ont été réduits à un état de demi-domesticité; mais tel n'est certainement pas le cas pour le Labrador. Jamais nous n'y avons vu un seul mâle rester auprès des femelles, après que l'incubation avait commencé; sauf, par hasard, comme nous venons de le dire, lorsque celles-ci avaient été privées de leurs œufs. Toujours les mâles se tiennent au loin, en grandes troupes, quelquefois de plus de cent individus, se retirant à la mer, sur de larges bancs, par neuf ou dix brasses d'eau, et, quand vient la nuit, gagnant les îles couvertes de rochers. Nous nous étonnions beaucoup de ne pouvoir découvrir, au milieu de leurs longues lignes, un seul oiseau qui ne fût dans son plumage d'adulte. Les jeunes mâles, s'ils s'accouplent avant d'avoir revêtu leur dernière livrée, se tiennent entre eux pendant cette même période, ou bien avec les femelles stériles qui, comme nous l'avons observé, sont séparées de celles qu'occupent les soins de l'incubation ou de la maternité. Je suis porté à croire que les vieux mâles commencent leurs migrations vers le sud plus tôt que les femelles et les jeunes; du moins, une quinzaine avant le départ de ces derniers, on n'en voyait plus aucun. En hiver, au moment où on les trouve aux États-Unis, sur les côtes de l'Atlantique, mâles et femelles sont mêlés ; et quand vient le printemps, ceux qui sont accouplés voyagent par grandes troupes, disposées en ligne où l'on voit distinctement alterner les individus de l'un et de l'autre sexe.

Le vol des Eiders est ferme et puissant. Ils s'avancent en battant fréquemment des ailes, et faisant onduler leurs files, suivant les inégalités mêmes de la surface des vagues au-dessus desquelles ils passent à la hauteur de quelques mètres, et rarement à plus d'un mille du rivage. Quelques-uns seulement traversent le golfe de Saint-Laurent. Généralement ils préfèrent suivre les côtes de la Nouvelle-Écosse et de Terre-Neuve, jusqu'à l'entrée orientale du détroit de Belle-Ile, au delà de laquelle un certain nombre continuent plus au nord, tandis que d'autres, remontant ce canal, s'établissent pour la saison au long des rivages du Labrador, et vont parfois jusqu'à la baie des Perdrix, ou même plus loin, sur le Saint-Laurent. Pendant le temps qu'ils séjournent sur nos eaux et dans les lieux qu'ils ont choisis pour nicher, on les voit assez fréquemment voler beaucoup plus haut que lorsqu'ils voyagent ; mais dans ce cas ils semblent n'avoir pour but que de se maintenir hors des atteintes de l'homme. On s'est assuré que la rapidité de leur vol était d'environ quatre-vingts milles par heure.

Ils plongent avec une agilité remarquable, peuvent rester longtemps sous l'eau, et vont souvent chercher leur nourriture à une profondeur de huit à dix brasses, sinon plus. Cependant, lorsqu'ils sont blessés, ils s'épuisent bientôt par suite des efforts qu'ils font pour plonger, et un bateau bien manœuvré peut les gagner de vitesse en une demi-heure. Il en est de même quand ils commencent à se fatiguer, car alors ils nagent presque à fleur d'eau, et on les tue facilement d'un coup de perche ou d'aviron.

Leur nourriture consiste principalement en mollusques et crustacés dont il semble qu'ils aient la faculté de broyer les coquilles. Dans plusieurs individus que j'ouvris, je trouvai les intestins presque entièrement remplis de petits fragments de ces coquilles mélangés avec d'autres matières. Il y avait, en outre, dans leur estomac, des œufs de crustacés et de divers poissons, parfois même des cailloux gros comme une noisette. Leur œsophage, qui est en forme de sac et a la consistance du cuir, était souvent distendu par les aliments, et d'ordinaire émettait une désagréable odeur de poisson. Le gésier est très large et musculeux. La trachée du jeune mâle, aussi longtemps qu'il n'a pas toutes ses plumes, ou pendant les douze premiers mois, ne ressemble pas à celle des vieux; et en général l'oiseau n'apparaît dans son plumage complet qu'au quatrième hiver. D'abord, il ressemble à la mère, puis devient moucheté et couleur pie; mais ce changement ne s'opère que par degrés, et jamais en moins de deux ans.

Il faut une bonne charge pour tuer un Eider, et l'on en vient à bout plus facilement pendant que l'oiseau est en l'air, que lorsqu'il nage. Sur le rivage, il vous voit venir de très loin, et s'envole avant que vous soyez à sa portée. Parfois vous pourrez le surprendre,

tandis qu'il nage sous de grands rochers ; et si vous vous
y prenez bien, vous aurez chance de le tuer ; mais lorsqu'il vous a d'abord aperçu, il plonge si vite que, pour
cette fois, vous pouvez dire que votre coup est manqué.
Pendant quenous étions au port Great-Macatina, nous
découvrîmes un large bassin qui communiquait avec la
mer au moyen d'une étroite passe d'environ 30 mètres,
et par laquelle avec la marée entraient et s'en retournaient les Eiders. Nous nous postâmes de chaque côté
de ce canal, et parvinmes à en tuer bon nombre, mais
rarement plus d'un à la fois. Cependant, à plusieurs
reprises, il nous arriva d'en abattre, dans une seule file,
autant que nous avions de coups de fusil à leur envoyer.

Je n'ai jamais trouvé de duvet pur que dans un seul
nid ; dans les autres, il était plus ou moins mélangé de
petites branches sèches de pin et d'herbes. Quand il est
nettoyé, ce qu'un nid peut en contenir ne pèse guère
plus d'une once ; toutefois, vu sa grande élasticité,
il se renfle assez pour remplir un chapeau, et même
plus, s'il est convenablement préparé. Les chercheurs
d'œufs du Labrador en récoltent des quantités considérables ; mais ils font, en même temps, un tel ravage
parmi les oiseaux, que ce *trafic* ne peut durer de longues années.

UNE RUDE PROMENADE

Il y a de cela douze ans ; je naviguais avec mon fils Victor, du Bayou-Sarah jusqu'à l'embouchure de l'Ohio, à bord du steamer *Magnet*, commandé par M. M'knight auquel je suis heureux d'offrir de nouveau tous mes remercîments pour ses attentions et ses bons soins. La vue seule de la *belle rivière* me remplissait de joie ; mais en arrivant au petit village de Trinité, il nous fallut prendre terre, avec plusieurs autres passagers, les eaux devenant trop basses pour permettre au bateau de poursuivre jusqu'à Louisville. On ne pouvait pas se procurer de chevaux ; et comme je désirais continuer ma route sans délai, je pris le parti de remettre mes effets à la garde de l'hôtelier, qui s'engagea à me les faire parvenir par la première occasion. Mon fils, à cette époque, n'avait pas encore quatorze ans ; mais, avec toute l'ardeur de la jeunesse, il se vantait de pouvoir accomplir, de son pied, le long voyage que nous avions en perspective. Deux des passagers manifestèrent le désir de nous accompagner, pourvu, dit le plus grand, et en apparence le plus robuste, pourvu que le *petit* puisse supporter la fatigue. Mes affaires, ajouta-t-il, sont urgentes, et il me faudra pousser rapidement jusqu'à Francfort. Après le dîner, auquel nous avions contribué pour notre part, grâce au poisson de la rivière, mon fils et moi nous prîmes notre chemin par les côtes de *Cash-Creek* où, quelques années auparavant, j'avais été retenu plusieurs semaines par les glaces. Nous couchâmes à la taverne, et le lendemain, nous disposant à repartir, nous fûmes rejoints par nos compagnons ; mais il était plus de midi quand nous traversâmes la crique.

L'un de nos camarades de route, nommé Rose, d'une complection délicate et d'une tournure distinguée, s'avoua tout d'abord pour un mauvais marcheur, et dit qu'il était bien aise que mon fils fût avec nous, car il pourrait, du moins, aller de pair avec lui. L'autre, un individu gros et fort, était déjà parti en avant. Nous marchions à la file, à la manière des Indiens, le long d'un étroit sentier frayé au milieu d'un champ de cannes ; puis, nous traversâmes des terrains couverts de piles de bois, à la suite desquels nous entrâmes dans la *forêt brûlée*. Ici, nous rencontrâmes tant de souches et de ronces, qu'il nous parut préférable de prendre au long de la rivière dont nous suivîmes le cours sur un banc de petits cailloux, mon fils tantôt marchant à l'avant-garde, tantôt restant en arrière ; enfin, nous atteignîmes *America*, village très agréablement situé, mais d'un difficile accès. Nous nous arrêtâmes à la meilleure auberge, comme devrait le faire tout voyageur, soit à pied, soit à cheval ; car là, du moins, on est sûr d'être bien traité, sans pour cela payer plus cher. Avant de repartir, nous établîmes M. Rose pour notre trésorier. Nous avions fait dix milles

par des sentiers escarpés et raboteux, lorsque nous regagnâmes la rivière. Après sept autres milles non moins
pénibles, nous trouvâmes une maison près du bord, où
nous résolûmes de passer la nuit. La première personne
qui s'offrit à nous fut une femme cueillant du coton
dans un petit champ. Nous l'abordâmes en lui demandant si elle ne pourrait pas nous recevoir dans sa cabane. — Très volontiers, répondit-elle; et j'espère que
vous voudrez bien vous contenter du peu qui nous suffit
pour vivre, à mon mari et à moi. Pendant qu'elle ren-
trait au logis pour préparer le souper, je pris, avec
M. Rose et mon fils, le chemin de la rivière, sachant
qu'un bain nous ferait beaucoup de bien. Quant à l'autre camarade, il refusa de nous suivre, et s'étendit sur
un banc devant la porte. Le soleil allait se coucher; des
milliers de robins (1) fendaient l'air, se dirigeant vers
le sud; l'atmosphère était calme et pure; devant nous
s'étendait l'Ohio, comme un miroir poli: et ce fut avec
un indicible sentiment de plaisir que nous nous élan-
çâmes au milieu des ondes. Bientôt le brave homme
de la hutte nous appela pour souper; et en trois sauts
nous l'eûmes rejoint. C'était un grand gaillard sec et
osseux, avec une bonne figure bronzée par le soleil.
Après notre frugal repas, nous nous couchâmes tous
quatre sur un large lit étendu par terre, tandis que
l'honnête couple se retirait au grenier.

Notre hôte, comme nous le lui avions recommandé,
nous réveilla à la pointe du jour et nous dit que, sept

_____

(1) Grive erratique, ou Litorne du Canada.

milles plus loin, nous trouverions un déjeuner beaucoup meilleur que notre dernier souper. Il ne voulut
jamais recevoir d'argent ; seulement, je parvins à lui
faire accepter un couteau. Nous nous remîmes en route ;
au départ, mon fils paraissait très faible, mais il reprit
courage, tandis que notre vaillant compagnon que
j'appellerai S. montrait tous le symptômes d'une
extrême lassitude. Comme on nous l'avait annoncé,
nous arrivâmes à une maisonnette habitée par une
espèce de grand fainéant auquel le ciel avait accordé
plus qu'il ne méritait, en lui donnant une femme active
et six robustes enfants qui tous travaillaient pour le
faire vivre. La femme nous accueillit bien ; son langage
et ses manières indiquaient une naissance beaucoup
au-dessus de sa position. Jamais je n'ai mieux déjeuné :
le pain était fait de blé nouveau, moulu par les mains
de notre hôtesse aux yeux bleus ; les poulets avaient
été préparés par une de ses charmantes filles. Nous
eûmes aussi d'excellent café, et mon fils put se régaler
de lait frais. La bonne dame, qui maintenant tenait un
petit enfant sur son sein, semblait toute réjouie de nous
voir manger avec tant d'appétit. Ses fils s'en furent à
leur ouvrage, et le paresseux de mari s'installa devant
la porte pour fumer sa pipe. Nous mîmes un dollar
dans la main potelée de l'enfant et dîmes adieu à sa
mère. D'abord, nous voulûmes continuer le long du
rivage ; mais il nous fallut bientôt rentrer dans les bois.
Cependant, mon fils commençait à s'affaisser. Cher
enfant ! Je le vois encore se couchant sur une souche,
épuisé de fatigue, et de grosses larmes lui tombant des

yeux. Je baignai ses tempes, l'appelai des noms les plus doux ; et par hasard, ayant aperçu un gros coq d'inde qui trottait devant nous, je le lui montrai.....
A cette vue, et comme soudain ranimé, il se lève et se met à courir après l'oiseau! De ce moment, il parut avoir acquis de nouvelles forces ; et nous atteignîmes enfin Wilcox, où nous nous arrêtâmes pour la nuit. A la vérité, on nous reçut assez mal et sans faire grande attention à nous; mais du moins nous eûmes à manger et un lit.

Le soleil se leva le lendemain dans toute sa splendeur, réfléchissant sur l'Ohio ses rayons couleur de feu. Impossible d'avoir une plus belle vue que celle dont nous jouissions en quittant Wilcox. Après deux milles à travers des bois inextricables, nous arrivâmes à Belgrade ; puis, ayant dépassé le fort *Massacre*, nous fîmes halte pour déjeuner. S. se plaignait tout haut, nous donnant à entendre que le manque de routes rendait le voyage très désagréable. Il n'avait pour habitude, nous dit-il, ni de se cacher comme un voleur, dans les broussailles, ni de trébucher à la pleine ardeur du soleil, parmi les rochers et les cailloux. — De quelle manière alors avait-il donc voyagé? C'est ce qu'il ne jugea pas à propos de nous faire savoir. M. Rose se conduisait à peu près aussi bien que Victor ; et c'était moi maintenant qui marchais à l'avant-garde. Vers le coucher du soleil, nous avions regagné les bords de la rivière, en face l'embouchure du Cumberland. Sur une montagne, propriété du major B., nous trouvâmes une maison où il n'y avait qu'une femme extrêmement pauvre, mais d'un cœur excellent. Elle nous dit qu'en cas que nous ne pussions traverser la rivière, elle nous hébergerait pour cette nuit; maïs, ajouta-t-elle, comme la lune est levée, je vous passerai dès que mon bateau sera revenu. Morts de faim et n'en pouvant plus, nous nous étendîmes sur l'herbe brûlée du soleil, en attendant notre maigre souper, ou l'esquif qui devait nous transporter de l'autre côté de la rivière. Déjà j'avais égrugé le grain, attrappé les poulets et j'allumais du feu, lorsque le cri : « Le bateau, le bateau », nous fit tous lever. Nous traversâmes la moitié de l'Ohio, franchîmes l'île de Cumberland, et nous trouvâmes bientôt dans le Kentucky, la terre natale de mes enfants chéris. Je n'étais plus maintenant qu'à deux ou trois milles du lieu où, quelques années auparavant, j'avais eu mon cheval tué sous moi par la foudre.

Inutile de vous énumérer tout au long nos diverses stations et les rencontres que nous fîmes, avant d'atteindre les bords de la *Rivière verte*. Nous étions partis de Trinité le 15 octobre à midi; et le 18 au matin, on eût pu voir quatre voyageurs qui, descendant une montagne, contemplaient, dans le lointain, les rayons du soleil réfléchis sur un horizon de forêts. L'épaisse gelée blanche qui recouvrait la terre et les clôtures des champs, étincelait à la lumière et fondait peu à peu. Que toute la nature semblait belle, dans son silence et dans son repos ! Mais les jouissances que j'éprouvais en admirant cette magnifique scène étaient bien troublées par l'état où je voyais mon fils : Il ne faisait plus que se traîner, comme un oiseau dont l'aile est brisée; les autres ne valaient guère mieux que lui ; et pourtant il souriait, se redressait encore et s'efforçait de se maintenir à côté de nous. Le pauvre M. S... pantelant, et de plusieurs pas en arrière, ne parlait plus que d'acheter un cheval. Cependant, nous avions pour le moment assez bon chemin ; et le soir, nous arrivâmes à une maison où j'entrai pour demander à souper et des lits. En ressortant, je trouvai Victor qui déjà dormait sur l'herbe ; M. Rose regardait ses pieds tout saignants ; quant à S..., il venait de s'administrer une dose de *monongahela* (1), et du coup avait vidé la bouteille. Il fut décidé qu'à partir de là, au lieu de prendre par Henderson, nous couperions à la traverse, sur la droite, pour gagner directement Smith's Ferry, par la route de Highland Lick Creek.

Le lendemain, nous reprîmes notre pénible voyage ; il ne nous arriva rien de bien intéressant, excepté la rencontre d'un beau loup noir, tout à fait doux et apprivoisé et dont le propriétaire avait refusé cent dollars. M. Rose qui était homme de ressource et de goût, charmait nos ennuis avec son flageolet, et parlait souvent de sa femme, de ses enfants et de son foyer, ce qui me donnait encore meilleure opinion de lui. — En passant au long d'un verger, nous remplîmes nos poches de pêches d'octobre ; et quand nous arrivâmes à la traversée de *Water-River*, nous trouvâmes les eaux extrêbasses. Déjà les vents avaient dispersé le gland sur les

______

(1) Voy. pour ce mot, au premier volume : « La Fête du 4 juillet dans le Kentucky. »

endroits peu profonds, et les canards huppés couraient après pour le ramasser. — Là, nous remarquâmes une grande source salée que fréquentaient les buffles; mais, où sont-ils aujourd'hui, ces puissants animaux qui, faisant voler la poussière, exhalaient alors en longs beuglements leur colère ou leur amour?

Cependant, les pieds du bon M. Rose devenaient de plus en plus malades; M. S... était aux abois, et mon fils, chaque jour, paraissait plus leste et plus dispos. Le 20, il fit sombre et nous craignions de la pluie, d'autant plus que le terrain était plat et argileux. Dans le comté d'Union, nous atteignîmes une large clairière où se trouvait l'habitation d'un juge qui eut la complaisance de nous mettre dans la grande route et de nous accompagner un mille plus loin, avec d'excellentes instructions touchant les ruisseaux, les bois et landes qu'il nous faudrait encore traverser; ce qui toutefois ne nous eût pas tirés d'embarras, si un voisin à cheval ne s'était offert pour nous montrer notre chemin. La pluie tombait maintenant à verse, et nous incommodait fort; mais enfin, arrivés à Highland Lick, nous heurtâmes à la porte d'une cabane, que nous faillîmes défoncer, en bousculant une chaise qui était placée derrière. Sur un sale lit, un homme était étendu, ayant devant lui une petite table sur laquelle se trouvait un livre de commerce; un pistolet pendait au clou à son chevet, et une longue dague espagnole à son côté. Il se leva, en me demandant ce que je voulais? — Une meilleure auberge, et le chemin pour aller à Sugg. — Suivez la route, et au bout de cinq milles, vous trouverez le

gîte que vous cherchez. Mes compagnons m'attendaient
en se réchauffant au feu de chaudières à sel. Le singulier personnage que je venais de voir n'était rien
moins qu'un inspecteur. Il nous fallut traverser plus
d'une crique avant d'apercevoir la bienheureuse hôtel-
lerie ; le pays était montueux, le sol argileux et glissant ;
S… jurait, Rose ne faisait plus que clopiner, mais
Victor se conduisait comme un vétéran.

Encore un jour, cher lecteur, et pour un moment,
du moins, je fermerai mon journal. La matinée du 21
fut belle ; nous avions bien dormi à Sugg, et ne tardâmes pas à entrer dans des landes de pins d'un aspect
assez agréable, avec une bonne route devant nous.
Rose et S… se trouvaient réduits à un tel état, qu'ils
nous proposèrent de nous laisser aller sans eux. Nous
fîmes halte pour délibérer un instant là-dessus ; mais
leur parti était pris ; ils voulaient continuer d'un train
plus modéré : en conséquence, nous dûmes leur dire
adieu. Je demandai à mon fils comment il se trouvait :
— Il se mit à sourire et doubla le pas ! bientôt nos anciens compagnons disparurent à notre vue. Environ
deux heures après, nous étions assis sur le bac de la
Rivière verte, nos jambes pendant au frais dans l'eau.
A Smith's Ferry, la rivière prend l'aspect d'un lac profond : Les grands roseaux de ses bords, les saules touffus
qui l'ombragent, le vert foncé de ses ondes, forment
un tableau remarquable en toute saison, mais particulièrement dans le calme d'une soirée d'automne.
M. Smith nous donna un bon souper, accompagné d'un
cidre pétillant, et d'un lit confortable ; et de plus, il fut

convenu qu'il nous conduirait dans sa voiture jusqu'à
Louisville. Ainsi finit notre promenade de deux cent
cinquante milles! Si vous voulez nous accompagner le
reste du voyage, vous n'avez qu'à vous reporter au
Ier volume, à l'article « L'hospitalité dans les bois. »

LE CORMORAN DE LA FLORIDE.

Il est peu d'oiseaux des États-Unis, si mal connus, ou
qui aient été aussi négligemment décrits, que les Cormorans. Quelques espèces même, parmi ceux d'Europe,
ne sont pas encore bien déterminées; tant ils ont été
superficiellement étudiés par des auteurs qui, après
en avoir donné l'extérieur et les formes d'une manière
satisfaisante, ont sans doute manqué d'occasions pour
les observer plus à loisir, là où réellement on peut le
mieux apprendre à les connaître, c'est-à-dire dans les
lieux où ils se retirent pendant la saison des œufs.

Ceux d'Amérique ne sont pas, tant s'en faut, de
grands voyageurs; et cependant ils émigrent tous, plus
ou moins, à certaines époques de l'année. Les trois
espèces auxquelles seules, pour le moment, j'entends
faire allusion, sont confinées dans une partie relativement peu étendue de l'Amérique du Nord. Le grand
Cormoran (*Phalacrocorax carbo*) monte rarement plus

haut que la côte méridionale du Labrador, et ne descend guère au sud aussi bas que la baie de New-York.

Le Cormoran à double crête (**P.** *dilophus*), qui est le
second par la taille, s'avance plus loin dans les deux
directions, du moins à ce qu'assure le docteur Richardson, bien que mon excellent ami le capitaine James
Clark Ross ne fasse mention d'aucun des oiseaux de
cette famille dans le cours de son voyage aux mers
arctiques. Quoi qu'il en soit, ils nichent en grand nombre au Labrador, et durant l'hiver se rencontrent le
long de nos côtes orientales, quelquefois jusqu'à Charleston, dans la Caroline du Sud.

Quant au Cormoran de la Floride (**P.** *Floridanus*),
il réside constamment dans les parties méridionales
de l'État d'où il tire son nom, et s'y montre en abondance, surtout au commencement du printemps et de
l'été. C'est là, en effet, qu'il aime à faire son nid sur
les îles, et au bord des petites baies de l'extrémité sud
de la péninsule, d'où il en part des quantités considérables, les uns pour visiter les eaux du Mississipi, et
même de l'Ohio; d'autres pour s'avancer à l'est, jusqu'au cap Hatteras (1); Mais tous reviennent aux Florides, aussitôt que le froid se fait sentir.

Le Cormoran de la Floride se risque rarement bien
loin en mer. Il préfère le voisinage des terres, et se
trouve dans les baies, les détroits et les larges rivières.
Je n'en ai jamais vu à plus de cinq milles du rivage. Il

______

(1) Dans la Caroline du Nord, sur l'Atlantique; c'est l'un des caps les
plus dangereux des États-Unis.

vit en toute saison par troupes, qui ne sont pas généralement très nombreuses. Les oiseaux de cette espèce n'en souffrent aucun du même genre dans les lieux qu'ils ont eux-mêmes choisis pour nicher; ils s'accommoderont plus volontiers de la société d'individus appartenant à un genre différent. Le *P. carbo* se réserve les derniers sommets des rochers les plus escarpés et dont la base est battue par les flots; le *P. dilophus* s'établit sur les îles plates, à quelque distance des rivages du continent; et le *P. floridanus* se tient lui sur des arbres. Dans celles de ces diverses stations que j'ai pu visiter, je n'ai trouvé aucun individu de cette dernière espèce mêlé avec ceux d'une autre; mais, je le répète, le grand Cormoran semble voir sans aversion le faucon pèlerin dans son voisinage; tandis que le Cormoran à double crête permet aux fous et aux guillemots de nicher près de lui, et que le Cormoran de la Floride s'associe à des hérons, des frégates pélicans, des quisquales et même des pigeons.

Celui-ci ne s'avance pas dans l'intérieur des terres; il aime mieux suivre les sinuosités des rivages et le cours des rivières, dût sa route, à un point donné, en être trois fois plus longue. C'est le seul que j'aie jamais vu se poser sur les arbres. Mon savant ami le prince Charles Bonaparte, dans son remarquable ouvrage *Synopsis des Oiseaux des États-Unis* fait mention d'une autre espèce de Cormoran, sous le nom de *Phalacrocorax graculus*, qu'il décrit comme étant, à l'âge adulte, d'un noir verdâtre, avec quelques raies blanches éparses sur le cou, bronzé en hiver, ayant une crête d'un vert doré, et sur la tête, le cou et les cuisses, de petites plumes blanches. Il habite, ajoute-t-il, les deux continents, ainsi que l'un et l'autre hémisphère. Assez commun au printemps et en été, dans les États du centre, il le devient beaucoup plus dans les Florides où il niche, et n'abonde pas moins sous les cercles arctique et antarctique. Malheureusement, le prince n'en donne pas les dimensions, excepté pour le bec qu'il dit avoir trois pouces et demi de long. Le Cormoran de la Floride, en aucun temps, ne présente ces caractères; et comme je le crois différent de tous ceux indiqués jusqu'à ce jour, j'ai pris la liberté de lui donner un nom particulier, en attendant que la figure et la description permettent aux savants de s'en former une idée plus exacte et de confirmer s'il y a lieu, la nouvelle espèce, ou bien de lui restituer son ancien nom, en cas qu'elle en ait déjà reçu un.

Le 26 avril 1832, mes compagnons et moi, nous visitâmes plusieurs petites *clefs*, distantes de quelques milles du port où notre vaisseau était à l'ancre. M. Thruston nous avait donné sa fine barge, et nous accompagnait lui-même, avec son fameux pilote, M. Égan, tout à la fois pêcheur et chasseur des plus renommés. Les îles étaient séparées par d'étroits et tortueux canaux, et sur la surface des eaux limpides se réfléchissaient les sombres mangliers, parmi les branches desquels de nombreuses colonies de Cormorans avaient établi leurs nids, et étaient déjà sur leurs œufs. Il y en avait par milliers, et chaque arbre portait un nombre plus ou moins considérable de nids, quelques-uns cinq ou six, d'autres peut-être jusqu'à dix. Les feuilles, les branches et les bourgeons étaient en quelque sorte tout blancs de fiente. Le thermomètre, à l'ombre, marquait 90 degrés (1), et les effluves délétères qui imprégnaient l'air des canaux nous incommodaient extrêmement. Les mangliers étaient en pleine floraison ; mais les Cormorans n'avaient encore rien perdu de leur vigueur. Nous mîmes notre bateau en sûreté, et nos gens commencèrent à rôder parmi les buissons pour chercher des œufs. La plupart des oiseaux sautèrent dans l'eau et plongèrent, ne reparaissant plus que hors portée ; d'autres s'envolaient par troupes avec les marques d'une vive frayeur, tandis qu'un grand nombre restaient en place sur les branches ou sur leurs nids, comme si nous eussions été des êtres entièrement étrangers pour eux. Mais hélas ! ils n'apprirent que trop tôt à nous connaître, lorsque chaque décharge de nos carabines eut porté le ravage dans leurs rangs. Les morts flottaient sur l'eau, les blessés tâchaient de sortir des défilés et de gagner la mer ; des troupes de cent ou plus, semblant attendre l'événement, nageaient assez loin de nous, pour que nos coups ne pussent les atteindre ; tandis que d'autres, pressés du désir de revenir à leurs nids, planaient au-dessus de nous en silence. En peu de temps, le fond de notre bateau fut jonché de cadavres ; on ramassa des œufs à pleins cha-

(1) Nous rappellerons, encore une fois, qu'il s'agit ici du thermomètre de Fahrenheit, en usage en Angleterre et dans l'Amérique du Nord ; 90 degrés équivalent à 32 et une fraction du thermomètre centigrade.

peaux, et nous fîmes enfin trêve à notre œuvre de destruction. Excusez ce massacre, cher lecteur ; car, en vérité, si j'ai versé tant de sang, c'est que, sur les Clefs de la Floride, avec un soleil brûlant sur ma tête, et la sueur me dégouttant de chaque pore, je pensais encore à vous, comme j'y pense en ce moment, où je suis paisiblement à vous écrire l'histoire de ces oiseaux, dans l'une des confortables et fraîches demeures de la plus belle de toutes les cités de la vieille Écosse.

Les Cormorans de la Floride s'accouplent dès les premiers jours d'avril, et commencent leur nid environ une quinzaine après. Il en est cependant beaucoup qui ne se mettent pas d'aussi bonne heure à l'œuvre ; et jusqu'au milieu de mai, j'en ai vu qui faisaient encore leurs préparatifs. C'est l'eau qu'ils choisissent pour théâtre de leurs amours. Le 8 du même mois, par une belle et très chaude matinée, je poursuivais mes recherches sur l'une des îles dont j'ai parlé, lorsque j'arrivai à l'entrée d'un canal étroit et profond, presque entièrement couvert par des branches de mangliers et quelques grandes cannes, les seules que j'eusse jusqu'ici remarquées dans ces parages. Je fis halte, examinai l'eau, et la voyant remplie de poissons, m'assurai que là, du moins, je n'avais à craindre la dent d'aucun requin. En conséquence je m'y engageai tranquillement, après avoir armé mon fusil des deux coups. Mais bientôt des sons étranges parvinrent à mon oreille ; les poissons semblaient ne pas s'inquiéter de ma présence, et j'avais ainsi marché au milieu d'eux, la longueur d'environ cent mètres, lorsque je m'aperçus qu'ils venaient tous de disparaître. Cependant, les sons continuaient bruyants et sans interruption, semblables au tumulte d'une foule joyeuse. Tout à coup, le passage se rétrécit extrêmement, et j'avais de l'eau jusqu'aux aisselles. Enfin, je parvins à me placer derrière quelques gros troncs de mangliers, d'où je découvris une multitude de Cormorans qui n'étaient qu'à quinze ou vingt pas de moi. Aucun d'eux ne paraissait m'avoir vu ni entendu, tout absorbés qu'ils étaient dans l'accomplissement de leurs cérémonies nuptiales. Les mâles nageaient avec grâce autour des femelles, en tenant élevées les ailes et la queue; puis, ils courbaient la tête en arrière, se gonflaient les plumes du cou qu'ils ramenaient, par un mouvement subit en avant, et faisaient entendre une note rauque et gutturale rappelant assez bien le cri d'un cochon de lait. Alors, la femelle s'enfonçait dans l'eau, et son mâle au-dessus d'elle, ne laissant plus passer que la tête; bientôt après, ils reparaissaient tous les deux, nageaient joyeusement l'un autour de l'autre et ne cessaient, pendant tout ce temps, de croasser. Vingt couples ou plus à la fois se trouvaient engagés de cette manière; et de fait, l'eau était toute couverte de Cormorans. Je n'aurais eu qu'à choisir pour tuer. Je voulus m'approcher doucement; ils m'aperçurent, et ma présence fut pour eux ce que serait pour vous l'apparition d'un fantôme. Après m'avoir un instant contemplé d'un air de stupéfaction, ils commencèrent à battre l'eau de leurs ailes et à plonger. J'avançais toujours; mais déjà ils s'étaient dispersés, les uns en se cachant sous l'eau, les autres en s'envolant, pour gagner au plus vite l'entrée du détroit. Je ne trouvai que quelques nids sur les mangliers ; et quant à ce lieu de rendez-vous, il me semblait ne pouvoir être mieux comparé qu'au champ clos où les *gélinottes cupido* viennent célébrer leurs amours et vider leurs querelles ; à cela près que, parmi les Cormorans, il n'y avait pas eu de bataille en ma présence. Plusieurs beaux hérons se tenaient paisiblement sur leurs œufs, les moustiques bourdonnaient dans l'air, de gros vilains crabes de terre, à la carapace bleue, rampaient sous les mangliers, en se hâtant de regagner leurs retraites ; et moi aussi, je me retirai comme j'étais venu, sans faire de bruit. Mais en me retournant, je pensais avec admiration à cet instinct si sûr des poissons qui, dès qu'ils avaient soupçonné la présence des Cormorans, s'étaient bien gardés d'aller plus loin, connaissant le danger, et plutôt avaient préféré venir à ma rencontre, tandis que je marchais vers les oiseaux. Enfin, je sortis de l'eau, accablé de chaleur, les yeux cuisants et les paupières fortement irritées Mais il soufflait une petite brise de mer qui me rafraîchit et calma ma fièvre ; et je remerciai Dieu, comme je le fais encore en ce moment, d'avoir pu sortir sain et sauf de tant d'expéditions si aventureuses.

Le nid du Cormoran de la Floride est relativement petit, puisqu'il n'a que huit à neuf pouces de diamètre. Il est formé de bûchettes entre-croisées, plat et mal fini. On les trouve presque tous à l'exposition du couchant ; et d'ordinaire ils paraissent entièrement couverts d'excréments ainsi que les œufs, qui sont au nombre de trois ou quatre de différente grosseur, dont en moyenne le grand diamètre est de deux pouces 1/4, sur une largeur d'un pouce 3/8. Ils semblent durs au toucher, parce qu'ils sont encroûtés de la matière calcaire qui les environne ; mais quand on les en a dégagés, il reste une coquille d'une belle teinte uniforme d'un vert bleuâtre clair. Je ne puis rien dire de positif sur la durée de l'incubation. Les jeunes naissent aveugles, nus, tous noirs, et sont d'apparence grossière. J'en plaçai sur l'eau quelques-uns encore tout petits ; à l'instant ils plongèrent, puis revinrent à la surface, et se mirent à nager, prêts à replonger au moindre bruit. Si vous vous en approchez quand ils ont un mois, ils s'élancent hors du nid et disparaissent sous l'eau. Lorsqu'on ne les trouble pas, ils demeurent dans le nid jusqu'à ce qu'ils aient toutes leurs plumes et soient capables de voler ; mais après cela ils ont encore plusieurs changements à subir, et n'arrivent à leur état parfait qu'au bout de deux ans.

Quand les parents les ont abandonnés à leurs propres ressources, ils se réunissent en troupes nombreuses, et partent pour chercher leur nourriture dans les eaux tranquilles, au milieu des terres. On en voit alors par milliers, sur les lacs et les grands cours d'eau de l'intérieur des Florides. Il en est même beaucoup qui s'avancent jusqu'aux caps de la Caroline du Nord, au Mississipi, à l'Arkansas, au Yazoo et autres rivières, y compris le bel Ohio sur lequel on les rencontre parfois au commencement d'octobre, alors qu'ils se disposent à retourner aux lieux de leur naissance. Durant les quelques semaines que je passai sur le Saint-Jean, à bord du schooner de guerre le *Spark*, je fus surpris de les voir en foule regagner déjà les îles ; et je ne doute pas que si, dans de pareilles circonstances, j'eusse été le premier à découvrir cette rivière, elle n'eût reçu de moi le nom de rivière des Cormorans. Tandis que nous étions à l'ancre, vers son embouchure, ils passaient près de nous, presque continuellement, sur une seule file ; et, quand ils avaient atteint la mer, partaient dans la direction du sud, en longeant le rivage.

Au mois d'octobre, sur le Mississipi, quand la température est beaucoup plus basse que dans les Florides, ils aiment à se tenir dans la posture inclinée qui leur est habituelle, sur les trains de bois et les troncs flottants où ils semblent se reposer (du moins, c'est ce que j'observai dans l'automne de 1820), ou bien sur les branches sèches des arbres au bord de l'eau. Quand le ciel était sombre, ils montaient haut dans les airs, planaient quelque temps en larges cercles ; après quoi, sans redescendre et comme sentant que le froid n'était pas loin, ils suivaient rapidement et en longues lignes les sinuosités du fleuve. Lorsqu'ils tournoient, comme je viens de le dire, à une grande élévation, ils poussent fréquemment des cris qui ressemblent à ceux du corbeau. Si l'on cherche à s'en approcher, tandis qu'ils sont perchés sur un pieu ou un tronc d'arbre, ils ne s'envolent pas tout d'abord, bien qu'élevés de plusieurs pieds au-dessus de l'eau, mais commencent par plonger dans le courant, reparaissent instantanément à la surface, rament avec leurs pieds, battent l'eau de leurs ailes; et ce n'est qu'après avoir ainsi fait vingt ou trente mètres, qu'ils se décident enfin à prendre l'essor. De temps à autre, quand le froid est arrivé subitement pendant la nuit, on les voit au petit matin gagner les hautes régions de l'atmosphère où ils s'arrangent sur doubles files formant un angle, et partent à tire d'aile pour le sud.

Sur les courants d'eau douce, ils se plaisent à pêcher dans les remous; et à mesure que l'un se dépeuple, ou leur semble mal garni, ils s'envolent en rasant la sur-face, pour en chercher un autre. Mais dans les lacs de l'intérieur des Florides, ils pêchent indifféremment là où ils se trouvent; et de même autour des îles, ainsi que sur les baies et les détroits de la côte. Par un beau temps, quand le soleil verse des flots de chaleur et de lumière, ils choisissent quelque banc de sable bien aéré, tantôt une île couverte de rochers, où ils passent ensemble des heures entières à s'étirer les ailes et à se réchauffer, comme font souvent les pélicans et les vau-tours.

Le Cormoran de la Floride, ainsi que plusieurs autres espèces que je connais, nage parfaitement sous l'eau et plonge avec une grande facilité; de sorte que c'est peine perdue que de le suivre après qu'il a reçu un coup de fusil, à moins qu'il ne soit grièvement blessé. En voyant approcher l'ennemi, il se met à battre l'eau de ses ailes, comme en se jouant, ou comme il a cou-tume de faire, quand il se baigne élève un instant ses deux ailes, rame en donnant de vigoureux coups de patte et puis s'envole. Sur un lac, il aime mieux plonger

que fuir dans les airs; il nage, en ne laissant à découvert que sa tête et son cou, de même que l'anhinga,
et peut s'enfoncer plus profondément encore, sans
avoir besoin de faire paraître le derrière.

Pour atteindre leur proie, ces oiseaux ne plongent
que lorsqu'ils sont posés sur l'eau, et jamais en volant, comme l'affirment certains compilateurs. La forme
même de leur bec et le manque de cellules aériennes,
dont sont pourvus presque tous les plongeurs, expli-
quent suffisamment cette différence. Aussi ne les voit-
on jamais s'élancer dans l'eau d'une certaine hauteur,
à la manière des fous et autres oiseaux, soit quand ils
cherchent leur nourriture au vol et s'avancent au loin
sur la mer, en résistant à des coups de vent tels, que le
Cormoran qui s'aventure rarement hors de la vue des
rivages, n'oserait lui-même en affronter; soit lorsque,
ainsi que les mouettes, ils effleurent rapidement les
vagues, et enlèvent leur proie en passant. Aussitôt res-
sorti de l'eau, le Cormoran avale le poisson qu'il a pris,
quand il l'a saisi du bon côté; autrement, il le jette en
l'air et le reçoit dans son bec, la tête la première. Mais
s'il est trop gros, il l'emporte vers le bord, ou bien se
pose sur un arbre, et là, le bat et le déchire avant de
le manger. Son appétit est insatiable; il se gorge jusqu'à n'en pouvoir plus, chaque fois qu'une bonne occasion se présente.

Le vol de ce Cormoran est plus vif peut-être que
celui des autres espèces mentionnées ci-dessus. Il voyage
en donnant continuellement des coups d'ailes qu'il
interrompt, pour planer par intervalles, avec une

grande élégance, surtout lorsque commence la saison des amours, ou quand, dans les temps sombres, il se réunit avec d'autres, pour former de grandes troupes. Il se nourrit principalement de poisson, et préfère ceux de petite taille. Sur les clefs de la Floride, je me procurai cinq échantillons de l'hippocampe, tout frais encore et n'ayant aucun mal, bien que je les eusse arrachés du bec des Cormorans. Ces oiseaux sont difficiles à tuer et vivent très longtemps.

Ils n'exigent pas trop de soins en captivité; mais leurs mouvements disgracieux sur le sol, où ils sont quelquefois obligés de se servir de la queue pour se soutenir, les rendent déplaisants à voir. En outre, ils mangent sans mesure, empestent tout de leur fiente, et au lieu de vous charmer par leur voix, ne savent faire entendre qu'une sorte de grognement. Leur chair est noire, ordinairement dure, et ne peut convenir qu'au palais d'épicuriens blasés. Les Indiens et les Nègres des Florides tuent les jeunes, quand ils sont pour quitter le nid, enlèvent la peau et les salent, comme provisions. J'en ai vu vendre sur le marché de la Nouvelle-Orléans; les pauvres les achètent pour faire du bouillon.

Un de ces Cormorans que je tuai, non loin du nid, et que je reconnus pour une femelle, avait les plumes de la queue couvertes d'herbes marines, extrêmement délicates, d'un vert clair, et qui semblaient y avoir poussé; j'en ai souvent remarqué de semblables sur des tortues de mer.

Les petites plumes des côtés de la tête tombent dans

le temps où l'incubation commence, et ne reparaissent pas pendant l'hiver, ainsi que certains auteurs l'ont prétendu; elles ne subsistent non plus que quelques semaines, comme on l'observe souvent chez les aigrettes et les hérons.

LA DÉBACLE DES GLACES.

En remontant un jour le Mississipi, au-dessus de sa jonction avec l'Ohio, je trouvai la navigation interrompue par les glaces. Cela me contrariait beaucoup; mais je n'avais d'autre parti à prendre que de charger mon pilote, qui était un Français du Canada, de nous conduire en un lieu convenable pour établir nos quartiers d'hiver. C'est ce qu'il fit, en nous choisissant un endroit où le fleuve décrivait une grande courbe appelée *Tawapatee-Bottom*. Les eaux étaient extraordinairement basses, le thermomètre indiquait un froid excessif, la neige enveloppait la terre, des nuages obscurcissaient les cieux; et comme toutes les apparences nous interdisaient pour le moment l'espoir de continuer notre voyage, nous nous mîmes tranquillement à l'œuvre. Notre grand bateau à quille fut amarré tout près du bord, et la cargaison ayant été mise en sûreté dans les bois, nous fîmes sur l'eau un abatis de gros troncs, que nous disposâmes autour de notre embarcation de manière à la garantir de la pression des masses de glaces flottantes. En moins de deux jours, nos provisions, notre bagage et nos munitions étaient déposés en tas, sous l'un des magnifiques arbres de la forêt; nous étendîmes nos voiles par-dessus, et un véritable camp s'éleva dans la solitude. Mais comme tout nous semblait sombre et menaçant! Si nous n'avions eu en perspective le plaisir que promettait à notre esprit la contemplation de cette nature pourtant si sauvage, il aurait bien fallu nous résigner à passer le temps dans le triste état où sont réduits les ours durant leur hibernation. Toutefois nous ne tardâmes pas à trouver de l'occupation et des ressources; les bois étaient remplis de gibier : daims, ratons, dindons et opossums venaient rôder jusqu'aux alentours de notre camp; tandis que, sur la glace qui maintenant joignait les deux rives du vaste fleuve, s'étaient installées des troupes de cygnes, objet de convoitise pour les loups affamés dont nous prenions plaisir à les voir déjouer l'attaque désespérée. C'était un spectacle curieux d'observer ces blancs oiseaux, tous accroupis sur la glace, mais attentifs à chaque mouvement de leurs insidieux ennemis. Que l'un de ces derniers se hasardât à approcher, même à cent mètres, aussitôt, poussant leur cri d'alarme qui retentissait comme le son de la trompette, les cygnes étaient debout, étendaient leurs larges ailes, faisaient, en courant, quelques pas sous lesquels résonnait la glace, avec un bruit semblable au roulement du tonnerre à travers les bois ; et enfin ils s'envolaient d'un air de triomphe, laissant les loups tout mortifiés et contraints d'imaginer d'autres ruses, pour satisfaire les pressants besoins de leur appétit.

Les nuits étaient extrêmement froides, aussi faisions-nous continuellement un bon feu, pour lequel le bois ne nous manquait pas : frênes et noyers tombèrent sous notre hache, et nous les débitâmes en bûches d'une grosseur convenable, pour les rouler en un gros tas au sommet duquel, à l'aide de menues broussailles, le feu fut allumé. Nous pouvions être une quinzaine, les uns chasseurs, ceux-ci trappeurs, mais tous plus ou moins habitués à la vie des bois ; et lorsqu'au soir nous étions revenus de nos diverses expéditions, et rangés autour de ce brasier flamboyant qui illuminait la forêt, je vous assure que, pour un pinceau hardi, nous offrions le sujet d'un tableau à grand effet. Sur un espace de trente mètres ou plus, la neige avait été refoulée et empilée de façon à former un mur circulaire qui nous défendait de la bise. Autour de nous notre batterie de cuisine se déployait avec un certain appareil, et huit jours ne s'étaient pas écoulés que venaison de toute sorte, dindons et ratons, pendaient aux branches à profusion. Du poisson aussi, et d'une excellente qualité, figurait avec honneur sur notre table ; nous nous l'étions procuré en faisant des trous à la glace des lacs. De plus, ayant remarqué qu'à la nuit les opossums sortaient de leurs retraites sur les bords de la rivière, pour y rentrer au matin, nous apprîmes ainsi à connaître leurs passages et à leur tendre des piéges où plus d'un se prit.

Cependant, au bout de quinze jours, le pain manqua, et deux de nos camarades furent dépêchés, pour tâcher de nous en avoir, vers un village situé sur la rive occidentale du Mississipi. A la rigueur, nous eussions pu le remplacer par du blanc de dindon ; mais du pain est toujours du pain, et l'homme civilisé se passerait de tout autre aliment plutôt que de celui-là. L'expédition quitta le camp avec l'aurore. L'un de nos envoyés faisait grand bruit de sa connaissance des bois, l'autre suivait et ne disait rien. Ils marchèrent toute la journée et revinrent le lendemain matin, les paniers vides. Une seconde tentative fut plus heureuse : ils nous rapportèrent, sur un traîneau, un baril de farine et des pommes de terre. Quelque temps après arrivèrent plusieurs Indiens, et l'étude de leurs manières et de leurs mœurs fut pour nous une utile et bien agréable distraction.

Nous étions là depuis six semaines ; les eaux avaient toujours été en baissant, et couché sur le flanc, notre bateau était resté complétement à sec. Sur les deux rives du fleuve, les glaçons amoncelés formaient de véritables murailles. Chaque jour, notre pilote venait voir quel était l'état des choses, et s'assurer par lui-même s'il n'y avait pas d'apparence de changement. Une nuit nous dormions tous d'un profond sommeil, sauf lui, qui se leva subitement en criant de toutes ses forces : La débâcle, la débâcle ! au bateau ! garçons, prenez vos haches ; et vite, ou tout est perdu ! Réveillés en sursaut et nous précipitant, comme si nous eussions été attaqués par une bande de sauvages, nous courûmes pêle-mêle au rivage. En effet, la glace se rompait avec un fracas semblable aux détonations d'une pesante artillerie; et comme les eaux s'étaient soudainement gonflées, par suite du débordement de l'Ohio, les deux fleuves se heurtaient l'un l'autre avec fureur. Des masses congelées se détachant par larges fragments se levaient un moment, presque droites, pour retomber avec un bruit épouvantable, comme fait la baleine blessée, lorsque, dans l'agonie de la douleur, elle se dresse un instant, puissante et terrible, et bientôt après plonge au milieu des ondes écumantes. Nous étions extrêmement étonnés de voir que le temps qui, la veille au soir, était calme et à la gelée, venait de tourner au vent et à la pluie. L'eau ruisselait par toutes les fissures de la glace ; c'était un spectacle à faire perdre courage. Quand le jour vint l'éclairer, il nous parut encore plus redoutable et plus étrange. Toute la masse des eaux était dans une agitation violente ; la glace qui la recouvrait naguère flottait à la surface par petits fragments ; et bien qu'entre chacun d'eux il y eût à peine l'espace d'un pied, l'homme le plus téméraire n'eût osé s'aventurer à faire un pas dessus. Notre bateau était dans un danger imminent. Les arbres qu'on avait placés autour pour l'abriter, avaient été coupés ou broyés, et leurs débris battaient le frêle esquif; impossible de le remuer. Alors notre pilote nous employa tous à ramasser de grosses brassées de roseaux qu'on laissait tomber le long de ses flancs. Et fort heureusement, avant qu'ils fussent anéantis par le choc, l'embarcation se retrouva à flot et put se mettre en mouvement, soutenue sur ces sortes de bouées. Désormais plus tranquilles, nous promenions nos regards sur cette scène grandiose, lorsqu'un horrible craquement se fit entendre, paraissant venir d'environ un mille plus bas, et tout à coup l'immense digue que formait la glace céda : le courant du Mississipi s'était fait passage en refoulant l'Ohio, et en moins de quatre heures la débâcle était complète.

Durant ce même hiver, la glace fut si épaisse, qu'en face Saint-Louis les chevaux et les lourdes charrettes purent traverser le Mississipi. Nombre de bateaux avaient été retenus prisonniers comme le nôtre, de sorte que les provisions et autres articles de nécessité devinrent extrêmement rares et se vendaient à un très haut prix. — Ceci arriva il peut y avoir à peu près vingt-huit ans.

LE GRÈBE CORNU.

C'est au commencement d'octobre, après la saison des œufs, que ces Grèbes font leur première apparition sur les eaux de nos États de l'ouest, telles que celles de l'Ohio, du Mississipi et de leurs nombreux tributaires. Je les ai souvent vus arriver, à cette époque,

volant haut dans les airs et suivant le cours des fleuves.
L'idée communément reçue que ces oiseaux n'accomplissent leurs migrations que par eau, est on ne peut
plus absurde. J'ai déjà fait quelques remarques à ce
sujet; mais comme on n'en peut trop dire, quand il
s'agit de combattre une erreur qui tend à s'accréditer,
je répète ici que j'ai vu des troupes de Grèbes passant,
au temps de leurs migrations, très haut en l'air, et avec
une grande rapidité, sans pour cela paraître plus gênés
que beaucoup d'oiseaux en apparence mieux doués
pour le vol.

Un soir, le 14 octobre 1820, je me laissais aller paisiblement au cours de l'Ohio ; le temps était très
calme, et je fus surpris d'entendre au-dessus de ma
tête, comme un sifflement d'ailes semblable au bruit
que fait un faucon lorsqu'il fond sur sa proie. Je levai
les yeux et vis une troupe de Grèbes, trente environ,
qui glissaient vers les eaux, comme pour s'y poser, à
un quart de mille de moi. Déjà ils n'étaient plus qu'à
quelques pieds de la surface, lorsque, se renlevant tout
à coup, ils continuèrent leur route et disparurent. Mais
peu de temps après ils revinrent, passèrent à quarante
ou cinquante mètres de moi, en décrivant un cercle,
et finirent par s'abattre pêle-mêle. Je les vis bientôt
tout occupés à se baigner et faire leur toilette, selon
l'habitude des canards, des cormorans et autres oiseaux
aquatiques. Je me mis à ramer autour d'eux; à peine
firent-ils attention à moi, et je pus m'en approcher à
mon aise. Quand je les jugeai en nombre suffisant et
qu'ils me parurent bien serrés l'un contre l'autre, je

tirai et en tuai quatre. Le reste s'enfuit, d'abord en nageant; mais bientôt ils prirent leur essor et s'envolèrent en petit corps très compacte, dans la direction du courant, et ne semblant pas décidés à se reposer de sitôt. Je ramassai les morts: il y en avait quatre, comme je l'ai dit, trois jeunes et un adulte, dont le plumage d'hiver commençait à paraître, et tous de l'espèce du Grèbe cornu. Je remarque ici qu'en général les Grèbes ne muent pas aussitôt que la plupart des autres oiseaux, après qu'ils ont eu des petits. Ainsi, lorsque le Grèbe à crête part en septembre pour le sud, sa tête est encore ornée de la plupart des plumes qui lui composent cette parure pendant le printemps et l'été.

En automne et en hiver, les Grèbes cornus abondent sur les grandes rivières ou les baies de nos États du sud; mais ils sont rares le long des côtes, dans les districts de l'est et du centre. Sur les rivières, aux environs de Charleston, et de là jusqu'aux embouchures du Mississipi, on les rencontre, à ces mêmes époques, en quantités considérables, quoique jamais par troupes de plus de quatre à sept individus. Ils recherchent particulièrement les cours d'eau dont les bords sont couverts de grands joncs, de roseaux et autres plantes, et dans lesquels le flux de la marée se fait sentir. Là ils vivent plus en sûreté et plus tranquilles que sur les étangs, où cependant ils arrivent en foule quand approche le temps de s'accoupler, c'est-à-dire vers les premiers jours de février. A ce moment, on croirait que ces oiseaux peuvent à peine voler, tant on les voit rarement faire usage de leurs ailes; mais qu'ils soient poursuivis et qu'il souffle une bonne brise, alors ils s'enlèvent très facilement de dessus l'eau, et volent à des centaines de mètres, sans paraître fatigués. En décembre et janvier, je n'en ai jamais vu qui eussent gardé la moindre trace de crête; tandis qu'en mars, lors de leur retour vers le Nord, les longues plumes commencent à leur repousser sur la tête. Il faut, je crois, quinze jours ou trois semaines, pour que ces touffes aient acquis leur entier développement; et ce changement s'accomplit plus tôt chez les vieux que chez les jeunes, dont quelques-uns quittent le Sud portant encore leur livrée d'hiver.

Sur terre, le Grèbe cornu ne fait pas meilleure contenance que le Grèbe de la Caroline, car, de même que ce dernier, il est obligé de s'y tenir presque droit, appuyé sur le derrière, les tarses et les doigts étendus latéralement. Il plonge en un clin d'œil, et une fois qu'il a connu les effets du fusil, on n'a plus guère chance de l'approcher. Souvent au seul bruit de la détonation les vieux disparaissent sous l'eau, bien qu'étant déjà hors de toute atteinte. Les jeunes, pour la première fois, s'y laissent prendre plus aisément; mais le moyen le plus sûr de s'en procurer, c'est de se servir de filets de pêcheur, dans les mailles desquels ils s'embarrassent.

Sauf une espèce de faucon tenant de près au *circus cyaneus* (1), je ne connais pas d'oiseau qui ait les yeux de la couleur de ceux du Grèbe cornu. L'iris est exté-

(1) L'oiseau Saint-Martin.

rieurement d'un rouge vif, avec un cercle intérieur blanc, ce qui lui donne un air tout à fait singulier. Chez aucun de nos plongeons et de nos Grèbes, je n'ai trouvé rien de pareil. Le Grèbe cornu ne semble pas voir mieux pour cela, ni être plus diurne que les autres; on ne peut pas dire qu'il se nourrisse d'objets que leur petitesse rendrait plus difficiles à découvrir, puisque dans l'estomac des Grèbes de la plus grande espèce j'ai trouvé d'aussi menues graines que dans celui de ce dernier. La raison de cette étrange coloration de l'iris reste donc pour moi un mystère.

La plupart de ces oiseaux se retirent, pour nicher, très haut dans le Nord; cependant il en demeure quelques-uns, toute l'année, dans les limites des États-Unis; et alors ils élèvent leurs petits sur le bord des étangs, spécialement dans les parties septentrionales de l'État de l'Ohio, au voisinage du lac Érié. Deux nids que je trouvai avaient été placés à quatre mètres de l'eau, au sommet d'une touffe de grandes herbes sèches et foulées; ils étaient composés de ces mêmes herbes grossièrement entre-croisées jusqu'à une hauteur d'environ sept pouces. Le diamètre, à la base, pouvait être au moins d'un pied; l'intérieur, de quatre pouces seulement, était mieux fini et rembourré de plantes plus délicates, dont on voyait en outre, sur les bords, une certaine quantité que l'oiseau, sans doute, y avait laissées en réserve pour en recouvrir ses œufs quand il était obligé de les quitter. Je comptai, dans l'un de ces nids, cinq œufs, sept dans l'autre; tous renfermaient des petits bien développés (on était au 29 juillet), et mesuraient en longueur un pouce trois quarts, sur deux huitièmes et demi de large. La coquille, lisse et d'un blanc jaunâtre uniforme, ne présentait ni points ni taches d'aucune sorte. Les nids pouvaient être à cinquante mètres l'un de l'autre, et sur le bord sud-ouest de l'étang. Je note exactement tous ces détails, à cause de la proche parenté de cet oiseau avec le Grèbe à oreilles de Latham, et parce qu'en n'y faisant pas attention, on pourrait les confondre l'un avec l'autre, ainsi que leurs œufs, qui sont précisément de la même longueur; mais j'observe que ceux du Grèbe à oreilles sont d'un bon huitième de pouce moins larges, ce qui leur donne une forme plus allongée. J'ai constaté la même différence entre les œufs de ces deux espèces en Europe. Je ne suis pas certain si le mâle et la femelle couvent à tour de rôle; néanmoins, comme j'en vis deux couples sur l'étang, je serais porté à le croire. Les nids n'étaient point attachés aux joncs qui les entouraient, et ne me paraissaient nullement faits pour pouvoir flotter, en cas de besoin, ainsi que l'ont prétendu divers auteurs.

Je n'ai pu voir encore de ces Grèbes tout petits; mais d'après ce que je connais des autres espèces, j'affirmerais presque que ce que l'on raconte de l'habitude où seraient les parents de les emporter sur leur dos ou sous leurs ailes, pour les soustraire au danger, n'est qu'une fable. En pareil cas, les Grèbes ont coutume de plonger ou de s'envoler tous à la fois, et je ne vois pas alors comment les vieux et les jeunes s'y prendraient pour se tenir ainsi attachés l'un à l'autre.

Dans l'estomac de presque tous ceux que j'ai ouverts, j'ai remarqué une quantité considérable de matières comme des poils roulés en pelotes, semblables à celles qu'on trouve dans les hiboux. Je ne sais s'ils les dégorgent, mais certainement elles ne passeraient pas au travers des intestins. A moins qu'on ne tienne ces oiseaux dans une volière pour les y étudier, c'est un point qu'on ne peut guère espérer d'éclaircir. Sur la mer, leur nourriture consiste en crevettes, petits poissons et crustacés ; dans les eaux douces, ils savent attraper insectes, sangsues, grenouillettes et lézards aquatiques. Ils mangent aussi des graines d'herbes, et dans un seul estomac j'en ai recueilli assez pour remplir la coquille d'un de leurs œufs. Quant à leur vol, il se compose de battements d'ailes réguliers et courts, exécutés avec une grande rapidité.

UN CAMP A SUCRE.

Une fois, cheminant avec grand'peine au travers des bois magnifiques qui recouvrent les terrains onduleux des environs de la rivière Verte, au Kentucky, je fus surpris par la nuit. Je dus alors redoubler d'attention et n'avancer que très lentement. Je craignais même de m'égarer ; mais heureusement la lune se leva et vint m'apporter, fort à propos, le secours de sa lumière amie. Je commençais à trouver l'air singulièrement piquant, et la brise légère qui, de temps à autre, agitait la cime des grands arbres, me donnait envie de faire halte et de dresser ma tente pour la nuit. Tantôt je songeais aux campagnes de mon· vieil ami Daniel Boon, à ses aventures étranges, au milieu de ces mêmes bois, ainsi qu'à la marche extraordinaire qu'il lui fallut faire pour sauver ses semblables au fort Massacre, et les empêcher d'être scalpés par les Indiens ; tantôt je m'arrêtais au bruit des pas d'un opossum ou d'un raton sur les feuilles sèches, puis je reprenais ma course fatigante, l'esprit occupé de souvenirs, les uns gais, les autres tristes. Tout à coup le reflet d'un feu lointain vint m'arracher à mes rêveries et me donner un nouveau courage. Je hâtai le pas et j'aperçus, en approchant, différentes formes qui semblaient s'agiter devant la flamme, comme des spectres ; et bientôt des éclats de rire, des cris et des chants m'annoncèrent qu'il s'agissait de quelque joyeuse réunion : j'avais sous les yeux ce que, dans le pays, on appelle un *camp à sucre*. Hommes, femmes et enfants tressaillirent tous quand je passai près d'eux ; mais ils avaient l'air de braves gens, et sans plus de cérémonie que le cas n'en comportait, je me dirigeai vers le feu, où je trouvai deux ou trois vieilles femmes avec leurs maris qui avaient le soin des chaudières. Leurs simples vêtements, de grossière étoffe du Kentucky, me plaisaient bien plus à voir que les turbans enrubanés de nos citadines, ou les perruques poudrées et les habits brodés des *beaux* de l'ancien régime. Je reçus un cordial accueil, et l'on m'offrit un gros morceau de pain avec un plat de mélasse et quelques pommes de terre.

Épuisé par une longue marche, je m'étendis du côté opposé à la fumée, et ne tardai pas à m'endormir d'un profond sommeil. Quand je me réveillai, il faisait jour. Une épaisse gelée couvrait la terre ; mais la troupe rustique déjà levée, après avoir dit sa prière, s'était remise à l'ouvrage avec un nouvel entrain. Je portais avec bonheur mes regards autour de moi : tout le terrain aux environs semblait avoir été déblayé et débarrassé du taillis et des broussailles, et l'on eût dit que les érables hauts et serrés, qui seuls restaient debout, avaient été plantés en alignement. Entre eux serpentaient divers ruisseaux qui faisaient entendre un doux murmure en précipitant leur cours vers une rivière ; le soleil fondait peu à peu les gouttes de rosée que le froid avait rendues solides, et déjà quelques chantres ailés joignaient leurs refrains précoces aux chœurs bruyants des filles des bois. Qu'un éclat de rire vînt à être répété par l'écho sous les voûtes de la forêt, aussitôt répondait le *houhou* de la chouette ou le *glouglou* du dindon ; et les garçons se réjouissaient, en prêtant l'oreille à ce signal. Avec de grandes cuillers on agitait, dans les chaudières, le jus de l'érable qui s'épaississait ; les plus jeunes de la troupe apportaient à seaux la séve recueillie des arbres, tandis que çà et là on voyait les hommes robustes occupés d'abord à faire une entaille au tronc des érables, puis, à l'aide d'une tarière, pratiquant un trou dans lequel ils introduisaient un tuyau de canne par où le liquide devait s'écouler. Une demi-douzaine de travailleurs s'étaient emparés d'un beau peuplier jaune dont le tronc, scié en plusieurs pièces, avait été creusé en augets qui, placés sous les tuyaux, servaient à recevoir la séve.

Maintenant, cher lecteur, si jamais dans le cours de vos voyages il vous arrive de traverser, soit en janvier, soit en mars, ces terrains couverts d'érables qui s'étendent sur les rives charmantes de la rivière Verte; soit, en avril, ceux qui longent le Monongahela aux eaux profondes; ou bien encore, si vous vous égarez au bord de ces limpides ruisseaux qui, du sommet des montagnes Pocano, roulent impétueux vers le Lehigh, et que là vous rencontriez un camp à sucre, suivez mon conseil, arrêtez-vous un moment : que vous soyez à pied ou à cheval, si vous avez soif, nulle part ailleurs vous ne trouverez un breuvage plus agréable et plus sain que le jus de l'érable. Dans les Florides, un homme boira de la mélasse délayée dans l'eau ; au Labrador, il boira ce qu'il aura; à New-York ou à Philadelphie, il boira ce qu'il voudra ; mais, au milieu des bois, qu'une gorgée de la séve de l'érable lui paraîtra fraîche et délicieuse! Bien souvent. dans mes longues excursions, j'ai apaisé ma soif en appliquant mes lèvres au tuyau d'où coulait la liqueur sucrée; j'aurais voulu ne pas quitter ces abondantes sources que m'offrait la Providence, et l'on eût dit que mon cheval lui-même s'en éloignait avec regret!

Je vais essayer de vous faire connaître, en deux mots, la manière dont on obtient ce sucre : L'arbre qui le fournit, l'érable à sucre (*acer saccharinum*), croît plus ou moins abondamment dans toutes les parties de l'Union, depuis la Louisiane jusqu'au Maine. Sur chaque tronc, à la hauteur de deux à six pieds, on fait une incision dans laquelle on introduit un tuyau de canne ou d'autre bois (1); on place dessous un auget pour recevoir la séve qui distille goutte à goutte, aussi limpide que la plus pure eau de source. Quand tous les arbres, sur un certain espace, ont été ainsi perforés, et lorsque les augets sont remplis, on en verse le contenu dans de grands vaisseaux. Pendant ce temps, un camp a été dressé au milieu des érables; des chaudières de fer sont établies sur des supports en pierre ou en brique, et l'ouvrage avance rapidement. Quelquefois des familles du voisinage se réunissent aux premiers arrivés; c'est comme une partie de plaisir, et tout ce monde reste ainsi hors de chez soi, pendant des semaines, car les augets et les chaudières veulent être surveillés sans relâche, jusqu'à ce que le sucre soit fait. Les hommes et les jeunes gens se chargent de la grosse besogne; les femmes et les filles ne manquent pas non plus d'occupation.

Il faut dix gallons de séve pour faire une livre de

---

(1) Ordinairement de sureau ou de sumac; pour les augets, on évite de se servir de châtaignier, de chêne, et surtout de noyer noir, parce que la séve se chargerait de la partie colorante de ces bois, et même en contracterait un certain goût d'amertume.

beau sucre grainé. Mais en *barboutes* (1), on en obtient davantage, à la vérité d'une qualité inférieure, que l'on appelle *cake sugar*. Quand la saison est trop avancée, le jus ne se prend plus en grain par la cuisson, mais donne seulement un sirop. J'ai vu de ce sucre d'érable d'un si bon usage, qu'au bout de six mois de fabrication il ressemblait à du candi ; je me rappelle très bien le temps où, devenu un objet de commerce assez important dans le Kentucky, il se vendait de six à douze *cents* la livre, suivant la qualité. Alors (je parle d'il y a 25 ou 30 ans) il était journellement demandé dans les magasins et sur les marchés.

Les érables qu'on a travaillés de cette façon ne durent plus guère, les entailles et les trous pratiqués dans leur tronc finissant par les altérer ; car après qu'ils ont ainsi *pleuré* quelques années, ils tombent malades, poussent, par le bas, des excroissances monstrueuses, dépérissent graduellement et finissent par mourir. Cependant je ne doute pas qu'avec des soins convenables on ne pût obtenir la même quantité de séve, sans maltraiter autant les arbres. Il est grand temps que les propriétaires et les fermiers y fassent attention et songent un peu plus à la conservation de leurs érables.

(1) *In lumps*, c'est-à-dire en masses non cristallisées.

LE PÉTREL FULMAR.

Le Fulmar, oiseau de moyenne taille, est cependant
doué d'une force considérable, et se fait remarquer par
son vol puissant et bien soutenu. En automne et en
hiver, on le voit sur nos côtes de l'Est, qu'il abandonne
au commencement de l'été, pour gagner, au Nord, les
retraites où il élève ses petits. Je ne l'ai jamais trouvé
plus bas que Long-Island; mais, en revanche, je l'ai
souvent rencontré sur les bancs de Terre-Neuve et
sur l'espace qui de là s'étend jusqu'à nos rivages. De
septembre à mai il est véritablement très commun,
surtout autour des bancs que fréquentent les pêcheurs
de morue, et où il fait sa principale nourriture de leurs
rebuts.

Un jour d'août, par un temps calme, et pendant
une de mes traversées d'Angleterre à New-York, je me
procurai plusieurs de ces oiseaux. Pour les attirer, nous
n'avions qu'à jeter n'importe quoi par-dessus le bord;
ils venaient se poser autour du bâtiment, et ne semblaient pas le moins du monde effrayés d'un coup de
fusil. Une fois j'en tuai un sur l'eau et si près de nous,
que je pouvais parfaitement distinguer la couleur de
ses yeux. On en voyait un grand nombre qui nageaient
par petits pelotons de huit à dix; et, de loin, ils parais-

saient d'un blanc dont la pureté contrastait agréablement avec le bleu foncé de la mer. Ils flottaient légers
sur les ondes, où les uns se jouaient avec aisance, tandis
que d'autres semblaient profondément endormis. La
plupart avaient les plumes des ailes et de la queue en
mauvais état, comme déchirées, et plusieurs étaient
enduits d'une sorte de graisse qui leur donnait un aspect sale et déplaisant. Ceux que l'on prit, étant blessés,
rendirent par les narines et dégorgèrent quantité de
matière huileuse; mais ils ne cherchaient pas à mordre,
ce qui peut sembler étonnant de la part d'oiseaux
armés d'un bec crochu aussi fort. Leur vol est beaucoup
moins gracieux que celui des puffins, et c'est toujours
en droite ligne, et sans s'élever, qu'ils se dirigent vers
la proie.

Je fus très désappointé en ne trouvant pas le Fulmar
sur les rochers du Labrador, où j'avais d'autant mieux
espéré d'en voir, qu'au printemps, lorsqu'ils remontent
vers le Nord, ils ne manquent jamais de passer par longues files en face l'entrée des détroits de Belle-Ile.
Leur retour des régions arctiques a été observé par le
capitaine Sabine, sur la côte du Groënland : « Du
23 juin au 31 juillet, dit-il, pendant que nos vaisseaux
étaient retenus dans les glaces, par le 71e degré de
latitude, les Fulmars ne cessèrent de passer, en regagnant le Nord, par troupes qui ne le cédaient en nombre
qu'à celles du pigeon voyageur, quand il parcourt les
divers États de l'Amérique. » Lors de mon excursion
au Labrador, on m'assura qu'ils nichaient sur les îles
du Veau-Marin, au large de l'entrée de la baie de

Fundy. — L'œuf, d'une forme ovale régulière, avec une coquille lisse, fragile et d'un blanc pur, est long de 2 pouces 7/8, sur deux pouces seulement de large.

Mon très estimable ami M. Selby, dans ses *Illustrations d'Ornithologie britannique*, fait les remarques suivantes au sujet de ce Pétrel : « Saint-Kilda, l'une des Hébrides, aux bords escarpés et semés d'écueils, est, dans les limites du Royaume-Uni, la seule localité que fréquente annuellement le Fulmar ; le reste de nos côtes, soit en Écosse, soit plus au sud, étant rarement visité même par quelques individus de cette espèce qui se sont égarés. A Saint-Kilda, ces oiseaux abondent pendant les mois du printemps et de l'été ; ils nichent dans les cavernes et les crevasses des rochers ; et par les divers usages auxquels on emploie le duvet, les plumes et l'huile que fournissent les jeunes, ils deviennent une grande ressource pour les pauvres habitants. Ils ne pondent qu'un œuf blanc, gros et très fragile ; les petits éclosent vers la mi-juin, et se nourrissent de l'huile que leurs parents rejettent et qui est le produit de leurs aliments habituels. A peine ont-ils des plumes, que les insulaires leur font une guerre acharnée, et, pour les atteindre, exposent souvent leur vie en escaladant les horribles précipices au milieu desquels le nid est caché. Comme la plupart des oiseaux de ce groupe, ils ont la faculté de lancer de l'huile avec une grande force par leurs narines tubulaires, et c'est même en cela que consiste leur principal moyen de défense. Aussi faut-il faire bien attention à les prendre ou à les tuer par surprise, avant qu'ils aient rejeté ce liquide si précieux aux habitants qui s'en servent pour l'entretien de leurs lampes. Le Fulmar a l'appétit vorace ; toute substance animale lui est bonne ; cependant il préfère celles qui sont d'une nature grasse, telles que l'huile de baleine et de veau marin. C'est pour cela qu'ils suivent en troupes la trace des baleiniers ; ils sont si friands de ce mets favori, qu'on les voit souvent s'abattre sur l'immense cétacé, avant qu'il soit mort, et commencer immédiatement à lui déchirer la peau avec leur bec crochu, pour se repaître jusqu'à satiété de sa graisse. »

Le révérend W. Scoresby, dans ses *Régions arctiques*, rend à peu près le même témoignage des mœurs du Fulmar, d'après les observations qu'il a faites aux mers polaires. « Le Fulmar, dit-il, est le compagnon assidu des pêcheurs de baleines. Il se joint à l'expédition immédiatement après qu'elle a passé les îles Shetland, et suit les vaisseaux à travers les déserts de l'Océan, jusqu'aux plus hautes latitudes. Il est continuellement aux aguets, attendant qu'on lui jette quelque chose par-dessus le bord. La plus mince particule de graisse ne peut lui échapper ; à ce point que les mousses, pour le prendre, se servent souvent d'un hameçon qu'ils amorcent avec de la viande grasse ou du lard de baleine, et qui pend au bout d'une longue corde. Au printemps, avant qu'ils se soient gorgés de gras de baleine, la chair de ces pétrels est encore mangeable, et même on peut dire qu'elle devient très bonne, après qu'on l'a dépouillée de sa peau, bien nettoyée de toute la substance jaunâtre et huileuse qui forme couche en dessous, et qu'on a eu soin de la laisser convenablement tremper dans l'eau. — Ces oiseaux volent avec une aisance et une agilité remarquables ; ils peuvent monter contre le vent, en affrontant la violence de l'ouragan, et reposent très tranquillement sur la mer au milieu de son agitation la plus furieuse. Cependant on a remarqué que, pendant les grands coups de vent, ils se tiennent extrêmement bas et ne font, pour ainsi dire, qu'écumer la surface des vagues. Par terre, ils marchent péniblement, d'un air gauche, et les jambes tellement ployées, que les pieds touchent presque le ventre. Sur la glace, ils se reposent le corps à plat, et la poitrine tournée au vent. De même que le canard, ils ramènent parfois leur tête en arrière et se cachent le bec sous l'aile.

» Ils sont extrêmement avides de gras de baleine : parfois, au moment d'en harponner une, vous n'en apercevez encore que quelques-uns ; mais dès que le dépècement commence, ils se précipitent de tous côtés et se trouvent souvent réunis par milliers. Ils se pressent dans le sillage du vaisseau que marque une trace de graisse ; et comme leur voracité ne connaît pas la crainte, ils approchent à quelques mètres des hommes occupés à mettre le monstre en pièces, et même, si le flot ne leur apporte pas la pâture en quantité suffisante, ils se hasardent si près de la scène où les pêcheurs opèrent, qu'on peut les tuer à coups de gaffe et quelquefois les prendre avec la main. Autour de la poupe, la mer en est par moments si complétement couverte, qu'on ne peut lancer une pierre du bord, sans en attraper quelqu'un. Lorsqu'on jette ainsi quelque chose au milieu d'eux, les plus rapprochés de l'endroit où l'objet tombe prennent l'alarme, et la panique se communiquant de proche en proche, ils partent par milliers. Mais, pour s'élever dans l'air, ils ont besoin d'abord de s'aider de leurs pieds, et l'eau qu'ils frappent tous à la fois, rejaillit et bouillonne avec un bruid sourd, en produisant un effet très singulier. Il n'est pas moins amusant de voir la voracité sans égale avec laquelle ils saisissent les portions de gras qui tombent devant eux, ainsi que la grosseur et la quantité des aliments qu'ils engloutissent pour un seul repas. Pendant tout ce temps, on ne cesse d'entendre une sorte de gloussement étrange ; car ils se dépêchent, craignant de n'en pas avoir assez, et regardent d'un œil d'envie et même attaquent avec fureur ceux d'entre eux qui tiennent les plus beaux morceaux. D'habitude il leur arrive de se gorger si complétement, qu'ils ne peuvent plus voler. Dans ce cas, lorsqu'ils ne se sont pas soulagés en rendant gorge, ils tâchent de gagner quelque glaçon sur lequel ils restent jusqu'à ce que, la digestion étant en partie faite, ils aient recouvré leur capacité première. Alors, si l'occasion le permet encore, ils reviennent au banquet avec le même appétit. On a beau tuer de leurs camarades et les laisser flotter au milieu d'eux, ils ne paraissent s'inquiéter d'aucun danger pour eux-mêmes.

» Le Fulmar ne plonge jamais que lorsqu'il est excité par la vue d'un morceau de gras sous l'eau. Quand il y a quelqu'un auprès de lui, il surveille d'un œil attentif l'homme et la proie, et fait continuellement aller ses pieds, sans pour cela bouger de place. Plus il voit

autour de lui de ses compagnons, plus il devient audacieux.. Ses plumes sont si épaisses, qu'il est difficile de
le tuer d'un coup de fusil; son bec crochu, fort et armé
d'une pointe acérée, peut faire de cruelles blessures.

» Lorsque la charogne vient à manquer, les Fulmars
suivent la baleine vivante; et parfois, quand ils planent
à la surface de l'eau, le pêcheur, d'après leur manière
de voler, reconnaît la position du géant des mers qu'il
poursuit. Sur la baleine morte, ils restent à peu près
sans prise, tant qu'un animal plus puissant qu'eux n'en
a pas déchiré la peau. Ils ne sont arrêtés ni par l'épi-
derme, ni par le réseau muqueux; mais la peau proprement dite est trop dure pour qu'ils puissent l'entamer. »

———

L'OPOSSUM.

Ce singulier animal se trouve, en plus ou moins
grand nombre, dans la plupart de nos États du sud,
de l'ouest et du centre. C'est le *Didelphis virginiana*
de Pennant, Harlan et autres auteurs qui nous ont
donné quelques détails sur ses mœurs ; mais aucun
d'eux, que je sache, n'a mis en lumière son penchant
à la ruse et à la dissimulation ; et comme moi-même
j'ai eu diverses occasions de l'étudier de près, j'ai pensé

que de nouvelles particularités ajoutées à sa biographie
ne seraient pas sans intérêt.

L'Opossum aime à se cacher pendant le jour, mais
ne se confine nullement dans des limites déterminées,
quand il sort pour marauder la nuit. De même que
beaucoup d'autres quadrupèdes dont l'instinct est avant
tout carnassier, il se nourrit quelquefois de fruits et
d'herbe; et même, quand la faim le presse, il se rabat
sur des insectes et des reptiles, et son allure, dans
ses courses ordinaires, quand il croit que personne
ne l'observe, est un amble véritable; en d'autres
termes, et comme chez le jeune poulain, ses deux
pieds du même côté se portent à la fois en avant.—Le
chien de Terre-Neuve a la même habitude.—Sa constitution est robuste, comme celle des animaux du Nord,
en général; il supporte les froids les plus rigoureux
sans hiberner, quoique sa fourrure et son poil soient,
on peut le dire, comparativement peu fournis, même
au cœur de l'hiver; mais, en revanche, il est revêtu
d'une peau très épaisse, au-dessous de laquelle s'étend
presque toujours une couche de graisse. Ses mouvements sont lents d'habitude, et quand il s'en va l'amble,
en se promenant, avec sa queue préhensile et singulière qu'il porte juste au-dessus du sol, et ses oreilles
rondes dirigées en avant, il a soin d'appliquer son museau pointu sur chaque objet qu'il rencontre en son
chemin, pour reconnaître quelle sorte d'animal a passé
par là. Il me semble, en ce moment, en voir un sautillant doucement et sans faire de bruit, sur la neige fon-
dante, au bord d'un étang peu fréquenté, et flairant

tout ce qui l'entoure, pour dépister la proie que sa
voracité préfère. Mais il vient de tomber sur la trace
fraîche d'une perdrix ou d'un lièvre ; il relève son museau, aspire l'air subtil et piquant ; enfin il a pris son
parti : c'est de ce côté qu'il faut aller, et il s'élance du
train d'un homme marchant bon pas. Bientôt il s'arrête,
comme ayant fait fausse route et ne sachant plus dans
quelle direction avancer. Sans doute que le gibier s'est
dérobé par un grand saut, ou bien a rebroussé tout
court, avant que l'Opossum ait repris la piste. Il se
dresse tout droit, se hausse sur ses jambes de derrière,
regarde un instant aux environs, flaire encore à droite
et à gauche, et puis repart. Maintenant ne le perdez
pas de vue : au pied de cet arbre majestueux, il a fait
halte ; il tourne autour du noble tronc, en cherchant
parmi les racines couvertes de neige, et trouve au milieu
d'elles une ouverture dans laquelle il s'insinue. Quelques minutes s'écoulent ; et le voilà qui reparaît, tirant
après lui un écureuil déjà privé de vie ; il le tient dans
sa gueule, commence à monter sur l'arbre et grimpe
lentement. Apparemment qu'il n'a pas trouvé la première bifurcation à sa convenance, peut-être s'y croi-
rait-il trop en vue ; et il monte toujours, jusqu'à ce
qu'il ait atteint un endroit où les branches, entrelacées
avec des vignes sauvages, forment un épais berceau ;
là il se fait une place commode, s'arrange à son aise,
enroule sa longue queue autour d'une des jeunes
pousses, et de ses dents aigues déchire le pauvre écureuil qu'il tient, pendant tout ce temps, avec ses griffes
de devant.

Les beaux jours du printemps sont revenus; les arbres poussent de vigoureux bourgeons; mais l'Opossum est presque nu et semble épuisé par un long jeûne. Il visite les bords des criques, et prend plaisir à voir les jeunes grenouilles dont il se régale en attendant. Cependant le phytolacca et l'ortie commencent à développer leurs boutons tendres et pleins de jus qui lui seront une précieuse ressource. L'appel matinal du dindon sauvage frappe délicieusement ses oreilles, car il sait, le rusé, qu'il va bientôt entendre la voix de la femelle, et qu'il pourra la suivre à son nid, pour sucer ses œufs qu'il aime tant. Et tout en rôdant ainsi à travers les bois, tantôt par terre, tantôt sur les arbres, de branche en branche, il entend aussi le chant d'un coq; et son cœur tressaille d'aise, en se rappelant le bon repas qu'il a fait l'été dernier dans une ferme du voisinage. Doucement, l'œil attentif, il s'avance et parvient à se cacher jusque dans le poulailler!

Honnête fermier, pourquoi aussi, l'an passé, avez-vous tué tant de corneilles? oui, des corneilles; et par-dessus le marché, pas mal de corbeaux! Vous en avez fait à votre guise; c'est très bien! Mais maintenant courez au village, achetez des munitions, nettoyez votre vieux fusil, apprêtez vos trappes, et recommandez à vos chiens paresseux de faire bonne garde, car voici l'Opossum! Le soleil est à peine couché, mais l'appétit du maraudeur est toujours éveillé. Entendez-vous le cri de vos poulets? il en tient un, et des meilleurs, et il l'emporte sans se gêner, le fin compère. Qu'y faire maintenant! Oui, guettez le renard et le hibou, et félicitez-vous encore une fois, à la pensée d'avoir tué leur ennemi, et votre ami à vous, le pauvre corbeau. Sous cette grosse poule, n'est-ce pas, vous aviez mis il y a huit jours, une douzaine d'œufs; allez les chercher à présent! Elle a eu beau crier et hérisser ses plumes, l'Opossum les lui a ravis l'un après l'autre. Et voyez-la, la malheureuse, courant à travers votre cour, hébétée et presque folle : elle gratte la terre, cherche du grain et ne cesse, tout ce temps, d'appeler ses petits. Mais aussi vous avez tué des corbeaux et des corneilles! Ah! si vous aviez été moins cruel et plus avisé, l'Opossum n'aurait pas quitté ses bois, et il eût dû se contenter d'un écureuil, d'un levraut, des œufs du dindon sauvage, ou des grappes de raisin qui pendent, avec tant de profusion, de chaque arbre de nos forêts. Inutiles reproches! vous ne m'écoutez pas.

La femelle de l'Opossum peut être citée comme un modèle de tendresse maternelle. Plongez du regard au fond de cette singulière poche où sont blottis ses jeunes, chacun attaché à *sa tétine*. L'excellente mère! non-seulement elle les nourrit avec soin, mais les sauve de leurs ennemis. Elle les emporte avec elle, comme fait le chien de mer, de sa progéniture (1); et d'autres fois, à l'abri sur un tulipier, elle les cache parmi le feuillage. Au bout de deux mois, ils commencent à pouvoir se subvenir à eux-mêmes; chacun alors a reçu sa leçon particulière qu'il lui faut désormais pratiquer.

----

(1) On dit que les chiens de mer, et particulièrement le requin, peuvent cacher leurs petits dans leur estomac.

Mais supposez que le fermier ait surpris l'Opossum sur le fait, égorgeant l'une de ses plus belles volailles : exaspéré, furieux, il se rue sur la pauvre bête, qui, sachant bien qu'elle ne peut résister, se roule en boule et reçoit les coups. Plus l'autre enrage, moins l'animal manifeste l'intention de se venger ; et il reste là, sous les pieds du fermier, ne donnant plus signe de vie, la gueule ouverte, la langue pendante, les yeux fermés jusqu'à ce que son bourreau prenne le parti de le laisser en se disant : Bien sûr, il est mort. Non ! lecteur, il n'est pas mort ; seulement *il faisait le mort*, et l'ennemi n'a pas plus tôt tourné les talons, qu'il se remet petit à petit sur ses jambes, et court encore pour regagner les bois.

Une fois, sur un bateau plat très mauvais marcheur, je descendais le Mississipi, n'ayant, comme toujours, d'autre mobile que le désir d'étudier les objets de la nature les plus en rapport avec mes travaux. Le hasard me fit rencontrer deux Opossums que j'apportai vivants dans notre *arche*. A peine sur le pont, les malheureuses bêtes se virent assaillies par les gens de l'équipage ; et aussitôt, suivant leur instinct naturel, elles se laissèrent aller comme mortes sur les planches. On s'avisa d'un expédient, qui fut de les jeter par-dessus le bord. En touchant l'eau, et pendant quelques minutes, ni l'un ni l'autre ne fit le moindre mouvement ; mais quand la situation leur parut désespérée et qu'il fallut songer à se tirer de là, ils commencèrent à nager vers notre gouvernail, qui n'était qu'une longue et grossière pièce de bois s'étendant, du milieu du bateau, jusqu'à trente pieds au delà de la poupe. Tous deux ils montèrent dessus, et on les reprit. Plus tard, nous les rendîmes à la liberté de leurs forêts.

En 1829, j'étais dans une partie de la Louisiane où les Opossums abondent en toute saison ; et comme le président et le secrétaire de la Société zoologique de Londres m'avaient prié de leur en envoyer quelques-uns de vivants, j'offris un bon prix pour en avoir. Bientôt on m'en apporta vingt-cinq. D'après ce que je pus en observer, ce sont des animaux très voraces : on les avait enfermés dans une boîte, avec force nourriture, pour les embarquer sur un steamer à destination de la Nouvelle-Orléans. Deux jours après, je me rendis dans cette ville, afin de m'enquérir d'un moyen pour les expédier en Europe ; mais jugez de ma surprise quand je m'aperçus que les vieux mâles avaient tué les jeunes et leur avaient mangé la tête ; de sorte qu'il n'en restait plus que seize en vie. Alors je les fis mettre chacun dans une boîte séparée, et dans la suite j'appris qu'ils étaient parvenus à mes amis les rathbones de Liverpool. Ceux-ci, avec leur obligeance et leur zèle bien connus, les envoyèrent à Londres, où j'eus la satisfaction, à mon retour, de les retrouver pour la plupart dans le Jardin zoologique.

L'Opossum est friand de raisins, dont une espèce porte maintenant son nom. Il recherche avidement les fruits du plaqueminier et, dans les hivers rigoureux, ne dédaigne pas le lichen. Les volailles de toute sorte, et les quadrupèdes auxquels il peut s'attaquer sans danger, sont aussi fort de son goût.

La chair de l'Opossum ressemble à celle du cochon de lait, et si ce n'était le préjugé qu'en général on a contre elle, peut-être ne serait-elle pas moins hautement prisée. J'ai entendu des personnes, que j'estime très compétentes en cette matière, la proclamer un mets excellent. — Après avoir soigneusement nettoyé le corps, suspendez-le pendant une semaine à l'air, quand il gèle, car on n'en mange pas l'été ; placez-le ensuite sur un tas de braise chaude ; enfin, quand il est cuit, saupoudrez-le de quelques pincées de poudre à canon, et vous me direz alors s'il ne vaut pas le fameux canard de la Valisnerie. — Si vous veniez visiter nos marchés, vous pourriez l'y voir en compagnie du gibier le plus renommé.

LA PETITE BÉCASSE D'AMÉRIQUE.

Il y a, dans le naturel de cette Bécasse, une sorte de simplicité qui souvent m'a fait de la peine, en voyant d'impitoyables garnements tourmenter à plaisir la pauvre mère, tandis qu'elle s'efforce en vain de sauver sa chère couvée de leurs mains cruelles : elle se traîne par terre, en voletant, et ne cherche même pas à s'échapper ; les ailes à demi ouvertes, la tête inclinée de côté, et faisant entendre un doux murmure, elle va, elle vient et hâte la retraite de sa jeune famille. Tant qu'elle ne la sait pas en sûreté, elle semble insouciante de ses propres périls, et sans aucun doute se laisserait prendre avec joie, si par ce sacrifice elle pouvait obtenir le salut de ceux qu'elle aime plus que sa vie. Ainsi j'ai vu l'une de ces femelles dévouées se laisser tomber comme morte au milieu de la route, pendant que ses petits (elle en avait cinq) se pressaient sur leurs faibles jambes et tâchaient d'échapper à une troupe d'enfants, qui en avaient déjà pris un et s'amusaient, les vauriens ! à le rouler à coups de pied sur la poussière. La mère aurait peut-être subi le même sort, si, sortant par hasard du fourré, je n'étais intervenu fort à propos pour elle.

La petite Bécasse d'Amérique est alliée à notre bécassine commune (*Scolopax Wilsonii*); mais elle en diffère essentiellement par ses habitudes, plus encore que par sa forme : elle est moins sauvage et plus gentille. Toutes les deux elles voient la nuit ; toutefois la première est plus nocturne que l'autre. Celle-ci, sans provocation ni motif apparent, émigre souvent de jour ou prend de hautes et lointaines volées, tandis que la Bécasse s'enlève rarement dans la journée, si ce n'est pour se soustraire à ses ennemis, et dans ce cas même ne fuit qu'à une courte distance. Lorsqu'elle s'en va, cherchant de çà et de là, sans but bien arrêté, elle ne s'élève guère au-dessus de la cime des arbres; et quand on la voit, à la brune ou au lever de l'aurore, elle vole bas et d'ordinaire au travers des bois. D'ailleurs, c'est toujours la nuit qu'elle accomplit ses grands voyages, ainsi que l'indique suffisamment la seule ampleur de ses yeux comparés à ceux de la bécassine. En outre, il existe entre les mœurs de ces deux espèces une différence que je m'étonne de ne pas voir mentionnée par Wilson, cet observateur si judicieux et si habile : je veux dire que la Bécasse, dont l'habitude est de fouiller la vase, fréquente cependant l'intérieur des grandes forêts où l'on remarque un peu d'humidité, et qu'elle s'y occupe à retourner les feuilles avec son bec pour chercher dessous sa nourriture, à la manière du pigeon voyageur, des quisquales et autres oiseaux. Il en est autrement de la bécassine : on la voit parfois se poser au bord des étangs et des cours d'eau ombragés, mais elle ne vole jamais au travers des bois.

La Bécasse d'Amérique, ou, comme on l'appelle dans le Nouveau-Brunswick, le *bog-sucker* (1), se trouve l'hiver en abondance et dispersée dans les États du sud, parfois même dans les parties chaudes et retirées des districts du centre. Ses stations, à cette époque, semblent entièrement dépendre de l'état plus ou moins favorable de la saison : dans la Caroline, ou même dans la basse Louisiane, il suffit, comme je l'ai souvent observé, d'une nuit de forte gelée, pour qu'au matin il n'en reste presque plus là où, la veille, on les avait encore vues en grand nombre. Jusqu'à présent on n'a pu déterminer les limites de leurs migrations au Nord, lorsque va commencer pour elles la saison des œufs. Pendant mon séjour à Terre-Neuve, on m'assura qu'elles y nichaient; mais ni là, ni au Labrador, je n'en pus voir une seule,

____

(1) Suceur de marais.

quoique l'été elles ne soient pas rares dans les provinces anglaises du Nouveau-Brunswick et de la Nouvelle-Écosse. Des premiers jours de mars jusqu'aux derniers d'octobre, on en trouve dans chaque État de l'Union, partout où le terrain convient à leur genre de vie, et le nombre, j'en suis persuadé, en est bien plus grand qu'on ne le suppose généralement. Comme elles ne cherchent leur nourriture que la nuit, on n'en rencontre que très peu dans le jour, à moins qu'on ne s'applique à leur faire la chasse par plaisir ou par spéculation. Ce que je sais, c'est que, du commencement de juillet jusqu'à la fin de l'hiver, on en tue des quantités considérables, et que dans la saison nos marchés en sont remplis. Vous voyez les chasseurs en rapporter par douzaines, et même on a connu des novices qui pouvaient en tuer près de cent dans un seul jour, avec des chiens et des fusils de rechange. A la basse Louisiane, on allume des torches pour les surprendre pendant la nuit; et tandis que ces pauvres oiseaux immobiles et éblouis restent là, les yeux fixés sur la lumière, on les assomme à coups de gaule ou de bâton. Cette chasse toutefois n'est en usage que sur les plantations de sucre et de coton.

A l'époque où ces Bécasses quittent le Sud et reviennent pour nicher vers les diverses parties des États-Unis, elles voyagent seule à seule, mais se suivent de si près, qu'on peut dire qu'elles arrivent en troupes, l'une venant immédiatement dans le *sillage* de l'autre. C'est ce qu'on peut très bien observer lorsqu'en avril ou mars, à l'heure du crépuscule, on se tient sur la rive orientale du Mississipi ou de l'Ohio. De là, presque à chaque instant, vous entendez un bourdonnement d'ailes : c'est une Bécasse qui passe au-dessus de votre tête, avec une rapidité qu'égale à peine celle de nos plus légers oiseaux. Voyez-la qui traverse ou descend le large fleuve; le bruit de son vol, qui tout à l'heure vous annonçait son approche, meurt graduellement derrière elle, à mesure qu'elle s'enfonce dans les bois. Au mois d'octobre, voyageant avec ma famille dans le Nouveau-Brunswick et les parties nord de l'État du Maine, je fus témoin de leur migration vers le Sud : elles ne passaient que tard le soir, à quelquesmètres ou même à quelque s pieds de terre, mais toujours à peu près en même nombre, et d'une manière presque continue.

Dans la saison des œufs, elles s'accommodent aussi facilement des parties plus chaudes de nos États-Unis, que des hautes latitudes du Nord. C'est un fait bien connu qu'elles se reproduisent au voisinage de Savannah, dans la Géorgie, et près de Charlestown dans la Caroline du Sud. Mon ami John Bachman en a vu trente jeunes, n'ayant pas encore toutes leurs plumes, et qui avaient été tuées le même jour, non loin de cette dernière ville. Je n'en ai jamais trouvé de nids dans la Louisiane ; mais ils ne sont pas rares, ainsi que j'ai pu le vérifier par moi-même dans le Mississipi et surtout le Kentucky. Dans les États du centre, ces Bécasses commencent à s'apparier à la fin de mars ; au Sud, un mois plutôt. A cette époque, et pendant une quinzaine, on les voit le matin et le soir monter et descendre en spirale, comme fait la bécassine. en se donnant des mouvements très singuliers, et en poussant un petit cri qu'on pourrait rendre par la monosyllabe *kwauk*, *kwauk*. Alors aussi, de même qu'en automne, le mâle, quand il est posé par terre, répète souvent ce cri, comme pour appeler des camarades qui seraient dans le voisinage ; et en effet, dès qu'on lui a répondu, il vole vers l'autre oiseau qui, de son côté, s'avance à sa rencontre. En l'observant à ce moment, vous croiriez que la production de cette note lui coûte les plus grands efforts : sa tête et son bec s'inclinent vers la terre, et vous voyez tout son corps faire un violent mouvement en avant, à l'instant même où le *kwauk* parvient à votre oreille ; après cela, de sa queue à demi étalée il fouette l'air, se redresse, semble écouter un moment, et quand on ne lui a pas répondu, il recommence. J'imagine qu'au printemps la femelle, attirée par ce bruit, vient trouver le mâle ; du moins plusieurs fois j'ai vu l'oiseau qui venait de pousser ce cri en caresser immédiatement un autre, qui ne faisait que d'arriver et qu'à sa grosseur je reconnaissais pour la femelle ; mais je n'oserais affirmer que les choses se passent toujours ainsi, car, dans d'autres occasions, c'était un mâle qui venait se poser près d'un autre en entendant cet appel. Dans ce cas la bataille s'engageait sur-le-champ : ils se tiraillaient, se poussaient l'un l'autre avec leur bec, et me donnaient le spectacle le plus divertissant du monde.

Le nid, composé sans beaucoup de soin de feuilles sèches et d'herbe, est ordinairement caché dans une partie retirée du bois, au pied de quelque buisson, ou le long d'un arbre déraciné. Une fois, près de Camden, j'en trouvai un dans un petit marais, sur la partie supérieure d'une souche dont le bas plongeait dans l'eau de plusieurs pouces. La ponte se fait depuis février jusqu'au premier juin, suivant les latitudes; communément il y a quatre œufs, bien qu'assez souvent j'en aie compté cinq dans le même nid. Leur longueur est de 1 pouce cinq huitièmes et demi, leur largeur de 1 pouce 1/8; ils sont lisses, d'une épaisseur variable, et présentent une couleur d'argile jaunâtre foncée, avec des taches irrégulières, mais très serrées, d'un brun sombre, mélangées d'autres d'une teinte pourpre.

Les jeunes se mettent à courir en sortant de la coquille. Dans l'une de mes excursions, je fus tout étonné d'en rencontrer trois au long d'un banc de sable, sur l'Ohio. Ils étaient sans leur mère, et très probablement à peine éclos depuis douze heures. Je me cachai non loin d'eux, et pendant tout le temps que je restai à les observer, ces pauvres petits ne cessèrent de suivre en trottinant le bord de l'eau, comme si la mère eût pris ce chemin. Je passai ainsi une bonne demi-heure, mais ne la vis pas paraître, et je ne sais ce qu'ils devinrent. En naissant, ils sont couverts d'un duvet brun jaunâtre; puis il paraît des raies d'une teinte terre d'ombre plus foncée, et par degrés ils prennent la couleur des vieux. Au bout de trois ou quatre semaines, ils n'ont pas encore toutes leurs plumes, mais sont déjà capables de déployer leurs ailes et d'échapper à leurs ennemis. Quand ils atteignent six semaines, ils sont presque aussi difficiles à tuer au vol que s'ils étaient beaucoup plus vieux. A cet âge, on les traite généralement de *stupides;*

et au fait, étant d'eux-mêmes d'un naturel sans malice, et manquant encore d'expérience, ils n'ont pas suffisamment appris à se défier du danger qui les menace, quand un monstre à deux pieds, armé d'un grand fusil, se présente pour la première fois devant eux. Mais, cher lecteur, observez un vieux mâle en pareil cas : voyez comme il se tient tapi sans bouger, sous les larges feuilles de cette grande patience ; ses deux yeux noirs, à fleur de tête, se fixent sur les miens ; il paraît être diminué de moitié, tant il se fait petit ; et le voilà qui, rampant et sans qu'on l'aperçoive, se tire tout doucement d'un autre côté. Bientôt le nez du chien fidèle est sur la voie ; mais, à moins que vous ne soyez d'avance au courant de ses défaites, l'oiseau rusé a grand'chance de vous échapper ; car à ce moment même il s'enfonce parmi les herbes, gagne un tas de broussailles, ne fait que les traverser, et s'enlève à l'improviste d'un endroit où vous ne le guettiez ni vous ni votre chien. Vous êtes surpris, ajustez mal et perdez votre poudre et votre plomb.

On ne manque pas d'amateurs, sans nous compter vous et moi, pour lesquels cette chasse est un vrai plaisir : c'est un exercice sain, mais parfois assez pénible. Vous connaissez, je le suppose, en quels lieux, suivant la saison, il fait bon à chercher ce gibier ; vous savez que, si le temps est au sec depuis plusieurs jours, la Bécasse se retire dans les plaines humides, comme celles qui bordent le Schuylkill ; que, par les grandes chaleurs, elle préfère les marais ombragés ; vous n'ignorez pas qu'après de longues pluies, si le ciel continue à rester couvert, on la trouve au penchant des petites montagnes du côté du midi; que lorsqu'il y a de la neige, les terrains limoneux visités par la bécassine sont aussi ceux où elle se plaît; et qu'enfin, à la suite d'une forte gelée, il faut la dépister dans les fourrés, le long de quelque rivière au cours tortueux; et vous êtes averti de plus que, quelque temps qu'il fasse, il vaut mieux avoir avec soi un chien, quel qu'il soit, que pas du tout. C'est bien ! toutes vos précautions sont prises; vous partez, et déjà vous venez d'en lever une qui, sans se gêner, file devant vous, de manière que si vous la manquez, votre camarade, lui, ne la manquera pas. Et quand même il serait aussi maladroit que vous, il vous reste la chance de la relever une fois, deux fois, trois fois de suite, car toujours elle se repose assez près au milieu des broussailles, ou plonge dans quelque coin du marais; sans compter qu'en avançant pour la retrouver, vous pouvez en faire partir une demi-douzaine d'autres; et si *stupide* que vous soyez à votre tour, il vous arrivera toujours bien d'en jeter quelqu'une par terre. Mais comprenez-vous maintenant que la chasse aux Bécasses réclame pour le moins autant d'habitude qu'aucune autre : les novices tirent trop vite ou ne tirent pas du tout, et dans l'un et l'autre cas le plaisir est plutôt pour le gibier que pour le chasseur. Cependant lorsque vous avez acquis le sang-froid et la promptitude nécessaires, vous pouvez tirer, recharger et tirer encore du soir jusqu'au matin, tant que dure la saison de la Bécasse.

Cette Bécasse, par moments, lorsqu'elle est ennuyée

de se voir poursuivie, prend le parti de se jeter au
milieu de quelque grand marécage, où ni l'homme ni le
chien ne la rejoindront facilement ; et même, si vous
approchez, elle ne se lèvera pas, à moins que vous ne
marchiez dessus. Le chien quelquefois fait arrêt, lorsqu'il n'en est plus qu'à deux ou trois pouces, et elle se
laisse prendre plutôt que de partir. Dans les bois peu
garnis, comme sont les landes où croissent les pins,
elle fuit souvent tout droit à de longues distances, puis
par un circuit revient se poser non loin de la place d'où
elle s'est envolée. Elle se montre extrêmement attachée
à certains lieux : on a beau la troubler, elle ne les abandonne pas.

Elle vole avec des battements d'aile vifs et continus,
et dans ses migrations passe avec une grande rapidité.
Je pense qu'elle peut accomplir tout d'une suite de longs
voyages ; du moins c'est ce qu'on est porté à croire,
en la voyant arriver chaque année de si bonne heure,
dans le Maine et le Nouveau-Brunswick. Je ne sais si
je me trompe, mais il me semble qu'à cette époque
elle vole plus vite que notre perdrix. Tout en avançant ainsi et de distance en distance, elle dévie capri-
cieusement à droite et à gauche. Quand on la lève
après qu'elle s'est un instant reposée, elle part sans
avoir l'air de se soucier de votre présence, fait lentement quelques pas et s'arrête, puis repart en courant,
pour se fouler bientôt de nouveau et attendre que vous
soyez éloigné. On la voit, moins souvent que la bécassine, se promener à gué dans l'eau, et jamais elle ne
cherche sa nourriture dans les marais salés ni sur les

terrains couverts d'eaux saumâtres. Elle préfère les ruisseaux qui serpentent sous les bois ombragés et dont les bords humides sont composés d'un sol vaseux ; mais, comme je l'ai déjà dit, son choix à cet égard dépend beaucoup de l'état de la saison et du degré de température.

Sa nourriture consiste principalement en gros vers de terre, dont elle peut avaler en une seule nuit presque aussi pesant qu'elle. Ses facultés digestives égalent celles des hérons, et il n'est pas rare de lui trouver des vers entiers dans l'estomac. Elle les prend en enfonçant son bec dans la terre humide ou dans la vase, et en retournant les feuilles sèches au milieu des bois. En captivité, elle s'habitue promptement aux morceaux de fromage, aux grains de blé et au vermicelle ramollis dans l'eau. J'en ai vu devenir assez familières pour se laisser caresser de la main de leur maître. Je m'avisai un jour d'en observer quelques-unes, pendant qu'elles fouillaient de la vase contenue dans un tube où l'on avait introduit des vers; cela se passait dans une chambre à demi obscure. Elles enfonçaient leur bec jusqu'aux narines, mais jamais plus avant ; et d'après les mouvements que je remarquais à la base des mandibules, je conclus que ces oiseaux avaient le pouvoir de produire à l'extrémité une sorte de vide, qui leur permettait de saisir les vers par un bout et de les attirer par succion dans le gosier, sans avoir besoin de retirer leur bec, comme le font les courlis et les barges. Un fait dont je fus également témoin me donna une idée de la subtilité de leur vue, tandis qu'elles sont ainsi occupées : dans le coin de la pièce, il y avait un chat, à la même hauteur, au-dessus du parquet, que la surface de la boue qui remplissait le tube. La Bécasse l'aperçut et au même instant retira son bec, fouetta de la queue, sauta sur le plancher et s'enfuit en courant à l'autre extrémité de la chambre. Dans une autre occasion, ayant placé le chat, au-dessus du niveau de l'oiseau, de toute la hauteur du tube qui avait au moins un pied, j'obtins le même résultat, et j'en conclus encore que la position élevée des yeux, chez la Bécasse, a probablement pour objet de lui permettre de découvrir au loin ses ennemis, de surveiller leur approche pendant que son bec travaille, et non de protéger cet organe contre la vase ; d'autant moins que c'est un oiseau toujours très propre, et que jamais on ne lui voit de terre sur les plumes voisines du bec.

Quel plaisir, quand on est bien fatigué et qu'on a grand'faim, quand les habits sont couverts de boue et tout trempés, quel plaisir de rentrer chez soi, la gibecière garnie de Bécasses, et de se voir accueilli par le doux sourire de ceux qu'on aime ! Vous vous dites, en vous séchant, que sur la petite table ronde déjà couverte va bientôt fumer un mets délicat et succulent dont la perspective aiguise l'appétit. Enfin, établi devant le foyer, vous vous asseyez au milieu de la joyeuse famille ; et l'une de vos filles, accorte et prévenante, apporte sans retard le fameux oiseau si blanc, si tendre, et qui nage si magnifiquement dans un jus savoureux. Un cruchon de cidre de Newark (1) petille

____

(1) Newark, ville de l'État d'Ohio.

sous votre main ; et sans fourchette ni couteau, une Bécasse est bientôt expédiée....! Ah! lecteur, ou plutôt hélas! car je ne suis pas pour le moment dans les Jerseys, en compagnie d'Édouard Harris, ou sous le toit hospitalier de John Bachman. Non! je suis à Édimbourg, m'escrimant de mon mieux de ma plume de fer, et sans la moindre Bécasse en perspective pour mon dîner, ni d'aujourd'hui, ni de demain que je sache, ni de plusieurs mois, je m'imagine.

UN LONG CALME EN MER.

Le 26 mai 1826, je quittai la Nouvelle-Orléans, à bord du vaisseau *le Délos*, commandé par Joseph Hatch esquire, et frété pour Liverpool. Le vapeur *Hercules*, qui nous remorquait, nous laissa à quelques milles au delà du fort Balize (1), environ dix heures après notre départ. Mais il n'y avait pas le moindre souffle de vent; la surface de la mer était plus unie que les prairies de l'Oppelousas, et bien que nous eussions déployé toutes nos voiles, nous restions sans avancer sur les ondes, comme une baleine morte qui flotte à la merci des courants..Le temps était extraordinairement beau, la cha-

----

(1) Balize, à trente lieues S.-O. de la Nouvelle-Orléans.

leur excessive, et nous demeurâmes plusieurs jours
dans cette immobilité désespérante. Une semaine
s'écoula ; nous avions enfin perdu le fort de vue, quoique le capitaine m'assurât que, pendant tout ce temps,
notre navire avait rarement obéi au gouvernail. Les
matelots sifflaient après le vent et tendaient les mains
dans toutes les directions, pour tâcher de sentir quelque
mouvement dans l'air ; mais tout cela n'y faisait rien :
le calme était d'un plat à nous faire croire qu'Éole et
Neptune s'étaient donné le mot, pour éprouver notre
patience ou nous retenir jusqu'à ce que la liste de nos
divertissements fût épuisée. Des divertissements, ai—je
dit ? à la vérité, nous n'en manquions pas, soit à bord,
soit autour du vaisseau. Et pour vous faire passer le
temps, à vous même, cher lecteur, je ne puis rien
imaginer de mieux que de vous donner une idée de
nos distractions, durant cet accès de sommeil de l'élément qui nous retenait sous ses lois, et dont le caprice
nous empêchait, pour le moment, de continuer notre
voyage vers la joyeuse Angleterre.

Des troupes de superbes dauphins glissaient près des
flancs du vaisseau, étincelant comme l'or bruni à travers
la lumière, et semblables en éclat aux météores de la
nuit. Le capitaine et ses matelots étaient habiles à les
surprendre avec l'hameçon, non moins qu'à les percer
d'un instrument à cinq pointes qu'ils appelaient *pique;*
et moi aussi je prenais plaisir à cet amusement, d'autant plus que j'y trouvais une occasion d'observer et
de noter quelques-unes des habitudes de ce beau poisson,
en même temps que celles de plusieurs autres.

Quand il a senti l'hameçon, le dauphin se débat violemment et s'élance avec impétuosité jusqu'à bout de ligne. Alors, se trouvant soudain arrêté, il saute souvent en se tenant tout droit, plusieurs pieds hors de l'eau, se débat encore en l'air, et quelquefois même parvient à se détacher. Quand il est bien pris, le pêcheur expérimenté le laisse d'abord faire ses évolutions; bientôt il s'épuise, et on le hisse sur le pont. Quelques personnes préfèrent le tirer tout de suite ; mais rarement elles réussissent, car ses brusques secousses, lorsqu'il se sent hors de son élément, suffisent en général pour le dégager. Les dauphins vont par troupes de cinq à vingt individus, chassant en meute dans l'eau, comme les loups sur la terre, quand ils courent après leur proie. L'objet de leur poursuite est d'ordinaire le poisson volant, de temps en temps la bonite; et quand rien de mieux ne se présente, ils se contentent de la petite perche marine (1) qu'ils attrapent, sans peine, sous la poupe du bâtiment. Les poissons volants leur échappent d'abord par la rapidité de leur fuite ; mais quand ils voient de nouveau le dauphin approcher, ils s'élancent en l'air, déploient leurs larges ailes en forme de nageoires, prennent l'essor et se dispersent dans toutes les directions, comme une couvée de perdrix devant le vorace faucon. Les uns poussent en droite ligne, d'autres divergent à droite et à gauche; mais ils ne tardent pas à se replonger dans la mer. Pendant qu'ils volaient,

(1) *Rudderfish* (*Perca sectatrix* de Catesby), mot à mot *poisson gouvernail*, ainsi nommé parce qu'en traversant l'Atlantique, il s'en attache presque toujours au gouvernail des vaisseaux.

leur ennemi subtil et affamé les suivait à vue, comme
un lévrier, et par une suite de sauts de plusieurs pieds
il a bientôt rejoint quelque malheureux retardataire,
qu'il saisit juste au moment où il retombe.

Les dauphins se témoignent les uns aux autres une
sympathie vraiment remarquable : du moment que
l'un d'eux est pris à l'hameçon ou à la pique, tous ceux
de sa société s'approchent de lui et l'entourent, jusqu'à
ce qu'on l'ait enlevé sur le pont. Alors ils s'éloignent
ensemble, et aucun ne veut plus mordre, quelque
chose qu'on leur jette. Cela cependant n'a lieu que
lorsqu'il s'agit de gros individus qui se tiennent à part
des jeunes, comme on l'observe dans plusieurs espèces
d'oiseaux. Au contraire, si vous avez affaire à une
troupe de petits dauphins, ils resteront tous sous l'avant
du vaisseau et continueront de mordre, l'un après
l'autre, à toute sorte de ligne, comme empressés de
voir, par eux-mêmes, ce qu'est devenu le camarade
qu'ils viennent de perdre ; et de cette manière, ils sont
souvent tous capturés.

N'allez pas supposer que le dauphin soit sans ennemis :
qui donc, en ce monde, homme ou poisson, peut se
vanter de n'en pas avoir, et plus qu'il ne voudrait ?
Souvent, au moment même où il se croit sur le point
d'avaler un beau poisson, qui n'est qu'un morceau de
plomb autour duquel on a laissé flotter quelques plumes
pour lui donner l'air d'un poisson volant, il se sent pris
et coupé en deux par l'insidieux balacouda (1) ; moi-

____

(1) C'est, sans doute, la *Sphyræna barracuda,* de Cuvier et
Valenciennes, quelquefois appelée *Bécune.* On la dit plus dangereuse

même, une fois, j'ai vu ce redoutable animal emporter, avec ses dents tranchantes, la meilleure partie d'un dauphin qui tenait à l'hameçon et que déjà l'on avait amené à la surface de l'eau.

Les dauphins que nous prîmes ainsi dans le golfe du Mexique étaient soupçonnés d'avoir la chair vénéneuse, et pour vérifier le fait, notre cuisinier, qui était un nègre d'Afrique, n'en faisait jamais frire ni bouillir sans jeter un dollar dans le vase où ils cuisaient (1). Si le poisson n'avait pas terni la pièce, lorsqu'il était prêt à être mis sur table, on le servait aux passagers, avec force assurances qu'il était parfaitement bon. Mais, comme sur une centaine de dauphins ainsi éprouvés, pas un seul n'eut la propriété de convertir l'argent en billon, j'en conclus que notre Africain, avec toute sa finesse, n'était pourtant pas sorcier.

Un matin, le 23 juin, par une chaleur étouffante, je fus surpris en sautant de mon hamac, qui se balançait sur le pont, de voir autour de nous la mer couverte d'une multitude de dauphins qui s'ébattaient, en grande liesse, à sa surface. Les matelots m'affirmèrent que c'était un signe certain de vent. Oui! dirent-ils, et qui plus est, d'un bon vent. Je pris plusieurs dauphins dans l'espace d'une heure, et au bout de ce temps il n'en restait presque plus dans le voisinage du vaisseau.

---

encore que le requin ; Catesby assure en avoir vu de dix pieds de long, et Dutertre prétend que sa chair a le goût de celle du brochet.

(1) C'est aussi ce qui se pratique à l'île de la Trinité ; seulement on se sert, pour cette épreuve, d'une cuiller d'argent.

Mais aucun souffle d'air ne vint à notre aide, ni ce jour-là, ni même le suivant. Les matelots étaient désespérés, et moi aussi je me serais sans doute abandonné au même découragement, si un énorme dauphin ne fût venu fort à propos mordre à ma ligne. Quand je l'eus hissé à bord, je le reconnus pour l'un des plus gros que j'eusse jamais pris. C'était réellement un superbe animal; je l'admirais pendant qu'il frissonnait dans les angoisses de la mort; sa queue battait le pont retentissant avec un bruit semblable au roulement d'un tambour, et sur son corps se succédaient les plus magnifiques changements de couleur. En un instant il passait du bleu au vert; il brillait comme l'argent, resplendissait comme l'or, d'autres fois présentait les reflets du cuivre bruni, ou bien laissait voir toutes les teintes entremêlées de l'arc-en-ciel!... Mais hélas! il vient d'expirer, et soudain a cessé le chatoiement de la lumière. Lui aussi, il s'est endormi dans ce calme profond qui paralyse l'énergie des vents aux bruyantes haleines, et depuis trop longtemps aplanit les vagues orgueilleuses de l'Océan.

Le meilleur appât, pour la pêche au dauphin, est une longue tranche de chair de requin; et je crois qu'en effet il préfère cette amorce à celle par laquelle on figure un poisson volant, et qu'il ne peut saisir que lorsque le vaisseau est en panne, et qu'on a soin de la tenir à la surface. Cependant, en certains moments, quand la faim le presse et qu'il ne trouve pas mieux, il se jette sur toute sorte d'appât. J'en ai même vu prendre avec un simple morceau d'étoffe blanche attachée à l'hameçon. Leur appétit est complaisant, non moins que celui du vautour ; et chaque fois qu'une bonne occasion se présente, ils se gorgent au point de n'offrir plus qu'une proie facile à leurs ennemis, la Sphyrène et le marsouin à nez en bouteille. Une fois, on en *piqua* un, tandis qu'il s'en allait nageant nonchalamment sous la poupe de notre vaisseau, et on lui trouva l'estomac complétement garni de poissons volants disposés côte à côte, tous la queue par en bas ; ce qui m'a fait dire que le dauphin avale toujours sa proie en commençant par la queue. Il y en avait vingt-deux, longs chacun de six à sept pouces, et ils étaient empilés, comme les harengs salés dans un baril.

La longueur ordinaire des dauphins qu'on prend dans le golfe du Mexique est d'environ trois pieds ; je n'en ai pas vu qui excédassent quatre pieds deux pouces, et même l'un de ces derniers ne pesait que dix-huit livres. Ce poisson, en effet, est très étroit, eu égard à sa lon-gueur ; seulement en hauteur il regagne un peu. Lors-qu'il vient d'être pris, la nageoire supérieure qui se continue, de l'avant de la tête, presque jusqu'à la queue, paraît d'un beau bleu sombre ; le dessus du corps, dans toute son étendue, présente une couleur d'azur, et le dessous, de splendides reflets d'or irrégulièrement semés detaches bleu foncé. Il faut croire qu'ils entrent parfois dans les eaux extrêmement basses, puisque lors de mon dernier voyage, le long de la côte des Flo-rides, on en prit plusieurs dans une seine, avec le che-valier (1) leur parent, dont je parlerai plus tard.

(1) *Eques Americanus*, Bloch. De la famille des Lophiodontes.

La chair du dauphin est ferme, blanche, et semble comme feuilletée quand elle est cuite. D'abord on en mange avec grand plaisir ; mais, si l'on vous en sert plusieurs jours de suite, vous finissez par la trouver insipide. Ce n'est pas un mets comparable au barracuda, l'un des meilleurs poissons que puisse fournir le golfe du Mexique.

LA FRÉGATE-PÉLICAN.

Avant d'avoir visité les *Clefs* de la Floride, je n'avais vu que quelques Frégates, en naviguant sur le golfe du Mexique ; et encore était-ce d'une certaine distance qui me permettait tout au plus de les reconnaître à leur manière de voler. Toutefois, en approchant de la Clef Indienne, j'en pus déjà remarquer plusieurs ; et à mesure que je descendais vers le sud , leur nombre s'augmentait rapidement ; mais sur les Tortugas, je n'en aperçus qu'un très petit nombre. Cet oiseau pénètre rarement, à l'est, plus loin que la baie de Charlestow, dans la Caroline du Sud ; et cependant il abonde en toute saison, depuis le cap Floride jusqu'au cap Sable, ces deux points extrêmes de la Péninsule. Maintenant, jusqu'à quelle limite s'avance-t-il dans le midi ? C'est ce que je ne puis dire.

La Frégate-Pélican vit en société, comme nos vautours. Vous les voyez par bandes plus ou moins nombreuses, suivant les circonstances. De même encore que les vautours, elles passent la plus grande partie du jour à voler, en cherchant leur nourriture ; et ainsi qu'eux enfin, lorsqu'elles sont repues ou qu'elles veulent se percher, elles se rassemblent en troupes considérables, soit pour s'éventer avec leurs ailes, soit pour dormir à côté les unes des autres. Elles se montrent, non moins qu'eux, paresseuses, despotiques et voraces ; elles tyrannisent les oiseaux plus faibles, et dévorent les jeunes de toute espèce en l'absence des parents ; en un mot, ce sont de vrais vautours de mer.

Vers le milieu de mai, époque qui me semblait très tardive pour un climat aussi chaud que les Clefs de la Floride, les Frégates se réunissent par troupes de cinquante à cinq cents couples ou plus. On les voit alors voler à une grande hauteur au-dessus des îles où, depuis nombre d'années, elles ont coutume de nicher. Pendant des heures entières, elles se font la cour, puis se rabattent vers les mangliers où elles se posent, et commencent ensemble à réparer leurs anciens nids, sinon à en construire de nouveaux. Elles se dérobent mutuellement leurs matériaux, et pour s'en procurer d'autres, font des excursions sur les Clefs les plus voisines. Tout en fendant l'air d'une aile légère et comme en se jouant, elles cassent les petites branches sèches des arbres, d'un seul coup de leur bec puissant, et les emportent. C'est en réalité un beau spectacle de les voir, surtout quand il y en a plusieurs, passant et repassant par-dessus les cimes chenues ; leur mouvement est si rapide, qu'il s'accomplit comme par magie. Je ne connais que deux autres oiseaux qui exécutent la même manœuvre : l'un est le faucon à queue fourchue, l'autre notre hirondelle de cheminée ; mais ils ne sont ni l'un ni l'autre aussi adroits que la Frégate. Parfois il lui arrive de laisser tomber le petit bâton qu'elle charrie de cette manière à son nid ; et quand c'est au-dessus de la mer, elle plonge après et le reprend dans son bec, avant qu'il ait touché les flots.

Les nids se trouvent ordinairement placés au midi, dans les arbres qui penchent sur les eaux : les uns sont bas, d'autres à une grande élévation, tantôt un seul, tantôt plusieurs à la fois sur le même arbre, selon la force du manglier, mais, dans certains cas, bordant tout un côté de l'île. Ils se composent de bûchettes entre-croisées sur une hauteur d'environ deux pouces, et sont d'une forme aplatie, mais pas très larges. Quand les oiseaux couvent, leurs longues ailes et leur queue en dépassent les bords de plus d'un pied. Ils pondent deux ou trois œufs, plus souvent trois, qui ont 2 pouces 7/8 de long et 2 pouces de large. La coquille est lisse, épaisse, d'un blanc verdâtre, et fréquemment salie par la fiente du nid. Les jeunes sont couverts d'un duvet blanc jaunâtre, et l'on dirait à première vue qu'ils n'ont pas de pieds. Leur accroissement est lent ; leurs parents leur dégorgent la nourriture, et ils n'abandonnent le nid que lorsqu'ils sont capables de les suivre.

A ce moment, le plumage des jeunes femelles est marbré de gris et de brun, à l'exception de la tête et du dessous du corps, qu'elles ont blancs. La queue peut avoir la moitié de la longueur qu'elle acquerra lors de la première mue, et de même que les primaires, est d'un noir brunâtre; mais après le renouvellement des plumes, les ailes s'allongent, et leur vol désormais est aussi élégant et aussi ferme que celui des vieux oiseaux.

Au second printemps, toujours chez les femelles, le plumage des parties supérieures devient d'un noir brun, et cette couleur s'étend au-dessus de la tête et autour du cou en taches irrégulières, puis continuant en angle aigu vers la poitrine, se trouve partagée à droite et à gauche par le blanc qui, de chaque côté du cou, monte et gagne la tête. Les basses couvertures de la queue, ainsi que les parties inférieures du ventre et des flancs, sont également d'un noir brunâtre. Seules, les épaules n'ont point changé de livrée. La queue et les ailes ont pris tout leur développement.

Au troisième printemps, le noir de la tête et du cou, en descendant jusqu'à l'extrémité de l'angle sur la poitrine, se montre plus vif. Il en est de même pour le ventre et les couvertures de la queue; le blanc des espaces intermédiaires est aussi beaucoup plus pur. On commence à distinguer çà et là des teintes d'un bronze clair. Les pieds, qui d'abord étaient jaune sombre, se couvrent d'une riche couleur rouge orange, et le bec est d'un bleu pâle. Dès lors l'oiseau peut se reproduire, bien qu'il lui faille encore une mue pour apparaître dans le dernier état de son plumage, qui doit être lustré en dessus et d'un blanc parfait à la gorge.

Les changements que subissent les mâles sont moins

remarquables : d'abord, quand ils ont toutes leurs plumes, leur couleur est uniformément celle qu'on voit sur les parties supérieures des jeunes femelles, et dans la suite les teintes ne font que se prononcer. Le brunâtre devient noir, et ils montrent plus pures ces nuances de vert, de pourpre et de bronze que, sous certaines incidences de la lumière, reflète chaque partie de la tête, ainsi que le cou, le corps et même les ailes et la queue des vieux mâles. Ils s'accouplent aussi la troisième année. — Mais il est temps de revenir aux mœurs de cet intéressant oiseau.

La Frégate-Pélican est douée d'une puissance de vol supérieure peut-être à celle de tout autre oiseau. Quelque vif que soit le coup d'aile du sterne de Cayenne, des petites mouettes ou du labbe, elle semble ne se faire qu'un jeu de les dépasser. L'autour, le faucon d'Islande et le pèlerin, que je crois les plus légers de leur famille, sont obligés d'user de tous leurs moyens, quand ils donnent la chasse à la sarcelle aux ailes vertes ou au pigeon voyageur ; et encore ne les rattrapent-ils souvent qu'au bout d'un demi-mille. Mais l'oiseau dont je parle tombe pour ainsi dire du ciel, avec la rapidité de la foudre ; et quand il approche de sa victime que son œil perçant épiait, tandis qu'elle pêchait au loin, il s'élance, manœuvre de droite et de gauche pour lui couper la retraite, puis ouvre son bec recourbé et la force d'abandonner le poisson qu'elle venait de prendre. Voyez : là-bas, sur les vagues, saute le brillant dauphin, qui lui aussi poursuit une troupe de poissons volants, et s'attend à les saisir au moment où ils

vont retomber dans l'eau. La Frégate l'a remarqué;
elle ferme les ailes, plonge vers lui, et remonte bientôt
avec l'un des pauvres fuyards, chétive proie qu'elle tient
en travers dans son bec. D'autres fois, planant à plus de
cinquante verges au-dessus de la mer, elle aperçoit un
marsouin en pleine chasse, s'élance encore, et en passant enlève le mulet qui déjà se réjouissait d'avoir
échappé à son redoutable ennemi. Mais ce poisson est
trop gros pour son gosier; alors elle monte en le
mâchonnant, et semble vouloir se perdre dans les
nuages. Cependant trois ou quatre autres maraudeurs
de son espèce la guettaient et viennent d'être témoins
de sa bonne fortune; les ailes toutes grandes ouvertes,
ils se précipitent après elle, s'élèvent en décrivant de
larges cercles, tranquillement et comme certains de
bientôt la rejoindre. Parvenus tous à la même hauteur,
ils s'en approchent, la harcèlent à coups d'ailes, et c'est
à qui lui ravira sa proie. Ah! l'un d'eux s'en est em-
paré!... Mais non : à son tour, le poisson contesté lui
échappe et roule dans l'air; un autre, qui l'a déjà repris,
voit bientôt la bande entière à ses trousses; et ainsi de
suite, jusqu'à ce qu'enfin, ballotté de bec en bec et tout
à fait mort, l'infortuné poisson tombe rapidement et
disparaisse cette fois sous les flots. Cruel désappointement pour tous ces ventres affamés; mais ils l'ont
bien mérité!

Des scènes comme celles-ci, vous pouvez en voir
chaque jour, pour peu que vous vous donniez la peine
de visiter les Clefs de la Floride; mais il m'en reste
d'autres à vous décrire et qui me rappellent des souve-

nirs non moins agréables. Me reposant un jour, sous la fraîche véranda du major Glassel, à la Clef de l'Ouest, j'observais une de ces Frégates qui venait de forcer un sterne de Cayenne, encore en vue, à lâcher un poisson que le ravisseur aux puissantes ailes avait sans peine arrêté dans sa chute. Ce poisson, long d'environ huit pouces, était un peu fort pour le sterne. La Frégate s'enleva, l'emportant en travers dans son bec; puis elle le jeta en l'air et le reprit comme il tombait, mais par la queue. Une seconde fois elle le lâcha pour le rattraper, lorsqu'il n'était descendu que de quelques mètres, mais encore par la queue; le poids de la tête, je m'imagine, l'avait empêchée de le saisir autrement; pour la troisième fois lancé en l'air, il fut enfin reçu comme il fallait, la tête en bas, et avalé sur le coup.

A l'heure où la lumière du matin commence à réjouir la nature, où les chantres des airs attendent, silencieux encore, les premiers rayons du soleil et se disposent à saluer son retour de leurs plus brillants concerts, la Frégate ouvre ses ailes et quitte la retraite où elle a passé la nuit. Doucement et sans effort, le cou ramené en arrière, elle glisse et semble vouloir essayer la vigueur renouvelée de son vol. Elle s'avance vers l'abîme, monte, monte encore, et, longtemps avant tout autre oiseau, peut voir l'astre étincelant sortir des flots. Quelle limpidité dans l'azur des cieux; quelle riche couleur d'un vert foncé sur la mer qu'aucun souffle n'agite ! tout annonce une magnifique journée; et maintenant l'oiseau secoue ses ailes avec transport, et bien loin, au sein des airs, son essor l'emporte là où ne peut atteindre la faible vue de l'homme. Il flotte à présent, dans ces régions pures et sereines où l'imagination seule peut le contempler ! Mais déjà le voici qui reparaît : les ailes à demi fermées, il descend lentement vers la mer ; un instant il s'arrête, puis se replonge dans les airs. Trois fois il s'est approché de la surface de l'Océan ; enfin, d'un mouvement brusque et violent, il bat des ailes, semblable au guerrier qui fait tournoyer sa claymore ; tout va bien ! et il part, en poussant des bordées de côté et d'autre, pour chercher la proie.

Cependant le soleil arrive au milieu de sa course ; des nuages menaçants obscurcissent l'horizon, la brise, que l'on ne sent point encore, commence à soulever les ondes ; un brouillard épais s'étend sur l'abîme, les cieux s'assombrissent ; déjà les vents déchaînés font écumer les vagues, et à leur mugissement répondent les roulements lointains du tonnerre. La nature entière est enveloppée de ténèbres, les éléments sont confondus ; seule, la Frégate tient vaillamment tête à l'ouragan. Si son vol ne peut en forcer l'impétuosité, du moins elle ne recule pas et continue de se balancer comme le faucon, dont l'œil est fixé d'en haut sur sa proie. Mais la tempête a redoublé de fureur ; alors l'oiseau s'élève obliquement : en quelques vigoureux coups d'aile, il surmonte les nuages tumultueux et ne tarde pas à entrer dans une atmosphère paisible, où il vogue à l'abri des orages, attendant qu'au-dessous de lui le monde ait repris sa tranquillité.

Souvent j'ai vu la Frégate se gratter, en volant, la

tête avec ses pieds. C'est ce que j'avais remarqué notamment chez l'un de ces oiseaux qui, s'étant laissé tomber au travers des airs, comme ils ont parfois coutume de le faire, vint à portée de fusil juste au-dessus de ma tête, où je le tuai. Je cherchais depuis longues années quel pouvait être l'usage des ongles pectinés pour les oiseaux; celui-ci, que je me hâtai de ramasser, me l'apprit. En examinant les deux pieds à la loupe, j'en trouvai les dentelures toutes garnies d'insectes tels qu'on en voit à sa tête et principalement autour de ses oreilles. Je remarquai aussi que ces ongles sont, dans cette espèce, beaucoup plus longs, plus aplatis, et ressemblent davantage aux dents d'un peigne, que ceux d'aucune autre que je connaisse ; et je conclus, en conséquence, que cet instrument, plus ou moins utile en d'autres cas, sert incontestablement ici à l'oiseau pour nettoyer les parties de sa peau que son bec ne peut atteindre.

Parfois on voit ces Frégates se chasser et se pousser l'une l'autre, comme en folâtrant; après quoi, elles partent à tire-d'aile et en droite ligne, jusqu'à ce qu'elles soient hors de vue; mais, si leur vol est libre et puissant, à un degré qu'aucun autre ne surpasse, en revanche elles éprouvent la plus grande difficulté à se mouvoir sur la terre. Néanmoins elles peuvent s'enlever d'un banc de sable, quelque uni et bas qu'il soit. En pareil cas, de même que lorsqu'elles se reposent sur l'eau, ce qu'elles ne font que rarement, elles commencent par relever perpendiculairement les ailes ; la queue s'étale et se redresse, et au premier coup qu'elles

en donnent simultanément sur le sol, elles bondissent
et puis s'envolent. Les pieds, outre ce que j'en ai dit.
ne leur servent guère qu'à supporter le corps, quand
elles s'abattent sur une branche. Dans cette position,
elles se tiennent difficilement droites, bien que pouvant
marcher de côté, comme les perroquets. Jamais elles
ne plongent. Leur bec, par sa forme, rappelle celui du
cormoran qui, lui non plus, ne plonge jamais en volant
pour prendre un poisson, mais se laisse seulement aller
dans l'eau, de dessus sa perche ou son rocher, quand
quelque danger le menace. C'est, du reste, ce que font
les anhingas et différents autres oiseaux.

Quand notre Frégate a besoin d'un poisson mort,
d'un crabe ou de tout autre objet flottant qui convient
à son appétit, elle s'approche de l'eau à la manière des
goëlands, les ailes hautes et battant sans cesse, jusqu'à
ce que le bec ait accompli sa fonction. Cela fait, elle se
renlève immédiatement et dévore sa proie.

Elle voit très bien la nuit, et cependant ne va jamais
à la mer que le jour. Maintes fois, et à différentes
heures, j'ai longé sur ma barque des îles couvertes de
mangliers où se tenaient perchés des centaines de ces
oiseaux, qui paraissaient profondément endormis. Alors,
pour les faire partir, je n'avais qu'à tirer un coup de
fusil, et sur-le-champ je les voyais prendre l'essor et
fendre l'air avec autant d'aisance qu'au milieu du jour;
puis ils revenaient se percher, quand le bateau s'éloignait. Ils ne sont point farouches, et même semblent
ne pas craindre le fusil. Rarement partent-ils tous,
quand on tire après eux ; ils ne s'effrayent sérieusement

qu'après qu'on en a tué un grand nombre. Ce qui surtout est cause qu'on a du mal à s'en procurer, c'est qu'en quittant les arbres ils montent de suite à une hauteur considérable. Mais nous avions d'excellents fusils ; et *Tom le Long*, celui de notre digne pilote, se distinguait entre tous. Dans une de ces rencontres, ils planèrent pendant plus d'une demi-heure au-dessus de notre tête, et nous en tuâmes près d'une trentaine. Nous pouvions entendre le coup les frapper ; et en tombant, le bruit de leurs grandes ailes qui tournoyaient en l'air ressemblait à celui d'une voile battant contre le mât, dans un temps calme. Dès qu'ils se sentent touchés à mort, où même très légèrement, ils rendent gorge, comme les vautours, les mouettes et quelques sternes. Une fois tombés, si l'on cherche à s'en approcher, ils continuent de vomir le contenu de leur estomac, qui parfois exhale une odeur insupportable. On peut mettre la main dessus, bien qu'ils soient à peine blessés, sans qu'ils montrent grande disposition à se défendre ; seulement ils se tourmentent et se débattent jusqu'à ce qu'on les ait achevés. Prenez garde, toutefois ; car si vous vous avisez de leur introduire le doigt dans le bec, vous ne le retirerez pas sans dommage.

Ils sont d'un naturel morne et silencieux ; le seul cri que je leur aie entendu pousser, était une sorte de croassement. Ils dévorent les jeunes du pélican brun, lorsqu'ils sont encore tout petits ; n'épargnent pas ceux des autres oiseaux dont les nids sont plats et se trouvent exposés à leurs attaques, pendant l'absence des parents ; mais aussi gare à leur propre couvée, que ne traite pas mieux le busard des dindons, plus vorace qu'eux! Quant à cette croyance où l'on est que la Frégate force les pélicans et les boubies à lui dégorger leur proie, je puis assurer que c'est une erreur. Le pélican, s'il se voyait attaqué ou poursuivi, n'aurait qu'à se poser sur l'eau ou partout ailleurs, et d'un seul coup de son bec puissant et acéré, il mettrait à la raison le téméraire agresseur. Pour la boubie, non moins fortement armée, elle obtiendrait, je n'en doute pas, le même succès. Le sterne de Cayenne et autres espèces de ce genre, ainsi que plusieurs petites mouettes, qui tous abondent sur les côtes de la Floride, leur servent ordinairement de pourvoyeurs. Les Frégates les contraignent de rendre gorge ou de laisser tomber leur proie. Ceux des habitants de la mer qui chassent pour elles sont les dauphins, les marsouins et, par occasion, le requin. Leur vue est extraordinairement perçante; et parfois elles se précipitent d'une grande hauteur, pour ramasser sur l'eau un poisson mort, long de quelques pouces. Leur chair est coriace, noire, et j'estime qu'il n'y a qu'un estomac mourant de faim qui puisse s'en accommoder.

TOUJOURS EN CALME.

Le quatre juin, notre situation n'avait pas changé ;
si ce n'est que les courants du golfe nous avaient emportés à une grande distance du lieu où, comme je vous
le disais, nous nous amusions à prendre des dauphins.
Ces courants étaient des plus irréguliers et nous entraî-
naient çà et là, tantôt nous faisant craindre d'être jetés
sur les côtes de la Floride, et menaçant tantôt de nous
envoyer à Cuba. Parfois un faible souffle de vent, rani-
mant notre courage, gonflait légèrement nos voiles et
nous poussait sur les ondes immobiles, comme le pati-
neur dont les pieds rapides ne font qu'effleurer la
glace ; mais, après quelques heures d'espérance, tout
retombait en calme plat.

Un jour, plusieurs petits poissons vinrent se poser
sur nos espars et même s'abriter jusque sur le pont.
L'un d'eux, une femelle d'ortolan, attira particulièrement notre attention ; car, immédiatement après elle et
sur sa trace, nous vîmes descendre un superbe faucon
pèlerin. Le ravisseur plana quelque temps au-dessus
d'elle, puis vint s'établir à l'extrémité d'une vergue, et
de là, fondant à l'improviste sur le petit glaneur des
champs, l'emporta en triomphe dans ses serres. Remarquez, je vous prie, la date, et jugez de ma stupéfaction,

quand je le vis dévorer, tout en volant, le pauvre oiseau, sans plus de souci ni de gêne que n'en montrerait le faucon du Mississipi (1), pour avaler, au haut des airs, un lézard à gorge rouge qu'il aurait ramassé sur quelque arbre majestueux, dans les bois de la Louisiane.

Nous avions à bord une favorite, appartenant à notre capitaine, et qui n'était rien moins que la compagne d'un coq, ou, en d'autres termes, une simple poule. Les uns l'aimaient, parce que de temps en temps elle nous pondait un œuf frais, chose assez rare en mer, même sur le *Délos*; d'autres, pour le plaisir qu'ils trouvaient à la jeter par-dessus le bord et à la voir se débattre des pieds et des ailes, avec terreur, et tenter les derniers efforts pour regagner sa maison. flottante, ce qu'elle n'aurait jamais pu faire, sans la généreuse assistance de notre bon capitaine. L'excellent cœur! quelques semaines après, la malheureuse poule tomba par hasard à l'eau; nous filions alors grand train; et je crus apercevoir une larme dans ses yeux, quand il la vit flotter haletante et bientôt disparaître dans notre sillage. — Mais pour le moment, nous sommes encore en calme, et maudissant de tout notre cœur la tyrannie du vieil Éole.

Une après-midi nous prîmes deux requins; dans l'un, c'était une femelle d'environ sept pieds de long, nous trouvâmes deux petits tout vivants et qui ne demandaient qu'à nager, ainsi que l'expérience nous le prouva. En effet, nous en jetâmes un à la mer, et de suite il

____

(1) *Falco plumbeus*, Gmel.

plongea, comme s'il eût été de tout temps habitué à se suffire à lui-même. On avait séparé l'autre en deux; mais la tête remuait encore et semblait vouloir s'échapper. Le reste du corps fut coupé en morceaux, ainsi que la mère, pour servir d'amorce aux dauphins, qui, je le répète, sont friands de cette chair.

Notre capitaine, toujours empressé de me procurer quelque distraction, vint m'avertir qu'il y avait une foule de perches marines sous notre poupe; et des hameçons furent immédiatement préparés pour cette pêche. Maintenant on sentait un peu d'air sur nos têtes, les voiles s'entr'ouvraient à la brise, et sous leur impulsion le vaisseau commençait à se mouvoir. Le capitaine et moi, nous nous mîmes à la fenêtre de la cabine; nous avions chacun un bon hameçon, une ligne de fil, quelques petits morceaux de lard; et notre amorce descendait à peine au milieu de la troupe frétillante, que, l'un après l'autre, les petits poissons venaient mordre en se suivant de si près, qu'en moins de deux heures, si je m'en rapporte à mon journal, nous en enlevâmes trois cent soixante-dix. Quel régal, quelle délicieuse friture! Si jamais, par même calme, je me trouve retenu dans le golfe du Mexique, je n'oublierai pas cette perche. Celles que nous venions de prendre avaient à peine trois pouces de long; elles étaient maigres, de forme épaisse, et ne nous en fournirent pas moins un excellent repas. C'était plaisir de les voir se tenir en masse compacte à l'abri près du gouvernail; elles étaient si voraces, qu'à l'approche seule de notre appât elles sautaient hors de l'eau, comme fait parfois le poisson-soleil dans nos rivières; toutefois, dès l'instant que le vaisseau s'arrêtait, elles se dispersaient le long de ses flancs et ne voulaient plus mordre. J'en dessinai une; et c'est ce que j'ai toujours tâché de faire pour les autres espèces que j'ai pu me procurer, durant ce calme mortel. Mais je ne me rappelle pas avoir jamais rencontré de ces perches, en traversant l'Atlantique, bien qu'en haute mer, diverses sortes de poissons viennent également s'attacher à la poupe des navires et soient désignées par le même nom.

Une autre fois nous prîmes un marsouin qui avait bien deux mètres de long. C'était la nuit; un beau clair de lune me permettait de voir parfaitement la scène. Contrairement à ce qui se pratiquait d'habitude, le poisson fut *piqué*, au lieu d'être harponné; mais les pointes s'étaient enfoncées d'une telle force dans le devant de la tête, qu'il lui était impossible de se détacher: en vain il se débattait et faisait des bonds prodigieux. L'individu qui l'avait frappé, passant au capitaine la ligne où tenait le fer, se laissa glisser au moyen d'une corde le long des sous-barbes du beaupré, et manœuvra de façon à le prendre par la queue. Quelques matelots alors le hissèrent à bord. En arrivant sur le pont, il poussa un profond gémissement, s'agita convulsivement à plusieurs reprises, et bientôt rendit le dernier soupir. Nous l'ouvrîmes le lendemain matin, huit heures après sa mort, et lui trouvâmes les intestins encore chauds; ils étaient disposés de la même manière que ceux d'un cochon de lait. Il avait dans le ventre plusieurs seiches en partie digérées. Sa mâchoire inférieure dépassait la supérieure d'environ 3/4 de pouce; et chacune était garnie d'une simple rangée de dents coniques, longues d'un demi-pouce, et séparées de telle sorte qu'en se correspondant aux deux mâchoires elles pouvaient tout justement jouer les unes entre les autres. L'animal pesait comme quatre cents livres ; ses yeux étaient extrêmement petits. Nous avions à bord des gens qui considéraient sa chair comme délicate; mais, dans mon opinion, si elle est bonne, celle de l'alligator l'est aussi, et ce que je puis dire, c'est que de longtemps l'envie ne me prendra de me régaler ni de l'une ni de l'autre. Le capitaine avait vu de ces marsouins sauter perpendiculairement à plusieurs pieds hors de l'eau, puis retomber dans de petites barques que leur poids faisait souvent enfoncer.

Durant ces longues journées, des troupes de pigeons ne cessèrent de passer entre Cuba et les Florides, et de temps en temps une mouette à gorge rose venait se jouer autour de nous; la nuit, des sternes noddies se posaient sur nos cordages ; et parfois apparaissait une frégate planant au-dessus de notre tête, dans le limpide azur des cieux.

Cependant on étudiait la direction des courants, et notre capitaine, qui avait de véritables dispositions pour la mécanique, s'employait à tourner des cornes à poudre et autres articles. Il faisait si peu d'air et la chaleur était si étouffante, que nous avions dressé sur le pont une grande tente pour prendre nos repas et passer la nuit; mais, malgré tout, la fatigue et l'ennui nous dominaient ; et je crois que les matelots se seraient presque jetés à l'eau, pour gagner la terre à la nage. Enfin, le *cinquante-septième* jour depuis notre départ, l'air fraîchit un peu. A l'instant tout fut en mouvement à bord; vers midi, nous passions au sud du phare des Tortugas, et quelques heures après nous naviguions sur l'Atlantique. Éole, cette fois, s'était bien réveillé de son profond sommeil. Dix-neuf jours après avoir perdu de vue les caps de la Floride, je débarquais à Liverpool.

LE STERNE SANDWICH.

Le 26 mai 1832, je longeais les côtes de la Floride, sur la barge de M. Thruston, en compagnie de son digne pilote et de mon aide, lorsque j'aperçus une nombreuse troupe de Sternes qu'à leur grosseur et d'après d'autres indices j'aurais pris pour des Sternes de marais, si une différence dans leur manière de voler ne m'eût convaincu que j'avais affaire à une espèce qui m'était encore inconnue. Le plaisir qu'on éprouve en pareille occasion ne peut s'exprimer ; et, pour satisfaire mon impatient désir, je priai qu'on voulût bien ramer vers eux le plus vite possible. Un signe d'acquiescement et un certain coup d'œil du pilote m'apprirent qu'on allait de suite faire droit à ma requête.

En quelques minutes, tous les fusils étaient prêts à bord, et plusieurs oiseaux tombaient bientôt autour de nous. Ceux que le plomb n'avait pas atteints continuèrent de planer au-dessus de leurs camarades morts ou mourants, de sorte que nous pûmes en tuer un très grand nombre. En examinant le premier qui fut ramassé sur l'eau, je reconnus de suite, au jaune qui lui recouvrait la pointe du bec, qu'il différait de tous ceux que j'avais vus jusqu'ici ; et dans ma joie je m'écriai : Une prise, une prise ! une nouvel oiseau pour la faune d'Amérique ! Cela était vrai, cher lecteur, car personne, avant moi, n'avait encore trouvé le Sterne Sandwich sur aucune partie de nos côtes. On en remplit un grand panier ; puis nous continuâmes notre route. J'en ouvris plusieurs et trouvai, dans les femelles, des œufs prêts à être pondus. Chez les mâles aussi, je distinguai les symptômes bien connus qui indiquent le renouvellement des fonctions sexuelles ; j'avais grande envie de découvrir le lieu où ils nichaient, et cette jouissance, quelques jours plus tard, me fut accordée.

Je prenais plaisir à considérer la vigueur et l'activité de cet oiseau, quand il est sur ses ailes. Son vol est plus puissant que celui du Sterne des marais, son proche allié ; ses battements d'aile sont courts et réguliers, comme ceux du pigeon voyageur, lorsque seul et loin de ses compagnons il s'avance, avec un redoublement de vitesse, pour les rejoindre. Quand il plonge après de petits mulets et autres poissons de moindre taille, qui composent le fond de sa nourriture, il darde perpendiculairement en bas, avec toute la force et l'agilité du Sterne arctique ou du Sterne commun. Parfois son corps entier s'enfonce dans l'eau, mais l'instant d'après il se renlève et gagne prestement une position avantageuse d'où il puisse fondre sur une nouvelle proie. S'il arrive que le poisson disparaisse, tandis que l'oiseau se précipite vers lui, aussitôt ce dernier s'arrête, sans même descendre jusqu'à la surface de l'eau. Sa voix est aigre, perçante, et se distingue à un demi-mille. Il la fait entendre par intervalles en volant ; et quand vous approchez de son nid, il se tient au-dessus de votre tête et ne cesse de vous menacer de ses cris de colère qui déchirent les oreilles.

Quand je découvris l'île où nichent ces oiseaux, j'en trouvai qui pondaient encore ; mais il n'y en avait aucun qui couvât. Le même nid ne contenait, au plus, que trois œufs qui reposaient sur le sable, à petite distance les uns des autres ; et c'est à peine si l'on distinguait une apparence de trou préparé pour les recevoir. Quelques-uns avaient été placés au pied d'une maigre touffe d'herbe ; et tous étaient exposés en plein à la chaleur du soleil qui, je le crois, était à cette époque bien suffisante pour les cuire. Ils varient autant en couleur que ceux du Sterne arctique ou du grand guillemot, et paraissent non moins disproportionnés avec la taille de l'oiseau, leur grand diamètre étant de deux pouces un huitième, et le petit d'un pouce trois huitièmes et demi. Ils sont d'une forme ovale et pointus ; le fond, d'un gris jaunâtre, est plus ou moins taché, barbouillé ou nuancé de différentes teintes de terre d'ombre, de bleu pâle et de rougeâtre. D'après ce que dit mon ami

M. Hewitson, qui en a donné d'excellentes descriptions accompagnées de planches non moins exactes, ces œufs sont ordinairement au nombre de deux, pour chaque couple d'oiseaux, et quelquefois de trois, par exemple sur les îles de la côte du Northumberland, où il trouva une grande quantité de ces Sternes qui nichaient. Les œufs, ajoute-t-il, étaient si abondants et si près l'un de l'autre, que nous étions obligés de marcher avec une extrême précaution, pour ne pas en écraser. Ils reposaient simplement sur l'herbe, comme elle poussait, ou bien sur quelques brins que les oiseaux avaient négligemment rassemblés. J'observe, en outre, que ces œufs sont un mets très délicat.

Je n'ai jamais rencontré le Sterne Sandwich sur d'autres parties de nos côtes que celles qui s'étendent des *clefs* de la Floride à Charleston. Maintenant d'où sont-ils venus là, ou comment ont-ils pu passer jusqu'en Europe? C'est une énigme qui ne sera peut-être jamais expliquée. J'ai demandé aux *naufrageurs* s'ils voyaient habituellement de ces oiseaux ; et ils m'ont répondu affirmativement, et de plus qu'ils leur rendaient de fréquentes visites, à cause de leurs œufs, et aussi des petits qui, lorsqu'ils vont pour quitter le nid, sont également très bons à manger. A les en croire, cette espèce passe l'hiver sur les *clefs* ou aux environs, et les jeunes se tiennent à l'écart des vieux oiseaux.

NATCHEZ EN 1820.

Par une claire et froide matinée de décembre, porté
sur mon bateau plat, j'approchais de la ville de Natchez. Les rivages du Mississipi étaient bordés d'une
foule d'embarcations de toute espèce chargées des différents produits de l'Ouest ; et c'était entre elles un
mouvement et un tumulte tels que ceux des grandes
foires où chacun ne pense qu'à s'assurer l'avantage de
la place la plus favorable et du meilleur marché.
Cependant la scène était loin d'avoir pour moi tout
son charme, car j'étais encore « au pied de la montagne » ; mais en m'éloignant de la basse ville, je ne
tardai pas à découvrir les rochers sur lesquels est bâtie
la ville proprement dite. D'innombrab.es vautours, les
ailes toutes grandes ouvertes, rasaient la terre, en cherchant leur nourriture ; çà et là des pins énormes et de
superbes magnolias élançaient vers le ciel leurs cimes
toujours vertes ; tandis que, sur l'autre rive, s'étendaient
de vastes terrains d'alluvion, et qu'à l'horizon, pour
dernière perspective, se déployait un rideau d'épaisses
forêts. A chaque moment, des steamers sillonnaient les
eaux du large fleuve ; dans l'éloignement, les rayons
du soleil produisaient les effets de lumière les plus
variés ; et tout en suivant du regard les évolutions de

l'aigle à tête blanche qui donnait la chasse à l'orfraie, ma pensée remontait vers le Tout–Puissant, auteur de mon être, et j'admirais ses voies merveilleuses.

Avant de prendre terre, j'avais remarqué plusieurs moulins à scie bâtis sur des fossés ou d'étroits canaux le long desquels l'eau descendait des marais de l'intérieur vers le fleuve, et qui servaient à faire flotter le bois de construction jusqu'au rivage. J'appris dans la suite qu'un seul de ces établissements temporaires avait donné, en une seule saison, un profit net d'environ six mille dollars.

Les environs de Natchez sont très pittoresques, et la basse ville offre, avec la haute, un contraste des plus remarquables. Dans la première, les habitations n'ont rien de régulier, mais sont généralement construites en bois provenant des bateaux plats hors de service, et disposées en rangs qui indiquent l'intention de former une longue rue. La population présente un mélange qu'il m'est impossible de décrire. Des centaines de charrettes et autres véhicules cahotaient, avec leurs charges, au long de la pente qui sépare les deux villes; mais, lorsque par une rude montée, j'eus gagné le sommet, j'oubliai ma fatigue en me trouvant au milieu d'une avenue de ces beaux arbres qu'on appelle ici l'*orgueil de la Chine* (1). Dans la haute ville, les rues étaient toutes tirées à angle droit et passablement garnies de maisons en briques ou en planches. La richesse et la fertilité du pays m'étaient indiquées par des tas de

____

(1) Des pawlonias et des catalpas.

balles de coton et autres produits encombrant les rues. Les églises ne me plurent pas ; mais, comme pour me dédommager de cette fâcheuse impression, je rencontrai mon parent M. Berthoud, qui me remit des lettres de ma femme et de mes fils. Les bonnes nouvelles qu'elles contenaient me rendirent toute ma gaieté, et nous nous dirigeâmes ensemble vers le meilleur hôtel de la place, qui est celui de M. Garnier. La maison, bâtie à la mode espagnole et très spacieuse, était entourée de larges vérandas qui, à une grande distance l'une de l'autre, dominaient un beau jardin. A cette époque, Natchez ne renfermait pas plus de trois mille âmes. Je n'y suis pas retourné depuis ; cependant sans aucun doute, comme pour toutes les autres villes de nos États de l'Ouest, la population a dû considérablement s'accroître. Elle possédait une banque, et la malle arrivait trois fois par semaine de chaque partie de l'Union.

La première chose qui frappe l'étranger est la douceur de la température. On y voyait déjà en pleine maturité nombre de légumes et de fruits aussi agréables à l'œil que savoureux à la bouche, et qu'on trouve rarement sur nos marchés de l'Est avant le mois de mai. Le pewee avait choisi le voisinage de la ville pour ses quartiers d'hiver ; et notre oiseau moqueur, si justement renommé, chantait et sautillait gratis pour chaque passant. J'étais surpris de voir le nombre immense de vautours qui cheminaient le long des rues ou qui dormaient sur les toits. Le pays, jusqu'à plusieurs milles dans les terres, s'étend en une suite de légères ondulations ; le coton y vient à merveille, et presque partout

la joie et la richesse semblent s'être fixées dans l'habitation du planteur, toujours prête à recevoir l'étranger
ou le voyageur égaré qui cherchent un lieu de repos.
Le gibier abonde; les Indiens libres, à l'époque dont je
parle, ne laissaient manquer le marché ni de venaison
ni de dindons sauvages; enfin, le Mississipi qui baigne
le bas de la montagne, à quelques centaines de pieds
au-dessous de la ville, fournit aux habitants de nombreuses variétés de poisson. Le plus grand inconvénient
est le manque d'eau que l'on est obligé de charrier du
fleuve, pour les usages communs; tandis que celle qu'on
boit est reçue des toits, dans des citernes, et devient
très rare durant les longues sécheresses. Jusqu'à ces
dernières années l'oranger y rapportait en plein air;
mais de grands changements sont survenus dans la
température, et maintenant des gelées fortes quoique
passagères obligent de le tenir en serre, pour qu'il puisse
mûrir son fruit.

On voit encore, à quelque distance de la ville, les
restes d'un vieux fort espagnol. On me dit que, deux
ans auparavant, une grande partie de la montagne
voisine s'était éboulée en glissant à une centaine de
pieds, et qu'elle avait entraîné dans la rivière beaucoup
de maisons de la basse ville. Ce malheur, à ce qu'il
paraît, était arrivé par suite de l'infiltration des sources
qui coulent au-dessous des strates d'argile et de sable
mouvant dont elle est composée. La portion restée en
place présente une large excavation en forme de bassin
dans lequel on jette les immondices, qui servent de
nourriture aux vautours quand ils ne peuvent rien

attraper de mieux. C'est là que je vis un aigle à tête blanche donner la chasse à l'un de ces dégoûtants oiseaux, le frapper et le tuer pour se repaître des entrailles d'un cheval que le vautour avait déjà en partie avalées.

A la vérité, je ne trouvai pas à Natchez beaucoup d'amateurs de la science ornithologique ; mais j'y reçus un accueil que de longtemps je n'oublierai. M. Garnier me donna, dans la suite, des preuves d'une véritable amitié, ainsi que vous le saurez en son lieu. Je veux dire aussi quelques mots d'un autre personnage dont la bonté envers moi s'est gravée en traits ineffaçables dans mon cœur ; toutefois, pour peindre un homme de ce caractère, il faudrait la plume d'un Fénelon : Charles Carré était d'origine française et fils d'un noble de l'ancien régime. Ses qualités acquises et la bienveillance de son naturel me firent, à première vue, une telle impression, que je ne pus m'empêcher de le regarder comme un autre mentor. A peine lui restait-il quelques cheveux grisonnants sur la tête, mais dans toute sa contenance respiraient la gaieté et l'esprit bouillant de la jeunesse. Il pratiquait les plus saints préceptes du christianisme. car son cœur et sa bourse étaient toujours ouverts pour l'infortune. Ce fut sous sa direction que je visitai les environs de Natchez ; il possédait à fond toute l'histoire de cette ville, depuis l'époque où elle était d'abord tombée au pouvoir des Espagnols, jusqu'à leur expulsion du pays, ensuite jusqu'à la domination des Français qu'en définitive avait remplacée la nôtre. Il était, en outre, très versé dans la connaissance des divers idiomes indiens, parlait le français avec

une grande pureté et faisait des vers religieux. J'ai
passé des heures bien agréables dans sa compagnie;
mais hélas! lui aussi maintenant, il a pris le chemin de
toute la terre.

LE GRAND HÉRON BLANC.

L'oiseau dont j'entreprends ici de décrire les mœurs
appartient à la plus grande espèce de Hérons qu'on
ait, jusqu'à présent, rencontrée aux États-Unis. Il est
remarquable, non-seulement à raison de sa haute taille,
mais encore par l'éclatante blancheur de son plumage,
qui reste la même à toutes les époques de sa vie. Les
auteurs qui ont subdivisé cette famille, en affirmant
qu'aucun vrai Héron n'est blanc, vont être choqués, je
n'en doute pas, au simple énoncé d'un fait si nouveau;
cependant, à bien réfléchir, les efforts que l'on fait pour
découvrir le véritable arrangement des choses ne peuvent pas toujours être également heureux ; et il est clair
enfin que celui-là seul qui a tout étudié, doit avoir de
grandes chances de disposer tout dans l'ordre des affinités naturelles.

Le 24 avril 1832, jour où j'abordai sur la clef Indienne, dans la Floride, je fus mis en rapport avec
M. Egan, dont j'ai déjà eu occasion de vous parler. C'est
lui qui le premier appela mon attention sur l'oiseau qui

fait le sujet de cet article, et dont je ne crois pas qu'aucune description ait encore été donnée. Le second jour de mon arrivée, n'ayant pu l'accompagner, parce que j'étais pressé de finir un dessin, je le vis revenir avec deux jeunes Hérons en vie et un autre mort dans un nid qu'il s'était procuré en faisant abattre le manglier sur lequel ils étaient. Figurez-vous ma joie : du premier coup d'œil j'avais reconnu qu'ils appartenaient à une espèce toute nouvelle pour moi ! Les deux qu'il m'apportait vivants étaient d'un beau blanc, avec une légère teinte jaune-crème, et paraissaient remarquablement gras et forts pour leur âge, qui, au dire de notre digne pilote, ne remontait pas à plus de trois semaines. Le corps du troisième était en putréfaction et beaucoup plus petit. On eût dit que, par mégarde, les parents l'avaient étouffé en marchant dessus; du moins son corps était tout aplati et couvert d'ordures. Je plaçai le nid, avec les deux restés en vie, dans la cour. Ces jeunes Hérons ne semblaient nullement effrayés lorsque quelqu'un s'approchait d'eux; et néanmoins, dès qu'on étendait la main dans leur direction, ils cherchaient à donner de bons coups de bec. J'avais un chien de Terre-Neuve, parfaitement dressé, d'un instinct sûr et d'humeur très paisible ; je le sifflai pour essayer : en l'apercevant, les oiseaux se dressèrent à moitié sur leurs jambes, et les plumes hérissées, les ailes étendues, le bec ouvert, firent claquer leurs mandibules d'un air menaçant, sans toutefois chercher à quitter le nid. Je fis approcher mon chien de plus près, en lui défendant de leur toucher : ils le laissèrent venir à portée ; puis,

soudain, le plus gros lui détacha un violent coup de bec
et se suspendit à son nez. Mais Platon était trop brave
pour ne pas prendre la chose en bonne part ; il se contenta de m'apporter l'irascible oiseau, que j'empoignai
par les ailes, en lui faisant lâcher prise. Après quoi,
notre champion se mit à marcher d'un air tranquille,
fier comme pas un de sa tribu ; et je l'avoue, je fus
charmé de le savoir doué de tant de courage.

Le 26 du même mois, M. Thruston nous prit, mes compagnons et moi, dans sa belle barge, pour nous conduire
à quelques îles sur lesquelles les cormorans de la Floride nichaient en grand nombre. Avant d'arriver, nous
aperçûmes deux jeunes Hérons blancs, de haute taille,
qui reposaient dans leur nid. J'avais grande envie de les
prendre vivants ; toutefois un malencontreux coup de fusil
que tira l'un de nous, les fit se jeter à l'eau. Ils étaient,
me dit-on, très capables de voler , mais probablement
n'avaient encore point vu de figures humaines. En cherchant, ce même jour, des nids de la tourterelle Zénaïde,
nous fîmes rencontre d'un autre jeune Héron de l'espèce
dont je parle, et qui se promenait, parmi les mangliers,
au bord de l'île où nous étions. Immédiatement nous
nous mîmes à sa poursuite ; et vous eussiez ri de nous
voir, bien que nous-mêmes n'eussions guère été d'humeur de nous associer à votre gaieté : imaginez-vous
sept ou huit personnes aux trousses d'un pauvre oiseau
qui, le cou tendu, jouant des ailes et des jambes, se
dépêchait tant qu'il pouvait, au milieu des arbres et
des broussailles. A la fin, j'étais tellement impatienté,
que, malgré tout mon désir de l'avoir vivant, je fus

plusieurs fois sur le point de lui envoyer un coup de fusil.
Pourtant, étant parvenu à le prendre on lui attacha
solidement le bec et les pattes, et on l'expédia à la clef
Indienne, pour le mettre avec ceux de sa parenté.
Dès que ces derniers l'aperçurent, ils coururent à lui, en
ouvrant le bec, et lui firent l'accueil le plus amical, ne
cessant de le caresser et frottant leur tête contre la
sienne d'une façon très divertissante. On plaça devant
eux un baquet plein de poissons, qu'ils eurent avalés en
deux ou trois minutes. Il suffit de quelques jours
pour les habituer à manger des morceaux de porc frais,
du fromage, et autres substances.

En naviguant autour des îles nombreuses qui se trouvent entre la clef Indienne et la clef de l'Ouest, je vis
plusieurs oiseaux de cette même espèce, quelques-uns
seuls, d'autres par couples ou rassemblés en troupes
plus ou moins considérables; mais je ne pus jamais en
approcher à portée. M. Egan, pour me consoler, me
dit qu'au delà de la clef de l'Ouest, il connaissait certains endroits où, si nous voulions y consacrer un jour
et une nuit, nous serions sûrs d'en tuer et plus d'un.
Le docteur B. Strobel me répéta la même chose; et de
fait, en moins de huit jours, nous nous en procurâmes
plus d'une douzaine de différents âges, aussi bien que
des œufs et des nids; de sorte que les mœurs de ces
oiseaux purent être étudiées avec tout le soin convenable par plusieurs personnes de ma société.

Un matin, vers trois heures, vous nous eussiez vus
M. Egan et moi, à environ huit milles de notre mouil-
lage, pagayant en silence dans les passes étroites et

sinueuses formées par la marée sur une grande île plate
que la mer recouvrait en partie. Là, nous espérions
trouver abondance de Hérons; mais longtemps nous
cherchâmes sans succès. En vain d'autres oiseaux s'of-
fraient à nos coups; nous nous étions promis de ne faire
feu que sur le grand Héron blanc, et pas un ne s'était
encore approché de nous. Enfin, après six ou sept
heures de fatigue, un Héron s'enleva au-dessus de notre
tête, et nos deux coups partirent à la fois. L'oiseau
tomba roide mort. C'était une femelle qui couvait encore, ou dont les petits devaient être nouvellement éclos,
car son ventre était nu et tout son plumage en mauvais état. Nous prîmes alors un peu de repos, déjeunâ-
mes de quelques biscuits assaisonnés de mélasse et
trempés dans l'eau, et nous étendîmes à l'ombre des
mangliers, offrant aussi aux moustiques une excellente
occasion de rompre leur jeûne. Ensuite nous visitâmes
les clefs l'une après l'autre, et vîmes un grand nombre
de Hérons blancs. Enfin, à la nuit, nous regagnâmes
la *Marion*, épuisés et n'emportant pour tout butin
qu'un seul oiseau. Cependant M. Égan et moi, nous
songions aux moyens d'en avoir d'autres à moins de
frais, ce qui eût pu se faire très facilement un mois
plus tôt, alors que ces oiseaux, comme il me dit, étaient
entièrement absorbés par les soins de l'incubation. Il
me demanda si je ne voudrais pas retourner, cette nuit
même, à minuit, sur la dernière île que nous venions
de parcourir? J'acceptai la proposition et en fis part à
notre capitaine, qui, ne cherchant que l'occasion de
m'obliger quand le service ne réclamait pas sa présence

à bord, s'offrit à nous accompagner lui-même dans la yole. Les fusils furent promptement nettoyés; on mit les provisions et les munitions dans les bateaux; et après avoir bien soupé, nous attendîmes, en causant et en riant, l'heure du départ.

Au coup de huit heures, nous étions sur pied, faisant route pour les îles. La lune brillait dans le clair firmament; mais il n'y avait pas même un souffle de brise, et nous fûmes obligés de prendre les avirons. De plus nous avions la marée contre nous, et pendant plusieurs milles il nous fallut tirer nos bateaux sur des bas-fonds vaseux et glissants. Enfin nous arrivâmes à une grande île, au milieu d'un profond canal ombragé de mangliers sur lesquels, le soir précédent, nous avions remarqué que les Hérons venaient se percher. Nous restâmes là, sans bouger, jusqu'à la pointe du jour. Ah! lecteur, vous ne vous imaginez pas ce que c'est que de passer une mortelle heure, dans un pareil lieu, en proie aux mouches et aux moustiques, alors surtout qu'il vous est absolument interdit de faire un seul mouvement. Heureusement le jour parut; les bateaux se séparèrent en se donnant rendez-vous au bord opposé de l'île, et nous commençâmes à ramer chacun de notre côté, en faisant le moins de bruit possible. Bientôt un Héron s'enleva d'une branche, juste au-dessus de nos têtes; une triple décharge retentit; mais l'oiseau n'en volait que mieux : sans doute, le pilote et moi nous nous étions trop pressés. Le héron, tout en s'en allant, poussait de grands cris qui, joints au bruit de nos armes à feu, en reveillèrent des centaines d'autres que nous vîmes s'enlever également des mangliers, et planer autour de nous à la pâle clarté de la lune, semblables à une légion de spectres. Je désespérais de pouvoir m'en procurer un seul ; la marée montait rapidement ; et quand nous rejoignîmes l'autre bateau, on nous dit que si nous avions eu la précaution de ne les tirer que sur les arbres, nous aurions pu en tuer plusieurs ; mais qu'à présent il nous faudrait attendre jusqu'à la pleine marée, tous les oiseaux étant partis pour chercher la nourriture.

Les bateaux se séparèrent de nouveau ; et on convint que celui qui tuerait un Héron en donnerait chaque fois avis aux autres, en tirant un second coup de fusil, une minute exactement après le premier.

M. Égan nous avait, en passant, montré un nid sur lequel on voyait deux jeunes Hérons, et s'était fait mettre à terre pour guetter au pied de l'arbre. Quant à moi, je poussai mon bateau dans une petite anse où j'attendis environ une demi-heure. Alors un Héron passa au-dessus de ma tête, et celui-là, je ne le manquai pas. C'était un beau vieux mâle. Avant même que j'eusse pu tirer pour avertir mes compagnons, j'entendis un coup au loin ; le mien partit, et j'en entendis un second : j'étais donc certain qu'il y avait deux oiseaux de tués. Effectivement, en rejoignant le bateau du capitaine, je le trouvai qui en tenait un. Mais M. Égan avait en vain fait sentinelle, pendant deux heures, auprès du nid ; ni le père ni la mère n'avaient paru. Nous le reprîmes avec nous, et nous chargeâmes de notre double capture. Maintenant le flot était presque entièrement monté. A un mille à peu près du lieu où nous étions, se tenaient plus de cent Hérons sur un banc de vase où ils étaient enfoncés jusqu'au ventre. Le pilote nous avertit que c'était le bon moment : La marée, dit-il, les forcera bientôt à s'envoler, et ils viendront se reposer sur les arbres. En conséquence, nous nous dispersâmes pour nous placer chacun de notre mieux ; et je me postai sur la partie la plus basse de l'île, en ayant une autre, en face de moi, dont je n'étais séparé que par un canal. De ce point j'eus le plaisir de voir tous les Hérons prendre l'essor, en se suivant rapidement les uns les autres ; et bientôt j'entendis les coups de fusil de mes camarades, mais sans que retentît le signal qui devait annoncer le succès. Moi-même, à ce moment, ayant cru trouver une occasion favorable, j'en ajustai un très gros, lâchai la détente et entendis distinctement le coup le frapper..... le Héron se contenta de pousser son croassement d'habitude, et ne ralentit point son vol. Il n'en vint pas d'autre à portée ; bien qu'on en vît un grand nombre s'abattre dans l'île voisine, où ils se tenaient, perchés sur leurs longues jambes, comme autant de statues du plus pur albâtre, formant un beau contraste avec le bleu foncé du ciel. Les bateaux revinrent ; M. Égan avait un oiseau, le capitaine un autre, et tous deux me regardèrent avec surprise. Nous nous embarquâmes alors pour l'île qui était devant nous, et où nous espérions faire meilleure rencontre. A peine nous étions-nous avancés d'une centaine de pas le long du bord, que nous trouvâmes celui que j'avais tiré, gisant, les ailes étendues, dans les dernières convulsions de la mort. Ainsi, nous n'avions pas fait trop mauvaise chasse ; mais dans d'autres occasions j'en tuai beaucoup plus, et jugeant désormais que j'en avais assez, je laissai les pauvres oiseaux vaquer en paix à leurs affaires.

Ces Hérons sont extrêmement farouches ; ils partaient parfois d'une distance d'un demi-mille, et fuyaient à perte de vue. Quand on les poursuit, ils reviennent aux mêmes îles et aux bancs de vase qu'ils ont quittés ; et il est tout à fait impossible d'en approcher, quand ils sont perchés, ou qu'ils se tiennent dans l'eau.

Ils résident constamment sur les clefs de la Floride et, durant la saison des œufs, s'y trouvent plus abondants que partout ailleurs. Rarement s'avancent-ils, à l'est, plus loin que le cap Floride ; on n'en voit aucun sur les Tortugas, probablement parce que ces îles ne portent pas de mangliers. Ils commencent à s'accoupler en mars, mais d'ordinaire ne pondent que vers le milieu d'avril. Leurs nids parfois sont très loin l'un de l'autre ; et bien qu'en nombre assez considérable sur la même île, ils s'y trouvent cependant moins rapprochés que ceux du grand Héron bleu. Ils ne les établissent guère qu'à quelques pieds au-dessus de la marque des plus hautes eaux, c'est-à-dire si bas, qu'ils ne sont réellement qu'un mètre ou deux plus élevés que les racines des arbres. J'en examinai de vingt à trente, que je trouvai tous placés de cette manière. Ils étaient larges, présentant près de trois pieds de diamètre, composés de bâtonnets de différente grosseur, mais sans aucune apparence de rebord, tout à fait plats et seulement épais de quelques pouces. On y compte toujours trois œufs dont la longueur est de deux pouces trois quarts, sur un pouce huit douzièmes de large, et qui ont une forte coquille d'une couleur uniforme tirant sur le gris-bleu clair. M. Égan me dit que l'incubation dure trente jours, et que les deux oiseaux couvent (la femelle toutefois étant la plus assidue), en se tenant les jambes étendues tout du long devant eux, comme font les jeunes qui n'ont encore que deux ou trois semaines. Ces derniers, et j'en ai vu plusieurs ayant depuis dix jours jusqu'à un mois, sont d'un blanc pur, très légèrement teintés de jaunâtre, et sans aucun indice de crête. Ceux que j'apportai à Charlestown, et que je gardai plus d'un an, n'annonçaient encore leur sexe par aucune marque distinctive. Je ne sais pas combien il leur faut de temps pour acquérir leur plumage complet; et ce dernier état, on le reconnaît, à ce qu'ils ont sur la tête une touffe de brins larges, lâches et assez courts, avec d'autres qui pendent sous la gorge, quoique également peu allongés ; mais cependant sans que jamais ils montrent les plumes étroites qu'on voit sur le croupion et les ailes, dans d'autres espèces.

Ces Hérons sont sédentaires, d'humeur paisible entre eux, et peut-être moins vifs que l'*Ardea herodias* (1). Ils marchent majestueusement, d'un pas ferme et avec une grande élégance. Au contraire de l'espèce que je viens de nommer, ils s'associent, pour chercher leur nourriture, par troupes de cent et plus ; et ce qui me paraît remarquable, c'est qu'ils se retirent sur les bancs

(1) Le Héron cendré d'Amérique.

de vase et de sable, à distance des îles où ils nichent et reviennent passer la nuit. Je crois pouvoir dire, autant du moins que mes observations m'y autorisent, que ce sont des oiseaux diurnes ; et cette opinion est corroborée par le témoignage de M. Égan, homme dont on ne peut trop estimer le sens droit, l'esprit juste et la sagacité. Quand ils sont sur ces bancs, ils restent immobiles, sans faire presque jamais un pas vers la proie, mais attendant qu'elle-même vienne à portée, pour lui détacher un grand coup de bec et l'avaler tout entière. Cependant, lorsqu'elle leur paraît trop grosse, ils la battent sur l'eau, la secouent violemment, et ne cessent de la mâchonner et de la mordre. Jamais ils ne quittent la place, qu'ils n'en soient chassés par la marée ; et même ils y demeurent jusqu'à ce que l'eau leur monte au ventre. Ils sont très méfiants ; et bien que revenant souvent se percher sur les mêmes îles, ils se reposent presque à chaque fois sur des arbres différents ; quand on les trouble par trop, ils s'en vont tout à fait, ou du moins pour plusieurs semaines. Étant perchés, ils se tiennent généralement sur un pied, tandis que l'autre est retiré sous le corps. Jamais ils ne se mettent, comme les Ibis, à plat sur la branche ; néanmoins ils rentrent le cou et se cachent la tête sous l'aile.

Dans une troupe qui gardait, pendant le jour, cette attitude endormie, j'ai souvent remarqué avec surprise un ou plusieurs individus se tenant le cou tendu, l'œil aux aguets, et qui soudain s'élançaient, à la vue d'un marsouin ou d'un requin donnant la chasse à quelque poisson ; l'approche d'un homme ou d'un bateau semblait les troubler, et cependant on me dit que jamais personne ne songeait à les poursuivre. Si on les surprend ils s'enlèvent en poussant de rauques croassements, et fuient, en droite ligne, à de grandes distances, mais sans entrer dans l'intérieur des terres.

Le vol du grand Héron blanc est ferme, régulier et bien soutenu; ses ailes battent lentement et par intervalles égaux; bientôt sa tête s'abaisse sur le corps, et ses jambes s'allongent en arrière, comme c'est l'habitude des autres Hérons. Parfois il s'élève au haut des airs, où il plane en décrivant de larges cercles; ce qu'il fait toujours, lorsqu'il va pour se poser, à moins qu'il ne veuille s'abattre, pour manger, sur un terrain où déjà se sont établis d'autres individus de son espèce. Il est vraiment étonnant qu'un oiseau doué d'une telle puissance de vol ne visite jamais la Géorgie ou les Carolines, et ne passe pas sur le continent. Lorsque, vers le milieu du jour, vous les voyez réunis sur les lieux où ils ont coutume de chercher leur nourriture, ils semblent ainsi, dans le lointain, avoir presque doublé de taille; et réellement leur apparence est très singulière. On ne peut guère en tuer qu'avec du plomb à daim, et c'est de celui-là que nous nous servions toujours.

En quittant la clef de l'Ouest pour revenir à Charlestown, j'emportai deux jeunes qui avaient été confiés aux soins du docteur Strobel; et ce dernier m'assura que, par jour, ils consommaient de nourriture plus pesant qu'eux. J'en avais aussi deux en vie de l'*Ardea herodias*. Quand ils furent à bord, je les mis tous quatre ensemble, dans une très grande cage; mais bientôt je fus obligé de les séparer, car les blancs refusaient d'aller d'accord avec les cendrés, et même les auraient infailliblement tués. On leur accordait la liberté de se promener pendant quelques minutes sur le pont, et ils employaient ce temps à maltraiter ceux des espèces moins fortes, par exemple, les petits de l'*Ardea rufescens*, de l'*Ardea ludoviciana*; et quelquefois ils les transperçaient du premier coup et les avalaient tout entiers, bien qu'ils fussent eux-mêmes abondamment approvisionnés de chair de tortue. Aucun homme de l'équipage ne put jamais réussir à s'en faire bien venir.

A la clef Indienne, je retrouvai ceux que j'avais laissés avec M. Egan, dans un état de santé excellent, et beaucoup plus forts ; mais je fus surpris de leur voir le bec en partie cassé, ce qui provenait, me dit-il, de ce qu'ils en frappaient trop violemment les poissons qu'on leur jetait sur les rochers de leur enclos ; et c'est un fait que je pus vérifier le jour même. On eut beaucoup de peine à les prendre dans la cour ; et pour les transporter à bord, il fallut leur attacher le bec très serré, de peur qu'ils ne nous fissent du mal. Ils réussirent bien, et dans aucune occasion ne manifestèrent de l'animosité l'un contre l'autre. L'un d'eux qui se promenait par hasard devant la cage où étaient les Hérons cendrés, lança un coup de bec à travers les barreaux et fendit le crâne à un de ces malheureux, qui expira sur-le-champ.

En arrivant à Charlestown, nous en avions encore quatre de vivants. Je les fis porter chez mon ami J. Bachman, qui fut très content de les voir. Il en garda un couple pour lui, et offrit l'autre à notre ami commun, le docteur Samuel Wilson, qui l'accepta, mais pour le donner bientôt au docteur Gibbes, et cela, par l'unique motif qu'ils lui avaient, disait-il, tué trop de canards. Bachman conserva les siens pendant plusieurs mois. Ils étaient si voraces, qu'il pouvait à peine les entretenir de poisson : ils avalaient plein un baquet de mulets en quelques minutes ; ce qui faisait, pour chacun d'eux, au moins un gallon. Pour se percher, ils avaient adopté un bel arbre de son jardin ; et à les voir ainsi dans la nuit, avec leur blanc plumage, on eût dit des êtres d'un autre monde. Un fait remarquable, c'est que la pointe de leur bec, dont plus d'un pouce avait été brisé, repoussa, dans l'espace de six mois, aussi droite et aussi fine que si aucun accident ne lui fût arrivé. De bonne heure, au soir ou au matin, on les voyait en arrêt, comme de vrais chiens, devant les mouches qui voltigeaient autour des fleurs ; et ils savaient happer très adroitement le léger insecte, qui au même instant disparaissait dans leur gosier. En maintes occasions aussi ils s'attaquaient aux poulets, aux canards et autres volailles, qu'ils mettaient en pièces et dévoraient. Une fois, un chat qui dormait au soleil, sur l'un des bancs de la véranda, fut cloué d'un coup de bec contre la planche et massacré. A la fin même ils commençaient à poursuivre les jeunes enfants de mon ami, lorsque celui-ci donna l'ordre de les mettre à mort. L'un d'eux fut très habilement empaillé par mon aide naturaliste, M. H. Ward, et figure maintenant dans le musée de Charlestown. Le docteur Gibbes fut obligé de faire subir aux siens le même traitement, et plus tard j'en revis un dans sa collection.

M. Egan a gardé, pendant une année environ, un de ces oiseaux pris dans le nid et qu'on laissa, quand il fut grand, vaguer en liberté sur les bords de la clef Indienne, pour y chercher sa nourriture. On lui avait rogné l'aile, et il était bien connu de tous les habitants de l'île; mais il fut tué par un chasseur indien qui faisait sa tournée dans le pays, où il venait offrir une collection de coquilles de mer.

Parfois, quand arrivent la fin de l'automne et le commencement de l'hiver, les Hérons se nourrissent de baies de certains arbrisseaux; et dans les derniers jours de septembre, le docteur Strobel a vu le Héron de nuit manger celles du *gobolimbo*.

Dans les descriptions si nombreuses et trop souvent contradictoires qu'on a données des Hérons, vous pourrez lire que ces oiseaux saisissent la proie en volant et en plongeant la tête et le cou dans l'eau; mais ce point me semble fort douteux. Je ne crois pas davantage qu'ils guettent la proie du haut des arbres où ils sont perchés. D'autres encore prétendent que les Hérons sont constamment maigres et très mauvais à manger; mais il n'en est pas toujours ainsi, du moins en Amérique; et je regarde même leur chair comme particulièrement délicate, pourvu qu'ils ne soient pas trop vieux.

LE LABRADOR.

Je me rappelle avec grand plaisir les jours agréables
que j'ai passés dans la compagnie des jeunes gentlemen
avec lesquels j'ai visité les côtes orageuses et stériles du
Labrador, et je pense que quelques détails sur la manière dont nous savions occuper notre temps, ne pourront qu'être du goût de mes lecteurs.

Nous avions acheté nos provisions à Boston ; mais
malheureusement beaucoup de choses très nécessaires
avaient été oubliées ; c'est pourquoi arrivés à East-Port,
dans le Maine, nous suppléâmes, par de nouvelles acqui-
sitions, à ce qui pouvait nous manquer. Quand il s'agit
d'une de ces longues et souvent périlleuses expéditions,
aucun voyageur, qu'on me permette de donner cet avis,
ne devrait rien négliger de ce qui est propre à assurer
le succès de son entreprise, ni même rien de ce qu'il
sait pouvoir contribuer à son bien-être personnel. On
n'a guère l'occasion de renouveler ses provisions, soit
munitions, soit vêtements, dans un pays comme le
Labrador ; et je l'avoue, nous nous en remîmes trop
complétement au zèle et à la prévoyance de nos pourvoyeurs d'East-Port. Sans doute nous n'avions pas à
nous plaindre des munitions, le pain était excellent,
ainsi que la viande et les pommes de terre ; mais le

beurre était tout à fait rance, l'huile bonne tout au plus à graisser nos fusils, le vinaigre trop libéralement délayé de cidre ; enfin, la moutarde et le poivre n'avaient point le piquant voulu. Et ce qu'il y a de pis, c'est que nous ne nous aperçûmes de tout cela que lorsqu'il était trop tard pour y remédier. Plusieurs de nos jeunes gens n'étaient pas habillés comme il convient pour des chasseurs, et quelques-uns de nos fusils laissaient beaucoup à désirer sous le rapport de la qualité. Quant à notre vaisseau, du moins, nous étions bien partagés : c'était un excellent marcheur, ne prenant pas l'eau, et qui, monté par un bon équipage, obéissait à un habile marin. La cale était parquetée, et une entrée y conduisait de la cabine ; de sorte que nous trouvions là, tout à la fois, parloir, salle à manger, salon, bibliothèque, etc., etc. ; l'ensemble cependant ne formant qu'une seule pièce. Une table de sapin d'une longueur démesurée occupait le centre ; un de mes compagnons avait suspendu son hamac à l'un des bouts, et dans son voisinage dormaient le cuisinier et un jeune garçon qui remplissait les fonctions d'armurier. La cabine était peu spacieuse, mais disposée de façon à pouvoir servir de dortoir. Elle contenait une petite table et un poêle. Nous avions adopté en grande partie l'accoutrement des pêcheurs américains sur cette côte, à savoir : de fortes culottes de drap bleu, une sorte de veste bien chaude et des jaquettes de molleton. Nos bottes étaient larges, à bout rond, et ferrées d'énormes clous pour nous empêcher de glisser sur les rochers. De grosses cravates de laine, d'épaisses mitaines et un chapeau à larges bords complétaient notre équipement plus pittoresque que fashionable. A la première occasion, nous changeâmes nos bottes pour des mocassins esquimaux en peau de veau marin, imperméables, légers, aisés et attachés par le haut, vers le milieu de la cuisse, au moyen de courroies qui, bouclées par-dessus la hanche, les maintenaient solidement en place. Enfin, nous nous étions précautionnés de plusieurs bateaux à l'épreuve et dont l'un, extrêmement léger, avait été construit pour les eaux basses.

Aussitôt arrivés sur la côte et à peine entrés dans le port, nous convînmes d'un règlement pour l'ordre et le bien général : chaque matin, il fallait que le cuisinier fût debout avant trois heures, et le déjeuner sur table à trois heures et demie. A ce moment chacun devait être équipé. Fusils, munitions, boîtes de botaniste, paniers pour les œufs et les minéraux, tout cela était prêt. Notre déjeuner se composait de café et de pain, avec quelques accessoires. A quatre heures, sauf le cuisinier et un matelot, tous partaient, chacun dans sa direction, et emportant avec soi des provisions cuites. Les uns gagnaient les îles, d'autres les baies profondes ; ceux-là, en prenant terre, se mettaient à battre le pays jusqu'à midi : alors ils s'étendaient sur la riche mousse, ou bien s'asseyaient sur le granit, et prenaient une heure de repos pour manger leur dîner et causer entre eux de leurs succès ou de leurs désappointements. Je regrette de ne pas avoir crayonné les groupes curieux que formaient, dans ces occasions, nos jeunes amis ; ou lorsqu'au soir, revenus à bord, ils étaient tous occupés à mesurer, peser, comparer et disséquer leurs oiseaux ; opération importante et qu'éclairaient nombre de chandelles enfoncées dans le cou des bouteilles. Ici l'un examinait les feuilles et les fleurs de quelque plante, là un autre explorait les derniers replis de la gorge d'un plongeon, tandis qu'ailleurs un troisième levait la peau d'une mouette ou d'un tétrao. Notre journal, non plus, n'était pas oublié ; on prenait de nouvelles dispositions pour le matin, et à minuit, nous en remettant du reste au cuisinier, chacun regagnait son hamac.

Si le vent soufflait trop fort, tous descendaient sur le rivage ; et, sauf dans les jours de grande pluie, nos explorations continuèrent régulièrement ainsi pendant toute la durée de notre séjour. Dans ces arrangements nous avions égard aux diverses dispositions physiques des jeunes gens : Shattuck et Ingals allaient ensemble ; le capitaine et Cooledge se recherchaient l'un l'autre, attendu que ce dernier avait aussi été officier. Lincoln et mon fils, qui étaient les deux chasseurs les plus robustes et les plus déterminés, marchaient généralement de compagnie ; et moi, je me mettais tantôt avec celui-ci, tantôt avec celui-là, suivant les cas ; mais je ne sortais pas tous les jours, car j'avais assez de besogne pressante qui me retenait au vaisseau.

Le retour de mes compagnons et des marins était toujours attendu avec une vive impatience. En mettant le pied à bord, ils ouvraient leurs sacs, dont ils étalaient le contenu sur le pont ; et c'était une joie et des éclats de rire ! ceux qui rapportaient les plus rares échantillons se moquaient de ceux qui ne brillaient que par la quantité; à charge de revanche pour ces derniers. Mais toujours ils étaient sûrs de trouver un bon repas, car nous avions un fin cuisinier, qui malheureusement aimait un peu trop la bouteille..

Nous fêtâmes religieusement l'anniversaire de notre quatre juillet, et chaque samedi soir nous ne manquions jamais de porter des toasts aux femmes et aux fiancées d'abord, ensuite aux parents et aux amis. Quelles douces heures de loisir et quel entrain dans ces réunions ! Les uns chantaient, les autres accompagnaient sur la flûte et le violon. Un mois ne s'était pas écoulé que maintes dépouilles d'oiseaux pendaient tout autour de notre appartement; plantes et fleurs étaient sous la presse; moi, de mon côté, j'avais achevé plusieurs dessins, et nos grandes jarres se remplissaient de poissons, de quadrupèdes, de reptiles et même de mollusques. Nous avions aussi des oiseaux vivants, tels que mouettes, cormorans, guillemots, puffins, et enfin jusqu'à un corbeau. Dans quelques havres, l'eau était si transparente, que nous pouvions voir les poissons, et beaucoup d'espèces très curieuses, venir se prendre à l'hameçon.

Cependant les campements, la nuit, hors du vaisseau étaient véritablement pénibles. Les mouches et les moustiques ne nous y laissaient pas une minute de repos. Ils nous attaquaient par nuées, surtout quand nous étions couchés; à moins qu'on n'eût pris soin de s'envelopper de tourbillons de fumée, ce qui n'était pas non plus fort agréable. Une fois, par un temps affreux, nos chasseurs se trouvaient à vingt milles de Wopatiguan;

la nuit commençait à venir, la pluie tombait par tor-
rents et l'air était extrêmement froid. On planta en
terre les avirons pour servir de support à quelques couvertures, et à grand'peine un petit feu fut allumé devant
lequel on prépara un maigre repas. Quelle différence
avec un campement sur les bords du Mississipi! Là,
où le bois est abondant et l'air généralement si doux ;
où les moustiques, bien qu'assez communs, ne sont
pas du moins accompagnés de l'insupportable cortége des
mouches du renne ; où les jappements du joyeux écureuil et les notes plaintives de la chouette nébuleuse, ce
grave bouffon de nos bois de l'Ouest, ne manquent jamais
d'arriver à l'oreille du chasseur, tandis qu'il coupe, à
droite et à gauche, les branchages et les roseaux dont
il veut se bâtir un abri! Au Labrador, rien de semblable : il ne voit autour de lui que mousse et granit ; le
silence du tombeau l'enveloppe de toutes parts ; et
quand les voiles de la nuit ont caché à ses regards cette
lugubre scène, les loups s'approchent pour dévorer les
restes de son chétif souper. Couards comme ils sont,
ils ne se hasardent pas à vous attaquer ; mais leurs
hurlements troublent votre sommeil. Vous vous rôtissez
les pieds pour les maintenir chauds, et, pendant ce
temps, votre tête et vos épaules gèlent. Enfin apparaît
l'aurore, non plus souriante et les joues roses, mais triste-
ment enveloppée d'un manteau de brouillard qui vous
annonce, hélas ! tout autre chose qu'un beau jour.
L'expédition dont je parle avait pour objet de se procurer quelques hiboux qu'on voyait voler dans la journée ; elle ne produisit absolument rien, et nos gens,

transis et découragés, étaient debout au petit matin, heureux de regagner les bateaux et de rentrer à leur vaisseau.

Avant de quitter le Labrador, plusieurs de nos jeunes amis commencèrent à sentir le besoin de renouveler leurs vêtements ; alors nous aussi nous nous fîmes tailleurs, à l'instar des matelots, toujours si adroits à manier l'aiguille, et nos genoux ainsi que nos coudes se couvrirent de pièces aux couleurs bariolées. Nos chaussures en lambeaux, nos habits graisseux, nos chapeaux défoncés, étaient en harmonie avec nos figures tannées et ridées par le froid. Nous avions véritablement l'air d'une bande de gueux et de vagabonds ; mais le cœur était joyeux, car nous pensions au retour, et nous nous sentions fiers de notre succès.

Cependant les bourrasques glacées qui précèdent les tempêtes de l'hiver, amoncelant le brouillard sur les montagnes, soulevaient les vagues sombres de la mer ; et nous, chaque jour nous trouvait plus impatients de partir et de quitter ces mornes solitudes, ces rochers à l'aspect sinistre et ces stériles vallées ; mais les vents contraires nous empêchèrent pendant quelque temps de déployer nos blanches voiles. Enfin, un matin que le soleil semblait vouloir adresser un dernier sourire à cette terre de brumes et de frimas, nous pûmes lever l'ancre. Bientôt le *Ripley* bondit sur les flots, et nous tournâmes nos regards vers ces régions désolées, en leur disant, de bon cœur, adieu pour toujours.

LE GOELAND A MANTEAU BLEU.

Le 22 mai 1833 , mes compagnons et moi, nous fûmes reçus à bord du schooner *le Swiftsure* com.mandé par le capitaine Cooledge, qui nous débarqua, le matin suivant, sur l'île *Blanche-Tête*, à l'entrée de la baie de Fundy.Cette île est la propriété d'un digne Anglais, du nom de Franckland, qui nous accueillit avec la plus grande amabilité et nous autorisa à mettre ses domaines à contribution, en nous priant de rester aussi longtemps que cela nous ferait plaisir. « Les Gcëlands à manteau bleu, nous dit-il, nichent chez moi en nombre considérable, et vous trouverez où vous exercer. » En conséquence, nous nous mîmes en chasse et dirigeâmes nos recherches vers les bois de sapins où l'on nous avait prévenus que nous les trouverions. Après avoir traversé un grand marais, nous arrivâmes à l'endroit indiqué, et j'aperçus en effet beaucoup de Goëlands posés sur des pins, et d'autres qui planaient aux environs ; mais quand nous voulûmes approcher, les premiers aussi abandonnèrent leurs nids et commencèrent à voler autour de nous en poussant des cris continuels.

Je fus bien surpris de voir ces nids sur des arbres, les uns près du sommet, d'autres vers le milieu ou sur les basses branches ; tandis qu'il y en avait plusieurs tout à fait par terre. Il est vrai que le capitaine m'en avait averti; mais je me disais qu'une fois sur les lieux je trouverais probablement des oiseaux tout autres que des Goëlands. Mes doutes maintenant ne pouvaient plus subsister; et j'étais charmé de cette prévoyance qu'avait su leur enseigner l'ingénieuse nature, pour mettre leurs œufs et leurs petits à l'abri des entreprises de l'homme. Dans la suite, j'appris encore avec bien plus de plaisir, de M. Franckland, que c'était là, chez eux, une habitude *acquise*, ainsi qu'il avait pu personnellement le reconnaître; « car, me dit-il, dans les premiers temps que je vins ici, il y a déjà nombre d'années, tous les Goëlands bâtissaient leur nid dans la mousse et sur la terre, sans aucune autre précaution ; mais les pêcheurs et mes fils, ravissant leurs œufs pour les besoins de l'hiver, ennuyèrent tellement ces pauvres bêtes, que les vieux songèrent, dès ce moment, à placer leurs nids sur les arbres dans les parties les plus épaisses des bois. Quant aux oiseaux plus jeunes et moins expérimentés, ce sont eux qui en ont encore quelques-uns sur le sol. Cependant ils sont redevenus tous un peu moins sauvages, depuis que j'ai défendu aux étrangers de toucher à aucun de ces nids. Quant à vous, messieurs, vous êtes les seules personnes, si j'en excepte celles de ma famille, qui, depuis plusieurs années, aient tiré un coup de fusil sur l'île Blanche-Tête ; mais je sais que vous n'en userez qu'avec discrétion : aussi êtes-vous les bienvenus. »

Je rendis un juste hommage à l'humanité de notre hôte, et le priai de me faire savoir quand tous les Goëlands, ou du moins, la plupart d'entre eux, auraient abandonné les arbres et repris leur ancienne manière de nicher par terre. Il me le promit ; mais d'après ce que j'ai vu dans la suite, je ne crois pas que cette habitude revienne jamais : car sur plusieurs autres îles voisines où les pêcheurs et les chercheurs d'œufs ont un libre accès, les Goëlands, pillés chaque année, ont tout à fait pris le parti de ne plus nicher que sur les arbres. Je crois même qu'à la longue, se voyant ainsi tourmentés, ils finiront par s'établir sur les parties les plus inaccessibles des rochers ; et j'ajoute que M. Franckland m'a dit que déjà plusieurs couples avaient choisi ces lieux de refuge, pour élever leur famille en parfaite sécurité. Le plus remarquable effet produit par ce changement de domicile, c'est que les petits éclos sur les arbres ou les rochers élevés ne peuvent quitter le nid qu'ils ne soient capables de voler ; tandis que ceux dont le berceau est placé simplement par terre, courent aux environs au bout d'une semaine et se cachent, à la vue de l'homme, parmi les mousses et les plantes où souvent ils trouvent leur salut. Quant aux premiers, on les jette à bas du nid, ou bien on les assomme à coups de gaule, leur chair étant considérée comme excellente par les chercheurs d'œufs et les pêcheurs, qui en font provision et la salent pour l'hiver.

Quelques-uns de ces nids étaient placés à plus de cinquante pieds de haut sur les arbres ; d'autres, trouvés dans les profondeurs des bois, n'étaient qu'à huit ou dix pieds de terre et collés contre le tronc, comme pour échapper plus sûrement à l'œil. C'était vraiment un

spectacle intéressant de voir ces oiseaux aux larges
ailes passer et repasser autour de ces retraites si bien
cachées. Les nids qui reposaient par terre étaient éloignés l'un de l'autre de plusieurs mètres, et présentaient
un diamètre de quinze à dix-huit pouces, sur une profondeur de quatre à six. La couche inférieure se composait d'herbe, de diverses plantes, de lichen gris, le
tout bordé de jonc très fin, mais sans aucune plume.
Le diamètre extérieur de ceux que je vis sur les arbres
pouvait être de vingt-quatre ou vingt-six pouces.
C'étaient les mêmes matériaux, mais en plus grande
quantité ; et je reconnus là encore l'effet d'une sage
prévoyance, ayant pour but d'assurer plus d'espace aux
jeunes à mesure qu'ils grandiraient, attendu qu'ils ne
pourraient, comme les autres, s'ébattre sur la mousse
aux alentours. Peut-être aussi cette capacité moindre des
nids placés par terre tenait-elle à ce qu'ils appartenaient
à de jeunes Goëlands ; car j'ai maintes fois remarqué
que, plus l'oiseau est âgé, plus grand il fait son nid.
M. Franckland me dit qu'ils réparent souvent les vieux
nids au commencement de la saison, et c'est ce dont
j'ai pu m'assurer de mes propres yeux. On y compte
trois œufs qui ont trois pouces de long et deux de large;
ovales et même un peu en forme de poire, ils sont
rudes au toucher, mais sans granulations, d'une couleur terreuse, jaunâtre sombre, et irrégulièrement ta-
chetés de brun foncé. Presque aussi larges que ceux
du grand Goëland à manteau noir, ils en diffèrent cependant beaucoup par le volume et la couleur, étant
les uns plus ronds, d'autres plus allongés. Le jaune est

orange clair, l'albumen d'un blanc bleuâtre, et je les donne pour un excellent manger.

Vers les premiers jours de mai, ces Goëlands se rassemblent par grandes troupes : le temps de la reproduction est arrivé. Alors ils se retirent sur les bancs de sable ou de vase, dans les eaux basses, et l'on entend de très loin leur bruyant caquetage. A l'aide d'une lunette vous pouvez suivre les mâles dans leurs galantes démonstrations : la tête haute et la gorge gonflée, ils marchent fièrement et tàchent, par leurs notes les plus tendres, d'exprimer toute la vivacité de leurs désirs. Ces réunions générales ont lieu à quelque heure du jour que ce soit, selon l'état de la marée, et se continuent pendant une quinzaine; après quoi ils partent tous pour les îles où ils veulent nicher. Plusieurs de ces îles sont situées près celle où nous étions. Il y en a une, non loin du cap Sable, à quelques milles de l'extrémité sud de la Nouvelle-Écosse, sur laquelle, en longeant cette côte, comme nous voguions vers le Labrador, nous en vîmes des milliers perchés sur les arbres. Certains d'entre eux commencent à pondre dès le 19 mai et même quelques jours plus tôt, tandis que d'autres n'ont pas encore fini à la mi-juin. Dans cet intervalle ils se retirent, à des heures déterminées, sur quelques îlots couverts de rochers où la copulation s'accomplit. Un jour que nous étions assis au bord d'un grand banc de sable, mangeant notre dîner, nous aperçûmes un nombre immense de ces Goëlands formant sur les rochers une masse épaisse qui couvrait environ une demi-acre. A midi, ceux qui n'étaient pas retenus à couver passèrent par-dessus nos têtes et se posèrent sur la mer, à un demi-mille du rivage, où ils restèrent près d'une heure à nager gracieusement et en silence. Un veau marin, qui vint à montrer sa tête hors de l'eau, leur fit peur; et tous ils levèrent les ailes, comme prêts à s'envoler. Bientôt après, en effet, ils partirent ensemble, puis se séparèrent pour chercher la nourriture, et revinrent au bout d'une heure vers l'île, volant haut et criant fort. Un peu avant le coucher du soleil, ceux qui n'étaient point occupés sur le nid gagnèrent, pour se percher, les mêmes rochers, en volant silencieusement et la plupart en longues files. Nous remarquâmes qu'aussitôt qu'une troupe nombreuse s'approchait de la mer en caquetant, tous les canards qui étaient aux environs, comme saisis de frayeur, s'envolaient à de grandes distances; et nous pûmes constater que ces Goëlands, bien que craintifs en présence de l'homme, attaquaient avec beaucoup de courage les oiseaux rapaces tels que geais, corneilles, corbeaux et même des faucons qu'ils pourchassaient jusque dans la profondeur des bois, ou du moins forçaient à abandonner le voisinage de leurs nids.

Presque aussi défiants et aussi farouches que le Goëland à manteau noir, on ne pouvait les approcher qu'en se tenant bien à couvert; le moindre bruit les faisait immédiatement quitter leur perche. Nous étions six, armés chacun d'un bon fusil, et la plupart assez bons tireurs; cependant nous ne pûmes jamais en tuer, pour ce jour-là, qu'une douzaine, et tous au vol. Dès que l'un d'eux partait, il donnait le signal d'alarme; et des centaines s'enlevaient et planaient sur nos têtes, à une hauteur où il était impossible de les atteindre. Ce n'était que par hasard qu'il en passait à portée, en rasant la cime des arbres. Comme nous nous en revenions, le soir, nous en tirâmes un qui volait très haut ; il tomba, ayant seulement le fouet de l'aile cassé. Nous le prîmes et le posâmes par terre, dans un étroit sentier, et aussitôt il partit en courant devant nous, presque jusqu'à la maison du gouverneur ; c'est ainsi qu'on appelait le capitaine Franckland. Il ne fit pas de résistance, mais mordait cruellement, et de temps à autre se couchait pour se reposer quelques instants. Il marchait assez vite pour nous précéder de plusieurs pas, sans jamais cesser de crier ; une fois il s'élança hors du sentier, à l'improviste, et fut sur le point de nous échapper.

Leur aile est aussi puissante que celle du grand Goëland ; mais ils volent avec plus d'aisance et plus de grâce. Tant que dure la saison des amours, leurs évolutions aériennes offrent un spectacle que l'on aime à contempler : à une hauteur immense, vous les voyez fendre les airs, en décrivant de larges cercles ; puis ils redescendent, en curieux zigzags jusqu'au sommet des arbres, ou près de la surface de la mer. Quand ils poursuivent le poisson, ils dardent en lignes courbes, avec une extrême rapidité, se mettent soudain à tournoyer lorsqu'ils sont au-dessus de leur proie, et tombent sur elle comme un trait. Dans leurs grands voyages, ils passent indifféremment par-dessus la terre ou sur l'eau ; mais d'habitude à une hauteur considérable.— Leur nourriture se compose principalement de harengs dont ils font de grandes destructions ; de là vient qu'on les appelle aussi Goëlands des harengs. Ils mangent, en outre, d'autres poissons de moindre taille, des crevettes, des crabes, des crustacés, même de jeunes oiseaux, de petits quadrupèdes, et sucent tous les œufs qu'ils peuvent trouver. Je vis les rochers des îles où ils nichent couverts d'oursins de mer hérissés de courtes épines grisâtres qui leur donnent l'apparence d'une boule de mousse. Dans les eaux basses, les Goëlands se jettent sur ces animaux et percent de leur bec la coquille, dont ils aspirent le contenu. Ils savent aussi très bien les lancer en l'air et les faire tomber sur les rochers pour qu'ils s'y brisent. Nous en vîmes un qui s'était attaqué à une moule très dure, la jeter ainsi trois fois de suite, sans parvenir à ses fins ; et nous prenions, à cette petite scène, un intérêt d'autant plus vif, qu'à chaque fois l'oiseau la laissait retomber d'une plus grande hauteur. Ils semblent avoir certaines heures pour aller pêcher à la mer ; du moins nous remarquâmes qu'ils partaient dès que les flots commençaient à se retirer, pour revenir au rivage avec la marée montante.

Dans les premiers temps, les jeunes ne sont nourris que de crevettes et autres petits crustacés que les parents ramassent sur les bancs de sable, au long des bords. Ils ont, à ce moment, tout le dessus du corps d'une nuance de rouille foncée, et conservent en partie cette couleur quand ils deviennent adultes, sauf que les plumes sont bordées de gris ou de brun clair. Les pieds et les jambes sont d'un bleu verdâtre, tirant sur le pourpre ; le bec est sombre ou presque noir. Au printemps, ils acquièrent tout leur développement, mais retiennent encore le plumage gris rouillé. L'année suivante, la tête montre davantage de gris cendré clair et de blanc, ainsi qu'on en voit sur le cou et les parties inférieures. Des taches orange paraissent sur le bec; les pieds et les jambes deviennent couleur de chair; la queue est toujours partiellement barrée vers le bout. Je crois qu'alors ils peuvent se reproduire; du moins j'en ai vu portant cette livrée, qui s'étaient accouplés avec de plus vieux oiseaux.

Aucune autre espèce, à ma connaissance, n'avait ses nids sur ces mêmes îles. Vieux et jeunes vivent ensemble durant toute l'année, si ce n'est quand vient la saison des œufs; à cette époque, les premiers se retirent à l'écart pour se livrer aux soins importants qui les réclament. Leur cri, qu'on entend de très loin, imite assez bien la syllabe *hac, hac, hac; cah, cah, cah.*

Le Goëland des harengs, dans ses migrations le long de nos côtes et à l'intérieur, parcourt une étendue de pays plus considérable qu'aucune autre espèce d'Amérique : je l'ai trouvé, dans les mois d'automne, sur nos grands lacs, sur l'Ohio, le Mississipi et jusque dans le golfe du Mexique; en hiver, sur les bords de ce même golfe, comme au long de toutes nos côtes orientales. On peut dire qu'il habite constamment les États-Unis, puisqu'il niche depuis Boston jusqu'à East-Port; toutefois le plus grand nombre remonte davantage au nord. Nous en recueillîmes quelques nids sur les rochers du Veau-Marin, au Labrador; mais aucun sur la côte elle-même. Ils étaient composés d'herbes sèches et de mousse ap-

portées du continent. Les oiseaux se tenaient à part
entre eux, et semblaient complétement dominés par le
grand Goëland à manteau noir. A notre retour, nous
en aperçûmes des vieux et des jeunes sur la côte nord
de Terre-Neuve et sur les différentes baies où nous
passâmes.

LE GRAND PORT AUX OEUFS.

Il y a déjà quelques années, après avoir employé le
printemps à étudier les mœurs des passereaux émigrants
et autres oiseaux de terre que je voyais arriver en
troupes nombreuses dans le voisinage de Camden (New-
Jersey), je me préparai à visiter les rivages maritimes
de cet État, pour y continuer le cours de mes observations. C'était au mois de juin ; on jouissait d'un temps
délicieux, et le pays semblait sourire dans l'attente des
beaux jours et des fraîches brises. Des pêcheurs passaient journellement entre Philadelphie et les différents
petits ports, avec des wagons à la Jersey, chargés de
poisson, de volailles, de provisions et autres articles in-
dispensables aux familles de ces hardis bateliers. C'est
avec l'un d'eux que je fis marché pour me conduire
moi et mon bagage jusqu'au grand Port aux œufs.

Une après-midi, comme le soleil allait se coucher, un véhicule fit halte à ma porte, et le conducteur me donna de suite à entendre qu'il était très pressé de repartir. En conséquence, sans perdre de temps, je mis sur la charrette une malle, deux fusils avec les autres choses nécessaires en pareil cas; puis j'y montai moi-même. Le conducteur n'eut qu'à siffler, et ses chevaux partirent au bon trot par-dessus les sables épais et mouvants qui, dans presque toutes les parties de cet État, forment le fond des routes. Nous marchions depuis un certain temps, lorsque nous rattrapâmes toute une caravane de véhicules semblables au nôtre et qui suivaient la même direction. Quand nous fûmes près d'eux, nos chevaux se mirent au pas; et étant tous deux descendus de voiture, nous nous trouvâmes au milieu d'un groupe de joyeux charretiers en train de se raconter leurs aventures de la semaine (on était alors au samedi soir). L'un faisait le compte des *têtes de mouton* qu'il portait à la ville; l'autre parlait des courlis qui restaient encore sur les sables; un troisième se félicitait d'avoir ramassé tant de douzaines d'œufs de râle, etc., etc. A mon tour, je demandai si les faucons pêcheurs étaient abondants aux environs du grand Port aux œufs : à cette question un individu d'un certain âge ne put s'empêcher de rire, et me demanda à moi-même si j'avais jamais vu le *weak fish*, au long de la côte, sans l'oiseau dont je lui parlais? Ne sachant quel animal il entendait par là, j'avouai mon ignorance; alors toute la bande poussa de grands éclats de rire auxquels je fus le premier à me joindre.

Il pouvait être minuit, lorsque nous arrivâmes à une sorte d'auberge où nous prîmes quelques instants de repos. De cet endroit divergeaient plusieurs routes, et les charrettes se séparèrent, une seulement devant continuer son chemin avec nous. La nuit était noire, mais le sable nous indiquait suffisamment la voie. Tout à coup un galop de chevaux frappa mon oreille; nous nous retournâmes et reconnûmes que notre attelage était dans un danger imminent : mon conducteur sauta à bas de son siége et tira précipitamment ses chevaux de côté; il n'était que temps, car les fuyards passèrent tout à côté de nous, ventre à terre, mais sans pourtant nous toucher. Derrière eux courait leur maître hors d'haleine : ils avaient été, nous dit-il, effrayés par un bruit venant des bois, mais sans doute ils ne tarderaient pas à s'arrêter. Il achevait à peine de parler, que nous entendîmes un fort craquement, après quoi il y eut quelques minutes de silence. Bientôt, en effet, le hennissement des chevaux nous apprit qu'ils avaient brisé leurs traits. En arrivant sur le lieu, nous trouvâmes la charrette renversée et, quelques mètres plus loin, les chevaux paissant tranquillement sur le côté de la route.

Le lever de l'aurore, dans les Jerseys et surtout au mois de juin, est digne d'un pinceau plus brillant que le mien; aussi me contenterai-je tout simplement de vous dire que, du moment où les rayons du soleil commencèrent à dorer l'horizon, nous entendîmes monter vers le ciel les notes joyeuses de l'alouette des prés. De chaque côté de la route s'étendaient des bois clair-semés, et sur la cime des grands arbres j'apercevais de temps à autre le nid d'une orfraie, au-dessus duquel, tout là-haut dans les airs, l'oiseau à la blanche gorge déployait ses ailes, en prenant son essor vers la mer, dont j'aspirais avec délices les âpres parfums. Après une demi-heure de marche, nous nous trouvâmes au centre même du grand Port aux œufs.

J'eus la satisfaction d'être reçu dans la maison d'un vieux pêcheur qui, propriétaire d'un agréable cottage situé à quelques centaines de mètres du rivage, avait en outre le bonheur de posséder une excellente femme, et d'être père d'une charmante enfant, joueuse comme une petite chatte, mais sauvage comme une mouette de mer. En moins de rien, j'étais installé dans leur demeure et pouvais déjà me regarder comme appartenant à la famille. Nous consacrâmes le reste de la journée à des exercices pieux.

Les huîtres, quoique la saison en fût passée, me parurent aussi bonnes et tout aussi fraîches que si on les eût prises à l'instant même sur leurs bancs. J'en fis mon premier repas, et jamais je n'en avais mangé de plus belles ni de plus blanches. Rien qu'à les voir ainsi sur une table amie, ayant à côté de moi une famille industrieuse et honnête, j'éprouve toujours une jouissance que les festins les plus somptueux ne peuvent me procurer. Notre conversation était simple autant qu'innocente, et le contentement brillait sur tous les visages. A mesure que la connaissance devenait plus intime, j'avais à répondre à diverses questions relatives à l'objet de ma visite. Mon digne hôte se frotta les mains, quand je parlai de chasse et de pêche et des longues excursions que je projetais à travers les marais du voisinage. C'était alors, et c'est maintenant encore, je l'espère, un homme de haute stature, aux os saillants, très musculeux, avec un teint brun et des yeux perçants comme ceux de l'aigle de mer. C'était aussi un rude marcheur, se riant des difficultés et sachant manier l'aviron comme le meilleur marin. Quant au tir, je ne sais vraiment à qui donner la palme, de lui ou de M. Égan, le pilote de l'île Indienne. Ce que je puis dire, c'est que rarement je les ai vus l'un ou l'autre manquer le but.

Nous fûmes debout avec l'aube et prêts à nous mettre en route. Moi, j'avais mon fusil à deux coups en bandoulière ; mon hôte s'était armé d'une longue canardière et, en plus, de deux avirons et d'une paire de pinces pour les huîtres, tandis que sa femme et sa fille s'étaient chargées d'une seine. Le bateau était bon, la brise favorable ; et nous nous en allions naviguant ainsi sans fatigue, le long des étroites passes, vers des retraites bien connues de mes compagnons. Pour les naturalistes qui ont la faculté d'observer nombre d'objets à la fois, le grand Port aux œufs fournit un champ d'étude aussi abondant et aussi varié qu'aucune autre partie de nos côtes, si j'en excepte les clefs de la Floride. On y trouve des oiseaux de toute espèce, aussi bien que des poissons et des animaux à coquilles. Les forêts abritent une foule de plantes rares, et jusque sur les arides bancs de sable habitent des insectes aux teintes les plus brillantes. Cependant notre principal objet était de nous procurer certains oiseaux qu'on appelle ici des *avocettes* (1); et pour y parvenir, nous suivîmes pendant plusieurs milles une passe tortueuse qui nous conduisit dans l'intérieur d'un vaste marais où, après quelques recherches, nous finîmes par trouver non-seulement ces oiseaux, mais encore leurs nids. Notre filet avait été tendu en travers du canal ; et quand nous revînmes, la marée, en se retirant, y avait laissé quantité de beaux poissons dont plusieurs furent cuits et mangés sur place. J'en réservai un qui me parut curieux et que j'envoyai au baron Cuvier. Notre repas fini, nous étendîmes le filet pour le faire sécher, et continuâmes nos recherches jusqu'au retour de la marée. Après avoir fait un assez riche butin, nous reprîmes les avirons et ne nous arrêtâmes qu'en face la maison du pêcheur, où nous traînâmes plusieurs fois la seine et toujours avec grand profit.

Je passai, de cette manière, plusieurs semaines, sur ces rivages salubres et délicieux : tantôt m'enfonçant au travers des bois et des marécages, retraites préférées des hérons ; tantôt prenant plaisir à écouter le cri retentissant des râles ; ou bien encore portant la destruction parmi les blanches mouettes; d'autrefois m'amusant à pêcher, dans quelques remous près du bord, le poisson qu'on appelle *tête de mouton*, et suivant enfin du regard le sterne rapide qui faisait ses évolutions au sein

(1) *Lawyers.* Ce nom d'avocette, ou *avocat*, leur a été donné, remarque Wilson, parce qu'ils ont la langue bien pendue et crient continuellement; mais là, ajoute-t-il, s'arrête la comparaison, car l'avocette est simple, timide et incapable de faire aucun mal.

des airs ou plongeait après quelque menu fretin. Là aussi j'ai fait plus d'une esquisse et j'ai vu s'écouler plus d'un heureux jour. Avec quel plaisir j'irais revoir encore l'honnête famille et la petite maison que j'habitais avec elle !

LE PLUVIER DORÉ.

Le Pluvier doré passe l'automne, l'hiver et une partie du printemps dans les États-Unis. Il se montre par troupes considérables, soit le long de nos côtes, soit dans l'intérieur, et même souvent sur les terrains les plus élevés. Cependant le plus grand nombre s'avance, dans les hivers rigoureux, jusqu'au delà des limites de nos États méridionaux ; et, dans cette espèce, les migrations partielles sont surtout influencées par l'état de la saison. Du milieu d'avril au commencement de mai, ces oiseaux sont plus abondants sur les côtes maritimes des districts du centre et de l'est ; tandis qu'en automne ils fréquentent l'intérieur, et plus spécialement les prairies de l'Ouest. Dans les premiers jours de mai, ils se réunissent en troupes immenses, et commencent leurs migrations vers les contrées septentrionales où l'on dit qu'ils vont nicher.

Les détails que donne Wilson sur cette espèce se

rapportent en partie au Pluvier *à tête de bœuf* (*Chara-drius helveticus*); et même, dans la seconde édition de ses œuvres, l'éditeur a rejeté le Pluvier doré, comme n'appartenant pas à l'Amérique, bien qu'il eût pu en voir très souvent sur les marchés de Philadelphie. Le prince Bonaparte a fait justice de cette erreur dans ses remarquables *Observations sur la nomenclature de l'Orni-thologie de Wilson*. M. Selby, en parlant du Pluvier doré, dit que, dans son opinion, l'oiseau qu'on désigne sous ce nom en Amérique diffère de celui d'Europe. Pour moi qui les ai vus et examinés sur les deux con-tinents, j'ai reconnu que leurs mœurs, le son de leur voix, leur manière d'être, en un mot toute leur appa-rence, étaient exactement semblables.

Ce Pluvier marche légèrement sur le sol; souvent, quand on l'observe, il s'éloigne de quelques pas en courant, puis s'arrête tout court, fait deux ou trois in-clinaisons de tête en se secouant tout le corps, et lors-qu'il croit qu'on ne le voit plus, se foule et demeure ainsi caché jusqu'à ce que le danger soit passé. Quand vient pour ces oiseaux le moment de quitter le Nord, et pendant qu'ils se tiennent sur les sables ou les bancs de vase au bord de la mer, ils lèvent fréquemment les ailes, comme pour leur faire prendre l'air quelques instants. En cherchant leur nourriture, ils se dirigent en droite ligne, regardent souvent en bas et de côté, et chemin faisant, ramassent ce qu'ils trouvent en se courbant par un mouvement particulier. On les voit aussi fouler avec leurs pieds la terre humide, pour en faire sortir les vers. En automne, ils se retirent sur les terrains les plus élevés, où ils savent qu'abondent les baies, les insectes et les sauterelles.

Lorsqu'il doit voyager loin, le Pluvier doré vole à une hauteur de trente à soixante pieds, d'une manière régulière et avec une grande rapidité. Si la troupe est nombreuse, elle se forme sur un front étendu et se pousse en avant par des battements d'ailes bien réglés, chaque individu émettant une note assez douce et qu'il répète par intervalles. Avant de se poser, ils font diverses évolutions; tantôt descendent en effleurant le sol, tantôt décrivent une courbe ou s'élancent de côté; d'autres fois resserrent, puis étendent leurs rangs; et à la fin, au moment même où ils semblaient près de s'abattre, le chasseur, impatienté de les attendre, les voit subitement prendre l'essor et lui échapper. Quand ils se posent à portée, le meilleur moment pour les tirer est celui où ils touchent la terre, car alors ils ne présentent qu'une masse compacte et se dispersent l'instant d'après. J'en ai souvent remarqué qui, en passant d'un endroit à l'autre, rompaient soudain leur élan comme pour regarder les objets au-dessous d'eux, ainsi que le font les courlis.

Le 16 mars 1821, étant à la Nouvelle-Orléans, je fus invité, par quelques chasseurs français, à une partie dans les environs du lac Saint-Jean : c'était pour assister au passage des Pluviers, qui par myriades venaient du nord et continuaient leurs migrations vers le sud. Dès le matin, à la première apparition de ces oiseaux, des compagnies de vingt à cinquante chasseurs s'étaient postées dans les différents lieux où ils savaient par expérience qu'ils devaient passer; placés à égale distance les uns des autres, ils attendaient assis par terre. Quand une troupe approchait, chaque individu se mettait à siffler en imitant leur cri d'appel; à ce signal, les Pluviers descendaient et commençaient à tournoyer en défilant devant les chasseurs, qui tous, à tour de rôle, leur envoyaient leur coup de fusil, avec tant de succès, que j'ai vu de ces troupes, composées de cent oiseaux et plus, qui se trouvaient ainsi réduites à un misérable reste de cinq ou six individus. Pendant que les chasseurs rechargeaient les armes, les chiens rapportaient le gibier. Le jeu continua de cette manière toute la journée, et au coucher du soleil, quand je quittai ces destructeurs, ils paraissaient tout aussi acharnés à la besogne que lors de mon arrivée. Un seul individu, tout près de l'endroit où j'étais moi-même, en tua, pour sa part, soixante-trois douzaines. En évaluant le nombre des chasseurs à deux cents, et supposé que chacun en eût tué vingt douzaines, c'étaient quarante-huit mille Pluviers dorés qui avaient été abattus dans cette journée.

Je demandai si leur passage avait lieu fréquemment, et l'on me répondit que, six ans auparavant, on les avait vus arriver en aussi grand nombre, immédiatement après deux ou trois jours d'une chaleur excessive, poussés qu'ils étaient par une brise du nord-est. Parmi cette multitude d'oiseaux, quelques-uns seulement étaient gras, la plupart de ceux que j'examinai me parurent très maigres; à peine si je leur trouvai quelques aliments dans l'estomac, et les œufs dans l'ovaire des femelles n'étaient nullement développés.

J'ai eu de nouveau recours à l'obligeance de mon ami W. Macgillivray, pour obtenir des renseignements sur leurs mœurs, et je ne puis mieux faire que de transcrire ici ceux qu'il m'a donnés.

« Le Pluvier doré est un oiseau très commun dans presque toutes les parties de l'Écosse, spécialement dans les Highlands du nord et aux Hébrides. Quand le temps commence à s'adoucir, vers la fin du printemps on les voit, le long des rivages ou sur les champs à proximité, voler à une grande hauteur et en troupes peu serrées qui tantôt se massent en rangs profonds, tantôt présentent des lignes anguleuses et irrégulières. Ils avancent d'un mouvement paisible et réglé, faisant entendre, à de courts intervalles, leurs notes douces et plaintives; parfois poussant un cri singulier qui ressemble aux syllabes *courlie-wee*. Ces oiseaux alors abandonnent leurs retraites de l'hiver, et retournent aux marécages de l'intérieur, sur lesquels ils se dispersent par couples. Au commencement du printemps, si vous traversez un de ces marais à l'aspect sinistre, vous êtes presque sûr d'entendre la voix gémissante du Pluvier, qu'accompagne souvent le faible *cheep-cheep* de la bécassine ou le cri perçant du courlis. Avancez encore un peu : devant vous, sur ce tertre couvert de mousse, vient de se poser un mâle revêtu de sa belle livrée d'été, noir et vert; vous pouvez, si cela vous convient, en approcher à moins de dix pas; et dans certaines localités il ne serait pas difficile à un seul chasseur d'en tuer, en cette saison, plusieurs douzaines par jour.

Après que l'incubation a commencé, les femelles se tiennent à leur poste et ne se montrent plus guère. Je ne sais si les mâles les assistent ou non dans leur tâche pénible, mais toujours est-il qu'ils ne les abandonnent pas. Le nid a tout simplement l'apparence d'un petit enfoncement dans une touffée de mousse ou dans une place sèche sur la lande; quelques brins d'herbe flétries en tapissent négligemment le fond. Les œufs, ne dépassant jamais le nombre de quatre, se trouvent, comme c'est l'habitude dans cette famille, ramassés ensemble par le petit bout. Ils sont beaucoup plus gros et plus pointus que ceux du vanneau, leur longueur étant d'environ deux pouces un huitième, sur une largeur d'un pouce et demi. La coquille, mince et lisse, est d'un jaune grisâtre, irrégulièrement brouillée et pointillée de brun foncé, avec quelques légères taches pourpres, plus marquées vers le gros bout. Les jeunes quittent le nid immédiatement après avoir brisé la coquille, et commencent à se cacher en se foulant à plat sur la terre. A ce moment, la femelle témoigne la plus vive inquiétude pour leur sûreté : s'il en est besoin, elle feindra d'être boiteuse, pour attirer l'ennemi à sa suite; plusieurs fois je l'ai vue, cette tendre mère, s'envoler à une distance considérable, puis, se posant dans un endroit bien découvert, se traîner par terre comme si elle eût été prête à mourir, et battre péniblement des ailes pour faire croire qu'elle les avait cassées. Les œufs sont excellents, et la chair des jeunes n'est pas moins délicate quand ils commencent à prendre leurs plumes.

» Dès que leurs petits sont en état de voler, les Pluviers se réunissent de nouveau par troupes, mais restent sur les marais jusqu'au commencement de l'hiver. Ce n'est qu'alors qu'ils gagnent les champs ; et quand la saison est trop rigoureuse, ils se retirent sur les terrains bas, près des bords de la mer. Pendant les longues gelées ils cherchent leur nourriture sur les sables et les rivages rocailleux, à la marée descendante ; et en général, tant que dure la mauvaise saison, ils ne s'éloignent guère de la mer.

» Quand une troupe s'abat sur un champ, les divers individus se dispersent et courent chacun de leur côté avec une grande activité, en récoltant ce qui se trouve. Il y en a de si peu farouches, qu'on peut s'en approcher à quinze mètres ; et souvent j'ai fait plusieurs fois le tour d'une de ces troupes éparpillées, pour les ramener ensemble avant de tirer. Dans les temps de vent, ils se foulent à ras de terre, et j'ai lieu de penser que d'ordinaire ils gardent cette position durant la nuit. Sur les Hébrides, j'ai été maintes fois à la chasse de ces oiseaux au clair de lune ; et je ne les trouvais pas moins occupés et moins actifs que dans le jour ; ce qui, je crois, est aussi le cas pour les bécassines. Mais rarement faisais-je capture, attendu la difficulté de bien apprécier la distance dans les ténèbres. Le nombre des Pluviers qui fréquentent, en cette saison, les pâturages sablonneux et les Hébrides sporades (1) est véritablement étonnant.

(1) *Outer Hebrides*. C'est l'archipel qui comprend les îles éparses et les plus éloignées de la côte d'Écosse.

» Le Pluvier doré entre parfois à gué dans l'eau, pour chercher sa nourriture ; cependant il préfère de beaucoup les terrains secs, et sous ce rapport il diffère essentiellement des chevaliers et des barges. Il aime à sonder les sables humides ; et dans l'été, sur les marécages et les prairies, on trouve les résidus de la fiente de vache fréquemment perforés par son bec. La chair de cet oiseau est délicieuse et, dans mon opinion, ne le cède guère à celle de la bécasse. »

LE CANARD DE LA VALLISNÉRIE.

On rencontre ce fameux Canard depuis les bouches du Mississipi jusqu'à l'Hudson ou rivière Nord ; au delà de cette dernière limite, il se montre rarement sur nos côtes de l'Est, quelle que soit la saison. Cette circonstance, jointe à cet autre fait, qu'on le voit de temps en temps sur les hautes eaux de nos districts de l'Ouest, et qu'il niche en grand nombre, soit au bord de la rivière de l'Ours, dans la Californie supérieure, soit sur les marais et au long des cours d'eau, dans maintes parties des montagnes Rocheuses, cette circonstance, dis-je, me porte à penser qu'au lieu de côtoyer la mer ou les fleuves, ces oiseaux passent par le milieu des terres, en gagnant les régions où ils veulent faire leurs nids, quelque reculées qu'elles soient vers le Nord. D'après le docteur Richardson, ils nichent dans toutes les contrées où l'on va chercher des fourrures, depuis le cinquantième parallèle jusqu'aux plus hautes latitudes septentrionales.

Tout le temps qu'il demeure dans ceux de nos États qui bordent l'Atlantique, ce Canard abonde principalement sur la baie de Chesapeake et les cours d'eau qui s'y déversent. Il n'y a pas plus d'une vingtaine d'années que ses apparitions régulières et son séjour ont été observés ou du moins signalés sur nos eaux du Sud ; cependant à la Nouvelle-Orléans, où on le désigne sous le nom de *Canard-cheval*, il était connu de temps immémorial, au dire des plus anciens chasseurs encore vivants ; et selon eux, c'est seulement environ depuis quinze ans, qu'il a commencé de monter, d'un prix très bas, jusqu'à deux dollars la paire, taux auquel il était rigoureusement tenu lors de mon passage en cette ville, au mois de mars 1837.

Ce renchérissement extraordinaire est dû, je crois, à la préférence marquée que lui donnent les épicuriens de nos États du centre, où on le vante avec exagération comme infiniment supérieur à tous les autres canards du monde. La plupart de nos méridionaux sont tellement engoués de cette prétendue supériorité, que plusieurs fois ils ont fait venir des provisions de ces fins Canards, de Baltimore à Charleston et même jusqu'à Savannah, en Géorgie, bien que l'espèce n'en soit pas très rare au voisinage de cette dernière ville, non plus que sur la grande rivière *Santee*. Un jour je montrais, à un ami qui n'est plus, quelques douzaines de ces mêmes Canards étalés sur le marché de Savannah; mais lui voulait, à toute force, que je fusse dans l'erreur, et me soutenait que ce n'était là que de pauvre gibier, sec, maigre, avec un insupportable goût de poisson, et d'une qualité bien inférieure à celle du canard sauvage et de la sarcelle aux ailes bleues. Et de fait il n'avait pas tort, car dans cette saison ils ne valent guère mieux qu'il ne disait.

J'en ai vu des quantités considérables sur les nombreux îlots et les rivières de la Floride orientale; mais sans en rencontrer un seul sur le golfe Saint-Laurent, au long des côtes du Labrador ou de Terre-Neuve.

Ils arrivent dans les environs de la Nouvelle-Orléans, du 20 octobre à la fin de décembre, par compagnies de huit à douze individus, qui probablement ne se composent que des membres d'une seule famille; et à l'inverse de plusieurs autres espèces, ils se tiennent par petits groupes, tant que dure l'hiver. Néanmoins, à l'approche du printemps, ils se réunissent entre eux et, vers le premier avril, partent en grandes troupes. Dans leurs stations, ils ont coutume de se poser à découvert sur les prairies humides, les étangs vaseux, et font leur nourriture des graines de diverses plantes, notamment de celles du lis d'eau et de l'avoine sauvage.

Au rapport d'Alexandre Wilson, qui le premier a décrit cette espèce, leur apparition dans les districts du Centre a lieu vers le 15 octobre; mais plus récemment d'autres auteurs ont écrit qu'à moins d'un froid rigoureux dans le Nord, ils se montrent rarement avant le 15 novembre. C'est aussi mon avis, étant convaincu, je le répète, que pour se rendre aux lieux où ils nichent, de même que pour les quitter, leurs voyages s'accomplissent par le milieu des terres. Si ce dernier point était bien vérifié, il faudrait y voir la preuve que ces oiseaux, différents en cela des autres canards, au lieu de s'avancer directement au Sud, quand viennent l'automne et l'hiver, suivent une direction oblique vers les régions de l'Est où ils résident, jusqu'à ce que le froid s'y fasse trop vivement sentir, et qu'ils reprennent leur vol pour gagner des contrées plus chaudes, où ils demeurent tout le reste de l'hiver.

Leur vol, bien que rappelant par sa pesanteur celui de nos plus grosses espèces de mer, est puissant, rapide, par moments très élevé et bien soutenu. Ils nagent enfoncés dans l'eau, surtout quand ils redoutent quelque danger, et probablement pour être toujours prêts à disparaître en plongeant, exercice auquel ils sont des plus experts. Ils fendent l'eau avec une extrême agilité, mais se meuvent lourdement sur terre. Leur régime varie suivant les lieux et les saisons. La plante nommée *Vallisnérie* (1), et dont on dit qu'ils font leur nourriture sur la baie de Chesapeake, est plus abondante dans ces eaux que partout ailleurs ; et là même elle devient quelque-

---

(1) C'est cette même plante qui présente, dans ses amours, des phénomènes si singuliers, d'ailleurs bien constatés par les savants, et dont plusieurs poëtes ont fait l'objet de leurs chants: voyez Darwin, dans ses *Amours des plantes*, et Delille dans les *Trois règnes de la nature.*

fois assez rare pour que ce Canard, ainsi que d'autres qui n'en sont pas moins friands, se voient obligés de recourir aux poissons, grenouillettes et lézards aquatiques, limaces et mollusques, ainsi qu'aux graines de diverses espèces qu'on retrouve en plus ou moins grande quantité dans leur estomac.

On ne sait rien de leurs mœurs durant la saison des œufs, et l'on ignore également ce qui se rapporte aux changements de plumage qu'ils peuvent subir à cette même époque.

Quant aux moyens qu'on emploie pour en approvisionner nos marchés, n'ayant pu, faute d'occasions, m'en instruire suffisamment par moi-même, je vais transcrire ici un compte rendu de la chasse aux Canards sur les eaux du Chesapeake, publié il y a déjà quelques années dans le *Cabinet d'histoire naturelle*, et dont une copie m'a été transmise par l'auteur, le docteur Sharpless de Philadelphie. Je m'empresse de lui en adresser mes remercîments, sans oublier les nombreuses preuves d'obligeance qu'en mainte autre circonstance il m'a données :

« La baie de Chesapeake, avec ses divers tributaires, est le lieu le plus fréquenté par les oiseaux d'eau qu'il y ait dans tous les États-Unis. Cela tient à l'abondance de nourriture qu'ils y trouvent, soit sur les immenses bancs de sable ou bas-fonds qui, de l'embouchure de la Susquehannah, s'étendent tout le long de la rivière Elk, soit sur les bords mêmes de la baie et de ses affluents, jusqu'aux rivières York et James dans le sud.

» Cependant leur nombre va en décroissant depuis

quelques années ; et même plusieurs personnes m'ont assuré que, rien que dans les quinze dernières, il avait diminué de moitié. Cela, à n'en pas douter, provient d'abord de la plus grande destruction qu'on en fait, tout le monde aujourd'hui s'acharnant après eux, par occupation ou par passe-temps ; ensuite le trouble incessant qu'on leur cause les porte à se disperser plus au loin et à déserter leurs anciennes retraites.

» Dès la première ou la seconde semaine d'octobre on voit apparaître, sur les parties supérieures de la baie, les petites espèces de canards, telles que la sarcelle religieuse, le canard à longue queue et le canard rougeâtre ; puis, dans les derniers jours du mois, le millouinan, le jensen et le millouin (1), qui avec l'oie du Canada se répandent bientôt sur toute l'étendue de la baie. Enfin, mais seulement après que le froid a sévi dans le Nord, arrivent en grand nombre et jusqu'au milieu de novembre le Canard de la Vallisnérie et le cygne d'Amérique. Tous ces oiseaux, dans les premiers temps, sont maigres et sans goût, à cause des privations qu'ils ont souffertes pendant le voyage et peut-être pendant les préparatifs de leur installation. Il faut plusieurs jours d'un repos non interrompu pour leur communiquer cette saveur qu'on prise tant chez certains d'entre eux. Dans les basses marées qui suivent leur retour, ils se tiennent sur les bancs, loin du rivage, et rarement prennent l'essor, à moins qu'ils ne soient inquiétés ; mais quand les marées du printemps rendent les eaux

---

(1) *Anas albeola, glacialis, rubida, marila, Americana, ferina.*

trop profondes pour qu'ils y puissent trouver leur nourriture, ils s'envolent, chaque matin, pour descendre la baie et revenir avec le soir. La plupart se nourrissent de la même herbe qui croît abondamment dans les bas-fonds de la baie et les eaux adjacentes et qu'on appelle l'*herbe aux Canards*, ou Vallisnérie d'Amérique. Elle a d'ordinaire de six à dix-huit pouces de haut et s'arrache très facilement. Des personnes qui ont observé de près nos Canards, lorsqu'ils vont pour manger, disent que, de même que le millouinan, ils plongent pour se procurer cette herbe, se contentant eux-mêmes des racines, tandis que le jensen et le millouin prennent les feuilles. En effet, bien que le jensen soit beaucoup plus petit que le Canard de la Vallisnérie, il ne se gêne pas, affirme-t-on, pour lui dérober tout le butin qu'il rapporte, au moment même où il revient du fond de l'eau.

» Toutes ces grosses espèces cherchent la pâture de compagnie, mais se séparent quand elles s'envolent. Qu'elles vivent les unes et les autres de la même herbe, cela est évident, leur chair à tous ayant le même fumet : si bien que les individus dont le goût est le plus exercé sous ce rapport sont embarrassés pour dire à quelle espèce ils ont affaire ; cependant le jensen est celui qu'on préfère généralement.

» Vers le milieu de décembre, surtout quand l'hiver a été un peu rigoureux, ces différents canards sont devenus si gras, que j'en ai vu dont la gorge crevait en tombant sur l'eau. Dès lors, comme ils dépensent moins de temps à manger, ils passent et repassent, matin et soir, par-dessus la baie, offrant ainsi au chasseur des occasions très favorables. Ils conservent, dans leurs plus courts voyages, l'ordre qu'ils observent pour leurs migrations, c'est-à-dire qu'ils volent en ligne ou bien en formant un triangle sans base ; et si le vent souffle sur les pointes de terre qui font saillie au-dessous d'eux, c'est alors qu'on a beaucoup de chance d'en tuer. D'ordinaire, en effet, ils évitent autant que possible d'approcher du rivage ; mais lorsqu'une forte brise les pousse vers ces sortes de promontoires, ils sont obligés de céder au vent et passent à portée de fusil du bord, quelquefois même par-dessus la terre.

» Quand on les trouble sur leurs bancs, alors même qu'ils y trouveraient abondance de nourriture, on les force la plupart du temps à s'éloigner et à chercher d'autres lieux pour vivre. Aussi, sur les rivières qui descendent à la baie, au voisinage des pointes d'où il est aisé de les guetter, jamais, soit de jour, soit de nuit, ils ne se voient inquiétés par des bateaux chasseurs. A la vérité, le bruit des coups qu'on tire du rivage les fait d'abord s'envoler, mais bientôt ils reviennent ; tandis que si une voile les poursuit seulement pour quelques instants, ils abandonnent leur retraite favorite, et on ne les revoit pas de plusieurs jours.

» D'après le nombre de Canards qu'on aperçoit dans toutes les directions, on serait tenté de croire qu'on n'a qu'à les attendre à la première pointe venue, pour être sûr d'en abattre à discrétion ; mais si l'on fait attention à la puissance de leur vue qui distingue de si loin, comme aussi à l'immensité de l'espace dont ils disposent, on reconnaîtra qu'à moins de circonstances assez heureuses, un chasseur peut rester des jours entiers sans obtenir aucun succès. Du côté ouest de la baie, là où croît surtout la plante qu'ils aiment, les vents du sud sont les plus propices. Si la marée est haute, avec une petite gelée et un vent frais du midi, ou même par une matinée calme, ces oiseaux se mettent en mouvement par troupes dont le nombre dépasse toute idée ; et ils approchent si près des pointes, qu'un médiocre tireur peut en tuer de cinquante à cent par jour.

» Lorsqu'un étranger visite ces eaux et qu'il voit ces Canards qui par milliers couvrent les bancs de sable et remplissent l'air de leurs bataillons serrés, avec des multitudes de beaux cygnes blancs posés non loin du rivage, où ils ressemblent à des masses de neige nouvelle, il s'imagine qu'on n'a qu'à tirer et qu'au milieu de ces rangs profonds il n'est pas un coup de fusil qui ne porte. Mais qu'il considère l'épaisseur du plumage qui les défend, la rapidité de leur vol, la promptitude et la durée de leurs plongeons, sans compter les circonstances du vent et de la saison, qui ont ici une si grande influence, et il s'étonnera bien plutôt que l'on en puisse détruire autant.

» Jusqu'ici la méthode la plus habituellement employée contre eux a été de les tuer au vol, soit des pointes dont j'ai parlé, soit du rivage ou posté sur des bateaux, après qu'ils se sont posés pour manger; ou bien encore, comme l'on dit, en les *attirant* ; opération qui consiste à faire venir les Canards quelquefois d'une distance de plusieurs centaines de mètres, de façon qu'ils s'approchent à quelques pieds de la terre. Pour cela, on choisit un lieu où on les ait auparavant laissés vivre assez tranquilles et où ils se tiennent habituellement à trois ou quatre cents mètres du bord, dont ils peuvent d'ailleurs approcher jusqu'à cinquante ou soixante pas; ce qu'au reste ils ne font jamais que lorsqu'ils ont la facilité d'y nager librement. Plus la marée est haute et le temps serein, plus on a de chance de réussir, car alors ils sont moins éloignés de la rive et voient plus distinctement. La plupart des gens qui habitent ces côtes élèvent une petite race de chiens blancs ou argentés, qu'on désigne familièrement dans le pays sous le nom d'*appeleurs*, et qui, je crois, sont tout bonnement des barbets communs. Ces chiens sont très vifs, aiment beaucoup à jouer, et on leur apprend à courir çà et là sur le rivage, en vue des Canards, soit à un simple mouvement de la main, soit en leur jetant des morceaux de bois de côté et d'autre. Bientôt ils comprennent parfaitement ce qu'on leur demande; et quand ils voient que les Canards commencent à venir, ils font leurs sauts et leurs gambades moins haut, et finissent même par ramper, de peur que ces oiseaux ne découvrent quel est l'objet qui excite ainsi leur curiosité. On a aussi mis à profit cette disposition qui les pousse à s'approcher pour reconnaître ce qui leur paraît singulier, en agitant devant eux un mouchoir noir ou rouge dans le jour et blanc pendant la nuit, ou même en battant doucement l'eau au long des bords. Les Canards qui s'en trouvent les plus voisins sont d'abord frappés de cette étrange apparition ; ils lèvent la tête, regardent avec grande attention pendant quelques instants, puis se dirigent vers le lieu d'où vient l'objet, suivis de toute la bande. En maintes occasions, j'en ai vu des milliers qui nageaient ainsi en masse compacte pour gagner le rivage ; et à mesure que le chien recule parmi les herbes, ils s'avancent quelquefois jusqu'à moins de quinze pieds. Enfin, quand ils sont arrivés assez près, en général leur curiosité est satisfaite, et après avoir couru quelques bordées de droite et de gauche, ils rétrogradent et s'en retournent à leur première station. Le bon moment pour le chasseur, c'est quand ils présentent le flanc, et il peut alors en tuer une cinquantaine, même avec un petit fusil. Celui qui vient ordinairement le premier est le millouinan, ensuite le millouin, puis le Canard de la Vallisnérie. Le dernier de tous est le jensen, et encore ne se décide-t-il que bien difficilement. C'est aussi dans cet ordre qu'ils s'approchent des pointes en volant ; mais quand une fois le Canard de la Vallisnérie a pris sa direction, il ne s'en laisse pas aisément détourner. Dans ces moments-là vous n'avez pas besoin de vous cacher ; les Canards ne s'effrayent nullement, et la vue même d'un grand feu ne pourra les arrêter. Les jensens nuisent beaucoup quand on veut en tuer d'autres au vol : ils sont si défiants, que non-seulement ils évitent les pointes pour eux-mêmes, mais par leurs sifflements et le trouble de leurs évolutions ils donnent l'alarme à ceux qui les accompagnent.

» On se croirait, n'est-ce pas, très sûr de son coup, quand il ne s'agit que de tirer au milieu d'une masse

solide de Canards couvrant l'eau à une distance de quarante à cinquante mètres? Toutefois, en réfléchissant
que le chasseur est placé presque de niveau avec la surface, on comprend que le corps qu'il a devant lui, bien
que composé de plusieurs centaines d'individus, ne
présente qu'une largeur de quelques pieds; aussi le
meilleur conseil que puissent donner les vieux tireurs,
c'est, si l'on ne veut pas porter trop haut, de tenir le
Canard le plus rapproché toujours en plein au-dessus
de la ligne de mire, quelle que soit la longueur de
la colonne. J'ai vu l'exactitude de ce principe complétement vérifiée par l'expérience, un jour que j'avais
attiré plusieurs centaines de Canards à cinquante pas du
rivage : environ vingt mètres au delà des derniers rangs
étaient cinq millouinans, et un seul seulement de ceux-ci
fut tué, quoiqu'on eût visé juste au milieu de la bande,
et qu'on se fût servi d'une canardière bien chargée et
à l'épreuve.

» Avant de quitter ce sujet, *le tir au Canard*, quand
il est posé, je veux citer encore un fait qui s'est passé
sur la rivière Bush (1), il y a quelques années : un individu dont l'habitation était située près du bord s'aperçut, un matin, qu'à une vingtaine de mètres du rivage et juste en face de sa maison, les eaux étaient
toutes prises par la glace, sauf un espace de dix à
douze pieds entièrement couvert de Canards. S'étant
armé de son grand fusil, il tira au beau milieu, et plus
de la moitié resta sur la place. Ceux qui d'abord avaient

____

(1) Dans l'État de Maryland.

pris la fuite ne tardèrent pas à revenir se faire tuer au même endroit, et il continua de tirer jusqu'à ce qu'enfin, craignant que dans le nombre ne se trouvassent ceux de sa basse-cour, il cessa le massacre et alla chercher ses victimes : il y en avait quatre-vingt-douze, dont la plupart étaient des Canards de la Vallisnérie.

» Pour empêcher les chiens, pendant qu'ils manœuvrent sur le rivage, de courir dans l'eau, on ne leur permet jamais d'y aller pour rapporter le gibier; mais on dresse, à cet effet, une autre grosse espèce croisée de chiens de Terre-Neuve et de barbets. Ces animaux, quand ils voient la partie engagée ou sur le point de se terminer, semblent y prendre non moins d'intérêt que le chasseur lui-même. Tant que les oiseaux sont en l'air, leurs yeux s'occupent continuellement à regarder de quel côté ils viennent; et souvent, par certains gestes, ils m'ont averti de l'arrivée d'une troupe encore trop éloignée pour qu'un homme eût pu l'apercevoir. Lorsque les Canards approchent, les chiens se couchent, mais sans jamais les quitter de l'œil, et au moment où le coup part, ils se relèvent d'un bond pour mieux juger du résultat. Si un Canard tombe roide mort, ils plongent et le rapportent; mais très souvent ils attendent pour savoir *comment* il est tombé et dans quelle direction il nage. Ils semblent reconnaître, presque aussi bien que le chasseur, quand il n'y a pas de chance de le prendre, et alors ils n'y essayent même pas, sachant par expérience que, lorsqu'il n'est simplement que désailé, il leur échappe presque toujours en plongeant. Ces chiens ne rapportent d'ordinaire qu'un Canard à la fois ; mais un vrai Terre-Neuve que nous avions avec nous, cet automne, nageait plus de vingt mètres au delà du premier, pour en prendre un second dans sa gueule et les rapporter tous les deux. Ces nobles animaux sont pleins d'ardeur et d'ambition : un gentleman me racontait qu'il avait ainsi vu rapporter à son chien, dans l'espace d'une heure, vingt-deux Canards de la Vallisnérie et trois cygnes, à un moment où l'eau était si froide et la saison si rigoureuse, que la pauvre bête était toute couverte de glaçons, au point que, pour l'empêcher de geler, il avait dû prendre son manteau et l'en envelopper. Il y en a qui plongent très loin après un Canard ; mais lorsqu'un millouinan ou un Canard de la Vallisnérie n'est que blessé, il s'enfonce si profondément dans l'eau, qu'il est presque impossible au chien de les atteindre. Pour vous donner une idée de la rapidité avec laquelle ces oiseaux disparaissent, il me suffira de vous citer un fait dont j'ai été témoin moi-même, et j'ajoute qu'un autre tout semblable s'offrit le même jour à l'observation de l'un de mes amis : un mâle, de l'espèce du Canard à longue queue, fut tiré sur l'eau avec un fusil à piston ; mais en plongeant, il évita le coup et, quelques instants après, s'envola ; quand il fut à environ cinquante mètres de la barque et peut-être à un pied au-dessus de la surface de l'eau, le chasseur lui envoya un second coup ; mais à la seule explosion de la capsule, il avait eu le temps de replonger ; et, bien que le plomb eût couvert la place où il venait de disparaître, nous le vîmes se renlever bientôt après, sans le moindre mal.

» Lorsqu'un de ces Canards a été frappé sur quelque cours d'eau du voisinage, il gagne immédiatement la baie et s'y tient caché parmi les herbes, jusqu'à ce qu'il soit guéri ; à moins toutefois qu'il ne lui arrive d'être achevé par les aigles, les faucons, les goëlands ou les renards qui rôdent continuellement aux environs. Si vous en tuez un de l'espèce de la Vallisnérie et que vous ne le preniez pas de suite, il ne tardera pas à devenir la proie du goëland, qui généralement ne touche qu'à celui-là. J'ai vu de ces lâches maraudeurs assaillir des Canards ainsi blessés. Presque toujours un ou deux coups de bec mettaient fin à la résistance ; cependant le combat ne laissait pas que d'être rude, et parfois même l'agresseur était repoussé. S'il se trouve que le Canard soit d'une saveur remarquable, le goëland manifeste sa joie gloutonne d'une façon si bruyante, que bientôt d'autres se rassemblent, et dans ce cas le morceau reste au plus courageux ou au plus fort.

» Une autre méthode pour prendre les Canards consiste à tendre un filet sous l'eau, dans les lieux où ils ont coutume de venir manger ; et quand ils plongent pour chercher la nourriture, leur tête et leurs ailes s'embarrassent dans les mailles où ils se noient. Ce moyen réussit d'abord, mais bientôt les oiseaux s'effarouchent et finissent par s'éloigner. Dans certains cas même, il a suffi d'en tendre ainsi deux ou trois fois de suite, pour les empêcher de revenir de plusieurs semaines. Quand on cherche à s'avancer sur eux à la rame, de nuit comme de jour, on produit le même effet ; et ce procédé, assez généralement en usage sur la rivière Bush, est hautement désapprouvé par les chasseurs qui affûtent les Canards de dessus les pointes. Durant ces trois dernières années, on a constamment pu voir, sur la rivière dont je parle, un homme dans son bateau, armé d'un long fusil que soutient un porte-mousqueton ; et la quantité de gibier qu'il détruit est immense. Mais ce genre de chasse déplaît si universellement, qu'à diverses reprises on a cherché à couler bas le bateau et le fusil ; et on lui a si souvent envoyé des balles à lui-même, que maintenant ses expéditions ne peuvent plus avoir lieu que la nuit.

» Quant à la chasse au clair de lune, elle est peu pratiquée ; néanmoins, comme les Canards sont en mouvement dans les nuits où cet astre brille, on pourrait aisément les attirer à portée, en les *appipant* lorsqu'ils volent. En certains lieux, on imite leur cri dans la perfection ; et j'ai vu des oies s'écarter à angle droit de leur route pour venir à cet appel. Le chasseur les amène jusqu'au-dessus de sa tête, où elles planent ; et c'est surtout lorsqu'il emploie un oiseau captif, que la réussite devient certaine.

» Cette chasse, si facile en apparence et si fructueuse, n'en est pas moins une de celles où l'on est le plus exposé au froid et à l'humidité ; et les personnes qui voudront s'en donner le plaisir, sans être munies d'un courage *à toute épreuve*, reconnaîtront trop tôt que pour un bien il faut affronter mille maux : ramper à travers la boue et la vase, pendant des centaines de pas, et souvent pour ne rien attraper du tout ; ou bien encore, se tenir des heures entières sur une pointe, par une pluie battante et un vent qui transperce les os, n'est-ce pas là de quoi mettre à bout la patience du plus déterminé chasseur ? Cependant, c'est un amusement plein d'attrait et de charme ; et celui qui, doué d'un tempérament capable de supporter le rude froid des pôles, voudra s'y risquer, sans se laisser rebuter par la perspective de nombreux jours de misère et de fatigues, celui-là, je le lui promets, y trouvera une moisson de jouissance et de santé telle qu'un rôdeur des bois à rarement l'occasion d'en faire. »

Le nom de ce Canard si renommé lui vient, comme on sait, de la Vallisnérie qui, sur les eaux douces, forme le fonds de sa subsistance. Toutefois, comme cette plante se trouve assez peu répandue, il est loin de se borner à cette seule espèce végétale, mais se nourrit encore et principalement de celle qu'on appelle Herbe à l'anguille (*zostera marina*) (1) , qui abonde dans les détroits et les fonds plats, tout le long des côtes de la mer. Pour moi, je dois l'avouer, sa chair ne me semble guère plus délicate que celle du millouin, qui se trouve souvent avec lui dans les mêmes troupes ; et, sur les marchés, on les vend indifféremment l'un pour l'autre.

(1) Genre de plante monocotylédone, de la famille des Aroïdées. La Zostère marine croît au fond de la mer, dans l'Océan et dans la Méditerranée.

LE TOURNE-PIERRE.

Cet oiseau, l'un des plus beaux de sa famille, quand il a revêtu la livrée du printemps, se rencontre, en hiver, le long des côtes méridionales des États-Unis, depuis la Caroline du Nord jusqu'à l'embouchure de la rivière Sabine, et j'ajoute que là on le trouve en nombre considérable, bien qu'en cette même saison il y en ait peut-être tout autant qui voyagent dans le Texas et le Mexique, où j'ai pu les voir, du commencement d'avril à la fin de mai, lors de leurs migrations vers l'est. Je m'en procurai plusieurs spécimens dans le cours de mes explorations sur les clefs de la Floride, et au voisinage de Saint-Augustin; en mai et juin, aussi bien qu'en septembre et octobre, il y en a sur presque toutes nos côtes maritimes, du Maine au Maryland; mais au Labrador j'en cherchai vainement, quoique le docteur Richardson assure qu'ils viennent nicher sur les bords de la baie d'Hudson, et depuis l'océan Arctique jusqu'au soixante-quinzième parallèle.

Au printemps, les Tourne-pierres se réunissent rarement par troupes de plus de cinq ou six individus; mais ils s'associent souvent avec d'autres espèces telles que chevaliers, maubèches et alouettes de mer. Cependant, vers la fin de l'automne, ils forment des rassemblements bien plus considérables et qui durent tout l'hiver. Je n'en ai jamais rencontré au bord des rivières et des lacs, mais toujours près de la mer, et surtout au long des larges îlots, si nombreux sur nos côtes. Ils s'avancent assez loin en mer; j'en ai vu sur des îles rocheuses, à trente milles du continent, et deux fois, en traversant l'Atlantique, j'en ai remarqué, non loin des *grands bancs*, plusieurs troupes qui volaient rapidement; elles rasaient presque les vagues autour des vaisseaux, puis, partant tout droit dans la direction du sud-ouest, en quelques minutes elles disparurent à nos regards. Au commencement de juin, j'en vis aussi un certain nombre sur les hautes terres de l'île de Grand-Manan, ce qui me fit supposer qu'ils y nichaient; mais nous ne pûmes jamais trouver de nids; et j'ai su depuis qu'effectivement, vers la fin de juillet, on prend beaucoup de petits sur cette île, de même qu'au long des côtes du Maine.

J'ai observé que, lorsqu'ils sont en compagnie d'oiseaux d'une autre espèce, les Tourne-pierres se montrent bien plus farouches que quand ils se tiennent entre eux; dans ce dernier cas, ils ne semblent même pas avoir peur de l'homme.

Je pourrais, à cet égard, citer plusieurs faits : Un jour, sur l'île Galveston, au Texas, mon ami Harris, avec mon fils et divers individus de notre société, avait tué quatre daims, que les matelots apportèrent à notre petit camp, près du rivage. Me sentant un peu fatigué, je ne voulus pas retourner à la chasse et me proposai pour dépouiller la venaison, avec l'aide de l'un de nos hommes. Quand l'opération fut terminée

et qu'on eut retranché de chaque animal la tête et les
pieds, mon matelot et moi nous portâmes le gibier à
la mer pour l'y laver ; et je fus tout étonné d'apercevoir, juste devant nous, quatre Tourne-pierres qui se
tenaient dans l'eau. Ils ne s'éloignèrent que très peu en
nous voyant, et à peine commencions-nous à nous retirer qu'ils revinrent à la même place. Ceci se répéta
quatre fois de suite; et quand nous fûmes enfin partis,
ils se remirent à chercher tranquillement leur nourriture. Le plus éloigné ne se trouvait qu'à quinze ou
vingt pas, et je prenais plaisir à voir leur confiance et
leur air délibéré, pendant qu'ils retournaient coquilles
d'huîtres, mottes de boue et autres petits corps qu'en
se retirant la marée avait laissés à sec. Quand l'objet
n'était pas trop gros, l'oiseau, les jambes à moitié
ployées, introduisait son bec par-dessous, donnait subitement un coup de tête, avalait prestement la proie
ainsi mise en vue, et sans plus de cérémonie passait à
une autre. Mais s'il arrivait que l'huître ou le petit
monceau de boue se trouvassent trop pesants pour être
si aisément remués, alors ils employaient non-seulement le bec et la tête, mais encore la poitrine, et poussaient de toute leur force ; à peu près comme je faisais
moi-même pour tourner sens dessus dessous quelque
grosse tortue. Quand il s'agissait d'herbes marines reje-
tées sur la grève, ils ne se servaient que du bec ; et j'admirais avec quelle dextérité ils savaient les secouer et les
épandre de côté et d'autre. Je vis ainsi mes quatre
Tourne-pierres fouiller tous les recoins du rivage, sur
un espace de trente ou quarante mètres ; après quoi

je les fis partir, de crainte que les chasseurs ne les tuassent en revenant.

Une autre fois, en compagnie de M. Harris et sur la même île, je fus témoin d'une scène semblable : nous vîmes plusieurs Tourne-pierres occupés à chercher leur nourriture et s'y prenant avec non moins d'adresse. En différentes occasions, notamment au voisinage de Saint-Augustin, dans la Floride orientale, je me suis amusé à guetter ces oiseaux avec une lunette, tandis qu'ils travaillaient sur les bancs d'huîtres du Raton. Ils recherchaient de préférence les huîtres que l'ardeur du soleil avait tuées, et retiraient le corps d'entre les valves, précisément à la manière de l'huîtrier commun ; mais, pour les coquilles minces, ils les frappaient et les brisaient, comme je pus le reconnaître en allant examiner les lieux. Sur la côte de la Floride, près du cap Sable, j'en tuai un au mois de mai, qui avait l'estomac rempli de ces jolis coquillages auxquels leur ressemblance avec les grains de riz a fait donner communément le nom de *coquilles de riz*.

J'ai toujours considéré le Tourne-pierre, surtout sous le rapport de ses mœurs, comme une espèce très voisine de l'huîtrier. Certainement il en diffère en plusieurs points ; mais si je n'avais à consulter que ses affinités pour déterminer sa place, je le ferais sortir de la famille des *Tringœ*. Sa manière de chercher la nourriture autour des petits cailloux et autres objets semblables, la force relative de ses jambes, sa disposition à la solitude, ses notes sifflantes pendant qu'il vole, tout cela finira par prouver, je l'espère, que ce que je viens d'avancer ici pourrait bien être d'accord avec le seul système vrai, je veux dire le simple système de la nature, si l'on est jamais assez heureux pour le comprendre.

Cet oiseau reste chez nous plusieurs mois ; cependant on en voit très peu qui soient dans toute la beauté de leur plumage ; et parmi les nombreux spécimens que je me suis procurés, depuis le commencement de mars jusqu'à la fin de mai, ou depuis août jusqu'en mai, j'en ai à peine trouvé deux qui fussent marqués exactement de la même manière. Pour cette raison, je ne mets pas en doute que cet oiseau, de même que le chevalier et plusieurs autres, ne perde sa riche livrée d'été immédiatement après la saison des œufs, époque où les vieux peuvent difficilement se distinguer des jeunes. J'ai remarqué toutefois que chaque mois du printemps apporte un nouvel éclat à leur parure, et qu'ils revêtent successivement ces plumes brillamment tachetées qui les décorent en dessus et en dessous, comme il arrive pour le chevalier, la bécassine à gorge rouge, les barges et mainte autre espèce. D'après M. Hewitson, les œufs, au nombre de quatre, se terminent brusquement en pointe par le petit bout, et ont, en général, un pouce quatre huitièmes et demi de long, sur un pouce un huitième et demi de large. Le fond de la coquille est d'un vert jaunâtre pâle, avec des taches irrégulières et des traits d'un rouge-brun croisés de quelques lignes noires.

Pour la couleur du plumage, je n'ai pas remarqué de différence sensible entre les deux sexes, quelle que fût la saison ; seulement le mâle est d'ordinaire un peu plus gros que la femelle, ce qui, comme on le sait, n'est pas le cas dans la famille des *Tringæ* proprement dits.

Mon digne ami le docteur Bachmann avait chez lui un de ces oiseaux vivants et qui portait une légère blessure à l'aile. Après qu'il s'en fut guéri, il le donna à une dame de nos amies, qui le nourrit de riz bouilli et de pain trempé dans du lait, qu'il aimait également bien. Elle le garda ainsi en captivité près d'une année, mais il périt par accident. Il était devenu très familier, mangeait dans la main de sa bonne maîtresse, se baignait fréquemment dans un bassin qu'on avait mis exprès à côté de lui, et ne tenta jamais de s'échapper, bien qu'il eût toute liberté pour le faire.

LE PÉLICAN BLANC D'AMÉRIQUE.

J'éprouve un vrai plaisir, cher lecteur, à vous certifier que notre Pélican blanc, considéré jusqu'ici comme le même que celui qui habite l'Europe, en est totalement différent. Après m'être bien assuré de ce fait, j'ai cru pouvoir l'honorer du nom de ma patrie bien-aimée ; et puisse, sur nos vastes fleuves, ce magnifique oiseau errer toujours libre et paisible, jusqu'aux temps les plus reculés, comme il l'a fait depuis les âges ténébreux de la mystérieuse antiquité !

Dans son introduction au second volume de la *Faune boréale américaine*, le docteur Richardson nous apprend que le *Pelecanus onocrotalus* (aujourd'hui *Pelecanus americanus*) se trouve par grandes troupes, durant tout l'hiver, dans les régions du Nord. A la page 472, cet intrépide voyageur nous dit que les Pélicans sont nombreux dans l'intérieur de ces mêmes contrées, en remontant jusqu'au seizième degré, mais qu'ils approchent rarement à moins de deux cents milles de la baie d'Hudson. Ils déposent leurs œufs sur les rochers des îles, à la chute des cascades, là où ils n'ont guère à craindre d'être inquiétés ; et cependant ce ne sont pas des oiseaux farouches. Mon savant ami parle aussi de la longue protubérance osseuse qu'ils portent sur la mandibule supérieure, et quoique ni lui ni M. Swainson ne fassent ressortir les autres différences bien réelles qu'on remarque entre cette espèce et celle d'Europe, il constate néanmoins que l'existence de cette dernière particularité n'a point été signalée chez le Pélican blanc de l'ancien continent.

Il y a déjà plus de trente ans, lorsque je me retirai pour la première fois dans le Kentucky, je voyais très fréquemment de ces Pélicans sur les bancs de sable de l'Ohio et sur les rochers qui brisent le cours de cette majestueuse rivière, à l'endroit qu'on appelle les *Rapides*, situés entre Louisville et Shippingport ; et même quelques années plus tard, lorsque je m'établis à Henderson, ils étaient si abondants, qu'il m'arriva souvent d'en tuer plusieurs d'un seul coup, sur un banc de sable bien connu derrière lequel s'abrite l'île de la Crique au canot. En ces jours fortunés de ma première jeunesse, que d'heures délicieuses j'ai passées en les guettant ! Il me semble y être encore ; et quand j'y songe, je relis avec moins de fatigue les notes éparses dans mon journal tant de fois feuilleté.

Rangés en lignes brisées sur les bords du banc de sable, se tiennent une centaine de Pélicans aux larges pieds. Les riches teintes de l'automne décorent les arbres aux alentours; et à les voir réfléchies comme des fragments de l'arc-en-ciel, on dirait qu'elles remplissent de leurs nuances variées les profondeurs mêmes du fleuve qui laisse dormir ses ondes. L'orbe du jour n'a plus que des rayons rougeâtres et voilés : c'est le commencement de l'été indien, cette heureuse saison, plus qu'aucune autre, charmante et sereine, et semblable à l'automne de la vie qui, pour un véritable amant de la nature, est, en effet, l'époque la plus pure et la plus calme de l'existence. Les Pélicans rassasiés se mettent à nettoyer leur plumage, attendant avec patience que la faim les presse de nouveau. Si l'un d'eux, par hasard, vient à bâiller, aussitôt, et comme par sympathie, tous, les uns après les autres, ouvrent leur large bec et s'en donnent longuement et à leur aise ; puis ils recommencent à se parer, à lisser leurs plumes, en les étirant tout du long entre leurs mandibules, jusqu'à ce qu'enfin tout soit bien en ordre, comme s'ils se préparaient à figurer dans quelque grande cérémonie. Cependant le soleil va bientôt disparaître, et sa lumière rougeâtre ne colore plus que les dernières cimes des arbres. L'estomac des Pélicans réclame à grands cris, et pour le satisfaire, il faut maintenant travailler : ils se lèvent avec effort sur leurs jambes semblables à des piliers, et entrent pesamment dans l'eau. Mais quel changement soudain ! Voyez comme ils flottent, agiles et légers ; leurs lignes se déploient, et de leurs pieds larges comme des rames ils se poussent en avant. Là-bas, dans cette anse que forme le fleuve, sautillent les petits poissons, sur l'onde paisible, saluant peut-être à leur manière le départ de l'astre du jour, peut-être cherchant quelque chose pour leur souper. Il y en a des milliers ; et leurs ébats mêmes, faisant étinceler les eaux, trahissent leur présence et appellent les en-nemis. Aussitôt les Pélicans, sachant combien la proie aux brillantes écailles est prompte à leur échapper, élè-vent au vent leurs vastes ailes, s'élancent en donnant de vigoureux coups de pieds, enferment les pauvres poissons dans les eaux basses, le long du rivage, puis ouvrant leurs énormes poches, comme autant de filets, en prennent et en dévorent des centaines à la fois.

N'est-il pas étonnant qu'on trouve ces oiseaux s'oc-cupant à leurs nids, dans les régions du Nord, précisé-ment vers la même époque où on les rencontre sur les baies intérieures du golfe du Mexique ? Le 2 avril 1832, j'en vis un grand nombre près de l'embouchure sud-ouest du Mississipi ; et quelques années après je les re-trouvai, au même moment, sur chaque île, chaque baie ou rivière, en m'avançant vers le Texas ; ensuite, au 1er mai, j'en aperçus quelques-uns sur la baie de Galveston. Il y a plus : lors de mon excursion à l'île *Grand-Terre*, M. Andry, planteur, qui depuis long-temps y demeurait, m'assura que, presque à chaque mois de l'année, on voyait des Pélicans blancs sur ces rivages. Serait-ce donc que, dans les oiseaux de cette espèce, comme dans beaucoup d'autres, les individus stériles restent dans des localités entièrement aban-données par ceux qui ont la faculté de se reproduire? Ces derniers, en effet, nous le savons, gagnent les mon-tagnes Rocheuses, les latitudes les plus froides; et c'est là qu'ils nichent. Ou bien, parmi ces Pélicans, de même que cela se voit chez diverses espèces de nos canards, en est-il qui, pour élever leur couvée, demeurent dans les contrées méridionales, obéissant ainsi à un instinct secret ou à quelque particularité d'organisation? Ah ! lecteur, que nous savons peu de chose encore des mer-veilleuses combinaisons dont la nature dispose pour assurer, en toute circonstance, le bien-être et la félicité de chacune des créatures qui lui doivent l'existence!

Mon ami John Bachman dit, dans une note qu'il m'adressait : Cet oiseau est maintenant beaucoup plus rare, sur nos côtes, qu'il n'était il y a une vingtaine d'années, puisque diverses personnes m'ont affirmé qu'il nichait anciennement sur les bancs de sable de nos îles aux oiseaux. En 1814, le 1ᵉʳ juillet, j'en vis une troupe sur les bancs de Bull's-Island, et j'en tuai deux vieux dans leur plumage complet. Je crois même qu'ils avaient leurs œufs sur l'un de ces bancs qui mal-heureusement avait été submergé, la veille, par une marée de printemps que poussait un vent impétueux.

Il y a dix ou douze ans, on tua un couple de ces Pélicans blancs, non loin de Philadelphie, sur la Delaware. Ce sont, autant que je puis croire, les seuls de cette espèce qu'on ait encore vus dans nos États du centre, où même le Pélican brun ne passe jamais. Je ne sache pas qu'aucun individu de l'une ou l'autre espèce se soit montré nulle part sur nos côtes de l'Est. De tous ces faits on peut conclure que les Pélicans blancs gagnent les régions nord de la baie d'Hudson, en voyageant vers l'intérieur des terres, et surtout en longeant au printemps, le cours de nos grandes rivières de l'Ouest; ce qu'ils font aussi, quoique d'un vol moins rapide, en automne.

A bien réfléchir, ne doit-on pas penser que les migrations d'un grand nombre de nos oiseaux, aujourd'hui du moins, sont en partie artificielles; et que, pour la plupart, ces myriades d'oies, de canards et autres que nous voyons, chaque printemps, quitter nos districts méridionaux pour remonter vers le Nord, avaient autrefois l'habitude d'établir leur nid et de se fixer partout où, quelle que fût la latitude, ils trouvaient les conditions du climat favorables? Quant à moi, je crois que, si ces pauvres bêtes s'enfoncent à présent dans des régions du globe sauvages et inhabitées, c'est pour fuir les difficultés et les dangers qu'ils rencontrent dans la multiplication sans cesse croissante de notre espèce ; ils vont chercher de lointaines retraites où ils puissent jouir de la paix et de la sécurité nécessaires pour élever leur innocente famille, et qui, de nos jours, leur sont refusées aux lieux qu'anciennement ils possédaient.

Le Pélican blanc ne fond jamais sur sa proie en volant, comme fait le Pélican brun. Il pêche généralement de la manière que nous venons d'indiquer, en modifiant toutefois son procédé d'après les circonstances, telles que le besoin de veiller à sa sûreté et la rencontre accidentelle de bancs de poissons, dans les bas-fonds qu'une troupe peut entourer. Jamais non plus ils ne plongent pour prendre leur nourriture, mais enfoncent seulement la tête dans l'eau, aussi loin que le cou peut atteindre, pour la retirer aussitôt qu'ils ont attrapé quelque chose, ou qu'ils ont manqué le but, car ils ne la tiennent presque jamais hors de vue plus d'une demi-minute. Sur les rivières, ils cherchent ordinairement au long des bords, mais le plus souvent en nageant profondément ; et alors ils avancent bien plus rapidement que sur le sable. Tandis qu'ils nagent ainsi, vous les voyez allonger le cou et ne montrer que la mandibule supérieure au-dessus de l'eau, l'inférieure restant tendue horizontalement et prête à recevoir tout ce que le hasard amène dans la grande poche qui pend en dessous.

Ces oiseaux pêchent indifféremment, soit le long des eaux douces, soit sur les rivages de la mer ; et, dans ce dernier cas, il est bon que vous sachiez comment ils s'y prennent. Au mois d'avril 1837, sur l'île de Barataria, je remarquai une troupe de Pélicans blancs en compagnie de Pélicans bruns, et qui tous étaient à l'œuvre pour chercher leur nourriture, ceux-ci travaillant comme à l'ordinaire, et les premiers de la manière suivante : ils nageaient à la fois contre le vent et le courant, les ailes en partie ouvertes, le cou tendu, et ne laissant voir que leur mandibule supérieure, tandis que l'inférieure écumait l'eau en dessous, comme une véritable nasse ; puis ils l'élevaient de temps en temps, la rapprochaient de l'autre, et toutes deux se rencontrant dans une position perpendiculaire, l'eau s'en échappait; enfin, par un second mouvement du bec en haut, le poisson se trouvait englouti.. Après avoir ainsi balayé un espace d'environ cent pas, en ligne déployée et nageant parallèlement l'un à l'autre, ils prenaient l'essor, tournoyaient quelque temps dans le voisinage, et bientôt redescendaient à l'endroit où ils avaient commencé la pêche, pour répéter les mêmes manœuvres. Ils se tiennent plus loin du rivage que les Pélicans bruns, et dans de plus hautes eaux ; cependant il s'en détachait parfois quelqu'un de ces derniers qui, en poursuivant un poisson, s'approchait tout près des autres, sans qu'ils se témoignassent entre eux le moindre mauvais vouloir. Je les observai pendant plus d'une heure, caché derrière de grosses souches ; et quand leur repas fut terminé, ils s'envolèrent tous de compagnie vers une autre île, sans doute pour y passer la nuit, puisqu'ils sont les uns et les autres des oiseaux diurnes. Une fois repus, ils gagnent la rive, les petites îles dans les baies et les rivières, ou bien se posent sur des troncs d'arbres flottants à la surface des basses eaux, mais à une bonne distance du bord ; et dans ces différents cas, ils aiment à se tenir ensemble et très rapprochés les uns des autres.

Il m'était absolument indispensable d'en avoir plusieurs spécimens, pour pouvoir en donner une bonne description anatomique; et j'avais mis en réquisition

tous les gens de l'équipage, leur recommandant de m'en
tuer le plus qu'ils pourraient. Mais voyant que, malgré
toutes ces précautions, je n'avais encore pu m'en procurer un seul, je me décidai à tenter moi-même une
expédition avec quelques hommes choisis. J'avais entendu dire à nos matelots que de grandes troupes de
ces oiseaux fréquentaient les îlots intérieurs de la baie
de Barataria : en conséquence, je fis équiper un bateau,
et mon ami Édouard Harris, mon fils et moi, nous
partîmes pour les chercher. Effectivement nous ne
tardâmes pas à en apercevoir un nombre considérable
sur de gros tas de souches ; mais il n'était pas facile d'en
approcher, à cause du peu de profondeur que présentait l'eau, à près d'un demi-mille autour de nous.
Cependant, avec toute la précaution possible, nous
parvînmes à nous avancer suffisamment ; et je l'avoue,
j'éprouvai un singulier plaisir en me retrouvant, une
fois encore, à portée de fusil d'une troupe de Pélicans
blancs. Et vous non plus, cher lecteur, vous n'eussiez pu
vous défendre d'un vif intérêt, en voyant le calme et
la gravité de ces oiseaux dont plus d'une centaine couvraient confusément de larges piles de bois, ou s'étendaient en longues files sur un étroit banc d'huîtres. Ils
reposaient appuyés sur la gorge ; mais en nous voyant
approcher, ils se levèrent prudemment de toute leur
hauteur ; quelques-uns se laissèrent glisser de dessus les
souches et nagèrent vers les troupes voisines, aussi in-
souciants du danger que s'ils eussent été à un mille de
nous. Déjà nous voyions distinctement leurs yeux brillants ; nos fusils, chargés avec du plomb à daim, étaient

tout prêts, et mon fils, couché sur l'avant de la barque, n'attendait que le signal. — Feu ! soudain la détonation retentit ; les Pélicans effrayés battent des ailes et se dispersent dans toutes les directions, laissant derrière eux trois de leurs camarades sur l'eau. Un second coup part et en abat un quatrième au vol ; plusieurs en outre étaient blessés. Nous nous mîmes à leur donner la chasse, et quelques instants après nous les avions en notre pouvoir. Poussant alors environ un quart de mille plus loin, nous en tuâmes encore deux et en poursuivîmes d'autres qui étaient blessés à l'aile ; mais nous ne pûmes faire avancer notre bateau assez vite au milieu des passes étroites et des bas-fonds tortueux, de sorte qu'ils finirent par nous échapper. Ces oiseaux nous parurent très peu farouches, pour ne pas dire tout à fait stupides. Dans une seule place où il y en avait près de soixante sur une énorme souche, nous en eussions peut-être tué huit ou dix d'une décharge, si nous avions pu nous approcher de vingt pas de plus ; mais nous en avions une bonne provision, et nous revînmes au vaisseau sur le pont duquel on laissa les blessés se promener en liberté. Les Pélicans sont très difficiles à tuer : plusieurs que le plomb avait percés de part en part, n'expirèrent que huit ou dix minutes après avoir reçu le coup. Ils ont la vie si dure, que l'un de ces oiseaux, qui avait eu le derrière de la tête fracassé par une balle à mousquet, semblait cinq jours après presque convalescent et même était devenu très familier. Quand ils se sentent blessés, ils nagent avec lenteur et pesamment, et ne cherchent pas à plonger, ni même à mordre, ainsi que font les

Pélicans bruns, bien qu'ils soient pour le moins deux fois aussi gros et forts en proportion. Après le coup de fusil, ils restent un moment silencieux; mais quand ils s'enlèvent, on entend un son creux et guttural, assez semblable au bruit que l'on produit en soufflant par la bonde d'une barrique.

Les Pélicans blancs paraissent inactifs pendant la plus grande partie du jour, et ne se mettent à pêcher qu'après le lever du soleil, pour recommencer une heure environ avant qu'il se couche. Parfois cependant toute la troupe monte au haut des airs, où elle fait ses évolutions, en décrivant de larges cercles à la manière des grues, des ibis et des vautours. Ces mouvements ont probablement pour objet de faciliter leur digestion: ils veulent se plonger au sein d'un air plus actif, dans les régions fraîches et élevées de l'atmosphère. Sur le sol, on les voit de temps à autre, mais bien moins fréquemment que le Pélican brun, ouvrir leurs ailes à la brise ou aux rayons du soleil. En marchant, ils semblent excessivement gauches, et, comme nombre d'individus des moins braves dans notre propre espèce, ils sont enclins à japper et cherchent à mordre, mais seulement lorsqu'ils savent que ceux auxquels ils s'adressent leur sont trop supérieurs pour daigner faire la moindre attention à leurs provocations. Leur manière habituelle de voler rappelle exactement celle du Pélican brun. Certains auteurs prétendent que le Pélican blanc peut se poser sur les arbres, mais c'est un fait dont je n'ai jamais été témoin. Je pense que la crête osseuse qu'ils ont sur la mandibule supérieure s'allonge et grossit avec l'âge, et probablement ils s'en servent comme d'une arme, pour la défense ou pour l'attaque, dans les combats qu'ils livrent à leurs rivaux, quand vient la saison des amours.

Le nombre de petits poissons que consomme un seul de ces oiseaux vous semblera, comme à moi, véritablement extraordinaire. Un jour, on en tua un qui passait au-dessus de la maison du général Hernandez, à sa plantation de la Floride-Orientale. Il n'était pas encore adulte, et paraissait avoir au plus dix-huit mois. Nous l'ouvrîmes et lui trouvâmes dans l'estomac plusieurs centaines de poissons de la grosseur du vairon commun. J'en ai ouvert bon nombre d'autres, et en diverses occasions; mais jamais leur estomac ne contenait de poissons de la taille de ceux dont se nourrit habituellement le Pélican brun. Ce dernier, qui plonge en volant après la proie, doit en effet en prendre de plus gros que l'autre, qui ne sait que les poursuivre en nageant.

Ce bel oiseau — car, lecteur, ce sont réellement de beaux oiseaux, et vous diriez comme moi, si vous pouviez les contempler sur l'eau, dans toute la blancheur et la propreté de leur plumage — ce bel oiseau porte sa crête largement étalée et comme partagée en deux à partir du milieu de la tête. Le brillant de ses yeux me paraissait égaler l'éclat du plus pur diamant; dans la saison des amours ou bien au printemps, le rouge orangé de ses pattes et de ses pieds, ainsi que celui de son bec et de sa poche, présente des nuances étonnamment riches, mais qui en automne deviennent plus pâles. Sa chair est coriace et nauséabonde, avec un fort goût de poisson, de sorte qu'on ne peut l'employer comme aliment que dans un cas d'extrême nécessité. On a prétendu, bien à tort, que les Pélicans se laissent facilement prendre quand ils sont repus de poisson; car en pareille circonstance, dès qu'on veut en approcher, ils rendent gorge comme font les vautours.

———

L'ANHINGA,

OU L'OISEAU-SERPENT.

Quelles jouissances pures ont signalé le cours de cette vie aventureuse qui fut la mienne! Moins nombreuses, sans doute, et moins paisibles elles eussent été, si depuis les premiers temps auxquels peut se reporter ma mémoire, je n'avais été dominé par cette enthousiaste, cette irrésistible passion que j'ai toujours nourrie pour les merveilleuses scènes de la nature. Ceux qui m'ont le mieux connu ne s'étonneront pas de m'entendre dire que jamais il ne fut pour moi de plaisir comparable à celui de poursuivre et de décrire fidèlement tel ou tel de nos oiseaux d'Amérique encore inconnu, ou seulement mal observé jusqu'alors.

Mais aussi que de jours pénibles j'ai dû consacrer par un hiver rigoureux, au milieu des marais pestilentiels et des sauvages forêts de la Louisiane, à étudier en silence et le cœur palpitant d'émotion les mœurs si curieuses de l'Anhinga ! J'aimais à épier la femelle couvant ses œufs avec tendresse, dans un nid placé par elle, hors de toute atteinte, sur la branche prodigieusement étendue de quelque gigantesque cyprès qui, planté là comme par magie, s'élevait du centre même d'un vaste lac. Je la vois encore : d'un œil attentif, elle suit chaque mouvement du farouche busard ou de la corneille rusée ; elle veille, de peur que l'un ou l'autre de ces maraudeurs ne lui ravisse le fruit de ses amours, et pendant ce temps plane au haut des airs, le compagnon de ses joies et de ses fatigues. Les ailes toutes grandes ouvertes, la queue étalée en éventail, il jette d'abord un regard inquiet vers celle qu'il aime, puis un autre, plein de colère et de défi, sur chacun de leurs nombreux ennemis. En cercles plus hardis il s'élance, monte de plus en plus haut ; bientôt il ne semble qu'un point obscur, et enfin disparaît complétement dans l'immense étendue du ciel bleu. Mais tout à coup, fermant ses ailes, il tombe comme un météore, et je l'aperçois posé maintenant sur le bord du nid où il contemple tendrement l'objet de tous ses soins.

Trois semaines s'écoulent ; autour du cyprès sont épars les débris des coquilles que l'intelligente mère a rejetés hors de sa demeure et qui flottent sur le vert limon du marais. Je monte au nid, et je vois les petits revêtus d'une ouate plus fine que nos cotons les plus moelleux ; ils allongent leur cou mince et tremblant ; le bec ouvert et leurs poches tendues, ils demandent, comme tous les enfants, la nourriture qui convient à leur délicate structure. Alors je me retire à l'écart, pour tout observer sans les troubler ; et bientôt la mère arrive avec une provision d'aliments qu'elle a soigneusement mâchés et ramollis : ce sont divers poissons que le lac lui a fournis et qu'elle dégorge avec mesure à chacun de ses nourrissons. Je les ai vus croître, tous ces membres de la jeune famille ; chaque jour j'ai remarqué leurs progrès plus ou moins rapides, selon les changements de température et l'état de l'atmosphère. Enfin, après une attente longue et continue, je les ai vus se tenir presque tout droits sur un espace à peine assez large pour les contenir. Les parents semblaient ne pas ignorer le danger de leur position ; et pourtant, affectionnés comme ils paraissaient toujours l'être, je croyais remarquer qu'ils ne leur témoignaient plus le même intérêt, et j'en ressentais de la peine. Oui ! ce fut pour moi une véritable peine de les voir, la semaine suivante, repousser leurs enfants et les précipiter dans l'eau qui s'étendait au-dessous. Il est vrai qu'auparavant les jeunes Anhingas avaient essayé le pouvoir de leurs ailes, lorsqu'ils se tenaient debout sur le nid, en battant l'air par intervalles et pendant plusieurs minutes de suite ; néanmoins, quoique bien convaincu qu'ils étaient par eux-mêmes en état de risquer le saut, je ne pus me défendre d'un mouvement de frayeur, en les voyant culbuter en l'air et faire le plongeon dans le marais. Mais en cela, comme toujours, la nature avait agi conformément à ses fins, c'est-à-dire sagement ; et je reconnus bientôt qu'en chassant ainsi leurs petits, les parents avaient eu pour objet d'élever une autre couvée à la même place, avant le commencement de la mauvaise saison.

Nombre d'auteurs, que je m'abstiens de nommer ici, ont décrit ce qu'il leur a plu d'appeler les mœurs de l'Anhinga; il en est même qui n'ont pas hésité à nous présenter de longs commentaires à leur sujet, fabriquant et généralisant des théories à perte de vue. Il faut les entendre nous enseigner, d'un ton d'oracle, ce qu'il en doit être de ces oiseaux, alors que toutes leurs imaginations n'avaient pour base qu'une peau desséchée et quelques plumes! Laissons ces ornithologistes s'amuser aux bagatelles du cabinet; et pour nous, continuons le cours de nos recherches et de nos études sur la nature même.

L'oiseau-serpent réside constamment dans les Florides et les parties basses de la Louisiane, de l'Alabama et de la Géorgie. Quelques-uns passent l'hiver dans la Caroline du Sud ou dans tout autre district à l'est de cet État; mais il en est aussi qui poussent, au printemps, jusqu'à la Caroline du Nord et nichent le long de la côte. J'en ai rencontré dans le mois de mai, au Texas, sur la rivière Sainte-Hyacinthe, où ils se reproduisent et où l'on me dit qu'ils restent l'hiver. Rarement remontent-ils le Mississipi au delà de Natchez et de ses environs, et presque tous ils reviennent aux embouchures du grand fleuve, sur les nombreux étangs et les lacs qui l'avoisinent, où j'en ai vu, en toute saison, aussi bien que dans les Florides.

Comme c'est un oiseau qui, par la singularité de

ses mœurs, attire l'attention de l'observateur le plus indifférent, on lui a donné une foule de noms : les créoles de la Louisiane, autour de la Nouvelle-Orléans, et jusqu'à Pointe-Coupée (1), l'appellent *Bec à lancette*, à cause de la forme de son bec; aux embouchures du Mississipi, il porte le nom de *Corneille d'eau ;* dans le Sud de la Floride, celui de la *Dame grecque ;* pour les habitants de la basse Caroline, c'est un *Cormoran ;* et dans tous ces divers lieux, il est également connu sous le nom d'*Oiseau-serpent ;* mais nulle part, chez nous, on ne l'appelle le *Dardeur à ventre noir*, nom qui, du reste, ne pourrait s'appliquer convenablement qu'au mâle adulte.

Les Anhingas qui d'un côté remontent le Mississipi, ou de l'autre visitent les Carolines, arrivent chacun à leur destination, dans le commencement d'avril, en certaines années même, dès le mois de mars, et y restent jusqu'aux premiers jours de novembre. On trouve accidentellement ces oiseaux au voisinage de la mer, et parfois leur nid n'est pas éloigné du bord. Cependant je n'en ai jamais vu un seul pêcher dans l'eau salée : ils donnent une préférence marquée aux rivières, aux lacs ou lagunes de l'intérieur, et choisissent toujours les parties les plus basses et les plus unies de la contrée. Plus le lieu est sauvage et solitaire, mieux ils s'y plaisent. Souvent, en effet, j'en ai trouvé sur de petits étangs que je découvrais par pur hasard et à l'improviste, dans des réduits de la forêt si bien cachés, que

(1) Village sur la rive droite du Mississipi.

leur subite apparition me causait une sorte de surprise.
Aussi les Florides leur conviennent-elles particulièrement : là, les eaux croupissantes des rivières, des bayous
et des lacs sont abondamment fournies de poissons, de
reptiles et d'insectes ; et au milieu d'une température
qui leur est favorable en toute saison, ils jouissent d'une
paix et d'une sécurité qu'ils ne trouveraient nulle part
ailleurs. Partout où de semblables conditions sont réu-
nies, on est sûr de rencontrer les Anhingas, en nombre
proportionné à l'étendue des lieux. Presque jamais on
n'en voit sur des courants rapides, moins encore sur
des eaux claires ; et dans toutes mes excursions, je n'ai
noté qu'un seul exemple de ce cas. Mais remarquez
bien ceci : en quelque endroit que vous rencontriez cet
oiseau, toujours vous reconnaîtrez qu'il s'est ménagé
les moyens de s'échapper. Jamais, en effet, vous n'en
verrez sur un marais ou un étang complétement entouré
par de grands arbres, de façon que la retraite leur
soit fermée ; ils choisiront bien plutôt quelque marais
impénétrable et profond, du milieu duquel s'élève un
bouquet d'arbres, pour pouvoir, de dessus les hautes
branches, observer facilement les approches de l'ennemi et prendre la fuite à temps. Différent en cela de
l'orfraie et du roi pêcheur, l'Anhinga n'a pas pour
habitude de fondre sur sa proie, de quelque point cul-
minant ; mais parfois il se laisse glisser, en silence, de
sa perche dans l'eau, et c'est sans doute ce qui aura
induit certains naturalistes en erreur.

Le Dardeur à ventre noir (je veux varier ses noms,
pour éviter des répétitions fastidieuses), le Dardeur à

ventre noir peut être considéré comme vivant dans un état habituel de société, mais composée d'un nombre d'individus très variable. C'est ainsi qu'en certains temps, surtout l'hiver, on peut en voir des troupes de huit ou plus, et d'autres fois, de deux seulement, comme dans la saison des amours. Dans l'intérieur des parties les plus méridionales de la Floride, il m'est arrivé, quoique rarement, d'en apercevoir une trentaine réunis sur le même lac; et pendant que j'explorais sur toute sa longueur la rivière Saint-Jean, j'en rencontrai, à diverses reprises, plusieurs centaines qui se tenaient ensemble. J'en tuai des quantités sur cette même rivière ainsi que sur les lacs du voisinage et ceux qui entourent la plantation de M. Bulow, dans la partie Est de la Péninsule. Je dois noter encore que, dans cette espèce, comme parmi les cormorans, les hérons et beaucoup d'autres oiseaux, les jeunes restent séparés des vieux, qu'ils ne rejoignent qu'au printemps suivant, lorsqu'ils ont eux-mêmes toutes leurs plumes.

L'Anhinga est un oiseau entièrement diurne, et, comme le cormoran, il aime quand on ne l'y tracasse pas, à revenir, chaque soir, vers la brune, au même perchoir. J'en voyais souvent de trois à sept se poser, pour la nuit, sur la cime dépouillée d'un grand arbre, et cela durait plusieurs semaines; mais quand j'en avais tué ou blessé quelques-uns, le reste abandonnait la place; et après de furieux combats avec une autre troupe qui perchait à environ deux milles de là, ils finissaient par s'établir au milieu d'elle. Dans ce cas, ils ne se tiennent pas près l'un de l'autre, ainsi que font les cormorans, mais laissent entre eux un espace de plusieurs pieds, selon la proximité des branches. En dormant, ils restent le corps tout droit, et jamais ne ploient le tarse, de manière à l'appuyer dans toute sa longueur, selon l'habitude du cormoran. Ils ont la tête bien cachée sous les scapulaires, et de temps en temps font entendre une sorte de ronflement que l'on suppose produit par la respiration. Quand il pleut, ils demeurent souvent perchés la plus grande partie du jour, dans une attitude droite, la tête et le cou tendus en avant, et sans faire le moindre mouvement, comme pour faciliter l'écoulement de l'eau le long de leur corps; parfois cependant ils se secouent brusquement, leurs plumes se hérissent, pour retomber bientôt après, et ils reprennent leur singulière posture.

Cette disposition à retourner au même perchoir est tellement prononcée, que, quand on les en chasse, ils manquent rarement d'y revenir dans le cours de la journée ; et de cette manière, en faisant quelque attention, on peut assez aisément s'en procurer. Étant chez M. Bulow, j'avais coutume de visiter, presque chaque jour, un long et tortueux bayou de plusieurs milles d'étendue, et sur lequel, en cette saison (l'hiver) abondaient les Anhingas. L'alligator, la loutre et une foule d'oiseaux y trouvaient ample pâture, et moi, j'étais continuellement à les guetter. Je ne tardai pas à découvrir la retraite des Anhingas : c'était sur un gros arbre mort ; mais impossible de les joindre, soit en s'avançant avec précaution dans un bateau, soit en rampant parmi les roseaux et les palmettes qui de toutes parts encombraient les bords. Je résolus, en conséquence, de pagayer droit à eux, accompagné de mon fidèle et sagace Terre-Neuve. En me voyant approcher, les Anhingas s'envolèrent vers les parties hautes du bayou ; et comme je savais qu'ils ne reviendraient peut-être pas de plusieurs heures, j'expédiai un canot après eux, avec ordre aux nègres de faire partir tous ceux qu'ils apercevraient. Tirant alors ma petite barque parmi les roseaux, je m'y établis moi-même, et les yeux constamment fixés sur l'arbre, mon fusil prêt, j'attendis. J'étais là depuis quelque temps, lorsqu'un de ces beaux oiseaux vint se poser au-dessus de ma tête, regardant autour de lui, si tout allait bien. Le malheureux ! Il ne soupçonnait pas le danger. Je lui accordai un instant de répit, pour l'observer dans ses mouvements ; puis je tirai, et il tomba lourdement sur l'eau. Le bruit de mon coup de fusil, répété par les échos, effraya les autres oiseaux aux alentours ; et en regardant par en haut et par en bas du bayou, je vis plusieurs Anhingas qui fuyaient en toute hâte dans des directions opposées. Mon chien, obéissant comme le plus soumis des serviteurs, ne bougeait jamais qu'à mon ordre ; je lui fis signe : il entra doucement dans l'eau, nagea vers l'oiseau mort, et revint se coucher à mes pieds. De ma cachette je tuai, en un seul jour, quatorze Anhingas et en blessai plusieurs autres. Tous les arbres où je les ai vus se percher ainsi étaient constamment au-dessus de l'eau, soit sur le rivage ou au milieu de quelque marais stagnant ; c'est là aussi qu'ils se retirent après s'être repus, et ils semblent choisir

cette position pour pouvoir jouir, au matin, des premiers rayons du soleil, ou se réchauffer à l'éclatante
splendeur de son midi, comme aussi pour mieux distinguer l'approche de leurs ennemis. En sentinelle sur ces
hautes cimes et se fiant à leurs yeux brillants, qui découvrent de loin les fils maraudeurs de la forêt ou la
venue non moins dangereuse de quelque amateur
enthousiaste comme vous ou moi, les Anhingas se tiennent droits, les ailes et la queue tantôt grandes ouvertes,
tantôt en partie seulement étendues au soleil. Leur cou
effilé se fléchit et se tortille par un mouvement des
plus singuliers, et leur tête darde dans toutes les directions, tandis que le bec reste bâillant, et que l'intensité
de la chaleur fait se relâcher et pendre la large poche
qu'ils ont sous la gorge. Qu'un pareil spectacle était,
pour moi, rempli d'intérêt ; avec quelle inquiétude et
quelle ardeur je me glissais vers ces oiseaux, pour les
étudier de plus près, tout en sentant se rafraîchir mon
corps brûlé par le soleil, et laissant derrière moi des
nuées de cousins et de moustiques affamés qui me
dévoraient ; mais surtout, quel bonheur lorsque, après
avoir plusieurs fois manqué mon coup, je pouvais
ramasser enfin l'oiseau depuis si longtemps désiré et m'en revenir au rivage, pour inscrire mes
observations sur mon album ! C'est avec un bien vif
plaisir aussi que je vous transmets ces résultats d'une
expérience toute personnelle, appuyés des notes que
m'a fournies, sur le même sujet, mon excellent ami
le docteur Bachman.

Wilson, je suis tenté de le croire, n'a jamais vu

d'Anhinga vivant; et les détails qu'il a donnés d'après M. Abbott, de la Georgie, sont loin d'être exacts. Dans les volumes supplémentaires à l'*Ornithologie d'Amérique*, publiés à Philadelphie, l'éditeur, pour avoir visité les Florides, n'a rien ajouté d'important, si ce n'est quelques mesures plus précises d'un seul spécimen· que, du reste, Wilson lui-même avait indiquées et qu'il avait prises sur un sujet empaillé que possède le musée de cette ville.

La forme particulière de l'Anhinga, ses longues ailes, sa large queue en éventail, donneraient à penser, au premier coup d'œil, que la nature l'a destiné pour être un oiseau de long vol, et non à passer au moins la moitié de son temps sur l'eau, où il semble que le grand développement de ces parties doive au contraire lui faire obstacle. Et cependant, comme une telle supposition serait loin d'être vraie ! En réalité, l'Anhinga est le premier de tous les plongeurs d'eau douce. Avec la rapidité de la pensée, il disparaît au-dessous de la surface, que son passage agite à peine ; et quand vous le cherchez encore autour de vous, votre œil étonné l'aperçoit à quelques centaines de pas, n'ayant plus que la tête au-dessus de l'eau ; parfois même vous ne découvrez que le bec, qui fend doucement les ondes et produit un petit sillage qu'on cesse de voir à cinquante pas. Vous concevez qu'un si bon nageur puisse aisément se jouer de tous vos efforts. Quand on l'a tiré sur la branche, et quoiqu'il soit bien blessé, il tombe perpendiculairement, le bec en bas, les ailes et la queue fermées, plonge et fuit si loin sous l'eau, que presque toujours il s'échappe. S'il vous arrive de le revoir et que vous cherchiez à le poursuivre, il plonge une seconde fois le long du bord, s'accroche par les pieds aux racines des arbres et des plantes, et reste là jusqu'à ce que la vie l'abandonne. S'il est tué roide sur l'arbre, il se cramponne quelquefois si fort aux branches, qu'il faut attendre plusieurs minutes avant qu'il tombe.

Quant à cette opinion que l'Anhinga nage toujours le corps enfoncé sous l'eau, c'est une erreur complète : il ne le fait qu'en présence d'un ennemi ; mais s'il n'appréhende aucun danger, il se laisse aller, en flottant à la surface, avec autant d'aisance et de grâce qu'aucun autre oiseau plongeur, cormoran, harle, grèbe ou plongeon proprement dit. Dès qu'il aperçoit un ennemi, il commence à s'enfoncer plus avant, comme c'est l'habitude de ces derniers; et à mesure que le danger s'approche, il disparaît peu à peu, jusqu'à ne présenter au-dessus de l'eau que la tête et le cou, qui, d'après leurs formes et leurs mouvements, rappellent assez bien la tête et partie du corps d'un reptile ; et c'est de cette circonstance même qu'il tire son nom d'*Oiseau-serpent*. On le voit alors constamment tourner la tête de côté et d'autre, et ouvrir souvent le bec, comme pour aspirer une plus grande quantité d'air, et se préparer à rester sous l'eau assez longtemps pour ne revenir à la surface que lorsqu'il sera hors d'atteinte. Lorsqu'il pêche sans que rien le trouble, il plonge précisément à la manière du cormoran, puis reparaît dès qu'il s'est procuré quelque autre poisson ou un bon morceau ; il le secoue, et quand il n'est pas trop gros, le jette en l'air, le reçoit adroitement dans son bec et l'avale, pour recommencer aussitôt à en chercher d'autres. Je doute fort qu'il saisisse jamais une proie qu'il ne puisse engloutir tout entière d'un seul coup. Ces oiseaux ont la singulière habitude de plonger sous tout corps que le vent ou les courants ballottent à la surface de l'eau, comme des tas d'herbes et de feuilles, ou bien des substances verdies et décomposées par la putréfaction; et cette habitude, ils ne la perdent pas, même en état de domesticité parfaite. Mon ami John Bachman en avait un qui plongeait ainsi dès qu'il approchait, à quelques pieds, d'une masse de balles de riz qui flottait sur un de ces étangs où monte la marée, dans le voisinage de Charleston. De même que l'oie commune, l'Anhinga baisse toujours la tête quand il passe sous l'arche d'un pont peu élevé, sous une branche ou le tronc d'un arbre qui s'avance au—dessus du courant. En nageant sous l'eau, il ouvre en partie les ailes, sans les employer cependant comme moyen d'impulsion ; mais la queue est entièrement étendue, et il se sert de ses pieds en guise de rames qu'il fait aller ensemble ou alternativement.

La quantité de poisson qu'il absorbe, pour sa consommation journalière est réellement surprenante : un matin, mon ami Bachman et moi, nous commençâmes par donner à l'un de ces oiseaux, qui n'avait pas plus de sept mois, un *poisson noir* (1) de neuf pouces et demi de long sur deux de large. La tête était bien plus

(1) La Perche noire.

grosse que le reste du corps, et ses fortes nageoires épineuses formaient un obstacle redoutable. Néanmoins l'Anhinga l'avala d'une seule bouchée, la tête la première. Une heure et demie après il était digéré, et il lui en fallut encore trois autres un peu plus petits. Une autre fois nous en mîmes plusieurs devant lui, qui avaient de sept à huit pouces ; il en avala neuf, sans désemparer. Pour un seul repas, il en mangeait au moins une quarantaine de trois pouces à trois pouces et demi. Nous le nourrissions aussi de *plaises* (1), et il en avalait qui avaient quatre pouces de large, en dilatant sa gorge et les comprimant pendant qu'elles descendaient dans son estomac. Il paraissait ne pas aimer les anguilles ; du moins il mangeait les autres poissons les premiers, et renvoyait celles-ci pour la fin. Sur l'étang, au bout du jardin, il plongeait assez souvent et rapportait parfois une écrevisse, qu'il serrait fortement et battait de côté et d'autre en la tenant dans son bec, évidemment pour la blesser et l'étourdir avant de l'introduire dans son gosier ; jamais il ne prenait de poisson qu'il ne lui fît subir le même traitement.

Pendant le séjour que je fis sur les bords du Bayou-Sara, dans l'État de Mississipi, j'allais assez souvent rendre visite à quelques connaissances qui demeuraient à Pointe-Coupée, presqu'en face l'embouchure du Bayou.

---

(1) *Pleuronectes dentatus.* Poisson hétérosome, qui a les deux yeux à gauche, et dont la nageoire caudale est arrondie. Ses écailles sont dentelées ; son côté gauche est parsemé de points rouges et de teintes noires. On le pêche dans les eaux de la Caroline.

Un jour, en entrant dans la maison d'un humble colon, sur la rive occidentale du Mississipi, je remarquai deux jeunes Anhingas qu'on avait pris dans un nid qui en contenait quatre et était bâti sur un grand cyprès, au milieu d'un lac, à l'est du fleuve. Ils étaient maintenant apprivoisés, tout à fait familiers et très attachés à leurs parents adoptifs, l'homme et la femme de la maison, qu'ils suivaient partout. Ils mangeaient indifféremment du poisson et des crevettes; et quand il n'y en avait pas, se contentaient de maïs bouilli, dont ils recevaient très adroitement chaque grain, à mesure qu'on le leur jetait. J'appris, dans la suite que, lorsqu'ils furent devenus grands, on les laissait aller au Bayou et sur les étangs des deux rives, où ils pêchaient pour leur propre compte, et que régulièrement, à la nuit, ils revenaient se percher sur le faîte de la maison. C'étaient deux mâles, qui plus d'une fois se livrèrent entre eux de rudes combats; mais enfin ils firent chacun la rencontre d'une femelle qu'ils décidèrent, dans les premiers temps, à venir partager leur perchoir, où ils dormaient tous quatre ensemble. Cependant les femelles ayant sans doute pondu dans les bois, les deux couples disparurent, et les personnes qui me racontaient cette petite histoire ne les ont plus revus.

La Dame-Grecque devient farouche quand elle habite dans des contrées où la population est nombreuse; mais ce cas est rare, comme je l'ai dit précédemment; et lorsqu'elle ne quitte pas ses paisibles et solitaires retraites où presque jamais on ne va l'inquiéter, elle se laisse approcher très facilement. Quelquefois même elle restera à la même place et dans la même posture, tandis que vous lui envoyez plusieurs balles coup sur coup. Elle pêche, je le répète, non pas en plongeant de dessus la branche, ou en tombant à plomb sur la proie ; mais elle plonge en nageant, comme le cormoran et maints autres oiseaux ; et il lui serait en effet assez difficile de découvrir un poisson, d'une certaine hauteur, au-dessus des eaux troubles où elle se plaît.

Elle se meut gauchement le long des branches, en s'aidant de ses ailes, qu'elle a soin d'ouvrir, et parfois de son bec, comme le perroquet. Par terre, elle marche et même court avec beaucoup d'aisance, et certes bien plus adroitement que le cormoran, quoiqu'elle se donne à peu près les mêmes mouvements ; mais dans ce cas elle ne fait point usage de sa queue, qu'elle redresse au contraire ; et en s'en allant ainsi d'un lieu à l'autre, elle darde continuellement la tête et le cou, qui s'étend de toute sa longueur. Pendant la saison des amours, ces mouvements acquièrent beaucoup de grâce et deviennent alors lents et onduleux; en même temps aussi, la poche placée au-dessous de la gorge est distendue, et ces oiseaux font entendre des sons rauques et gutturaux. Quand ils se caressent au sein des airs, à la façon des cormorans, ils poussent une sorte de sifflement qui rappelle celui de certains rapaces, et qu'on peut rendre par les syllabes *eck, eck eck*, la première la plus forte, et les autres en faiblissant. Sur l'eau, leurs notes d'appel ressemblent tellement au sourd grognement du cormoran, que je les ai souvent pris l'un pour l'autre.

Le vol de l'Anhinga est léger et par moments soutenu ; mais, de même que le cormoran, il a pour habitude, en s'enlevant de la branche ou de la surface de l'eau, d'étendre les ailes et d'étaler sa queue, ce qui donne souvent prise aux coups du chasseur. Une fois en plein essor, il peut monter à une grande hauteur, en décrivant de belles courbes que, dans la saison des amours, le mâle surtout aime à varier par de fréquents zigzags, tandis qu'il tourne autour de sa compagne. Parfois tous deux disparaissent complétement à la vue, comme perdus dans les plus hautes régions de l'air; et se tenant beaucoup plus bas en d'autres moments, ils semblent rester plusieurs secondes immobiles et suspendus à la même place. Pendant toutes ces évolutions, et même aussi longtemps qu'ils volent, leurs ailes sont ouvertes en ligne droite, leur cou se porte en avant, et leur queue est plus ou moins étalée, suivant le mouvement à accomplir, c'est-à-dire qu'ils la ferment presque pour descendre, et la rouvrent en l'inclinant d'un côté ou de l'autre quand ils veulent monter. Durant leurs migrations, ils battent des ailes par intervalles, à la manière des cormorans, particulièrement lorsqu'ils ont à traverser une grande étendue de pays boisé. D'autres fois, quand il faut passer au-dessus de quelque vaste nappe d'eau, ils planent comme le busard des dindons et certains faucons. S'ils sont inquiétés, ils fuient rapidement et avec des battements d'ailes sans cesse répétés. J'ai déjà dit qu'ils éprouvent quelque difficulté à s'enlever de leur perche, sans ouvrir préalablement les ailes; de même, avant de se poser, ils s'en servent pour se soutenir le corps, en attendant que leurs pieds se soient suffisamment affermis sur la branche. Sous ce rapport, ils ressemblent exactement au cormoran de la Floride.

Il y a tels faits bien observés, dans les habitudes des oiseaux, d'après lesquels on pourrait avoir une idée très exacte des températures propres aux diverses parties d'un pays, pendant une saison donnée. Ceux que j'ai constatés dans l'histoire de l'Anhinga, me semblent être de ce genre : ainsi j'ai trouvé la Dame Grecque nichant sur la rivière Saint-Jean, près le lac Georges, dès le 23 février. Précédemment déjà j'en avais vu qui se faisaient la cour sur les eaux, d'autres charriant de petites branches pour bâtir leurs nids, et j'avais même tué des femelles ayant des œufs très développés. Or, à cette époque, on ne trouverait peut-être pas un seul Anhinga aux environs de Natchez, et c'est à peine s'il y en a quelques-uns dans le voisinage de la Nouvelle-Orléans, dans l'est de la Géorgie et les parties maritimes ou centrales de la Caroline du Sud. A la Louisiane, ils nichent en avril ou mai, et dans le sud de la Caroline, mon ami Bachman a trouvé, jusqu'au 28 de juin, des petits nouvellement éclos et même des œufs. Dans la Caroline du Nord, où l'on n'en voit plus que quelques couples, la saison des amours est d'une quinzaine de jours encore plus tardive.

J'ai déjà dit aussi que les oiseaux qui nichent de cette manière beaucoup plus tôt dans une partie du pays que dans une autre, spécialement quand c'est à de grandes distances, peuvent encore, après une première ou même une seconde couvée, avoir assez de temps pour gagner de plus hautes latitudes et en élever une troisième dans la même année. De récentes observations m'ont, en outre, convaincu que les individus de la même espèce, nés dans des régions chaudes, ont une plus forte propension à se reproduire que ceux des climats septentrionaux. Cela étant, comme la plupart des oiseaux doués du pouvoir d'émigrer ne manquent presque jamais de l'exercer, ne peut-on pas en conclure que le couple d'Anhingas qui niche en février, sur le Saint-Jean, se sent porté à aller nicher de nouveau, quelques mois plus tard, soit dans la Caroline du Sud, soit aux environs de Natchez? Cependant jusqu'ici je n'ai point encore de fait positif à présenter à l'appui de cette opinion.

Le nid de l'oiseau-serpent est différemment placé, suivant les diverses localités : quelquefois dans des broussailles, ou même sur un smilax, à huit ou dix pieds au-dessus de l'eau, si le lieu est retiré; dans le cas contraire, à l'extrémité des branches des plus hauts arbres, mais toujours au-dessus de l'eau. Dans la Louisiane et l'État du Mississipi, où j'en ai trouvé bon nombre, ils étaient généralement sur de très gros cyprès qui s'élevaient à une grande hauteur du milieu de lacs ou d'étangs, ou qui couvraient les bords des lagunes, des bayous et des rivières, loin de l'habitation des hommes. Souvent ils sont isolés, mais parfois aussi au milieu d'une multitude d'autres nids de hérons, tels que l'*Ardea alba*, l'*Ardea herodias*, et les grandes espèces blanche et bleue. Quoi qu'il en soit, comme dans tous les cas la forme, la grosseur et les matériaux qui les composent sont à peu près les mêmes, je me contenterai de donner la description d'un de ces nids que m'a procuré le docteur Bachman :

D'une forme aplatie, il mesurait deux pieds en diamètre et ressemblait beaucoup à celui du cormoran de la Floride. La première couche se composait de bûchettes sèches de diverse grosseur, quelques-unes ayant près d'un demi-pouce de diamètre et entrelacées en rond. Des branches vertes garnies de leurs feuilles, la plupart appartenant au myrte commun, avec une quantité de mousse d'Espagne et de petites racines, formaient la nichette aussi compacte et solide que celle d'aucun nid de héron que ce soit. Celui-ci renfermait quatre œufs; un autre vu le même jour avait quatre petits; un troisième, trois seulement, et jamais on n'a trouvé de nid d'Anhinga contenant huit œufs ou deux œufs et six petits, comme le prétend M. Abbott, dans ses notes transmises à Wilson. Je dois ajouter cependant que M. Abbott est dans le vrai, quand il dit que ces oiseaux nichent plusieurs années de suite sur le même arbre; moi-même j'en ai connu un couple qui, pendant trois années, occupa le même nid, qu'il augmentait et réparait à chaque printemps, comme font les cormorans et les hérons. Les œufs ont 2 pouces 5/8 de long, sur 1 pouce 1/4 de large et sont d'une forme ovale allongée. L'extérieur présente une teinte d'un blanc sale et uniforme; mais c'est parce qu'ils sont encroûtés d'une substance calcaire qui, lorsqu'elle est soigneusement grattée, laisse voir la coquille d'un bleu clair. Sous ce rapport, ils sont exactement semblables aux œufs des différentes espèces de cormorans que je connais.

Les petits, quand ils ont une quinzaine de jours, sont revêtus d'un duvet brunâtre ; leur bec est noir, leurs pieds d'un blanc jaunâtre, leur tête et leur cou presque nus, et à cet âge ils ressemblent aux jeunes cormorans, bien que d'une autre couleur. Les plumes des ailes commencent à paraître à travers le duvet et sont d'un brun foncé. Ceux d'un même nid diffèrent en taille et en grosseur, non moins que les petits du cormoran. A cet âge ils s'exercent ordinairement à se lever et à se tenir droits, et pour cela ils placent leur bec sur le rebord du nid ou sur une branche à leur portée, en se hissant à l'aide des mandibules, qu'en pareille occasion ils ouvrent de toute leur grandeur. Les jeunes en captivité conservent cette habitude, qui est aussi particulière au cormoran (*Phalacrocorax carbo*), dont les petits s'aidaient de leur bec en rampant sur le pont du *Ripley;* et c'est même ce qu'on voit toujours faire aux vieux Anhingas. Dans les premiers temps, l'appel des jeunes consiste en une sorte de sifflement bas, et l'on croirait, à certains moments, entendre les cris de quelques petites espèces de hérons. Dès leur naissance, les parents leur dégorgent la nourriture, et cette opération semble être douloureuse pour ces derniers, qui se donnent alors de pénibles mouvements et sont obligés d'avoir toujours les ailes ouvertes et la queue relevée.— Je ne puis rien dire de certain sur l'époque précise et la durée de l'incubation ; mais ce dont je suis positivement sûr, c'est que le mâle et la femelle couvent à tour de rôle. Celle-ci toutefois reste beaucoup plus longtemps sur les œufs. Quand on s'approche des jeunes Anhingas encore dans le nid, ils s'y cramponnent avec force, et s'ils sont précipités en bas, ils flottent simplement sur l'eau, où l'on peut aisément les prendre. Les jeunes cormorans, au contraire, se jettent d'eux-mêmes à l'eau et plongent immédiatement.

A trois semaines, les plumes de la queue poussent rapidement, mais offrent toujours cette même couleur d'un brun sombre qu'elles conserveront jusqu'à ce que les Anhingas soient capables de voler; et lors même qu'ils sont prêts à quitter le nid, leur plumage présente une singulière apparence bigarrée. Quand les plumes des ailes et de la queue sont presque développées, celles des flancs et de la gorge deviennent visibles à travers le duvet, et l'oiseau semble encore plus curieusement marqué qu'auparavant. Le jeune mâle est alors de la couleur de la femelle adulte, et la conserve jusqu'au commencement d'octobre, où des raies obscures se montrent sur la poitrine. On commence aussi à apercevoir des taches blanches sur le derrière, dont le noir devient plus intense, et les barres des deux plumes du milieu de la queue, qui dès les premiers jours ont été plus ou moins visibles, sont maintenant tout à fait apparentes et ne doivent plus changer. Vers le milieu de février, le plumage du mâle se trouve dans son état de perfection; mais les yeux n'ont pas acquis tout leur éclat et ne sont encore que d'un rougeâtre orange foncé. A cet égard, je dois noter deux différences entre l'Anhinga et les cormorans : la première, c'est le rapide développement du plumage chez l'Anhinga; la seconde, c'est qu'il se maintient ainsi durant toute la vie de l'oiseau, sans jamais changer de couleur aux diverses mues. Le cormoran, au contraire, met trois ou quatre ans à prendre la livrée qui distingue la saison des amours, et encore ne la garde-t-il que pendant cette période de surexcitation extraordinaire. Chez la femelle de l'Anhinga, les plumes poussent aussi promptement que chez le mâle, et les mues qu'elle subit n'en altèrent pas non plus la couleur.

Comme tous les oiseaux carnivores et piscivores, l'Anhinga peut rester à jeun des jours et des nuits, sans en paraître beaucoup incommodé. Lorsqu'il est blessé et qu'on veut le prendre et l'amener à terre, il semble regarder ses ennemis sans frayeur. En pareil cas, je le voyais surveiller attentivement mon approche ou celle de mon chien; il se tenait aussi droit que ses blessures le lui permettaient, la tête retirée en arrière, le bec ouvert, la gorge gonflée de colère; puis, quand il nous croyait à bonne distance, il dardait en avant son bec qui faisait souvent de cruelles blessures. Un, entre autres, en donna un si furieux coup sur le nez de mon chien, qu'il y demeura attaché et se laissa traîner l'espace de trente pas, jusqu'à mes pieds. Si on les prend par le cou, ils font sentir à l'assaillant le pouvoir de leurs griffes aiguës, et se défendent en battant des ailes, avec une vigueur qu'on serait loin de leur supposer. J'ai pu remarquer souvent l'adresse singulière avec laquelle cet oiseau sait se tirer d'un danger imprévu; et je veux vous en rapporter un exemple qui témoigne d'une sorte de raison : Un jour, en compagnie du capitaine Piercy de la marine des États-Unis, je remontais la rivière

Saint-Jean, et nous étions arrivés en ramant dans un bassin circulaire dont les eaux claires et peu profondes dormaient sur un lit sablonneux. Ces bas-fonds, assez fréquents dans ces parages, sont produits par les pluies du printemps qui roulent le sable des hauteurs jusque dans les rivières bourbeuses et dans les lacs. Nous ne pûmes pénétrer dans cette espèce de petite baie qu'en passant entre les branches des arbres qui traînaient à fleur d'eau, tandis que d'autres, à une immense hauteur, s'étendaient au-dessus de notre tête. En levant les yeux, j'aperçus une femelle d'Anhinga perchée sur le bord opposé de la crique; et comme je ne me souciais pas de la tuer, nous continuâmes à ramer tranquillement vers elle. Mais déjà son œil vigilant nous avait vus, et commençant à avancer la tête, elle s'était mise à regarder de tous côtés, attentive à ne perdre aucun de nos mouvements. Je le répète, la place était étroite et entourée d'arbres très hauts; et bien qu'elle eût pu prendre son vol et s'échapper, elle persistait à demeurer au bout de sa branche, mais évidemment inquiète et sur ses gardes. Enfin, quand le bateau n'en fut plus qu'à une courte distance, elle se rejeta subitement en arrière, fit le saut périlleux à couvert sous les branchages, piqua droit vers l'épaisse forêt et bientôt disparut à nos regards. Je n'avais encore jamais vu d'oiseau de cette espèce s'enfuir à travers les bois.

Je laisse maintenant parler mon ami John Bachman qui va nous décrire un de ces lieux dans lesquels les Oiseaux-serpents aiment à revenir nicher chaque année. Celui dont il s'agit est situé non loin de Charleston, dans la Caroline du Sud.

« Le 28 juin 1837, accompagné des docteurs Wilson, Drayton et de W. Ramsay esquire, je résolus d'aller visiter l'étang de Chisholm, à quelques milles de la ville. C'était un bon moment pour étudier les Anhingas que réclamaient alors tout entiers les soins du nid ; en outre, la journée était belle, et en moins d'une heure, nos chevaux nous eurent portés au bord du marais. A peine arrivés, nous aperçûmes un oiseau qui volait au-dessus de nos têtes, en se dirigeant par le haut de l'étang, vers une place retirée qu'un terrain bourbeux encombré de joncs et de vignes sauvages rendait tout à fait inabordable. Il n'y avait moyen d'en approcher que par eau ; en conséquence, nous halâmes un petit canot qui se trouvait sur l'étang. Malheureusement il faisait eau de toutes parts ; nous essayâmes bien de le calfater de notre mieux, mais sans pouvoir y réussir complétement ; et de plus, comme il était fort incommode et ne pouvait contenir que deux personnes, il fut convenu que je m'embarquerais seul avec mon domestique dont je connaissais l'adresse à pagayer.

» Cet étang établi de main d'homme, n'est, comme on dit dans le pays, qu'un réservoir. Creusé au bout de plusieurs champs de riz qu'il domine, il a pour destination de retenir une quantité d'eau suffisante pour pouvoir, au besoin, arroser et submerger les plantations. On y remarque quelques îlots sur lesquels pousse une immense quantité de petits lauriers de l'espèce du *Laurus geniculata* et de saules noirs, le tout entremêlé

de différentes sortes de smilax et autres plantes, au
milieu desquelles on apercevait de nombreux nids de
hérons. Plus haut enfin, les bihoreaux avaient aussi
fondé une colonie.

» J'avançais péniblement, et, à chaque instant, les
obstacles se multipliaient; l'eau devenait plus basse, la
vase moins résistante et plus profonde, et mon domestique avait toutes les peines du monde à manœuvrer le
petit bateau parmi les vignes et les joncs qui l'accro-
chaient. D'énormes chênes et des cyprès non moins
vénérables dressaient leur tête vers le ciel, tandis que
les branches et le tronc disparaissaient sous une épaisse
couche de mousse d'Espagne qui pendait en longs fila-
ments jusqu'à la surface de l'eau, et y faisait du jour la
nuit. De gros alligators se vautraient dans la fange, ou,
du haut des vieilles souches qui de tous côtés nous bar-
raient le passage, plongeaient avec bruit au milieu du
marais. On ne voyait que tortues, serpents et reptiles
grouillant et nageant autour de nous. Ma situation
n'était pas du tout agréable, et d'autant moins que
j'étais obligé de m'escrimer sans relâche contre des
légions de moustiques, et de veiller non moins attentivement à ne pas chavirer dans un bourbier pareil.
Nous avancions donc très lentement; cependant nous
avancions, et nous finîmes par arriver dans un espace
libre, entouré d'arbres d'une grosseur médiocre et où
je découvris devant moi le nid de l'Anhinga que nous
avions d'abord aperçu. La femelle était dessus; mais
quand elle nous vit approcher, elle grimpa en s'aidant
de son bec, sur une branche élevée d'environ un pied,

et resta là, le cou tendu, immobile comme une statue. Il était cruel de la troubler dans sa paisible solitude ; mais des naturalistes s'inquiètent-ils de cela, lorsque après une longue attente, ils ont l'objet qu'ils poursuivaient, devant les yeux, et pour ainsi dire sous leur main ! Nous n'en étions plus qu'à vingt pas ; je dirigeai vers elle le canon de ma courte carabine, et, au même instant, le coup partit ; mais le balancement continuel du canot, peut-être aussi le défaut d'assurance de ma main qui n'avait pas l'habitude de cette arme, lui sauvèrent la vie. Elle était restée dans la même position, sans faire un seul mouvement : je rechargeai et tirai trois fois de suite sans la toucher ; enfin une balle ayant coupé la branche sur laquelle elle se tenait perchée, elle déploya ses grandes ailes noires, et s'élançant d'un bond dans l'air, fut bientôt hors de vue, et je l'imagine, à l'abri de tout autre danger. »

M. Bachman s'étant aussi procuré des œufs et des petits de cette même espèce, ce sont encore ses observations que je vais transcrire ici.

« J'avais rapporté chez moi trois jeunes Oiseaux-serpents ; deux vinrent bien tout d'abord et commencèrent à s'apprivoiser ; le troisième fut confié aux soins d'un de nos amis. L'un de ceux que j'avais gardés s'éleva parfaitement ; mais l'autre, par la négligence de mon domestique, mourut au bout de quelques semaines, pendant une absence que j'avais été obligé de faire. Du temps que ces deux derniers étaient dans la même cage, je m'amusais à voir le plus petit, quand il avait faim, faire tous ses efforts pour introduire son bec dans celui du grand et même dans sa gorge. Quand celui-ci était par trop ennuyé de ces importunités, il ouvrait le bec dans lequel son petit frère coulait sa tête jusqu'au fond de la gorge, pour en retirer le poisson que l'autre venait d'avaler; et c'est de cette singulière façon que le grand, qu'on reconnut plus tard être un mâle, continua toujours d'agir, en vrai père adoptif, envers sa jeune sœur laquelle, en effet, semblait s'être mise sous sa protection. J'ai toujours en ma possession le premier qui se nourrit de poisson. Il le jette plusieurs fois en l'air, le reçoit très adroitement et l'avale à la première occasion favorable, c'est-à-dire quand il retombe dans son bec la tête la première. Au commencement, lorsqu'il s'agissait d'un gros poisson, j'avais soin de le faire couper par morceaux, jugeant le cou de cet oiseau trop mince pour pouvoir se dilater suffisamment et le laisser descendre tout entier; mais bientôt je reconnus que cette précaution n'était nullement nécessaire. Un poisson trois fois gros comme son cou y passait d'une seule pièce; et aussitôt l'oiseau venait me trouver, faisant claquer ses mandibules pour que je lui en donnasse un autre. Mon favori se rendit familier dès le commencement de sa captivité; il me suivait par la maison, au travers de la cour et du jardin, et même quelquefois finissait par devenir importun. Celui que j'avais donné à mon ami était nourri de poisson et de bœuf cru ; mais quoiqu'il eût acquis son entier développement, il ne se porta jamais aussi bien que le mien, et finit par mourir d'une affection spasmodique. C'était une femelle, son plumage paraissait moins brillant que celui de l'adulte du même sexe; mais les deux plumes du milieu de la queue étaient partiellement rayées, et elle avait les mêmes marques. Quand elle était jeune, je la menais souvent à un étang, croyant qu'elle aimerait l'eau et que cela la fortifierait. Loin de là, elle ne cherchait qu'à regagner le bord, et semblait redouter l'élément au milieu duquel la nature l'avait appelée à vivre. Quand je la jetais dedans, elle plongeait sur le coup, puis, l'instant d'après, remontait à la surface et nageait avec la même aisance qu'un canard ordinaire. C'était un oiseau d'un naturel hardi; il tenait en respect poules et dindons dans la cour, s'attaquait à tous les chiens qui passaient par là, en leur administrant de droite et de gauche de grands coups de son bec pointu. Parfois, il se postait devant leur auge, ne leur laissait prendre un morceau qu'après les avoir longuement harcelés et taquinés, ou même ne leur permettait d'approcher que pour se partager ses restes.

» Ce ne fut que lorsqu'il eut toutes ses plumes qu'il se montra désireux d'aller à l'eau, et dès lors, chaque fois qu'il me voyait prendre le chemin de l'étang, il m'accompagnait jusqu'à la porte du jardin, semblant me dire : Je t'en prie, laisse-moi sortir. Quand je la lui ouvrais, il me suivait en se dandinant d'un côté et de l'autre, comme fait le canard; et dès qu'il apercevait l'eau, il s'y précipitait, non en plongeant, mais en se jetant de dessus une planche; ensuite, après avoir nagé quelque temps, il enfonçait son long cou dans le courant, et plongeait alors pour attraper du poisson. L'eau était claire, et je pouvais suivre tous ses mouve-

ments. Lorsqu'il avait suffisamment cherché et tour-
noyé, il allait reparaître à quarante ou cinquante pas.
Dans les nuits chaudes, cet oiseau dort en plein air,
perché sur la plus haute barre d'une clôture, et la tête
ramenée sous l'aile. Par temps pluvieux, il reste souvent
toute une journée dans la même posture. Il paraît très
sensible au froid ; on le voit se retirer dans la cuisine,
et disputer aux marmitons et aux chiens la meilleure
place au coin du feu. Quand brille un rayon de soleil,
il étend les ailes et la queue, hérisse ses plumes et semble
tout réjoui des belles journées d'hiver. Il se promène
en marchant, parfois en sautillant, et ne s'appuie jamais
sur sa queue. Si on lui présente un poisson, il le saisit
et l'avale goulûment ; mais quand nous n'en avions pas,
nous étions bien obligés de le nourrir de viande qu'il
recevait dans son bec. Il arriva deux ou trois fois qu'on
le laissa plusieurs jours sans lui rien donner ; alors il
devenait inquiet, turbulent, étourdissait tout le monde
de ses cris continuels, et donnait de bons coups de bec
aux domestiques, comme pour leur rappeler qu'ils
l'oubliaient.

» Un jour, il lui prit fantaisie de s'échapper, et il
s'envola sur l'étang, à près d'un quart de mille. Par
hasard, des enfants se trouvaient là dans un canot ;
l'oiseau s'approcha d'eux, le bec ouvert, car il était à
jeun et ne trouvait rien. En se voyant poursuivis par
cette drôle de bête, dont la tête ne ressemble pas mal à
celle d'un serpent, les enfants eurent peur et se sauvèrent en ramant vers le bord ; mais mon oiseau les suivait toujours, et fut à terre aussi vite qu'eux. Ils prirent

la fuite à toutes jambes, pour regagner le domicile où l'Anhinga arriva sur leurs talons. Heureusement que quelques personnes le reconnurent, et on me le renvoya. Pour éviter de nouvelles escapades et craignant de le perdre, je lui rognai le bout d'une aile. »

J'ai moi-même vu cet oiseau à Charleston, chez mon ami, dans l'hiver de 1836. Il fut tué par un magnifique chien de chasse (1) que m'avait donné le comte de Derby ; sa mort nous fit d'autant plus de peine, que Bachman me l'avait remis tout exprès pour l'envoyer au noble lord.

J'ai eu toute facilité pour étudier l'Anhinga, et j'ai toujours trouvé, dans sa forme comme dans ses habitudes, la plus étroite analogie avec celles du cormoran. De là m'est venu l'idée d'établir entre eux un parallèle. Sous certains rapports, ils m'ont paru semblables ; à d'autres égards, différents. Mais ayant découvert chez ces deux oiseaux une même singularité de structure, en ce qui touche les plumes, j'ai cru pouvoir conclure à leur affinité générique : l'Anhinga a le corps et le cou recouverts de ce que j'appellerai des plumes *fibreuses*, avec une tige presque nulle ; tandis que les tuyaux et les plumes de la queue sont *compactes*, c'est-à-dire, d'une conformation parfaite, forts et élastiques. Ce qui est ici le plus remarquable, c'est que les tiges de ces dernières plumes sont *tubulaires, depuis la base jusqu'à leur dernière extrémité*, ce que je n'ai vu dans aucun

____

(1) *To retrieve.* C'est le chien exclusivement destiné à *retrouver* le gibier, après le coup de fusil.

autre oiseau, excepté le cormoran. Elles sont toutes très élastiques, comme celles que nos grandes espèces de pics ont à la queue, dont cependant les tiges sont remplies d'une substance spongieuse, ainsi que chez tous les oiseaux de terre, et chez ceux des oiseaux d'eau que que j'ai pu étudier, tels que grèbes, plongeons, fous, rois-pêcheurs et orfraies. Les plumes de la queue du cormoran et de l'Anhinga ont bien le tuyau comme les autres ; mais *la tige est creuse jusqu'au bout, avec des parois transparentes et de la même nature que le tuyau proprement dit.*

Dans la plupart des Anhingas que j'ai ouverts, j'ai trouvé des poissons de différentes sortes, des insectes aquatiques, des écrevisses, des sangsues, des crevettes, des grenouillettes, des œufs de grenouille, des lézards d'eau, de jeunes alligators, des serpents d'eau et de petites tortues. Jamais je n'ai remarqué ni sable, ni gravier dans leur estomac. En certains cas, il m'a paru distendu à l'excès, et, comme je l'ai déjà dit, cet oiseau est doué d'une grande puissance de digestion. Il rend ses excréments à l'état liquide, et les lance à une distance considérable, ainsi que font les cormorans, les faucons et tous les oiseaux de proie.

La chair de l'Anhinga, quand il a pris son entier accroissement, est noire, dure, huileuse, et par suite, mauvaise à manger, si l'on en excepte les petits muscles pectoraux qui, chez la femelle, sont blancs et délicats. Les raies des deux plumes du milieu de la queue sont plus profondément marquées durant la saison des amours, surtout chez le mâle. Tant que ces oiseaux restent jeunes, elles paraissent à peine sur les femelles qui, du reste, les ont toujours bien moins nettement dessinées que les mâles.

———

L'AVOCETTE D'AMÉRIQUE.

J'ignorais que ce curieux oiseau nichât dans l'intérieur de notre pays, et ce n'est qu'en juin 1814, et par une sorte de hasard que je l'ai appris. Je passais à cheval pour aller de Henderson à Vincennes, dans l'État du Maine, lorsqu'en approchant d'un vaste étang assez peu profond, je fus surpris d'apercevoir plusieurs Avocettes qui planaient sur les bords de quelques îlots que renfermait l'étang. Quoiqu'il se fît tard et que je me sentisse fatigué et affamé, je ne pus résister au désir de savoir, s'il était possible, quelle cause pouvait les retenir si loin de la mer. Laissant donc mon cheval paître en liberté, je me dirigeai vers l'étang; et dès que je fus près du bord, je me vis assailli par quatre de ces oiseaux à la fois. Plus de doute, ils avaient des nids, et les femelles étaient à couver ou à soigner leurs petits. L'étang, qui pouvait avoir deux cents verges de long sur cent de large, était entouré de grands scirpes des marais (1) qui l'avaient envahi jusqu'à une certaine distance des rives; vers le centre se trouvaient les îlots longs de huit à dix verges et disposés en ligne. Je me frayai un passage à travers les joncs, et entrai dans l'eau qui n'avait que quelques pouces de profondeur; mais la vase me montait au-dessus du genou. Tandis que j'avançais ainsi avec précaution vers l'îlot le plus voisin, les quatre oiseaux ne cessaient de voltiger et de crier; parfois ils plongeaient du haut des airs en m'effleurant presque de leurs ailes, pour m'exprimer le déplaisir et l'inquiétude qu'ils éprouvaient de mon importune visite. J'avais grande envie d'en tuer; mais auparavant je voulais étudier leurs mœurs de près, et quand j'eus bien cherché sur les différents îlots, où je découvris trois nids avec des œufs, et une femelle ayant des petits, je revins prendre mon cheval et continuai ma route vers Vincennes qui n'était qu'à deux milles de là. Le lendemain, avant le soleil levant, j'étais soigneusement blotti parmi les joncs d'où j'avais vue sur tout le marais. Au bout d'une heure environ les mâles cessèrent de voler autour de moi pour se remettre à leurs occupations habituelles, et je pus noter les particularités suivantes :

En se posant soit par terre, soit sur l'eau, l'Avocette tient encore un moment ses ailes relevées, jusqu'à ce qu'elle ait bien pris son équilibre. Quand c'est sur l'eau, elle se balance la tête et le cou pendant quelques minutes, un peu comme fait le chevalier criard; après quoi, elle part pour chercher sa nourriture, marchant

_____

(1) *Bull-rushes* (*Scirpus palustris*), de la famille des Cypéracées.

tantôt à pas comptés, d'autres fois en courant, et passe à la nage ou à gué d'un bas-fonds à l'autre, le corps, dans ce dernier cas, enfoncé jusqu'au cou dans l'eau, et les ailes en partie relevées. Par moments, on la voit se glisser au milieu des joncs où elle ne reste cachée que quelques instants. Les Avocettes que j'observais ici se tenaient à part l'une de l'autre, mais s'entrecroisaient de mille manières, gardant toutes un silence complet et sans se manifester jamais la moindre animosité, bien qu'à l'approche seule d'un chevalier, elles ne manquassent pas de s'élancer aussitôt pour lui donner la chasse. Différentes fois, m'étant mis à siffler très fort, sans bouger, elles s'arrêtèrent tout court, se haussèrent pour regarder, firent entendre deux ou trois petits cris ; puis, après être restées un moment en alerte, s'envolèrent à leurs nids, mais ne tardèrent pas à revenir. Pour chercher la nourriture, elles s'y prennent absolument comme le bec en cuiller rosé (1), et font aller la tête de côté et d'autre, en fouillant de leur bec la vase molle. Dans certains cas, quand l'eau était profonde, elles y plongeaient toute la tête et une partie du cou, ainsi que fait la spatule et la bécassine brune. Lorsqu'au contraire elles poursuivent les insectes aquatiques qui nagent à la surface, elles courent après, se jettent dessus et les saisissent, en passant par-dessous leur mandibule inférieure, tandis que l'autre se tient convenablement relevée. C'est à peu près la même manœuvre qu'emploie le bec en ciseaux, sauf qu'il les attrape lui-même pen-

(1) La spatule rose.

dant qu'il vole .Du reste, elles sont aussi très adroites à prendre les insectes en l'air, et pour courir plus vite en les poursuivant, elles s'aident de leurs ailes qu'elles ouvrent à moitié.

Je passai de cette manière près d'une heure à les observer, et je les vis toutes s'envoler vers les îlots où étaient les femelles, en criant d'une façon particulière et plus fort que d'habitude. Les différents couples semblaient se féliciter l'un l'autre, et se témoigner leur joie par des gestes bizarres. Alors, celles qui étaient à couver cédèrent la place à leurs compagnes, et se rendirent elles-mêmes à l'étang où elles se lavèrent et se baignèrent, comme si elles eussent été tourmentées par la chaleur ou les insectes; après quoi, elles se mirent à chercher pâture. — Mais, lecteur, veuillez attendre un moment, que j'expédie moi-même mon modeste déjeuner.

Vers onze heures, la chaleur était devenue intense, et les Avocettes cessèrent de travailler pour se retirer à l'ombre sur diverses parties de l'étang. Là, elles firent avec soin leur toilette, puis ramenant la tête à ras des épaules, se tinrent pendant près d'une heure immobiles, silencieuses et comme endormies. Enfin s'étant secoué brusquement tout le corps, elles s'enlevèrent à une hauteur de trente ou quarante mètres, et partirent toutes à la fois dans la direction du Wabash.

Maintenant, je voulais voir un de ces oiseaux sur son nid. Je quittai donc ma cachette, et lentement, sans faire de bruit, je m'avançai vers le premier îlot où je savais qu'il y en avait un. La veille au soir, en effet, j'avais eu soin de marquer la place en courbant quelques herbes sèches aux environs. Ces détails, j'en suis sûr, ne vous paraîtront pas minutieux à vous, cher lecteur; et quant aux personnes qui pourraient les trouver ennuyeux, qu'elles me permettent de leur dire qu'un amateur éclairé de la nature ne prend jamais trop de précautions lorsqu'il s'agit de marquer ou d'indiquer la place précise d'un nid d'oiseau: moi-même j'en ai souvent perdu pour n'y avoir pas fait assez d'attention. Étant ainsi dûment avertis, nous nous y prendrons de notre mieux pour approcher sans être vus de l'oiseau qui couve. Il n'y a guère moyen d'aller vite quand on a de l'eau et de la boue jusqu'au genou; néanmoins, comme le trajet n'était que de quarante à cinquante mètres, j'eus bientôt atteint la petite île où l'Avocette se tenait tranquillement sur son nid. Tout doucement et à quatre pieds, je rampe vers elle, inondé de sueur, étouffant de chaud, et craignant surtout qu'elle ne m'aperçoive. Déjà je ne suis plus qu'à quelques pieds de la pauvrette qui ne s'en doute pas ; et je la vois très bien à travers les herbes. Douce créature, si paisible, si innocente hélas ! et si près de ton ennemi ! Mais ne crains rien ; je ne suis là que pour m'instruire et t'admirer. La voici donc, la bonne mère, sur ses œufs, ses longues jambes reployées sous le corps, la tête languissamment ramenée parmi les plumes, et ses yeux que ne ranime plus la présence du mâle, à demi-clos, comme si elle rêvait des scènes futures — et moi, j'observe tout cela; je regarde encore et suis heureux. — Hélas ! par malheur elle m'a vu; elle se traîne par terre, détale en courant, en culbutant, puis s'envole avec des cris de colère et d'inquiétude que tout homme, pour peu qu'il ait d'intelligence et de cœur, n'entendra jamais sans en être ému.

Cependant l'alarme est donnée, l'oiseau plein d'angoisse, s'en va çà et là en agitant péniblement ses ailes au-dessus du marécage ; tantôt il se débat à la surface, comme prêt à mourir, tantôt il se traîne en boîtant pour m'attirer après lui et sauver ses œufs. Ce que je ne savais pas encore, c'est que les oiseaux qui vivent en société pussent, en poussant des cris d'alarme, engager les autres camarades qui couvent à quitter leur nid, pour se joindre à eux et tâcher, par de communs efforts, de sauver la colonie. C'est pourtant ce que je vis faire aux Avocettes ; car deux des autres femelles s'enlevèrent immédiatement et volèrent droit sur moi, tandis que la dernière, avec ses quatre petits, gagnait l'eau et se sauvait au plus vite, suivie de sa progéniture qui jouait des pattes et nageait non moins prestement que des canetons de la même taille.

J'ignore jusqu'à quelle distance ces cris de l'Avocette peuvent être entendus ; mais ce que je puis dire, c'est que quelques minutes après cette scène, les autres individus que j'avais vus s'envoler dans la direction du Wabash, étaient de retour et planaient au-dessus de ma tête.

De cette manière, ayant obtenu les renseignements que je désirais relativement aux mœurs de ces oiseaux, j'en tuai cinq, parmi lesquels malheureusement il se trouva trois femelles.

Les nids, cachés au milieu des plus hautes herbes,
étaient composés exactement des mêmes matériaux,
c'est-à-dire d'herbes, mais desséchées, qui paraissaient
être de l'année précédente, et parmi lesquelles je ne
remarquai ni tiges, ni brindilles vertes d'aucune sorte.
Le fond pouvait avoir cinq pouces de diamètre, et le
bord était garni de fine herbe des prés, différente de
celle qui croissait sur les îlots. Ceux-ci ne semblaient
pas être exposés aux inondations, et aucun des nids ne
paraissait avoir été surélevé depuis le commencement
de l'incubation, ainsi que le rapporte Wilson de ceux
qu'il nous a décrits. Les œufs, au nombre de quatre,
comme ceux de la plupart des échassiers, se touchaient
par le petit bout ; leur longueur était de 2 pouces, sur
une largeur de 1 pouce 3/8, et la couleur exactement
celle indiquée par le naturaliste américain : olive foncé,
avec de larges taches irrégulières de noir, et d'autres
d'une teinte plus faible. J'ajoute qu'ils sont en forme
de poire et lisses ; quant au temps de leur éclosion, je
ne sais rien de particulier.

Après avoir pris mes notes et ramassé les oiseaux que
j'avais tués, je fis trois fois le tour du marais en cherchant tout au travers des joncs ; mais n'ayant pas mon
chien, je ne pus jamais revoir ni la mère ni sa jeune
couvée. Le lendemain je revins deux fois pour chercher encore ; je fis à gué le tour de l'étang et furetai
sans succès sur tous les autres îlots. Il ne reparut pas
une seule Avocette, et je ne doutai pas que la mère
n'eût emmené ses quatre petits dans quelque autre lieu
plus sûr.

Le nid de l'Avocette ressemble à celui de l'*Himan-topus nigricollis* (1). Comme le chevalier criard, ces deux oiseaux, quand ils fendent l'air, semblent toujours être au début d'un grand voyage; ils s'avancent avec grâce, d'un vol rapide et continu, les jambes et le cou tendus de toute leur longueur. Lorsque, alarmée par la vue d'un ennemi, l'Avocette plonge d'en haut pour le reconnaître, elle passe parfois tout près de lui avec la rapidité d'une flèche, puis revient et s'éloigne encore en laissant pendre ses jambes très bas; mais je n'en ai vu aucune dont les jambes fussent tremblotantes et ployées comme le prétendent certains auteurs, alors même que je les avais fait à l'improviste partir de leur nid. Je crois pouvoir également dire en toute assurance, que le bec n'a jamais été dessiné sur un échantillon frais, ni avant que se soit produite la courbure qu'en effet il ne montre pas quand le sujet est vivant (2). Les notes que cet oiseau fait entendre ont le même son que la syllabe *click* plusieurs fois répétée et avec hâte, spécialement en cas d'alarme.

(1) L'Échasse à cou blanc et noir.

(2) De cette observation d'Audubon, ressort un fait entièrement nouveau dans la science, et très curieux, en ce qu'il contraste singulièrement avec l'état du bec de l'Avocette, tel qu'on le voit dans les collections zoologiques, et les diverses représentations qu'on a cru devoir donner de cet oiseau.

L'ÉCUMEUR NOIR

OU BEC EN CISEAUX.

Cet oiseau, l'un des plus singuliers et des plus curieux que la nature ait produits, se rencontre en toute saison sur les bords sablonneux et marécageux de nos États les plus méridionaux, depuis la Caroline du Sud, jusqu'à la rivière Sabine, et sans doute aussi dans le Texas où je l'ai trouvé en abondance, surtout au commencement du printemps. A cette époque, des bandes d'Écumeurs noirs étendent leurs excursions jusqu'aux sables de Long-Island, au delà desquels cependant ils ne se montrent plus. En effet, dans le Maine et le Massachusetts, ils ne sont connus que des navigateurs qui en ont pu voir dans le Sud et entre les Tropiques.

Pour étudier leurs mœurs, il faut donc que le naturaliste aille explorer, dans nos États du Midi, les immenses bancs de sable, les remous et les embouchures des rivières, et qu'il s'aventure au travers des sinueux bayous qui parcourent et coupent en tout sens les vastes marais au long de leurs rivages. C'est là, qu'aux chauds rayons d'un soleil d'hiver, vous pouvez voir des milliers d'Écumeurs, couverts de leur sombre manteau, paisiblement foulés l'un à côté de l'autre, et si pressés, que l'œil croit ne plus apercevoir qu'un immense crêpe étendu sur le sable. C'est le moment de leur repos, et je crois aussi, de leur sommeil ; car, bien qu'en partie diurnes et parfaitement capables de distinguer le danger en plein jour, c'est rarement à cette heure, à moins que le temps ne soit sombre, qu'ils s'occupent à chercher leur nourriture. Sur les mêmes bancs, mais éloignées d'eux, des troupes de goélands à manteau noir jouissent d'un égal bien-être au sein d'une parfaite sécurité. En effet, pendant le jour on ne trouve guère les Écumeurs sur des grèves qui ne soient pas séparées des rives par une large et profonde étendue d'eau ; et je crois pouvoir dire, sans exagérer, que sur ces bancs, aux heures dont je parle, j'en ai vu parfois plus de dix mille en une seule troupe. Essayez d'en approcher, et dès que vous en serez à deux fois la portée de votre longue canardière, tous, serrés comme ils sont, ils commenceront à se dresser à la fois sur leurs jambes, et à suivre de l'œil chacun de vos mouvements. Si vous avancez, la troupe entière prend l'essor, remplissant l'air de ses cris rauques ; bientôt elle monte à une grande hauteur et ne cesse de tournoyer au-dessus de votre tête, jusqu'à ce qu'enfin, à bout de patience, vous preniez le parti d'abandonner la place. Lorsqu'ils planent ainsi en innombrables multitudes, le dessous de leur corps, d'un blanc de neige, éblouit les yeux ; mais l'instant d'après, une autre manœuvre découvre le noir de leurs longues ailes et du dessus de leur plumage qui produit un contraste remarquable sur le fond du ciel bleu. C'est un plaisir alors de les suivre dans leurs évolutions : parfois il semble qu'ils vont s'élancer et disparaître ; et soudain

les voilà qui, virant de bord, reviennent tournoyer
presque au-dessus de votre tête, et toujours en rangs si
pressés qu'on dirait un nuage sombre qui tantôt monte,
tantôt se précipite vers la terre comme un torrent. S'ils
voient que vous vous éloignez, ils tournent encore quelques instants; et quand ils sont certains qu'il n'y a plus
de danger, ils descendent pêle-mêle, portant haut les
ailes qu'ils ramènent ensuite près du corps; et formant
alors une masse confuse, ils s'étendent de nouveau sur
le sable, pour ne se renlever que lorsque la marée les
y forcera. Mais quand c'est sur la terre ferme qu'ils se
reposent ainsi durant le flux, d'ordinaire ils ne restent
pas longtemps à la même place, comme s'ils craignaient
de ne pas y être en sûreté; et si on les observait, à ce
moment, on pourrait croire qu'ils s'occupent à chercher
leur nourriture.

Dès que les ombres du soir sont descendues, les Écumeurs commencent à se disperser. Ils s'en vont seul à
seul, par couples, ou bien en petites troupes de trois à
quatre, quelquefois de huit à dix individus, selon apparemment que la faim les presse; puis ils partent, se
dirigeant chacun de leur côté, vers des parties du rivage qu'ils ont préalablement reconnues, et s'élèvent
avec la marée jusqu'à une hauteur considérable le long
des bords. Ils volent tant que dure la nuit, pour chercher la proie, et j'ai eu moi-même la preuve de ce fait,
un jour que je remontais le Saint-Jean, sur le *Spark*,
schooner de la marine des États-Unis. Toute la nuit, je
le répète, sauf une seule heure, j'entendis retentir leurs
cris perçants, et je distinguais ainsi parfaitement dans

les ténèbres, quand ils passaient par en haut ou par en bas de la rivière : j'ajoute qu'à ce moment nous étions au moins à cent milles de son embouchure.

Longtemps avant de visiter moi-même la péninsule des Florides et autres parties de nos côtes du sud, où abondent les Becs en ciseaux, j'avais eu connaissance des observations de M. Lesson à leur sujet, et j'appliquai toute mon attention à les bien étudier, toujours à l'aide d'une excellente lunette, pour m'assurer s'il est vrai ou non qu'ils se nourrissent de mollusques bivalves trouvés dans les basses eaux ou les creux peu profonds des bancs de sable. Mais je dois le dire, pas un seul fait ne s'est passé sous mes yeux, qui soit venu confirmer cette assertion. J'aime mieux en croire Wilson qui dit que, tandis qu'ils sont dans nos contrées, ces oiseaux ne mangent jamais ni crustacés ni mollusques. Au reste, voici les propres termes de Lesson : « Quoique le Bec en ciseaux semble peu favorisé par la forme de son bec, nous acquîmes la preuve qu'il savait s'en servir avec avantage et très adroitement. Les plages sablonneuses de Peuce sont en effet remplies de mactres, coquilles bivalves que la marée descendante laisse presque à sec dans de petites mares. Le Bec en ciseaux, très au courant de ce phénomène, se place auprès de ces mollusques, attend que leurs valves s'entr'ouvrent, et profite aussitôt de ce mouvement, en introduisant de force la lame inférieure et tranchante de son bec entre les valves qui se resserrent. L'oiseau alors enlève la coquille, la frappe sur la grève, coupe le ligament du mollusque et peut ensuite avaler celui-ci sans obstacle. Plusieurs fois, il a

donné devant nous des preuves de cet instinct remarquable. »

En observant les manœuvres de l'Écumeur, pendant
qu'il faisait sa pêche, quelquefois une bonne heure
avant la nuit, je le voyais passer sa mandibule inférieure
sous l'eau, de manière à former un angle d'environ
45 degrés, tandis que la supérieure, *qui est mobile,*
s'élevait un peu au-dessus de la surface. De cette façon,
les ailes étendues et redressées, il labourait l'élément
poissonneux, en poussant, d'une haleine, son sillon à plusieurs mètres ; puis il s'enlevait et retombait par intervalles, selon qu'il le jugeait nécessaire pour s'assurer de
sa proie quand il l'avait en vue ; car je suis certain que
jamais il n'enfonce sous l'eau sa mandibule inférieure,
qu'auparavant il n'ait aperçu l'objet qu'il poursuit et
voilà pourquoi ses yeux sont constamment dirigés en bas,
comme ceux du sterne et du fou. Maintes fois, je me suis
tenu pendant près d'une heure sur le bord d'un petit étang
d'eau salée, communiquant avec la mer, tout exprès
pour voir passer ces oiseaux à quelques verges de moi.
Ils semblaient alors ne pas s'inquiéter du tout de ma
présence, et s'occupaient tranquillement à leur pêche,
de la manière que je viens d'indiquer. Au commencement, ils gardaient le silence, puis devenaient bruyants
à mesure que l'ombre gagnait, et bientôt faisaient entendre leurs notes habituelles d'appel, semblables aux
syllabes *hurk, hurk,* deux ou trois fois et assez promptement répétées, comme pour engager quelque camarade à suivre leur sillage. D'autres que j'ai vus de cette
manière fendre les eaux, toujours en quête de la proie,

tantôt sur un long bayou salé, tantôt dans un étroit passage dont ils parcouraient toutes les sinuosités, se baissaient de temps à autre vers l'eau qu'ils écumaient de leur bec ; et dès qu'ils avaient attrapé une crevette ou un petit poisson, ils prenaient leur vol en les mâchonnant et les avalaient en l'air. Un jour, sur l'île Galveston, accompagné d'Édouard Harris et de mon fils, je remarquai trois de ces oiseaux qui, voyant passer au-dessus d'eux un héron de nuit, s'enlevèrent à la fois pour lui donner la chasse et le poursuivirent assez loin comme s'ils eussent voulu le prendre. Leurs cris, en pareil cas, ressemblent aux jappements d'un très petit chien.

Le vol de l'Écumeur noir surpasse peut-être en élégance celui de tout autre oiseau d'eau. La grande envergure de ses ailes effilées, les justes proportions de sa queue allongée et fourchue, son corps mince, et l'extrême aplatissement de son bec contribuent également à lui donner cette grâce, cette aisance de mouvements qu'on ne peut bien admirer que lorsqu'il a pris l'essor. Il sait se maintenir contre l'ouragan le plus impétueux; et l'on n'a pas d'exemple, je crois, qu'aucun oiseau de cette espèce ait jamais été jeté dans l'intérieur des terres par la violence de la tempête. Mais où il se présente avec tous ses avantages, c'est aux lieux mêmes qu'il choisit pour retraites au temps de ses amours : là, vous voyez plusieurs mâles que la passion transporte, harceler une seule femelle non encore appariée ; timide et réservée, celle-ci s'élance, fait des feintes, et d'une aile merveilleusement légère, trompe leur ardeur et fuit dans toutes les directions; toutefois ses poursuivants ne la quittent pas; leurs cris d'amour éclatent empressés et bruyants, c'est un plaisir d'écouter leur doux et tendre *ha ha*, ou les *hack hack, cac, cac,* de celui qui vient le dernier dans cette chasse galante. Ils suivent et serrent la femelle dans tous ses curieux zigzags, et chacun d'eux, en la dépassant tour à tour, entr'ouvre un moment ses ailes et lui donne un petit coup sur le côté. Parfois, toute une troupe s'enlève d'un banc de sable, file en ligne droite, chaque individu ne semblant attentif qu'à devancer ses compagnons, et mille cris confus de *ha ha, hack hack, cac cac,* remplissent les airs. Un jour, je vis un de ces oiseaux voltigeant autour d'une troupe qui venait de se poser. Il se tenait à une hauteur d'environ vingt mètres ; par moments faisait mine de se laisser tomber, comme si ses ailes eussent subitement faibli, puis remontait très haut, à la manière d'un pigeon faisant la culbute.

Le 5 mai 1837, je guettais sur l'île de Galveston quelques faucons de mars (1) dont les nids se trouvaient dans le voisinage, lorsque j'aperçus avec surprise une de ces grandes troupes d'Écumeurs qui s'étaient abattus et semblaient dormir sur une partie sèche et herbeuse de l'île. Mais j'eus l'explication de ce fait, en retournant au rivage : c'est qu'en effet, la marée beaucoup plus haute que d'habitude, avait recouvert tous les bancs de sable sur lesquels ces oiseaux se reposent ordinairement pendant le jour.

_____

(1) Le Buzard sous buse (*Falco cyaneus*).

Maintenant, que dire de cet instinct, ou plutôt de cette étonnante sagacité qui, après qu'ils se sont dispersés durant une longue nuit, pour pourvoir chacun à leurs besoins, les ramène ensemble vers le matin; et, souvent de distances considérables, les fait se réunir avant de descendre sur la partie de la grève où ils ont résolu de se reposer? Pour moi, je serais tenté de croire que, la veille, ils ont eu soin de fixer entre eux le lieu du rendez-vous. Lorsqu'ils sont de compagnie occupés à leurs nids, ils ne souffrent la présence ni de la corneille ni du buzard des dindons. Dès que l'un de ces maraudeurs veut s'approcher, des douzaines d'Écumeurs se précipitent pour le chasser et ne cessent de le poursuivre qu'il ne soit tout à fait hors de vue.

Il y en a parmi ces oiseaux qui quittent le Sud, et gagnent pour nicher, les rivages de l'Est: mais rarement en arrive-t-il au Grand port aux œufs, avant le milieu de mai; et encore ils n'y pondent qu'un mois plus tard, c'est-à-dire vers l'époque où, dans les Florides ainsi que sur les côtes de la Géorgie et de la Caroline du sud, les petits sont déjà éclos. C'est là, cher lecteur, que nous allons revenir pour mieux les étudier, à cette époque intéressante de leur vie. Si je disais en quelles immenses multitudes ils se rassemblent pour fonder la colonie nouvelle, quelques-uns de mes lecteurs traiteraient peut-être mon récit de fable, comme ils ont fait pour ce que je leur ai raconté du pigeon voyageur; j'aime mieux laisser parler mon ami Bachman:

« Ces oiseaux, dit-il, sont extrêmement abondants et nichent en nombre prodigieux sur les îles qu'entoure la mer à *Bull's-Bay*. Nous y vîmes peut-être vingt mille nids d'un seul coup d'œil ; les matelots ramassèrent une énorme quantité de leurs œufs, et pendant tout ce temps, les oiseaux ne cessaient de crier. Dès qu'un pélican se montrait dans le voisinage, ils l'assaillaient par centaines ; et surtout quand un buzard venait pour leur voler leurs œufs, ils le chargeaient à coups de griffes sur le derrière, et ne le quittaient que lorsqu'ils l'avaient mis en pleine retraite. Ils avaient déposé leurs œufs à nu sur le sable ; et comme la veille, on leur en avait enlevé un certain nombre, nous remarquâmes, le lendemain matin, qu'ils en avaient pondu de nouveaux. Jugez, lecteur, quel vacarme ce devait être, lorsque tous, planant sur nos têtes, ils poussaient leurs étourdissantes clameurs, et semblaient, dans leur angoisse, supplier nos cruels marins de les laisser donner en paix des soins à leurs petits, ou se poser sur leurs œufs proprement arrangés en rond, pour les défendre du froid et de la pluie. »

Le nid de l'Écumeur est tout simplement un trou peu profond qu'il creuse dans le sable. Les œufs, à ce que je puis croire, sont toujours au nombre de trois, et ont 1 pouce 3/4 de long sur 1 pouce 3/8 de large. Leur couleur rappelle celle des oiseaux eux-mêmes, c'est-à-dire que, sur un fond d'un blanc pur, ils présentent de larges taches noires ou terre d'ombre foncée, entremêlées d'autres taches plus rares et non moins larges, d'une légère teinte pourpre. Ils sont bons à manger, comme ceux de la plupart des goélands ; mais sans avoir la qualité des œufs de pluvier et autres oiseaux de cette tribu. Les petits semblent gauches et mal faits ; leur couleur est à peu près celle du sable sur lequel ils sont couchés, et ils ne peuvent voler qu'au bout de six semaines. C'est alors qu'ils commencent à montrer de la ressemblance avec leurs parents. Ceux-ci les nourrissent d'abord en leur dégorgeant le contenu de leur propre estomac, soigneusement macéré et ramolli ; puis ils finissent par prendre eux-mêmes, avec leur bec, des crevettes, de petits crabes et des poissons qu'on jette devant eux. Dès qu'ils sont capables de marcher, ils vont tous pêle-mêle ; et l'on ne conçoit vraiment pas comment les parents peuvent reconnaître chacun les leurs au milieu d'une telle confusion. Ils s'avancent à la manière des sternes, à petits pas. et la queue légèrement relevée. Quand ils sont rassasiés ou fatigués, vieux et jeunes ont coutume de s'étendre à plat sur le sable, le bec allongé devant eux ; et c'est lorsqu'ils reposent ainsi dans une trompeuse sécurité, que l'on a chance d'en tuer d'un seul coup des files entières. Si l'on en tire un au vol et qu'il tombe à l'eau, il flotte à la surface et se laisse prendre facilement ; alors pour peu que le chasseur désire s'en procurer un plus grand nombre, il peut aisément se satisfaire, car d'autres arrivent aussitôt et voltigent en criant de toute leur force, au-dessus de leur camarade blessé.

LE FOU DE BASSAN.

Dans la matinée du 14 juin 1833, une brise favorable gonflant les blanches voiles du *Ripley*, nous cinglions gaîment vers les rives du Labrador. Après avoir exploré dans tous les sens les îles de la Madeleine, nous voulions maintenant visiter le *Grand roc aux fous* sur lequel, au dire de notre pilote, s'assemblent, pour nicher, les oiseaux dont il tire son nom. Depuis plusieurs jours déjà, j'en voyais de longues files se diriger vers le nord, et je faisais mes observations sur leur vol, tout en les regardant traverser les airs. A mesure que s'avançait notre navire, ballotté sur le dos des vagues pesantes, je sentais redoubler mon impatience d'arriver. Enfin, sur les dix heures, nous commençâmes à distinguer, dans l'éloignement, une grande forme blanche, que le pilote nous indiqua comme étant le rocher objet de nos recherches. Bientôt après, je le vis parfaitement de dessus le pont ; et l'on aurait dit qu'une couche de neige de plusieurs pieds le recouvrait encore. En approchant, l'atmosphère me paraissait remplie çà et là de flocons d'un éclat éblouissant : j'interrogeai le pilote qui, souriant de ma simplicité, me répondit que ce que j'apercevais n'était autre chose que les fous eux-mêmes et l'île qui leur servait de refuge. Je me frottai les yeux, pris ma lunette et reconnus que l'étrange apparence de l'air, devant nous, était en effet causée par des multitudes innombrables de ces oiseaux dont le corps blanc et les ailes à pointes noires produisaient, à l'horizon, une teinte sombre parsemée de taches d'un blanc grisâtre. Lorsque nous n'en fûmes plus qu'à un demi-mille, nous jouîmes d'un spectacle magnifique : cet immense voile de Fous flottants, tantôt se perdait dans les nuages, comme près d'atteindre le ciel, tantôt se précipitait en bas vers des masses d'autres camarades posés sur le sommet de l'île, puis se déployant de droite et de gauche, ondulait à la surface de l'Océan. Le *Ripley* ferla une partie de ses voiles et jeta l'ancre. Ce fut maintenant, à bord, à qui escaladerait le premier les flancs abruptes de la montagne, et satisferait son ardente curiosité. Mais jugez de notre désappointement : le temps qui jusque-là avait été beau, changea tout à coup, et nous fûmes assaillis par une horrible tempête. Néanmoins, nous parvînmes à mettre à la mer le bateau baleinier dans lequel se placèrent quatre robustes rameurs en compagnie de Thomas Lincoln et de mon fils. Pour moi, je restai sur le *Ripley*, et commençai de loin mes observations dont j'indiquerai le résultat en son lieu.

Une heure s'est écoulée ; le bateau que nous avions perdu de vue, vient de reparaître ; mais la houle bat ses flancs, et autour de lui, tout a l'aspect menaçant. Comme il manœuvre avec effort sous les coups furieux de l'ouragan, dominé qu'il est par les flots toujours prêts à l'engloutir ! Vous jugez quelle doit être mon anxiété : entouré de mes amis et des gens de l'équipage, je suis, d'un œil désespéré, chaque mouvement de la fragile embarcation. Tantôt je la vois balancée sur la crête d'une vague qui roule en mugissant et la couvre d'écume ; tantôt elle disparaît dans les profondeurs de l'abîme. Cependant le petit équipage n'a rien perdu de son calme et de son énergie : mon fils, debout, gouverne au moyen d'un long aviron , et Lincoln s'occupe à vider l'eau qui les gagne ; car, à chaque instant, les lames jaillissent par-dessus l'avant. Enfin, ils approchent ; on leur lance une corde qu'ils peuvent saisir ; et quelques minutes après, tous six étaient sains et saufs sur le pont ; le timonier virait de bord, et le schooner filait à toute vitesse, la proue tournée vers le Labrador.

Lincoln et mon fils n'en pouvaient plus ; quant aux rameurs, ils demandèrent double ration de grog. Ils rapportaient quantité d'œufs de diverses espèces, avec des oiseaux ; et ils nous dirent que partout où, sur le roc, l'espace avait manqué pour un nid de Fou, un ou deux guillemots avaient établi le leur ; et que sur les rebords en dessous, il ne se trouvait pas une seule place qui ne fût blanche de Mouettes et de Goélands. La détonation de leurs armes à feu n'avait produit d'autre effet, parmi eux, que de faire tomber à l'eau ceux qui étaient tués ou mortellement blessés. Quant au bruit des explosions, les cris de ces multitudes dominaient tout. Les habits de nos gens étaient couverts d'une fiente nauséabonde ; et c'était en se précipitant à la hâte hors de leurs nids, que les malheureux oiseaux avaient fait dégringoler les œufs dont quelques-uns avaient été ramassés sans être brisés. Il paraît qu'autour du rocher,

tout était dans une confusion inexprimable ; et nous
mêmes, en reportant nos regards vers ces masses profondes qui s'effaçaient peu à peu dans le lointain, nous
ne pouvions nous empêcher de reconnaître que la vue
seule d'un tel spectacle valait qu'on traversât l'Océan.
Pour moi, je l'avoue, j'éprouvais un vif regret de n'avoir
pu le contempler de près ; du moins, je vous en offre
ici la description telle que me l'a donnée notre pilote,
M. Godwin.

« Le rocher principal se termine en haut par une
plate-forme d'un quart de mille de large, du nord au
sud ; mais plus étroite dans l'autre sens. Son élévation
peut être de quatre cents pieds. Il est situé par 47° 52' de
latitude. Le ressac en bat la base avec violence, sauf
après un long calme ; et il est très difficile d'y aborder,
encore plus de l'escalader jusqu'au sommet. Le seul
point par où l'on peut en approcher est du côté du sud ;
et à l'instant même où le bateau vient à y toucher, il
faut le tirer à sec sur le roc. La surface entière de la
plate-forme est couverte de nids, placés comme à deux
pieds l'un de l'autre, et disposés en ordre si régulier
que l'œil peut plonger entre les lignes qui courent nord
et sud, aussi facilement qu'il se dirige entre les sillons
d'un champ profondément labouré. Les pêcheurs du
Labrador et autres qui visitent, chaque année, ce lieu
extraordinaire, afin de faire provision de chair de Fou,
dont ils se servent comme d'amorce pour la pêche de
la morue, y montent par petites troupes de huit ou dix,
emportant pour toute arme, chacun un gros bâton ; et
sur-le-champ, ils commencent leur œuvre de carnage.

A la vue de ces odieux envahisseurs, les oiseaux effrayés s'envolent avec un battement d'ailes qui ressemble au roulement du tonnerre, et fuient avec tant de précipitation, qu'ils s'embarrassent les uns dans les autres ; de sorte que des milliers sont forcés de redescendre et de s'amonceler en tas de plusieurs pieds de haut ; dès lors les hommes n'ont plus qu'à tuer, jusqu'à ce que leurs bras soient fatigués de frapper, ou qu'ils trouvent en avoir assez assommé. M. Godwin me racontait que, précisément pour le même objet, et pendant dix saisons consécutives, il avait visité le roc aux Fous, ajoutant qu'une fois, à six qu'ils étaient, ils en avaient détruit cinq cent quarante en moins d'une heure ; et quoique la plupart des oiseaux survivants eussent quitté leur voisinage immédiat, tout l'espace autour d'eux, à la distance de cent mètres, était encore encombré de Fous restés sur leurs nids, tandis qu'une multitude d'autres remplissaient les airs. Quant aux morts, on les dépouille tout à la grosse ; la chair de la poitrine est découpée par morceaux qui se conserveront, pour servir d'appât, pendant quinze jours ou trois semaines. Enfin, la destruction que l'on fait de ces oiseaux est telle, que leur chair suffit, comme amorces, à quarante bateaux pêcheurs qui fréquentent ainsi, tous les ans, les parages de l'île Brion (1). Vers le 20 mai, le rocher est couvert d'oiseaux qui couvent, et environ un mois après les petits éclosent. Les Fous, comme nous l'avons déjà dit,

____

(1) Une des îles de la Madeleine, dans le golfe Saint-Laurent.

se contentent de gratter la terre à quelques pouces de profondeur; et autour de cette excavation ils entrelacent assez proprement, en forme de bourrelet, des herbes marines et d'autres débris, jusqu'à une hauteur de huit à dix pouces. Chaque femelle ne pond qu'un œuf, d'un blanc pur et de la grosseur d'un bel œuf de poule. Quand les petits viennent d'éclore, ils sont d'un noir bleuâtre, et pendant une quinzaine ou plus leur peau ressemble à celle du chien de mer. Peu à peu, ils se revêtent d'un duvet blanc; et quand ils ont six semaines, on dirait, à les voir, un gros rouleau de laine cardée. »

Ce rapport de notre pilote me satisfit d'autant plus, que moi-même avec ma lunette j'avais remarqué l'alignement, en effet très régulier, de leurs nids, et vu plusieurs de ces oiseaux occupés à creuser la terre avec leur bec, en même temps que des centaines d'autres charriaient des masses de cette longue herbe marine qu'on appelle *herbe à l'anguille*, et qu'ils semblent aller chercher du côté des îles de la Madeleine. Tant que le *Ripley* fut à l'ancre près du roc, des troupes de Fous ne cessèrent de voler au-dessus de nos têtes; et bien que j'en eusse tiré plusieurs qui tombèrent à l'eau, ni le bruit du fusil ni la vue de leurs compagnons morts ne semblaient faire la moindre impression sur eux.

Quelques-uns de ceux qu'on avait apportés à bord pesaient un peu plus de sept livres; mais M. Godwin me dit que les jeunes, quand ils sont sur le point de quitter le nid, en pèsent huit et souvent neuf. C'est ce que je vérifiai moi-même par la suite; et j'attribue cette différence à l'énorme quantité de nourriture que leur apportent à cette époque les parents, qui paraissent alors ne s'occuper que de leur progéniture, au point de s'oublier presque eux-mêmes. Le pilote me dit encore que l'odeur qui s'exhalait du sommet du roc était insupportable, encombré comme il l'est, durant la saison des amours, et après la première visite des pêcheurs, de débris putrides de vieux et de jeunes oiseaux, d'excréments et des restes d'une multitude de poissons. Il ajoutait que les Fous, bien que peu braves de leur naturel, résistent cependant parfois, et attendent de pied ferme l'approche de l'homme, en le menaçant de leur bec, dont ils lui portent de rudes et dangereux coups. Maintenant, lecteur, je puis vous affirmer qu'à moins d'avoir vu de vos propres yeux la scène dont mes amis et moi nous fûmes ici témoins, il vous est impossible de vous faire aucune idée de l'impression qu'elle laissa dans mon esprit.

Après avoir élevé sa famille, le Fou parcourt, dans ses migrations vers le Sud, une étendue de pays beaucoup plus considérable qu'on ne l'a jusqu'à présent supposé : souvent, à la fin de l'automne et en hiver, j'en ai vu sur le golfe du Mexique ; et même, lors de ma dernière expédition, j'en ai rencontré jusqu'à l'embouchure de la rivière Sabine. Comme c'est exclusivement un oiseau de mer, jamais il ne s'avance dans l'intérieur des terres, à moins d'y être emporté par un fort coup de vent ; et c'est ce qui arrive quelquefois, par exemple, dans la Nouvelle-Écosse, dans le Maine et dans les Florides, où j'en ai vu un qu'on avait trouvé mort au milieu des bois, deux jours après un furieux ouragan. La plupart de ceux qui passent l'hiver sous ces chaudes latitudes, sont des jeunes de l'année même ou de la précédente. Dans une de ses excursions aux îles maritimes qui bordent la Caroline du Sud, mon ami Bachman a vu, le 2 juillet 1836, une troupe de Fous composée de cinquante à cent individus et qui tous avaient encore leur plumage d'hiver de première année. Pendant plusieurs jours, ils se montrèrent, tantôt sur l'île *Cole* ou aux environs, tantôt sur les grèves et d'autres fois parmi les brisants. Il dit aussi avoir entendu raconter à M. Giles, un de ses amis, très versé dans tout ce qui a rapport aux oiseaux, que, l'année précédente, dans le courant de l'été, il avait vu maintes fois aller et venir un couple de Fous dont le nid était sur un arbre. Cette observation concorde parfaitement avec celles du capitaine Napoléon Coste, qui cumulait les fonctions de lieutenant et de pilote à bord de la *Marion* : ce dernier affirme avoir trouvé, sur la côte de Géorgie, un certain lieu où nichait une troupe de Fous ; c'étaient tous des vieux, à plumage blanc, et qui avaient construit leurs nids sur des arbres. On ne peut s'étonner de cela, quand on sait, comme moi, que le Fou brun (*Sula fusca*) niche indifféremment sur des arbres ou des bancs de sable secs et élevés. Durant l'hiver, j'en ai souvent remarqué qui volaient à de grandes distances en haute mer ; mais rarement étaient-ce des jeunes : ceux-ci, en effet, se maintiennent beaucoup plus près du bord et cherchent leur nourriture dans les eaux basses.

Le vol du Fou est puissant, très bien soutenu, et

parfois extrêmement élégant. Quand il voyage, que ce soit par bon ou mauvais temps, il effleure pour ainsi dire la surface de l'eau, en donnant de suite trente ou quarante coups d'ailes, à la manière de l'ibis et du pélican brun ; puis il parcourt à peu près le même espace en planant, les ailes à angle droit avec le corps, et le cou tendu en avant. Mais si vous voulez bien apprécier l'élégance de cet oiseau pendant ses évolutions aériennes, il vous faut aller l'observer de dessus le pont d'un de nos paquebots, lorsque le commandant vient de vous donner la bonne nouvelle que vous êtes à moins de trois cents milles des côtes, qu'il s'agisse de la joyeuse Angleterre ou de mon pays bien-aimé. De là, vous voyez l'infatigable voilier, qui déploie sa large envergure, et haut, bien haut au-dessus de l'abîme, glisse silencieusement au sein des airs, surveillant chaque flot qui roule là-bas, et voguant si gracieux et si léger, que vous vous dites en vous-même : Ah! que n'ai-je ses ailes ! quel beau voyage de soixante à quatre-vingt-dix milles j'accomplirais en une seule heure et sans fatigue! Mais peut-être, à l'instant même où cette réflexion vous traverse l'esprit, est-elle coupée tout court par un mouvement de l'oiseau qui, ne songeant lui qu'à se remplir l'estomac, et sans se soucier de vos rêveries, tombe comme un plomb, la tête la première sur la mer, et tient déjà le poisson que son œil perçant a découvert de si loin. Considérez-le maintenant, le pêcheur au blanc plumage : une minute il se repose sur son élément favori, mâchonnant sa proie que d'autres fois il avale du premier coup ; lorsqu'au contraire il a manqué le but, il se renlève en battant sans cesse des ailes; secoue sa queue de côté et d'autre, en ramenant sur ses pieds largement palmés les sous-couvertures de cet excellent gouvernail; puis, tout d'un coup, part en ligne droite; et quand il a rencontré un souffle d'air suffisant pour soutenir son essor, remonte par degrés jusqu'à la hauteur où il se tenait d'abord, et là recommence à chercher fortune.

Au milieu de grands coups de vent, j'ai vu le Fou continuer de s'avancer contre la rafale, et même gagner beaucoup de terrain, en se plaçant le corps de côté ou dans une direction oblique qu'il changeait alternativement, ainsi que font les pétrels et les guillemots. Il m'a semblé même qu'alors son vol était plus rapide qu'en aucun autre moment, si ce n'est lorsqu'il fond sur sa proie. Les personnes qui l'ont observé pendant qu'il travaille à se procurer la nourriture seront, comme moi, fort étonnées de lire dans certains auteurs « qu'on n'a pas connaissance que les Fous plongent jamais, et que cependant il arrive assez souvent qu'on en prenne au moyen d'un poisson attaché à une planche qu'on a plongée dans l'eau à une profondeur de deux brasses; et que, dans ce cas, on retire toujours l'oiseau avec le cou disloqué, ou le bec solidement fixé dans le bois. » Devant de pareilles assertions, on croirait avoir été le jouet de ses propres yeux, si l'on n'avait eu soin de noter exactement le résultat de ses longues et minutieuses observations; et comme c'est là ce que je n'ai jamais manqué de faire, je vais vous soumettre les miennes, cher lecteur, et vous me permettrez de ne

tenir aucun compte de ce qu'avant moi on a pu dé-
biter sur ce sujet.

J'ai très bien vu le Fou plonger et rester plus d'une
minute sous l'eau. Une fois, notamment, j'en tuai un à
l'instant où il en ressortait : il tenait un poisson entre
ses mandibules et en avait deux autres à moitié descendus dans le gosier; il peut donc suivre sa proie sous
l'eau et prendre plusieurs poissons de suite. D'autres
fois, j'en ai remarqué qui plongeaient au milieu d'un
banc d'ammodytes (1); mais si légèrement, qu'à peine
s'ils écumaient la surface. Pour donner la chasse aux
petits poissons, ils se mettaient à nager ou même à
courir sur l'eau, à l'aide de leurs ailes qu'ils portaient
en avant et dont ils frappaient de droite et de gauche,
jusqu'à ce qu'ils fussent rassasiés. Sur le golfe du
Mexique, je blessai un de ces oiseaux qui tomba à l'eau
et s'enfuit, en nageant si vite devant notre barque, que
nous dûmes forcer de rames pendant un bon quart de
mille, avant de pouvoir le rattraper; et quand il nous
vit près de le joindre, il fit face tout à coup, ouvrit le
bec et se prépara à la défense; mais on l'acheva d'un
coup d'aviron. Si on tire les Fous, même sans les toucher, ils rendent souvent gorge, comme les vautours;
et c'est ce qu'ils font toujours étant blessés, quand ils

(1) *Ammodytes tobianus.* Ammodyte appât, poisson qui, soit par la
forme de son corps, soit par ses mœurs, a beaucoup de ressemblance
avec les Murènes. On le trouve dans le sable, où il a la faculté de se
rouler en spirale, presque comme une couleuvre. Sa couleur est d'un
bleu argentin, sa longueur 1 décimètre 1/2 environ. — A Dieppe, les
pêcheurs le connaissent sous le nom d'*Équille.*

ont l'estomac ou le gosier plein. Par moments, lorsqu'on les a frappés aux ailes, ils se laissent aller en
flottant, et on peut même les prendre avec la main, sans
qu'ils fassent le moindre effort pour s'échapper. Il y a
plus : un jour, mon jeune ami George Shattuck, étant
avec moi au Labrador, en prit un qui se promenait au
milieu d'une troupe de guillemots, sur une île basse et
rocailleuse.

Lorsqu'ils vont pour s'envoler de dessus les rochers
où sont leurs nids, ils lèvent la tête, la rejettent en
arrière, ouvrent le bec et poussent un cri fort et prolongé avant de se lancer dans les airs, ce qu'ils font en
s'essayant d'abord par quelques pas mal assurés et en
s'aidant de leurs ailes, qu'ils étendent en partie. Leur
premier mouvement les reporte en bas ; mais bientôt
leur vol se raffermit, se redresse, et ils semblent se
soutenir en l'air avec la plus grande facilité. Une fois à
la hauteur de vingt ou trente mètres, vous les voyez
secouer la queue, dont les sous-couvertures cachent leurs
pieds ; ou bien les pieds s'étendent et s'ouvrent tout à
coup, comme pour saisir quelque objet au-dessous
d'eux ; mais cela ne dure qu'un instant, et de nouveau,
grâce à la manœuvre que je viens de décrire, la queue
s'agite et les pieds disparaissent sous les plumes. Ils
battent des ailes et planent alternativement, même alors
qu'ils se bornent à voler autour de leurs nids.

Sur le sol, les mouvements du Fou sont très gauches et des plus disgracieux ; on dirait qu'il est empêtré ;
encore est-il obligé de s'y soutenir avec ses ailes, qu'il
porte à moitié ouvertes pour s'empêcher de tomber. Sa

marche n'est, à vrai dire, qu'un pénible clopinement. Quand le soleil brille, il aime à étendre ses ailes pour se réchauffer ; et, pendant tout ce temps, il agite sa tête avec violence et ne cesse de pousser son cri rauque et guttural : *cara, karew, karow !* Représentez-vous l'effet que produit un concert de cette espèce, exécuté par tous les Fous rassemblés sur leurs nids et couvrant un rocher comme celui du golfe Saint-Laurent ; tandis qu'au milieu de ce vacarme s'élèvent, sans discontinuer, les hurlements et les glapissements de ceux qui se préparent à s'envoler.

Quand le nid vient d'être terminé, il a bien deux pieds de haut, et autant en diamètre à l'extérieur. Il est construit d'herbes marines et de varech, que ces oiseaux vont quelquefois chercher très loin. C'est ainsi que les Fous qui nichent sur le golfe Saint-Laurent doivent le charrier des îles de la Madeleine, lesquelles sont à une distance de près de trente milles. Quant aux herbes, ils les arrachent sur la place même et en pétrissent de grosses mottes, composées en outre de racines et de terre, dans lesquelles ils pratiquent une ouverture assez semblable à l'entrée du trou des puffins. Ces nids, comme ceux des cormorans, sont agrandis ou réparés chaque année. La femelle n'y dépose qu'un œuf, d'une forme ovale allongée, et dont le grand diamètre est de 3 pouces 1/12, le petit de 2 pouces. Une matière calcaire blanche et rugueuse revêt entièrement la coquille, qui, lorsqu'on l'a grattée, laisse voir en-dessous une couche d'un bleu pâle verdâtre.

D'habitude, ces oiseaux arrivent au roc déjà accou-

plés, et souvent en files de plus de cent. Bientôt après
on les voit se becqueter comme font les cormorans, et
la copulation s'accomplit sur les rochers mêmes, et jamais sur l'eau, ainsi qu'on l'a quelquefois supposé. Du
reste, l'époque de leur arrivée aux lieux où ils veulent
nicher paraît dépendre de la latitude : sur *Bass-Rock*,
dans le *Firth of Forth* (1), ils se montrent dès le mois de
février; tandis que dans le golfe de Saint-Laurent, on
ne les voit pas sur le *Grand-Rocher* avant le milieu
d'avril ou le commencement de mai. A *Château-Beau*,
dans les détroits de Belle-Isle, ils ne paraissent encore
que quinze jours ou trois semaines plus tard. Doués du
même naturel que les membres des plus nombreuses
communautés d'oiseaux, les Fous, bien qu'à ce moment
ils aiment réellement à vivre en société, manifestent
cependant, dès que l'incubation commence, beaucoup
d'animosité contre leurs plus proches voisins. Par exemple, une femelle paresseuse, trouvant plus commode de
piller le nid de ses amies que d'apporter de loin les
herbes et autres matériaux nécessaires pour la construction du sien, se hasarde parfois à envahir la possession d'une autre ; aussitôt toutes prennent part à
l'injure faite à leur camarade, et de bons coups de bec
sont dirigés contre la voleuse, en plein jour, à la vue
de ses sœurs rassemblées et qui ne manquent pas d'ap-
plaudir au châtiment, en se passant la nouvelle de
l'une à l'autre, jusqu'à ce que la troupe entière soit

(1) *Firth of Forth* (*Bodotria œstuarium*). Golfe formé par la mer
du Nord, sur la côte orientale de l'Écosse.

mise au courant de la querelle. Cependant les jours s'écoulent, la patiente mère, pour tenir plus chaud son œuf unique, s'arrache quelques plumes d'autour la gorge ; dans les heures où le soleil luit, elle étale celles qui lui recouvrent le dessus du corps, et passant son bec le long du tuyau, elle les nettoie et détruit les vils insectes qui y pullulent. Qu'un vent impétueux s'élève ou qu'un froid brouillard vienne à voiler la beauté du jour, aussitôt elle resserre autour d'elle les bords de sa couche et s'y enfonce plus avant ; s'il pleut, elle se place de manière à empêcher l'eau de pénétrer dans son ménage. Qu'elle est heureuse, lorsque son œil attentif peut découvrir au loin, dans la foule, son mâle affectionné qui revient de la pêche, le bec chargé, et qui lui aussi l'a déjà reconnue, parmi ses mille compagnes, toutes également inquiètes et guettant le retour du bien-aimé! Mais le voilà qui doucement se pose à côté d'elle et lui présente le morceau qu'elle préfère ; il échange avec elle de tendres caresses, puis déployant de nouveau ses ailes, il repart pour donner la chasse à quelque banc de harengs. Enfin la coquille s'entr'ouvre, et un nouvel être en sort en rampant. Hélas! le pauvre petit est tout noir! quel étrange contraste avec le blanc si pur de la mère! Cependant, elle l'aime tel qu'il est, avec tout le dévouement des autres mères. Pleine d'angoisse, elle épiait son éclosion; et maintenant elle n'a d'autre souci que de le nourrir. Mais il est encore si frêle, qu'elle préfère attendre un peu avant de lui présenter l'aliment. Toutefois le moment propice est bientôt venu : avec quels soins extrêmes elle l'entretient de morceaux convenablement macérés et qu'elle lui dégorge dans son bec. Ils sont, il est vrai, si bien préparés, qu'on n'a pas d'exemple d'un jeune Fou qui, même à cet âge, ait souffert de dyspepsie ou d'indigestion.

Le mâle couve aussi par intervalles, mais moins assidûment que la femelle ; et celui des deux qui reste libre entretient l'autre de nourriture. L'apparence du jeune Fou, au sortir de l'œuf, est assez déplaisante : il est alors tout à fait nu et d'un noir sombre et bleuâtre, comme le petit du cormoran ; son abdomen est démesurément gros, son cou maigre et sa tête large ; ses yeux semblent ne point voir encore, et il n'a les ailes que très peu développées. Quand on le regarde trois semaines après, on trouve qu'il a pris un accroissement considérable et presque entièrement changé de couleur : car alors, à l'exception de certaines parties du cou, des cuisses et du ventre, il est recouvert d'un duvet moelleux épais et jaunâtre. En cet état, il est peut-être aussi désagréable à voir qu'auparavant ; mais il gagne si rapidement, qu'au bout de trois nouvelles semaines, du milieu de son enveloppe duveteuse, commencent à paraître des plumes qui l'émaillent de la façon la plus pittoresque. En regardant autour de vous, vous remarquez que tous les jeunes ne sont pas de la même taille : c'est que tous les Fous n'ont pas pondu le même jour, et probablement chaque petit n'est pas également approvisionné de nourriture. A cette époque, la grande aire ou plate-forme a l'aspect d'une propriété dont toutes les parties seraient devenues communes ; les nids, autrefois si proprement arrangés, sont aplatis et foulés aux pieds; les jeunes oiseaux, pêle-mêle, vagabondent partout où il leur plaît. Ils ont bien la mine, en vérité, de grands fainéants; et chez nul autre oiseau je n'ai vu cet air de nonchalance qui donnerait à penser qu'ils s'occupent aussi peu du présent que de l'avenir. Maintenant le père et la mère sont déchargés d'une partie de leurs soins; ils se contentent de déposer à côté d'eux tels poissons qu'ils peuvent attraper; encore leur en donnent-ils rarement plus d'une fois par jour; et, chose singulière, les jeunes ne semblent pas même faire attention à leurs parents, lorsqu'ils viennent ainsi leur apporter à manger.

Les Fous ne se nourrissent pas exclusivement de harengs, quoi qu'en aient dit nombre de personnes; car moi, je leur ai trouvé dans l'estomac des capelans de huit pouces de long, ainsi que de forts maquereaux d'Amérique qui, pour le dire en passant, sont très différents de ceux qu'on rencontre en si grande abondance sur les côtes d'Europe.

Les jeunes ne quittent jamais le lieu où ils ont été élevés, qu'ils ne soient bien en état de faire usage de leurs ailes; et alors ils se séparent des vieux oiseaux, pour ne les rejoindre, au plus tôt, qu'une année après. J'en ai vu quelquefois qui étaient toujours bigarrés de taches gris sombre, avec la plupart de leurs rémiges primaires encore noires; et je ne crois pas que leur plumage puisse se montrer, dans tout son beau, avant la fin de la deuxième année. J'ai vu aussi des individus qui avaient une aile d'un noir très pur et la queue de cette même couleur, d'autres ayant seulement la queue noire, plusieurs enfin avec des plumes toutes noires éparses sur le corps, dont la teinte était généralement blanche.

Selon moi, il n'existe pas d'oiseau qui ait si peu d'ennemis à redouter que le Fou : des diverses espèces de labbes que je connais, il n'en est pas une seule qui cherche à l'inquiéter. J'ai souvent vu la frégate pélican passer près de lui en poursuivant la proie, et jamais je n'ai remarqué qu'elle fît mine de l'insulter. D'un autre côté, les îles sur lesquelles nichent ces oiseaux au milieu des rochers, sont inaccessibles aux quadrupèdes. Les seuls animaux qui mangent leurs œufs et leurs petits sont le *larus marinus* et le *larus glaucus* (1). On dit que le *skua* ou *labbe cataracte* donne quelquefois la chasse au Fou; mais cette espèce ne se rencontre pas dans l'Amérique du Nord, et je l'avoue, je doute beaucoup de ce fait: car je le répète, je n'ai jamais vu de labbe s'attaquer à un oiseau aussi grand et aussi fort que lui.

Quelque temps après que les jeunes Fous se sentent capables de voler, ils partent avec tous les autres oiseaux de la même espèce, pour ne revenir que la saison suivante aux lieux où sont les nids. A Terre-Neuve, je me laissai dire que les pêcheurs anglais et français salaient de jeunes Fous pour leur provision d'hiver, ainsi qu'on fait en Écosse; quant à moi, je n'en vis pas même un dans ce pays, et je trouve leur chair si mauvaise,

(1) Goëland à manteau noir. — Goëland bourgmestre.

que je ne conçois pas qu'on songe à y recourir, tant qu'on peut s'en procurer d'autre.

Un fait assez curieux, c'est que les Fous savent prendre des maquereaux et des harengs quatre ou cinq semaines avant que les pêcheurs en voient même paraître sur nos côtes. Toutefois cela s'explique par les lointaines excursions qu'ils font en mer. C'est un oiseau qu'on garde facilement en captivité, mais dont on ne retire pas grand agrément : son ordure est abondante et choque également le nez et les yeux ; son air paraît tout à fait gauche, et même le regard terne de son œil de hibou produit sur vous une impression désagréable. Ajoutez à cela la dépense de son entretien ; et je concevrai sans peine que vous ne lui donniez point place dans votre volière, si ce n'est pour le plaisir de lui voir happer à la volée le morceau qu'on lui jette et qu'il reçoit non moins adroitement qu'un chien.

Les plumes du dessous du corps diffèrent, chez le Fou, de celles de la plupart des autres oiseaux, en ce qu'elles sont en dehors extrêmement convexes ; de sorte qu'il a l'air d'avoir cette partie comme recouverte d'une couche de petits coquillages. C'est ce qu'une figure ne pourrait guère représenter.

Mon excellent et très savant ami W. Macgillivray s'est beaucoup occupé des mœurs de ces oiseaux, qu'il a étudiés sur le *Bass-Rock*, en Écosse ; et je ne puis mieux faire que de vous transcrire ici ses observations :

« Le Bass est un rocher abrupte, dont la base, d'une forme oblongue, peut avoir un mille de circonférence.

A certains endroits, les rochers sont à pic et plombent les uns sur les autres, présentant partout de véritables précipices, si ce n'est vers une pointe étroite près de la terre où, par une pente un peu plus douce, ils forment à leur pied une légère projection qui seule permet de les aborder. Un peu au-dessus se voient des ruines de maisons et de fortifications, le Bass ayant anciennement servi de prison d'État. Quelques-uns de ces rochers paraissent avoir deux cents pieds de haut, et le sommet vers lequel monte leur surface escarpée les domine encore d'au moins cent cinquante pieds. Toute la masse, autant que j'ai pu m'en assurer, est d'une structure uniforme, consistant en *trapp* intermédiaire à des *diorites* et à des *phonolites* d'un rouge brunâtre et à petits grains. Bien que la superficie de l'île soit aussi en majeure partie couverte de roches, elle porte une abondante végétation qui se compose principalement de *festuca avena* et *duriuscula*, avec quelques autres herbes mêlées aux plantes que produisent d'ordinaire les stations maritimes.

» Le Bass offre surtout cela d'intéressant pour le zoologiste, qu'il est l'un des lieux, assez rares dans la Grande-Bretagne, où les Fous viennent se réunir pour nicher. Le 13 mai 1831, la première fois que je le visitai avec quelques amis, le nombre de ces oiseaux que nous y aperçûmes s'élevait peut-être à vingt mille. Toutes les faces du roc, et principalement son sommet, en étaient plus ou moins couvertes. Une seule place, du côté où il est accessible, et formant une pente douce et sablonneuse d'environ quarante mètres de tour, en contenait près de trois cents qui reposaient tranquillement sur leurs œufs.

» Les Fous arrivent vers le milieu de février ou le commencement de mars, pour repartir en octobre. Dans certaines années, quelques-uns restent tout l'hiver. Les nids, composés de varech et d'herbes marines, et généralement placés à nu sur le roc ou par terre, sont élevés en forme de cône tronqué ayant une vingtaine de pouces de diamètre à la base, et terminés par une cavité peu profonde. Au sommet de l'île, on voit dans le tuf de nombreux trous que les Fous ont creusés en arrachant l'herbe et les autres matériaux propres à leurs nids. Ces derniers sont établis partout où les oiseaux ont pu trouver de la place; mais en plus grande quantité vers le haut. Quelques-uns, simplement posés sur la surface du roc ou dans des fissures, ont été occupés depuis plusieurs années de suite, et sont empilés à une hauteur de trois jusqu'à cinq pieds; dans ce cas, ils s'appuient toujours contre le rocher. Ils ne renferment chacun qu'un œuf qui n'a rien de bien particulier : d'une forme ovale allongée, d'un blanc bleuâtre sombre, et recouvert d'une enveloppe calcaire, il présente ordinairement quelques taches sales d'un jaune brun. Après tout, il n'est guère ménagé par les oiseaux eux-mêmes : car lorsqu'ils se posent, s'enlèvent ou sont troublés par quelque intrus, ils le repoussent brutalement, et assez souvent le foulent aux pieds.

» Lorsque les Fous couvent, on peut en approcher à un mètre et quelquefois même jusqu'à les toucher. Quand on avance sur eux, ils se contentent d'ouvrir le bec, en poussant leur cri d'habitude ; ou bien ils se lèvent en manifestant un certain air de colère, mais sans paraître avoir conscience du danger. Profitant de l'absence des voisins pour dérober les matériaux de leurs nids, fréquemment ils se mettent à deux pour cette belle besogne ; et on les voit parfois tirer chacun leur bout du paquet, en essayant de se l'arracher. Ils sont constamment occupés à réparer leurs propres nids, lesquels, composés en grande partie d'herbes marines, s'affaissent en se desséchant, et finissent par se décomposer en une sorte de limon ; et quand ils sont établis trop près l'un de l'autre, ils ont entre eux de fréquentes querelles. J'en vis un saisir son camarade par le derrière du cou, et le serrer si fort que le malheureux ne faisait plus que râler ; mais en général, ils se bornent à se menacer, en ouvrant le bec et en poussant de grands cris. Ils sont si maladroits, dans leurs mouvements, qu'ils ne quittent presque jamais le nid sans en démolir une partie ; puis ils s'en vont boitant en traînant les pattes ; et encore sont-ils obligés de s'aider de leurs ailes et d'appuyer souvent par terre le ventre et la queue.

» Les petits sont d'abord couverts d'un beau duvet blanc comme neige. A l'âge de six semaines, les plumes commencent à pousser parmi ce duvet ; à deux mois, les ailes paraissent assez bien développées. Encore un mois de plus, et ils seront capables de s'envoler. Dans les premiers temps, les parents les nourrissent d'une sorte de bouillie liquide de poisson préparée dans leur estomac et leur gosier, et qu'ils leur introduisent goutte à goutte dans la gorge. Quand le nourrisson commence à devenir grand, ils placent leur bec dans le sien et dégorgent le poisson comme il se trouve, soit entier, soit par morceaux ; mais ils n'en apportent jamais dans leur bec sur le rocher. — Chaque année, on tue au moins un millier de ces jeunes oiseaux, parfois on en détruit jusqu'à deux mille ; mais, en moyenne, quinze à seize cents seulement. Une fois plumés, ils se vendent de six pence à un shelling la pièce. Le prix d'un jeune, pour empailler, est de deux shellings, et celui d'un vieux, de cinq.

» Lors de ma seconde visite, en compagnie de M. Audubon (le 19 août 1835), les nids, sur beaucoup de points, avaient entièrement disparu ; car c'est seulement pendant l'incubation que les oiseaux s'emploient sans relâche à les réparer. Il y avait des jeunes de toute grandeur : les uns encore tout petits et entièrement couverts de duvet blanc, la plupart ayant déjà une partie de leurs plumes avec le duvet persistant sur la tête et le cou, et quelques-uns prêts à s'envoler et ne portant plus que de légères touffes de duvet derrière le cou. Les moins avancés restaient couchés à plat sur le nid, sur la terre nue ou sur le roc. —Ils sont d'une patience à toute épreuve et ne se plaignent jamais. De fait, pas un ne poussa le moindre cri pendant notre inspection. J'en vis un vieux, qui avait son petit à côté de lui, saisir violemment par le cou le petit d'un autre. Le pauvret endura cet acte brutal avec une résignation vraiment exemplaire, et ne fit que se coucher sous le bec de son bourreau. Le petit de ce dernier s'attaqua

lui-même à son voisin ; mais il fut mal reçu et honteusement obligé de lâcher prise. — L'une des personnes qui
étaient avec nous me dit que, l'année précédente, à la
même place, il y avait quatorze nids, chacun contenant
deux œufs. Dans ce cas, il paraît que l'un des jeunes
reste beaucoup plus chétif que l'autre. »

LE PLONGEUR,

OU CINCLE D'AMÉRIQUE.

Comme je me sens peu de goût pour les dissertations
critiques, je ferai grâce au lecteur d'une longue et laborieuse revue de tout ce qui a été dit au sujet de cet
oiseau, aussi intéressant que peu connu. Le prince
Bonaparte l'a représenté d'après un spécimen qui lui
avait été envoyé des sources de la rivière Athabasca (1),
sous le nom de *Cinclus Pallasii ;* et il a été décrit par
M. Swainson, qui l'a d'abord appelé *Cinclus mexi-
canus ;* ensuite, dans la Faune de l'Amérique boréale,
C. americanus. Je préfère ce dernier nom à celui de
C. unicolor qui, du reste n'est pas exact, l'oiseau n'étant
pas d'une seule et même couleur.

(1) Rivière des possessions anglaises, dans le nord de l'Amérique
septentrionale.

Malheureusement, je le répète, on sait très peu de chose de ce qui a rapport aux mœurs de notre Plongeur; cependant, comme pour la forme et la taille, il rappelle exactement le Cincle d'Europe, on peut croire qu'il lui ressemble aussi quant à sa manière de vivre. Je ne puis donc mieux faire, dans la pénurie de renseignements où nous sommes à cet égard, que de vous présenter l'histoire de ce dernier, telle que l'a donnée en détail mon ami Mac gillivray; et vous pouvez être sûr qu'au milieu des sauvages montagnes de son pays natal, il a consacré à l'étude de cet oiseau un zèle et une habileté que n'emploient pas toujours les meilleurs ornithologistes. Ce compte rendu qui parut, pour la première fois, dans un recueil périodique, *le Naturaliste,* et que l'auteur a revu et augmenté pour l'insérer ici, est un véritable modèle du genre.

« Le Plongeur est, sous certains rapports, l'un des oiseaux les plus intéressants, parmi ceux qui naissent dans nos contrées. Il fait sa principale résidence au milieu des vallons déserts de nos districts montagneux; mais de temps à autre, le naturaliste le rencontre dans ses courses, qui voltige au long des ruisseaux, ou bien se tient perché sur quelques pierres, au milieu de l'eau, le blanc de sa gorge le faisant toujours découvrir à une grande distance. Il n'est pas jusqu'au simple récolteur de plantes, celui de tous les hommes qu'on jugerait le moins capable de comprendre les harmonies de e nature, qui ne s'arrête un moment pour le regarder, lorsque, fendant l'air comme un trait, il passe auprès de lui dans son vol égal et rapide. Le berger solitaire,

dirigeant ses pas vers la montagne, le voit apparaître
avec joie ; et le pêcheur patient qui promène, en rêvant,
sa ligne à la surface de l'étang profond, ne peut s'empêcher de sourire, lorsqu'il aperçoit ce petit camarade,
fin pêcheur, comme lui, et dont les singuliers mouvements ont si souvent attiré son attention. Ajoutez cette
curieuse organisation qui lui fait chercher sa nourriture
au fond de l'eau, bien que par sa forme et sa structure,
il soit allié aux grives, aux troglodytes et autres oiseaux
de terre, et vous comprendrez tout l'intérêt qu'il in-
spire aux naturalistes. Plus d'une fois leur sagacité s'est
exercée pour tâcher d'expliquer son mode de progres-
sion au sein de cet élément ; mais très peu, je dois le
dire, ont basé leurs conjectures sur l'observation des
faits. Dans ces derniers temps, les propriétaires, voire
même leurs intendants, trop occupés d'autres affaires
pour chercher à s'assurer par leurs propres yeux, et
s'en remettant aux rapports de personnes ignorantes
ou prévenues, n'ont pas craint de donner l'ordre à leurs
gardes-chasse et à leurs bergers de détruire la charmante et mélodieuse créature, partout où ils la trouveraient, sous prétexte qu'elle détruit elle-même les
œufs et le frai du saumon !

» On s'imagine bien que, dans le cours de mes
pérégrinations, cet oiseau n'a pas manqué d'exciter
ma curiosité d'une façon toute particulière. Je l'ai
observé avec soin ; et de tout ce que j'ai écrit sur les
oiseaux, son histoire que je trace ici est peut-être celle
qui laisse le moins à désirer.

» D'habitude on le rencontre le long des petits cours

d'eau, surtout quand ils sont clairs et rapides, présentant des bords caillouteux ou rocailleux. Il fréquente toutes les parties de l'Écosse ; et je l'ai même trouvé dans les régions montagneuses du Cumberland et du Westmoreland. Montagu dit qu'il n'est pas très rare non plus au pays de Galles et en Devonshire. En Écosse, il ne se confine pas dans les contrées montagneuses, mais se montre dans les plus basses régions du Lothian, aussi bien que sur les plateaux élevés et les ruisseaux alpestres des Grampians. Néanmoins il est plus abondant sur les terrains accidentés de montagnes, et ne se trouve nulle part en plus grand nombre qu'aux bords de la Tweed et de ses tributaires, dans les comtés de Peebles et de Selkirk aimés des troupeaux. Il est aussi très bien connu aux grandes Hébrides. Non-seulement il n'émigre pas, mais rarement s'éloigne-t-il de sa résidence ordinaire, si ce n'est quand les gelées se prolongent ; et alors il descend au long des ruisseaux, où on le voit voltiger en suivant le courant et près des cascades. L'écluse d'un moulin est aussi sa retraite favorite, particulièrement au printemps et en hiver. Je ne l'ai jamais aperçu sur des bancs à fond tourbeux ou couvert de vase ; cependant on le voit quelquefois sur ceux dont les bords sont caillouteux et peu profonds, comme à Saint-Mary's-Loch, sur le Yarrow (1), où j'en ai tué.

» Le vol du Cincle est ferme, droit et rapide, comme

____

(1) Rivière du comté de Selkirk, qui se jette dans la Tweed et est célèbre par les sites pittoresques qu'elle offre dans son cours.

celui du roi-pêcheur se composant de coups d'aile vifs, réguliers que cet oiseau donne, sans intervalles; et jamais ne plane. Il se perche sur des pierres, des fragments de rocher qui se projettent au bord des ruisseaux, ou bien au milieu même de l'eau; et on le voit, par un mouvement brusque et fréquent, incliner la gorge en bas et fouetter de la queue, à peu près comme le cul-blanc, le traquet, ou mieux encore, comme le troglodyte. Ses jambes sont ployées, son cou rentré, et ses ailes légèrement tombantes. Il plonge dans l'eau, s'y enfonce, sans craindre la force du courant contre lequel, en général, il se dirige, et s'avance ainsi au-dessous de la surface, souvent avec une rapidité étonnante. Cependant il ne tombe pas de haut, la tête la première, comme fait le roi-pêcheur, le sterne ou le fou; mais il entre dans l'eau en marchant, ou se pose dessus; et c'est alors seulement qu'il plonge, à la manière d'un macareux ou d'un guillemot; puis, ouvrant à moitié les ailes, il disparaît avec une agilité, une prestesse qui prouvent combien il est heureusement doué pour cette étrange manœuvre. Je l'ai vu se mouvoir, sous l'eau, dans des positions qui me permettaient de le contempler à mon aise; et je reconnaissais bientôt que son mode d'action était alors exactement semblable à celui des plongeons, harles et cormorans que maintes fois j'avais observés d'une éminence, pendant qu'ils poursuivaient des bancs d'ammodytes sur les rivages sablonneux des Hébrides. On peut dire en réalité qu'à ce moment il vole, puisqu'il fait usage de ses ailes, non-seulement à partir de la jointure du carpe, mais

en les employant dans toute leur étendue, exactement
comme s'il avançait au sein des airs. Dans ce mouvement, son corps est d'habitude penché en avant ; et
sans doute il lui faut dépenser une grande force pour
contre-balancer les effets de la gravité, car il ne peut
que très difficilement se maintenir au fond ; et on le
voit revenir à la surface, comme du liége, dès qu'il se
relâche un instant de ses efforts. Montagu a parfaitement décrit ce singulier spectacle, lorsqu'il dit : Une
ou deux fois j'ai été bien placé pour l'examiner sous
l'eau, et je l'ai vu s'y démener de çà et là, d'une façon
très extraordinaire, ayant la tête en bas, comme s'il
picotait quelque chose, en même temps qu'il se donnait
un violent exercice et faisait aller les ailes et les jambes
à la fois. Cependant tout ce mouvement ne lui est habituel que lorsqu'il lutte contre un fort courant ; et l'œil
alors est véritablement charmé de le suivre, au milieu
des teintes brillantes et variées que multiplie autour
de lui l'inégalité de réfraction des diverses couches du
liquide. Lorsqu'il cherche sa nourriture, il ne va pas
loin sous l'eau : d'abord il se pose sur quelque point
qui fait saillie, ensuite s'enfonce, reparaît bientôt tout
près de là et plonge encore ; ou bien il prend sa volée,
pour aller fouiller une autre partie de la rivière ou s'a-
battre sur une pierre. Souvent vous le voyez qui, du
haut de quelque gros caillou, fait de courtes excursions
à travers l'eau. Il part d'un air vif, en courant, mais
sans précipitation, et l'instant d'après sa tête se lève en
barbotant à la surface, et il regagne son poste à la
nage ou à gué. Quant à cette assertion de certaines per-

sonnes, qu'il marche *dans* l'eau ou *au fond* de l'eau, elle n'est basée ni sur l'observation, ni sur la nature même des choses. Le Plongeur, en effet, n'est nullement un oiseau marcheur ; même sur le sol, je n'en ai jamais vu faire plus de deux ou trois pas, et encore n'était-ce qu'une sorte de sautillement. Ses jambes courtes, ses ongles recourbés sont peu propres à la course, mais admirablement calculés, pour lui permettre de fixer un pied solide sur les cailloux glissants, soit en dessus, soit en dessous de la surface de l'eau. De même que le roi-pêcheur, il restera quelquefois longtemps perché sur une pierre ; mais, sous d'autres rapports, les mœurs de ces deux oiseaux sont tout à fait différentes.

» La première fois que j'eus l'occasion de bien observer le Cincle, pendant qu'il chemine ainsi sous l'eau, ce fut en 1819, sur les montagnes Braemar (1). Du bord de la rivière qui passe près de Castle-Town, j'en pus voir un qui se livrait à ses exercices dans le courant, très rapide en cet endroit. En septembre 1832, j'en guettai quelque temps un autre sur la Tweed : il s'était envolé de la rive pour se poser au milieu de l'eau, où sur-le-champ il plongea. Le courant était également très rapide ; il se montra d'abord un peu plus haut, flotta pendant quelques secondes, plongea encore, reparut, s'enfuit vers la rive opposée, et en l'atteignant s'enfonça de nouveau, revint à la surface, et continua de cette manière ses capricieuses évolutions. Quand il est

____

(1) Comté d'Aberdeen.

perché près du bord, sur une pierre autour de laquelle
la rivière est assez tranquille, il entre dans l'eau à plusieurs reprises, sans doute pour attraper quelque
chose, et retourne chaque fois à son poste d'observation.
Dans ce cas, on peut aisément en approcher, pourvu
qu'on use de certaines précautions ; mais, en général,
il se tient sur ses gardes et prend facilement l'alarme.
J'en ai souvent tué qui me regardaient, tandis que je
marchais sur eux, sans faire mine de rien ; cependant,
il est rare qu'ils vous laissent venir à portée de fusil.
Après qu'on l'a poursuivi environ un quart de mille,
soit en remontant, soit en descendant un cours d'eau,
d'habitude l'oiseau revient sur le chasseur pour regagner sa première station, et vous avez chance de le
tuer, lorsqu'il passe auprès de vous.

» Au mois d'août 1834, dans une ascension au *White-
Coom*, la plus haute montagne du Dumfriesshire, je
remarquai, avec mon fils, un Plongeur qui, en nous
voyant, s'était réfugié à l'abri d'une grosse pierre par
dessus laquelle l'eau tombait en bouillonnant, et qui se
trouvait au milieu d'un petit ruisseau coulant dans un
lit étroit et creusé en forme de précipice. Nous pensions
que le nid ou les petits pouvaient y être cachés, et nous
nous en approchâmes doucement. En effet, nous aperçûmes l'oiseau derrière la cascade ; et comme nous
cherchions à le prendre, il s'échappa et alla plonger
dans un endroit où l'eau formait nappe, en cherchant à
se dérober par le bas du ruisseau ; mais il n'y put réussir, car il nous retrouvait devant lui à chaque tournant,
et fut obligé de revenir se réfugier au lieu d'où il était

parti. Alors nous nous décidâmes à détourner l'eau de la pierre; mais une seconde fois, il plongea, et après de nouveaux tours et détours, songea enfin tout de bon à battre en retraite. Cependant il reparut encore un peu plus loin à la surface et s'envola. Je m'étonnais qu'il n'eût pas tout d'abord fait usage de ses ailes, puisqu'il pouvait nous échapper bien plus vite au travers des airs qu'au milieu de l'eau. Cette chasse nous procura une nouvelle et rare occasion de l'observer quand il fuit sous ce dernier élément, et dans une circonstance où probablement il subissait l'empire d'une grande terreur. Il volait çà et là, au travers de l'étroite nappe ou mare, absolument de la même manière que vole un oiseau dans un espace circonscrit de l'atmosphère; toutefois avec moins de rapidité, et commençant par plonger, il paraissait couvert de légers globules d'air qui lui adhéraient au-dessus du corps.

» Lorsqu'il est blessé, le Cincle fuit ordinairement sous l'eau et tâche ainsi de gagner le bord, où il se blottit parmi les pierres et sous la rive; et pour peu qu'il lui reste de vie, on est sûr qu'il s'y cachera si bien, qu'il faudra de bons yeux pour le retrouver. Sous ce rapport il ressemble beaucoup à la poule d'eau. — Dans l'hiver de 1829, j'en tirai un sur l'Almond, qui s'envola de l'autre côté, entra dans l'eau d'un pas tranquille, plongea et ressortit à quelque distance, sous une rive où je le pris, après avoir traversé le courant, qui était en partie gelé. Un autre conserva juste assez de force pour fuir sous un pont du Yarrow, dans un trou profond, à moitié rempli d'eau et à la surface duquel je le trouvai morts En août 1834, j'en tirai un troisième sur Manor-Water, dans le district de Tweeddale. Il . s'échappa et fut se cacher, en plongeant, toujours sous la rive. Je traversai le courant et cherchai à m'en emparer ; mais il glissa sous l'eau, descendit la rivière en nageant, et à une vingtaine de mètres de là se coula sous une grosse pierre, moi ne cessant de le suivre. En introduisant dans le trou la baguette de mon fusil, je ne produisis d'autre effet que de contraindre le pauvre oiseau à s'enfoncer le plus loin qu'il put ; et pendant que j'étais occupé à retirer du gravier et des cailloux de derrière la pierre, il se faufila lestement en dessous de l'eau, et descendit assez loin sans reparaître, et par suite, sans prendre haleine. Mais j'avais remarqué la place où il venait de replonger, et quand il se montra à la surface pour respirer, je l'attendais et le pris.

» Quand on met ainsi la main sur lui, il se débat tant qu'il peut, et de ses pieds s'accroche fortement à vous, sans toutefois jamais essayer de mordre. Je note ce fait comme s'appliquant aussi à certaines espèces d'oiseaux, tels que la litorne, le merle, l'étourneau qui n'ont pas le pouvoir de faire du mal à leur ennemi, et cependant ne se laissent pas lâchement tuer, mais résistent jusqu'à la fin sans perdre courage, et tâchent de profiter de la plus légère chance de salut. D'autres, égaux en force, comme la bécasse, le pluvier doré et le vanneau, ne déploient pas la même énergie, et souffrent leur destin avec résignation et même une apparence de stupidité. D'autres encore, tels que les mésanges et les bergeronnettes, bien qu'évidemment sous le coup de la terreur, quand on les prend, n'en cherchent pas moins toutes les occasions de mordre. Ai-je besoin d'ajouter que quelques-uns, comme la crécerelle et l'épervier, mordent et griffent avec autant d'effet que de bonne volonté ?

» En fait de chasse aux oiseaux, je n'ai jamais rien vu de plus lamentable que la scène dont je fus un jour témoin, au-dessus de *Cramond-Bridge*, près d'Édimbourg : un Cincle qui avait eu les poumons traversés par un coup de feu, était resté sur place, les jambes ployées, les ailes tombantes et la tête penchée, sans faire le moindre effort pour s'échapper, et paraissant insensible à tout ce qui se passait autour de lui. Le sang lui dégouttait du flanc et bouillonnait dans sa gorge, que le pauvre oiseau essayait en vain de débarrasser. Par intervalles, des spasmes violents soulevaient sa poitrine, et étaient suivis d'un effort pour vomir. Il y avait bien cinq minutes qu'il était dans cet état lorsque j'arrivai sur lui et m'en emparai ; il expira dans ma main. Au moment de l'agonie, sa pupille se contracta de façon à ne présenter plus qu'un simple point, puis aussitôt après se dilata. Alors la paupière inférieure commença à s'élever graduellement et finit par lui recouvrir l'œil. C'est ordinairement ce qui arrive chez les oiseaux, lesquels n'expirent pas les yeux ouverts, ainsi que cela a lieu pour l'homme et la plupart des quadrupèdes.

» A en croire les auteurs, la nourriture du Cincle consisterait en petits poissons, crevettes et insectes aquatiques. Ainsi, d'après Willughby, « *pisces predatur, nec insecta aversatur.* » Montagu dit en avoir vu un vieux s'envoler avec un poisson dans le bec, et il ajoute que parfois ces oiseaux attrapent des insectes au bord de l'eau. M. Temminck prétend que leur régime se compose « d'insectes d'eau, de demoiselles avec leurs larves, et souvent de frai de truite. » M. Selby combine judicieusement ces diverses allégations, en nous apprenant que des insectes aquatiques, du frai et des œufs de poisson forment toute leur nourriture. M. Jenyns, plus réservé, s'en tient aux insectes aquatiques. Inutile de m'étendre plus au long sur ce qu'en disent d'autres compilateurs. Au fond, il n'y a rien d'incroyable dans tout cela, bien qu'un point soit à noter : c'est qu'aucun de ces divers naturalistes ne constate avoir lui-même trouvé ni poisson, ni œufs dans l'estomac du Cincle. Quant à moi, j'en ai ouvert bon nombre, à toutes les époques de l'année, et jamais non plus je n'y ai formellement reconnu autre chose que des *limnées*, des *patelles* et des *grains de sable*. Pour les œufs et le frai de saumon, jusqu'ici rien absolument ne prouve que le Cincle en mange; et par conséquent la persécution à laquelle il se voit en butte, sur une simple prévention, devrait cesser, au moins jusqu'à plus ample informé. J'ai dit que des limnées et des patelles composaient le fond de sa nourriture: c'est là un fait qu'on n'avait pas encore soupçonné; et cette découverte m'a fait d'autant plus de plaisir, qu'elle suffit pour expliquer, d'une manière satisfaisante, toutes les excursions sub-aquatiques auxquelles j'ai vu ces oiseaux se livrer.

» Les Plongeurs vont ordinairement par couples; d'autres fois cependant on les voit solitaires, ou même

pour quelques jours, en famille, lorsque arrive la saison
des œufs ; mais jamais par troupes. En certains lieux
favorables, tels qu'une chute d'eau, une suite de rapides, on peut, en hiver, en rencontrer jusqu'à quatre
ou cinq, qui tous se tiennent à l'écart les uns des autres.
—Leur chant est bref, mais agréable, et reprend à de
courts intervalles. On ne peut pas le comparer au plain-
chant des merles ; il ressemble plutôt au gazouillement
voilé du mauvis et de l'étourneau, durant l'hiver ; ou,
si l'on aime mieux, aux premières notes de la grive
chanteuse. Ce doux ramage n'est point particulier seulement à de certaines époques de l'année ; mais il
charme l'oreille, dès que le soleil brille, en toute saison.
Sa note commune, que l'oiseau répète fréquemment,
perché sur une pierre ou lorsqu'il suit le cours des ruisseaux, peut être rendue par la syllabe *chit*.

» Vers le milieu du printemps, il commence à s'occuper de son nid ; de sorte que sa première couvée
prend la volée en même temps que celle du merle. Le
nid est caché dans la mousse, au bord de l'eau, ou
parmi des racines qui se projettent sur le courant ; quelquefois dans la crevasse d'un rocher, sous un pont, ou
même dans l'étroit espace qui se trouve derrière une
chute d'eau. Il varie considérablement en forme et en
grosseur suivant la position ; mais il est toujours plutôt
gros qu'autrement, et ressemble plus qu'aucun autre à
celui du troglodyte. Mon ami M. Weir en a trouvé un,
dans le côté de Linlithgow, qui peut être considéré
comme un modèle. Voûté en dessus, il a par dehors
l'apparence d'une masse elliptique aplatie, mesurant

dix pouces du dessus de l'entrée, à la partie postérieure, sur huit et demi de large et six de haut. L'ouverture, pratiquée sur le côté, vers le sommet, est d'une forme oblongue et surbaissée, ayant 3 pouces 1/4 de large, avec une élévation d'un pouce 1/2. L'extérieur se compose de diverses espèces de mousses, principalement d'hypnée, solidement feutrées, de manière à présenter un tout compacte et très résistant par en bas. Cette dernière partie ne sert évidemment que comme une sorte de boîte destinée à contenir le nid proprement dit, et, sous ce rapport, rappelle l'enveloppe boueuse qui constitue celui des hirondelles. Quant au nid lui-même, il est hémisphérique et n'a que 5 pouces 1/2 de diamètre. Les matériaux consistent en jeunes tiges et en feuilles d'herbes, avec une ample garniture de feuilles de hêtre. J'en ai examiné plusieurs autres qui étaient semblablement construits et tous bordés de feuilles de hêtre, mêlées tantôt à quelques feuilles de lierre, tantôt à une ou deux feuilles de platane. Montagu décrit ce nid comme étant très gros, formé en dehors de mousse et de plantes aquatiques, et bordé de feuilles de chêne sèches. D'autres ont reconnu que la bordure se composait de feuilles de différents arbres, ce qui peut dépendre des localités. Les œufs, au nombre de cinq ou six, en forme d'ovale régulier, sont légèrement pointus et d'un blanc pur. Leur longueur varie en général de 11/12ᵉˢ de pouce à un pouce 1/12ᵉ ; leur largeur se mesure par 9/12ᵉˢ. — Ils paraissent un peu plus petits que ceux de la grive des vignes. »

Le genre *Cinclus* peut être considéré comme placé

sur la limite des deux familles des *turdidés* et des *myr-mothéridés* (1), bien qu'au fond plus étroitement allié à la grive qu'à la brève, mais d'un autre côté, par le chamæza (2), se rapprochant peut-être un peu davantage de cette dernière. Les organes digestifs du Cincle sont exactement les mêmes que ceux des grives et autres genres voisins; pourtant ils ne rappellent en rien ceux des oiseaux piscivores, attendu que l'œsophage est étroit, et l'estomac un véritable gésier. Comme la nature l'a destiné à se nourrir d'insectes aquatiques et de mollusques qui adhèrent aux pierres sous l'eau, cet oiseau, dans son ensemble, est organisé pour y descendre à de petites profondeurs et s'y maintenir pendant une minute ou deux : en conséquence, il a les plumes serrées, médiocrement longues, ainsi que la queue et les ailes, celles-ci, en outre, étant larges et puissantes. Son bec, que n'embarrassent ni poils ni barbules, est façonné pour pouvoir saisir de petits objets et les détacher des pierres. Par ses pieds faits comme ceux des grives, mais proportionnellement plus forts, il établit le passage entre les oiseaux de terre à bec mince, et les palmipèdes, de même que le roi-pêcheur semble les unir aux oiseaux plongeurs du même ordre.

La seule observation propre aux mœurs du Cincle d'Amérique que j'aie à vous présenter est la suivante, et je la dois à l'obligeance du docteur Townsend : Cet oiseau, dit-il, fréquente les clairs ruisseaux qui descen-

(1) Les Grives et les Fourmiliers.
(2) Genre de Passereaux de l'Amérique du Sud.

dent des montagnes, au voisinage de la rivière Colombie. Quand je l'aperçus, il nageait au milieu des rapides, tantôt effleurait en volant la surface de l'eau, s'y plongeait bientôt et ne reparaissait qu'au bout d'un temps assez long ; quelquefois il se posait sur la rive, où il se donnait toutes sortes de mouvements saccadés, et relevait brusquement la queue, comme le troglodyte. Je ne l'entendis pas moduler une seule note. Quand je l'ouvris, je trouvai dans son estomac des restes frais de limaces aquatiques ; je ne l'avais jamais vu s'abattre préalablement sur l'eau, mais il s'y plongeait tout en volant.

LE CYGNE TROMPETTE.

On peut le dire, l'histoire des Cygnes d'Amérique n'a été, jusqu'à présent, qu'ébauchée. Sur les mœurs de ces oiseaux si majestueux, si élégants et dignes de tout notre intérêt, nous ne possédons encore qu'un bien petit nombre de pages auxquelles il soit possible d'accorder quelque confiance : leurs migrations, l'étendue des pays qu'ils parcourent, restent toujours pour nous un problème. Une espèce a été figurée pour l'autre, même par des naturalistes de premier ordre : le *Cygnus Bewickii*, de la Grande-Bretagne, a été donné comme un Cygne de l'Amérique du Nord, à la place du *Cycnus americanus*, si bien décrit par le docteur

Sharpless, dans la faune de l'Amérique boréale; ce dernier a été pris pour le Cygne siffleur, *Cycnus musicus*, de Bechstein, par le prince Bonaparte, qui dans son *Synopsis des oiseaux des États-Unis* dit qu'il est très commun, l'hiver, sur la baie de Chesapeake. Il est possible, après tout, que nous ayons plus de deux espèces de Cygnes, dans les limites de l'Amérique septentrionale; mais quant à moi, je ne connais, du moins pour le moment, que celle qui fait l'objet du présent article, et le *Cycnus americanus* de Sharpless.

Dans une note du journal de Lewis et de Clark, écrite par ces intrépides voyageurs dans le cours même de leur expédition au travers des montagnes Rocheuses, je lis ceci : « Il y a deux espèces de Cygne, la grande et la petite : la grande, c'est celle du Cygne commun de nos États de l'Atlantique; la petite diffère de la première seulement par la taille et, si je puis dire, par son chant : elle est environ d'un quart moins forte, et sa voix ne rappelle en rien celle de l'autre. Les premiers oiseaux de cette espèce furent trouvés au-dessous des grands détroits de la Colombie, près la nation des Chilluckittequaws (1). Ils abondaient dans les environs, et restèrent avec l'expédition, tout l'hiver, en nombre qui dépassait ceux de la grande espèce, dans la proportion de cinq à un. »

Ces observations sont en partie exactes, en partie erronées : en réalité, la petite espèce, je veux dire celle

----

(1) Tribu indienne, qui compte encore environ quatorze cents individus.

du *Cycnus americanus* de Sharpless est la seule qui soit abondante dans nos États de l'Atlantique ; tandis que le grand Cygne ne se trouve que rarement, pour ne pas dire jamais, à l'est des bouches du Mississipi. Quant au petit, mentionné par Lewis et Clark, le docteur Townsend m'en a envoyé, de la rivière Colombie, un échantillon qui ne laisse rien à désirer ; et j'ai pu m'assurer que, de tout point, c'est bien le même que le *Cycnus americanus* de Sharpless. Le docteur Townsend vient enfin corroborer l'opinion des deux éminents voyageurs, lorsqu'il constate que les individus, dans cette dernière espèce, sont beaucoup plus nombreux que ceux du grand Cygne, ou *Cycnus buccinator*, dont je vais commencer l'histoire.

Vers la fin d'octobre, les Cygnes trompettes font leur apparition sur les parties basses des eaux de l'Ohio. Tous à la fois, ils descendent sur les lacs ou les vastes étangs, sans beaucoup s'éloigner de la rivière, et donnent une préférence marquée à ceux qu'enferme une ceinture épaisse de grands roseaux. C'est là qu'ils se tiennent jusqu'à ce que la surface entière soit prise par la gelée, qui les force alors à s'avancer plus au sud. Dans les hivers doux et jusqu'aux premiers jours de mars, j'ai vu des Cygnes de cette espèce sur les étangs, au voisinage de Henderson ; mais ce n'étaient que quelques individus qui peut-être s'étaient arrêtés là pour se guérir de leurs blessures. Quand le froid devenait vif, la plupart de ceux qui visitaient l'Ohio gagnaient le Mississipi, pour descendre par degrés ce fleuve, à mesure qu'augmentait la rigueur de la saison ; ou bien, au contraire, ils le remontaient, si le temps devenait plus favorable. J'ai cru remarquer, en effet, que ni le grand froid ni la grande chaleur ne leur convenaient aussi bien qu'une température moyenne. J'ai pu suivre leurs migrations vers le sud, jusqu'au Texas, où parfois cette espèce abonde, et où j'en ai vu en captivité un couple de jeunes parfaitement apprivoisés et qu'on avait pris dans l'hiver de 1836. Ils pouvaient avoir deux ans, étaient d'un blanc pur, mais d'une apparence relativement chétive : peut-être n'avaient-ils pas eu à manger leur content, ou bien quelque blessure les faisait-elle encore souffrir. Leurs notes bien connues me rappelaient les jours de ma jeunesse, ce temps hélas ! déjà si loin, où je passais la moitié de l'année au milieu des nombreuses troupes de ces oiseaux.

A la Nouvelle-Orléans, on voit souvent, dans les marchés, des Cygnes trompettes tués sur les étangs de l'intérieur et les grands lacs aboutissant au golfe du Mexique. Cette espèce n'est pas connue de mon ami le révérend John Bachman, qui, durant les vingt années de sa résidence dans la Caroline du Sud, n'en a jamais rencontré un seul, et même n'en a pas entendu parler ; tandis que le Cygne américain même, dans les hivers rigoureux, est loin d'y être rare, quoiqu'en général il ne dépasse guère le midi de cet État. Les eaux de l'Arkansas et ses tributaires sont, chaque année, visités par le Cygne trompette ; et le plus gros que j'aie jamais vu avait été tué sur un lac, près la jonction de cette rivière avec le Mississipi : son envergure était environ de dix pieds, et il ne pesait pas moins de trente-huit livres.

Ses tuyaux, dont je me suis servi pour dessiner les pieds et les griffes de presque tous mes petits oiseaux, avaient une pointe si dure et pourtant si flexible, que la plus fine plume d'acier fabriquée de nos jours aurait fait triste figure, si elle avait dû leur être comparée.

Il y a déjà nombre d'années, dans une expédition entreprise à la recherche des fourrures, mon associé et moi (car j'en avais alors un dans mon commerce), nous nous étions établis en campement sur le Tawapatee-Bottom. Après avoir amarré notre bateau à l'abri sous la rive orientale du Mississipi, nous avions fait mettre à terre tout notre bagage. L'équipage se composait de douze à quatorze Canadiens français, tous excellents chasseurs ; et comme en ce temps-là il y avait du gibier à foison, daims, ours, ratons, opossums suffisaient et au delà à nos besoins ; dindons sauvages, tétraos et pigeons pendaient accrochés de toutes parts autour de nous, et les lacs gelés nous procuraient un ample supplément de poissons délicieux : pour en prendre, il s'agissait tout simplement de donner un fort coup de hache juste au-dessus de l'étroit espace où chacun d'eux était emprisonné ; puis, en faisant un trou dans la glace, nous n'avions plus qu'à les en retirer. Le courant même du large fleuve était si solidement pris, que chaque jour nous étions dans l'habitude de passer d'un bord à l'autre. Tous ces détails qui me charment encore, je m'en souviens comme s'ils ne dataient que d'hier. Dès qu'à travers le crépuscule grisâtre on commençait à distinguer les sombres voiles de la nuit, le cri retentissant de centaines de Cygnes éclatait à notre oreille ; et de bien loin, par-dessus les eaux gelées du Mississipi, je voyais venir successivement chaque troupe, de divers côtés, et s'abattre sur le fleuve, à l'opposé de notre camp. D'abord ils consacraient quelques instants à s'éplumer, puis s'étendaient tranquillement sur la glace ; et malgré l'ombre croissante, je pouvais encore suivre de l'œil la gracieuse courbe de leur cou, lorsque doucement ils le ramenaient en arrière, pour reposer leur tête sur le plus mollet et le plus chaud des oreillers. Alors, dans toute cette masse blanche comme neige, on n'apercevait plus rien qu'un point noir, à environ un demi-pouce de la base de leur mandibule inférieure, et qui se trouve placé là, je le suppose, pour rendre plus facile la respiration de l'oiseau. Je n'ai jamais remarqué qu'aucun d'eux fît sentinelle dans leurs rangs. Sans doute, ils s'en remettent à la subtilité de leur ouïe, pour les avertir de l'approche de l'ennemi. Cependant l'obscurité, devenue complète, empêchait de plus rien voir jusqu'au retour de l'aurore ; mais chaque fois que des bois voisins s'élevaient les hurlements de bandes de loups qui rôdaient dans les ténèbres, on entendait les clameurs sonores des Cygnes remplir les airs. Quand la matinée s'annonçait belle, toute la blanche troupe, se mettant debout, commençait par faire sa toilette ; puis, les ailes ouvertes, ils s'élançaient, comme pour se disputer le prix de la course ; et le sourd trépignement de leurs pieds sur la glace résonnait semblable aux roulements de gros tambours voilés qu'accompagnait le bruit de leur voix claire et perçante. Enfin, après avoir ainsi couru vingt mètres ou plus avec le vent, ils prenaient l'essor tous ensemble. Au contraire, si le temps était couvert, pluvieux et froid, ou s'il devait tomber de la neige, ils restaient sur la glace, debout, se promenant ou couchés, en attendant qu'il y eût apparence de mieux, et alors ils partaient encore tous et d'une même volée.

Par une de ces tristes matinées que je viens d'indiquer, nos gens formèrent un complot contre les Cygnes; et s'étant séparés en deux pelotons qui devaient les prendre, l'un par en haut, l'autre par en bas du courant, à un signal parti du camp, il se mirent lentement en marche. Les pauvres oiseaux ne soupçonnaient aucune trahison, et tant que les hommes furent à plus de cent cinquante pas d'eux, ils se tinrent tranquilles, accoutumés sans doute de longue date avec nous, par suite de nos fréquentes excursions sur la glace. Mais tout à coup, voilà qu'ils se dressent sur leurs pieds, allongent le cou, secouent la tête, en manifestant de grands symptômes de frayeur. Cependant les chasseurs continuaient d'avancer, lorsqu'un coup de fusil étant venu par hasard à partir, la confusion se mit parmi la troupe ailée, et chacun de s'envoler de son côté, les uns remontant, les autres descendant le cours du fleuve, et plusieurs se dirigeant vers le rivage. On fit alors feu de toutes pièces, et une douzaine environ tombèrent, quelques-uns seulement blessés, la plupart roides morts. Le soir même ils se reposèrent à environ un mille au-dessus du camp, et dès lors nous ne songeâmes plus à les inquiéter. Moi-même j'ai vu plusieurs fois tuer de ces Cygnes, et soyez sûr qu'à moins d'avoir un bon fusil, bien chargé avec du plomb à daim, vous pourrez en tirer plus d'un sans grand effet, car ce sont des oiseaux robustes et qui ont la vie dure.

Pour se faire une juste idée de l'élégance et de la beauté qui les distinguent, il faut les contempler lorsque, sans se douter qu'on peut les voir, ils se balancent en paix à la surface de quelque étang solitaire : leur cou, que d'ordinaire ils tiennent roide et presque droit, décrit alors les courbes les plus gracieuses, tantôt penché en avant, tantôt s'inclinant en arrière au-dessus du corps; d'autres fois ils l'allongent, plongent un instant leur tête sous l'eau pour y puiser, et par un effort subit, rejettent sur leur derrière et sur leurs ailes un flot limpide qui retombe et roule en scintillants globules tout le long de leurs plumes. A ce moment l'oiseau bat des ailes, fait rejaillir les ondes, et, comme ivre de plaisir, il s'élance et glisse sur le liquide élément, avec une merveilleuse agilité. Lecteur, figurez-vous une troupe de cinquante Cygnes se jouant ainsi sous vos yeux, et vous vous sentirez comme je me suis souvent senti moi-même, devant un tel spectacle, le plus heureux et le plus exempt de souci de tous les mortels !

Quand il nage sans être inquiété, le Cygne montre la plus grande partie de son corps au-dessus de l'eau; mais dès qu'il redoute le moindre danger, il s'y enfonce beaucoup plus. S'il se repose en se réchauffant au soleil, il retire en arrière un pied, qu'il étend de toute sa longueur, et dans cette singulière posture il reste quelquefois une heure sans bouger. Lorsqu'il veut aller vite, le joint du tarse, ou si vous préférez, le genou paraît environ d'un pouce hors de l'eau, et de petites vagues lui baignent amoureusement le bas du cou et viennent onduler autour de ses flancs, comme le flot qui mollement effleure le bordage d'un navire glissant sous un léger souffle de brise. Jamais, si ce n'est dans la saison des amours ou lorsqu'il passe auprès de sa femelle, je n'ai vu le Cygne étendre et relever ses ailes, ainsi qu'on prétend qu'il le fait, pour profiter du vent et s'aider dans sa fuite. Pourtant j'en ai poursuivi bon nombre en canot, et sans les atteindre, sans même les obliger à prendre l'essor. Probablement vous aurez remarqué, comme tout le monde, les pénibles efforts qu'ils font pour avancer de quelques pas sur la terre, et je vous épargne la description de cette lourde démarche, qui n'a rien de bien agréable à voir.

Le vol du Cygne trompette est ferme, élevé par moments et soutenu; il fend les airs en battant régulièrement des ailes, à la manière des oies sauvages, et porte le cou tendu de même que les pieds, qui s'allongent en arrière par delà la queue. Lorsqu'ils passent bas, j'ai cru souvent entendre comme une sorte de cliquetis produit par le mouvement des plumes qui bordent les ailes. Pour leurs grands voyages, ils se forment en angle, et sans doute le conducteur de la troupe est un des plus vieux mâles; cependant je ne suis pas bien sûr du fait, ayant quelquefois vu, en tête de la ligne, un oiseau gris qui ne pouvait être qu'un jeune de l'année.

Les Cygnes prennent ordinairement leur nourriture en s'immergeant une partie du corps et en allongeant le cou sous l'eau, comme font les canards d'eau douce, ainsi que quelques espèces d'oies ; et alors leurs pieds s'agitent en l'air pour les aider, j'imagine, à se maintenir en équilibre. Parfois cependant ils font des excursions dans les terres et paissent l'herbe, non de côté, comme les oies, mais plutôt comme les canards et la volaille. Ils mangent différents végétaux, des feuilles, des graines, des insectes aquatiques, des limaces, de petits reptiles et de petits quadrupèdes. La chair du jeune Cygne est excellente, mais celle des vieux est sèche et coriace.

Une fois, à Henderson, j'en pris un vivant : c'était un mâle qui pouvait avoir deux ans. Il n'avait reçu qu'une légère blessure au fouet de l'aile, et je parvins à m'en emparer, après lui avoir longtemps donné la chasse sur un étang d'où il n'avait pu s'envoler. Emporter à près de deux milles de là un oiseau de cette force et de cette taille n'était pas chose facile ; mais je savais qu'il ferait plaisir à ma femme et à mes petits enfants, et je ne perdis pas courage. Quand il fut à la maison, je lui rognai le bout de l'aile blessée et le lâchai dans le jardin. Il se montra d'abord extrêmement craintif et farouche, puis s'accoutuma peu à peu aux domestiques, qui le nourrissaient très bien, et se rendit enfin si familier, qu'il venait, à l'appel de ma femme, manger du pain dans sa main. *Trompette,* c'était le nom que nous lui avions donné, déploya un caractère que rien jusque-là n'aurait fait soupçonner : devenu aussi audacieux qu'il avait été timide, il harcelait mon dindon mâle, mes chiens, ainsi que les enfants et les domestiques. Chaque fois qu'on laissait ouvertes les portes du verger, il prenait sa course vers l'Ohio, et ce n'était pas sans peine qu'on le ramenait à la maison. Dans une de ces escapades, il s'absenta toute la nuit, et je crus bien que nous ne le reverrions plus; mais je reçus avis qu'on l'avait rencontré faisant route vers un étang qui n'était pas très loin de chez nous. Prenant avec moi mon meunier et six ou sept domestiques, je me dirigeai de ce côté; et nous l'aperçûmes en effet sur l'étang, où il s'ébattait à son aise, en ayant l'air de nous narguer tous. Pourtant, après l'avoir longtemps poursuivi, nous réussîmes à le pousser près du bord, où nous le rattrapâmes. — Mais ces oiseaux favoris, de quelque espèce qu'ils soient, finissent toujours mal : par une nuit sombre et pluvieuse, un domestique ayant négligé de fermer la porte, Trompette s'esquiva, et depuis lors je n'en ai jamais entendu parler.

Des mœurs de ce noble oiseau au temps des amours, non plus que de son nid, du nombre des œufs et de l'éclosion des petits, je ne puis absolument rien vous dire. Si jamais j'ai l'occasion de m'instruire là-dessus, croyez que je vous communiquerai avec grand plaisir le résultat de mes observations. Seulement le docteur Richardson nous apprend que cette espèce de Cygne est la plus commune dans l'intérieur des terres où l'on va chercher les pelleteries; qu'elle niche au Sud, jusqu'au 61e degré de latitude, mais généralement en deçà du cercle polaire arctique, et que, dans ses migrations, elle précède d'ordinaire les oies de quelques jours.

FIN.

ERRATA.

***

PREMIER VOLUME.

Page   18. Note ; au lieu de *Bruns,* lisez : *Burns.*

171. Ligne 14 ; au lieu de *perdue,* lisez : *perdu.*

344. Ligne 15 ; au lieu de *peut,* lisez : *ne peut.*

***

SECOND VOLUME.

Page   32. Note ; au lieu de *perchu,* lisez : *perch.*

41. Ligne 8 ; au lieu de *il le lança,* lisez : *il se lança.*

197. Ligne 15 et note ; au lieu de *the skna,* lisez : *the skua.*

268. Ligne 1 ; au lieu de *sur deux huitièmes et demi de large,*
lisez : *sur un pouce deux huitièmes et demi de large.*

TABLE DES MATIÈRES

DU SECOND VOLUME.

FIN DE LA TABLE DU SECOND VOLUME.

9 782013 420310